科学出版社"十三五"普通高等教育本科规划教材
国家精品课程配套教材

生物化学实验

（第六版）

主　编　李　俊　张冬梅　陈钧辉

编　者　李　俊　张冬梅　陈钧辉

　　　　张太平　卢　彦　张春妮

科学出版社

北　京

内 容 简 介

本书是"十二五"普通高等教育本科国家级规划教材《普通生物化学》（陈钧辉教授等编著）的配套实验教材。本书在第五版使用的基础上进行了修订，全书共十章，100 多个实验，内容设置与《普通生物化学》教材一致，包括糖类、脂质、蛋白质、核酸、酶、维生素、激素、物质代谢与生物氧化，涵盖了当今生物化学研究中常用的技术和方法，既保留了一些旨在加强学生基本实验方法和技能训练的传统实验，也引进了一些新近发展起来的生化实验技术。同时，还增加了为培养学生应用能力和创新能力的综合实验，每个实验后附有思考题，非常适合作为本科教学的同步教材。为进一步拓宽学生的知识面，另有一些生物化学仪器分析的内容及部分配套实验操作视频放在科学出版社教学服务网站上，供读者观看。

本书内容全面，可操作性强，实验重复性好，可作为高等院校生物化学及相关专业大学生的实验教材，也可供相关教师和科研人员参考。

图书在版编目（CIP）数据

生物化学实验 / 李俊，张冬梅，陈钧辉主编. —6 版. —北京：科学出版社，2020.1
科学出版社"十三五"普通高等教育本科规划教材·国家精品课程配套教材

ISBN 978-7-03-063352-1

Ⅰ.①生… Ⅱ.①李… ②张… ③陈… Ⅲ.①生物化学-化学实验-高等学校-教材 Ⅳ.①Q5-33

中国版本图书馆 CIP 数据核字（2019）第 253210 号

责任编辑：刘 畅 / 责任校对：严 娜
责任印制：赵 博 / 封面设计：铭轩堂

科学出版社 出版
北京东黄城根北街 16 号
邮政编码：100717
http://www.sciencep.com

保定市中画美凯印刷有限公司印刷
科学出版社发行 各地新华书店经销

*

2014 年 5 月第 五 版 开本：787×1092 1/16
2020 年 1 月第 六 版 印张：21
2024 年 12 月第十次印刷 字数：531 400
定价：59.80 元
（如有印装质量问题，我社负责调换）

第六版前言

一切真知都来源于实践。生物化学实验作为一种特殊的实践活动,是生物化学学科赖以形成和发展的基石,对生物化学实验方法和技术的掌握已成为生物、化学、医学、环境等多个领域在新的高度和水平上揭示生命奥秘的共同需求。

本书自 1979 年第一版以来多次修订再版,深受高等院校生命科学相关专业学生的欢迎。随着生物化学实验技术的迅猛发展,对人才培养质量提出了更高要求,培养和造就具有创新意识和创新能力的高素质人才是时代赋予高等教育的一项神圣使命。实践没有止境,理论创新也没有止境。党的二十大报告提出,要加快实施创新驱动发展战略,强调要加强基础研究,突出原创,鼓励自由探索。本书在前版的基础上,对部分实验内容进行了整合、更新和补充,同时增加了综合实验的比例。

全书共 100 多个实验,内容涵盖了当今生物化学研究中常用的技术和方法,包括糖类、脂质、蛋白质、核酸、酶、维生素、激素、物质代谢与生物氧化等。为了推动教育数字化,有关仪器分析的实验内容、精心拍摄的部分实验操作视频等均放在科学出版社的教学服务网站上,读者可以选择浏览。

本书是“十二五”普通高等教育本科国家级规划教材《普通生物化学》及生物化学国家精品课程的配套教材,同时也是南京大学在线 MOOC 课程生物化学实验的教材。在修订过程中受到教育部下拨的国家精品课程建设经费的资助,袁玉荪教授、朱婉华副教授负责和参与本书早期的编写工作,王传怀教授、何执静副教授为本书的修订提供了许多帮助。焦瑞清、张冬梅、袁达文、唐惠炜、李俊、卢彦和汪水娟老师拍摄并更新了生物化学实验的视频,在此一并致谢!

由于我们水平有限,书中疏漏和不足仍属难免,敬请读者批评指正。

南京大学生命科学学院

生物化学系

李 俊

2023 年 12 月

第五版前言

本书自 1979 年出版第一版，1988 年、2003 年、2008 年相继出版第二版、第三版和第四版以来，均受到许多高等院校生命科学相关专业教师、学生的欢迎，也使本书内容不断充实和完善。生物化学的发展日新月异，新的技术不断涌现。为了能跟上时代的步伐，与时俱进，也为了更好地培养学生的动手能力、科学思维能力和创新意识，我们在第四版的基础上，对实验内容进行了更新和补充。淘汰了一些验证性实验，增加了一些应用性强的实验和综合实验，此外，每个实验还增加了注意事项和思考题。

全书共 100 多个实验，内容设置与陈钧辉教授等编著的《普通生物化学》第五版教材一致，该理论教材入选为"十二五"普通高等教育本科国家级规划教材。实验内容包括糖、脂、蛋白质、核酸、酶、维生素、激素、物质代谢与生物氧化，以及综合实验。本书除了涵盖生物化学研究中常用的方法和技术外，还包括科研中的一些新技术和新方法。

在修订过程中，为了不增加篇幅，我们将有些生物化学仪器分析的内容，如自动生化分析仪的使用、临床生化指标的自动测定等放在科学出版社的教学服务网站上，以拓展学生的知识面，增加一些临床生化检验的知识，网站上还有 16 个生物化学实验操作流程的视频，供学生观看。

本书内容较多，还有一些较大型的实验和综合实验，不同学校、不同专业可根据具体条件选做。

本书是南京大学生物化学国家精品课程的配套教材，在修订过程中受到教育部下拨的国家精品课程建设经费的资助。王传怀教授、何执静副教授为本书的修订提供了许多帮助；袁玉荪教授、朱婉华副教授曾负责和参加本书早期的编写工作；焦瑞清、袁达文、唐惠炜、李俊和张冬梅老师拍摄了生物化学实验的视频，在此一并致谢。

由于我们水平有限，书中疏漏和不足仍属难免，敬请读者批评指正。

南京大学生命科学学院

生物化学系

陈钧辉

2014 年 1 月

配套数字资源

1. 部分实验操作视频

| 实验 7　植物组织中可溶性总糖的测定（蒽酮比色法） | |

| 实验 8　总糖和还原糖的测定（3,5-二硝基水杨酸法） | |

| 实验 14　粗脂肪含量的测定（Soxhlet 抽提法） | |

| 实验 17　脂肪酸价的测定 | |

| 实验 30　蛋白质浓度测定（紫外光吸收法） | |

| 实验 31　蛋白质浓度测定（考马斯亮蓝结合法） | |

| 实验 35　DNS-氨基酸的制备和鉴定 | |

| 实验 42　离子交换柱层析法分离氨基酸 | |

2. 第十章　临床生化指标的自动测定

3. 附录九、自动生化分析仪
　　附录十、全自动免疫分析仪 TOSOH AIA 2000 标准化操作规程
　　附录十一、血红蛋白检测仪 Bio-Rad D-10 标准化操作规程

更多资源，请持续关注。

目　　录

第一章　　糖　　类

实验 1　糖的颜色反应

实验 1.1　莫 氏 实 验

一、目的

掌握莫氏（Molisch）实验鉴定糖的原理和方法。

二、原理

糖经浓无机酸（浓硫酸、浓盐酸）脱水产生糠醛或糠醛衍生物，后者在浓无机酸作用下，能与 α-萘酚[①]生成紫红色缩合物，在糖液和浓硫酸的液面间形成紫环，因此又称"紫环反应"，其反应如下：

利用这一性质可以鉴定糖[②]。

三、实验器材

1. 棉花或滤纸。

[①] 亦可用麝香草酚或其他苯酚化合物代替 α-萘酚，麝香草酚的优点是溶液比较稳定，且灵敏度与 α-萘酚一样。

[②] 一些非糖物质（如糠醛、糠醛酸等）亦呈阳性反应。莫氏实验结果为阴性可以确定无糖类化合物的存在。反之，若结果为阳性则无法确定样品中是否含有糖类物质，更加无法确定是游离糖或是其他形式的糖。

2．刻度滴管 1.0ml（×4）、2.0ml（×1）。

3．试管 1.5cm×15cm（×4）。

四、实验试剂

1．莫氏试剂：称取 α-萘酚 5g，溶于 95%乙醇并稀释至 100ml。此试剂需新鲜配制，并贮于棕色试剂瓶中。

2．1%蔗糖溶液：称取蔗糖 1g，溶于蒸馏水并定容至 100ml。

3．1%葡萄糖溶液：称取葡萄糖 1g，溶于蒸馏水并定容至 100ml。

4．1%淀粉溶液：将 1g 可溶性淀粉与少量冷蒸馏水混合成薄浆状物，然后缓缓倾入沸蒸馏水中，边加边搅，最后以沸蒸馏水稀释至 100ml。

五、操作

于 4 支试管中，分别加入 1ml 1%葡萄糖溶液、1%蔗糖溶液、1%淀粉溶液和少许纤维素（棉花或滤纸浸在 1ml 水中），然后各加莫氏试剂 2 滴[①]，摇匀，将试管倾斜，沿管壁慢慢加入浓硫酸 1.5ml（切勿振摇！），硫酸层沉于试管底部与糖溶液分成两层，观察液面交界处有无紫红色环出现。

笔　记

六、注意事项

1．试管应做好标记，浓硫酸加入的方式应保持一致。

2．莫氏反应非常灵敏，所用的试管应洗净，不可在样品中混入纸屑等杂物。

3．当糖浓度过高时，由于浓硫酸对它的焦化作用，将呈现红色及褐色而不呈紫色，需稀释后再做。此外样液中如含高浓度有机化合物，亦会因浓硫酸的焦化作用而呈现红色，故试样浓度不宜过高。

思考题

1．解释 α-萘酚反应的原理。

2．用莫氏试验鉴定糖时需注意哪些？

实验 1.2　塞氏实验

一、目的

掌握塞氏（Seliwanoff）实验鉴定酮糖的原理和方法。

二、原理

己酮糖在浓酸的作用下，脱水生成 5-羟甲基糠醛，后者与间苯二酚作用，呈红色反应；

[①]　莫氏试剂应直接滴入试液中，勿使试剂接触试管壁，否则试剂会与硫酸接触生成绿色而掩盖紫色环。

有时亦同时产生棕色沉淀，此沉淀溶于乙醇，成鲜红色溶液①。以果糖为例，其反应如下：

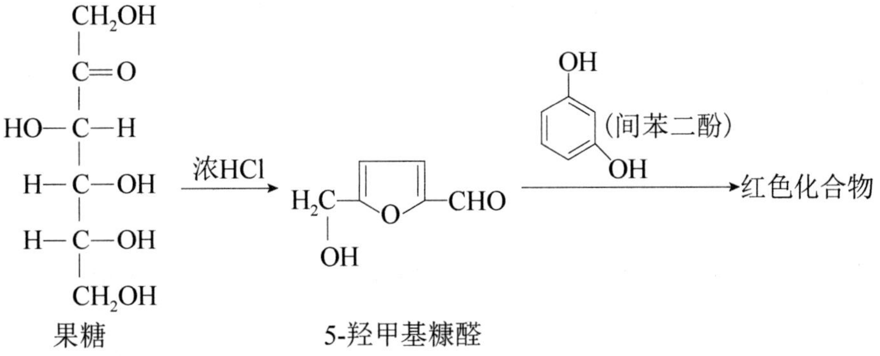

三、实验器材

1．刻度滴管 1.0ml（×3）、3.0ml（×1）。　　3．沸水浴锅。

2．试管 1.5cm×15cm（×3）。

四、实验试剂

1．塞氏试剂：溶 50mg 间苯二酚于 100ml 盐酸中 $[V(H_2O)：V(HCl)=2：1]$，临用时配制。

2．1%果糖溶液：称取果糖 1g，溶于蒸馏水并定容至 100ml。

3．1%葡萄糖溶液：见实验 1.1。

4．1%蔗糖溶液：见实验 1.1。

五、操作

于 3 支试管中分别加入 1%葡萄糖溶液、1%蔗糖溶液和 1%果糖溶液各 0.5ml，各加塞氏试剂 2.5ml，摇匀，同时置沸水浴内。比较各管颜色变化及红色出现的先后次序。

六、注意事项

1．试管应做好标记，在加入各种糖和塞氏试剂后，需同时置于沸水浴锅内。

2．实验过程中，要仔细观察溶液颜色的变化情况。

笔　记

思考题

1．在塞氏实验中，反应产生的沉淀为何能够溶于乙醇溶液并产生鲜红色？

2．蔗糖为何会有塞氏反应？

---

① 在此实验条件下，蔗糖有可能水解成果糖与葡萄糖，而呈阳性反应。葡萄糖与麦芽糖亦呈阳性反应，但呈色反应的速度较酮糖缓慢。果糖的红色出现及沉淀的产生，应在加热后 20～30s 内，生成的沉淀能溶于乙醇并成红色溶液。

实验 1.3　杜氏实验

一、目的

掌握杜氏（Tollen）实验鉴定戊糖的原理和方法。

二、原理

戊糖在浓酸溶液中脱水生成糠醛，后者与间苯三酚结合成樱桃红色物质：

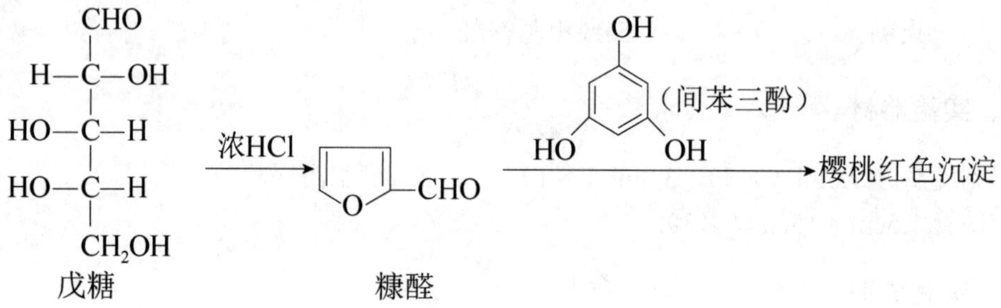

本实验虽常用以鉴定戊糖，但并非戊糖的特有反应。果糖、半乳糖和糖醛酸等都呈阳性反应。戊糖反应最快，通常在45s内即产生樱桃红色沉淀。

三、实验器材

1．刻度滴管 1.0ml（×3）。　　　3．沸水浴锅。
2．试管 1.5cm×15cm（×3）。

四、实验试剂

1．杜氏试剂：2%间苯三酚乙醇溶液（2g 间苯三酚溶于 100ml 95%乙醇中）3ml，缓缓加入浓盐酸 15ml 及蒸馏水 9ml 即得，临用时配制。
2．1%阿拉伯糖溶液：称取阿拉伯糖 1g，溶于蒸馏水并稀释至 100ml。
3．1%葡萄糖溶液：见实验 1.1。
4．1%半乳糖溶液：称取半乳糖 1g，溶于蒸馏水并稀释至 100ml。

笔 记

五、操作

于 3 支试管中各加入杜氏试剂 1ml，再分别加入 1 滴 1%葡萄糖溶液、1%半乳糖溶液和 1%阿拉伯糖溶液，混匀。将各试管同时放入沸水浴中，观察颜色的变化，并记录颜色变化的时间。

六、注意事项

1．试管应做好标记，在加入杜氏试剂和各种糖后，需同时置于沸水浴锅内。
2．实验过程中，要仔细观察溶液颜色的变化情况。

思考题

1. 在 Tollen 反应分析未知样品时，应注意些什么问题？
2. 列表总结和比较本实验三种颜色反应的原理及其应用。

实验 2　糖的还原作用

一、目的

掌握用糖的还原反应来鉴定糖的原理和方法。

二、原理

费林（Fehling）试剂和本尼迪特（Benedict）试剂均为含 Cu^{2+} 的碱性溶液，能使具有自由醛基或酮基的糖氧化，其本身则被还原成红色或黄色的 Cu_2O[①]。此法常用作还原糖的定性或定量测定。其反应表示如下：

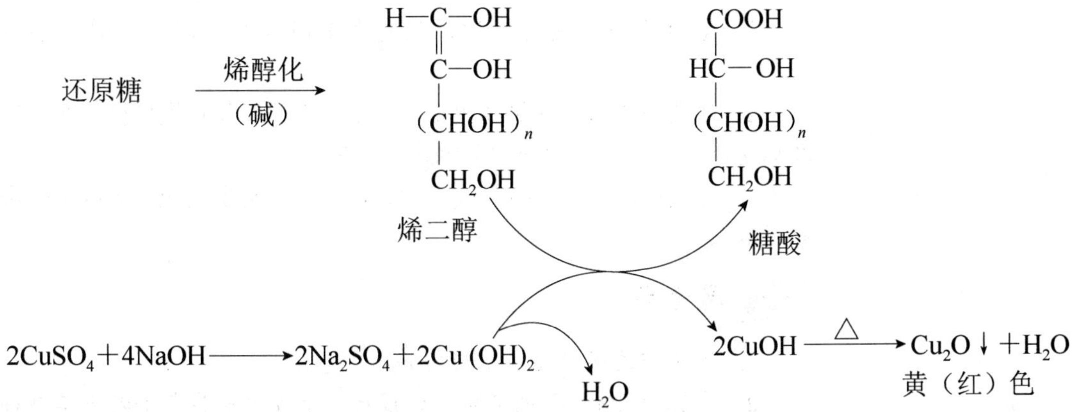

$$
还原糖 \xrightarrow[\text{（碱）}]{\text{烯醇化}}
\begin{array}{c}
H—C—OH \\
\| \\
C—OH \\
| \\
(CHOH)_n \\
| \\
CH_2OH
\end{array}
\quad
\begin{array}{c}
COOH \\
| \\
HC—OH \\
| \\
(CHOH)_n \\
| \\
CH_2OH
\end{array}
$$

烯二醇　　　　　　　　　　　　糖酸

$$2CuSO_4 + 4NaOH \longrightarrow 2Na_2SO_4 + 2Cu(OH)_2$$

$$2CuOH \xrightarrow{\triangle} Cu_2O \downarrow + H_2O$$
黄（红）色

目前临床上多用本尼迪特法，因此法具有以下优点：①试剂稳定，不需临用时配制；②不因氯仿的存在而被干扰；③肌酐或肌酸等物质所产生的干扰程度远较费林试剂小。

三、实验器材

1. 刻度滴管 1.0ml（×5）、2.0ml（×1）。　　3. 沸水浴锅。
2. 试管 1.5cm×15cm（×6）。

四、实验试剂

1. 费林试剂
试剂 A：称取硫酸铜（$CuSO_4 \cdot 5H_2O$）34.5g，溶于蒸馏水并稀释至 500ml。

---

① 由于沉淀速度不同，形成的颗粒大小不同，颗粒大的为红色，小的为黄色。

试剂 B：称取氢氧化钠 125g，酒石酸钾钠[①]137g，溶于蒸馏水并稀释至 500ml。

临用时将试剂 A 与试剂 B 等体积混合。

2．本尼迪特试剂：称取 85g 柠檬酸钠（$Na_3C_6H_5O_7 \cdot 2H_2O$）及 50g 无水碳酸钠，溶解于 400ml 蒸馏水中。另溶解 8.5g 硫酸铜于 50ml 热水中。将硫酸铜溶液缓缓倾入柠檬酸钠-碳酸钠溶液中，边加边搅，如有沉淀可过滤。此混合液可长期使用[②]。

3．1%淀粉溶液：见实验 1。

4．1%蔗糖溶液[③]：见实验 1。

5．1%葡萄糖溶液：见实验 1。

五、操作

于 3 支试管中加入费林试剂 A 和 B 各 1ml，混匀，分别加入 1%葡萄糖溶液、1%蔗糖溶液和 1%淀粉溶液 1ml，置沸水浴中加热数分钟，取出，冷却，观察各管的变化。

另取 3 支试管，分别加入 1%葡萄糖溶液、1%蔗糖溶液和 1%淀粉溶液 1ml，然后每管加本尼迪特试剂 2ml，置沸水浴中加热数分钟，取出，冷却，和上面结果比较。

笔　记

六、注意事项

1．酮基本身没有还原性，只有在变成烯醇式后，才显示还原作用。

2．溶液中还原糖含量如果很低，则产生的氧化亚铜便会较少，试验后可能会有绿色、混浊的黄色或橙色等现象。

3．在酸性环境中，Cu^{2+} 较为稳定，不容易发生反应，所以不能进行试验。

思考题

1．试比较这两种还原反应的异同。

2．牛乳中含有 5%的二糖，请设计一个方案来鉴定牛乳中二糖存在的真实性及其种类。

实验 3　糖的旋光性和变旋现象

一、目的

1．了解糖的变旋现象，掌握用糖的旋光性测定糖的浓度。

2．学会使用旋光仪。

---

① 酒石酸钾钠的作用是防止反应产生的氢氧化铜或碳酸铜沉淀，使之变为可溶性的而又略能离解的复合物，从而保证继续供给 Cu^{2+}。

② 如因存放较久而产生沉淀，可取上清液使用，不必重新配制。存放较久的本尼迪特试剂较新配制的更好。

③ 所用蔗糖应用 C.P.以上规格，且应事先以本尼迪特试剂检验合格再用，否则将因药品不纯，或部分分解而有还原性。

二、原理

凡具有不对称碳原子的化合物都有旋光性，它能使偏振光的偏振面[1]旋转。使偏振面向右旋转的称右旋，用（＋）表示，使偏振面向左旋转的称左旋，用（－）表示。测定物质旋光性的仪器称旋光仪。

旋光仪的主要部件是两个尼科尔棱镜，其中一个棱镜的位置是固定的，用以产生偏振光，称为起偏镜。而另一个棱镜是可以旋动的，用以检查偏振面的转动角度，称为检偏镜。两个棱镜间放一盛有待测液的玻璃管（样品管）。当光线经过起偏镜变成偏振光，再通过样品管中的旋光物质，即发生偏振面的旋转。转动检偏镜使已偏转的偏振面恢复到原来的角度。由检偏镜转动的角度，可以推知样品旋光的能力。

旋光度的大小不仅取决于物质的本性，而且还与溶液的浓度、液层的厚度、光的波长、测定温度以及溶剂的性质等等有关。

把偏振光通过厚度为 1dm、浓度为 1g/ml 待测物质的溶液所测得的旋光度称为比旋光度[2] $[\alpha]$，它是物质的一个特性常数，如下式所示：

$$[\alpha]_{\lambda}^{t}=\frac{\alpha}{cl}$$

式中　t：测定时的温度；

　　　λ：测定时所用光源的波长（通常用钠光，以 D 表示）；

　　　α：实测的旋光度；

　　　c：溶液的浓度（g/ml）；

　　　l：玻璃管的长度（dm）。

上式又可改写为：

$$[\alpha]_{\lambda}^{t}=\frac{\alpha\times100}{cl}$$

式中　c：100ml 溶液中所含溶质的克数。

一个有旋光性的溶液放置后其比旋光度改变的现象称为变旋。变旋的原因是糖从 α-型变为 β-型，或由 β-型变为 α-型。一切单糖都有变旋现象。无 α-,β-型的糖类即无变旋性。

---

① 在普通光线里，光波可以在一切可能的平面上振动，如图 I a 所示。若使普通光线通过尼科尔棱镜，则透过棱镜的光线只在一个平面上振动，如图 1b 所示。这种光就做平面偏振光，简称偏振光。与偏振光平面相垂直的平面，叫做偏振面。

a. 普通光　　　　　b. 平面偏振光

图 I　光的振动面

② 一般糖类的比旋光度 $[\alpha]_{D}^{20}$ 如下：

D-葡萄糖　＋52.5°	乳糖　＋52.5°
D-果糖　−92.3°	麦芽糖　＋137.0°
D-半乳糖　＋81.5°	可溶性淀粉　＋196.0°
蔗糖　＋66.5°	糖原　＋197.0°

三、实验器材

1. 圆盘旋光仪[①]。
2. 容量瓶 100ml（×1）。
3. 电子天平。
4. 烧杯 25ml（×1）。
5. 玻棒。

四、实验试剂

1. 未知浓度的蔗糖溶液。
2. 10%葡萄糖溶液：10g 葡萄糖溶于水，稀释至 100ml。

五、操作

1. 利用糖的旋光性测定糖的浓度

（1）转开样品管螺母，洗净玻管，然后向管中注满蒸馏水，盖上玻片，注意管中不能有气泡，玻片上的水渍必须擦干。

（2）把样品管放入旋光仪内，打开光源，待钠光稳定 1～2min 后，转动刻度盘，使目镜中两半圆的亮度相等，记下刻度盘的读数，以此为零点。

（3）用蔗糖液代替蒸馏水测其旋光度，并按公式计算出蔗糖的浓度。

2. 糖的变旋现象

用新配制的 10%葡萄糖溶液按上法测其旋光度并计算比旋光度，以后每隔 2h 测定其旋光度、计算比旋光度直至比旋光度不再改变[②]，说明此时 α-，β-型互变已达平衡。

笔 记

六、注意事项

1. 试样溶液必须澄清，不应浑浊或含有混悬的小颗粒，否则，应预先过滤。

2. 试样溶液不能含有其他的光学活性杂质，如有机酸、蛋白质、核酸、生物碱等。

3. 每次测定之前应用待测液润洗。

思考题

1. 除葡萄糖外，还有哪些单糖有变旋现象？

2. 旋光管中的液体有气泡是否会影响实验数据？应如何操作？

3. 浓度为 10%的某旋光性物质，用 1dm 长的样品管测定旋光度，如果读数为-5°，能否确定其旋光度即为-5°？如果不能确定，应如何操作？

---

① 也可采用自动旋光仪，使用方法参阅相应的仪器操作说明。

② 10%葡萄糖溶液一般需 8～10h 变旋达到平衡。碱性溶液中则加速其平衡。

实验 4　血糖的定量测定（Folin-Wu 法）

一、目的

1. 掌握 Folin-Wu 法测定血糖含量的原理和方法。
2. 学会制备无蛋白血滤液。

二、原理

无蛋白血滤液中的葡萄糖与碱性硫酸铜溶液共热，Cu^{2+} 即被血滤液中的葡萄糖还原成 $Cu^+(Cu_2O)$，Cu_2O 又使钼酸试剂还原成低价的蓝色钼化合物（钼蓝）。血滤液的糖含量和产生的 Cu_2O 成正比，Cu_2O 的量与形成钼化合物的量成正比，可用比色测定法。

三、实验器材

1. 全血。
2. 滤纸。
3. 紫外可见分光光度计。
4. 血糖管 25ml（×3）。
5. 奥氏吸管 1.0ml（×3）、2.0ml（×1）。
6. 吸管 2.0ml（×3）、10.0ml（×1）、5.0ml（×4）。
7. 锥形瓶 20ml（×1）。
8. 表面皿 ϕ6cm（×1）。
9. 漏斗 ϕ5cm（×1）。
10. 沸水浴锅。
11. 电炉（或煤气灯）。

四、实验试剂

1. 标准葡萄糖溶液
（1）1%葡萄糖母液(10mg/ml)：称取 1.000g 无水葡萄糖（A.R.），溶于蒸馏水并稀释至 100ml。
（2）葡萄糖标准液（0.1mg/ml）：取 1.0ml 葡萄糖母液置 100ml 容量瓶内，加蒸馏水至刻度。

2. 碱性硫酸铜溶液
A 液：称取无水碳酸钠 35g，酒石酸钠 13g 及碳酸氢钠 11g，溶于蒸馏水后，稀释至约 700ml，待溶液清晰后再稀释至 1000ml。
B 液：称取硫酸铜晶体 5g，溶于蒸馏水并稀释至 100ml，加浓硫酸数滴作稳定剂。
临用时，取 A 液 25ml，B 液 5ml，混合后，再加 A 液至 50ml，摇匀。此混合液置冰箱内可保存数日，如暴露于阳光下，数小时即失效。

3. 酸性钼酸盐溶液
称取钼酸钠 600g，置烧杯内，加入少量蒸馏水，溶解后倾入 2000ml 容量瓶中，加蒸馏水至刻度，摇匀，倾入另一较大的试剂瓶中，加溴水 0.5ml，摇匀，静置数小时。取上清液 500ml，置于 1000ml 容量瓶中，徐徐加入 225ml 85%磷酸，边加边摇匀。再加 150ml 25%硫酸，置暗处至次日，用空气将剩余的溴赶去（见图 1），然后加入 75ml 冰乙酸，摇匀，用蒸馏水稀释至 1000ml，贮于棕色瓶中。

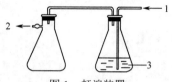

图 1 赶溴装置
1. 空气；2. 抽气；3. 酸性钼酸盐溶液

4．10%钨酸钠溶液

钨酸钠 10g，溶于蒸馏水并稀释至 100ml。

5．0.33mol/L H_2SO_4 溶液

于 53ml 蒸馏水中加入 1ml 浓硫酸。

五、操作

1．无蛋白血滤液的制备

用奥氏吸管[①]吸取全血（已加抗凝剂——草酸钾或草酸钠）1ml，缓缓放入[②]20ml 锥形瓶内，加水 7ml，摇匀，溶血后（血液变为红色透明时）加 10%钨酸钠 1ml，摇匀，再加 0.33mol/L H_2SO_4 1ml（皆用吸管），随加随摇，加毕充分摇匀，放置 5～15min，至沉淀由鲜红变为暗棕色[③]。用干滤纸过滤（先倾入液体少许，待滤纸润湿后，再全部倒入），并在漏斗上盖一表面皿。如滤液不清，需重滤。每毫升无蛋白血滤液相当于 0.1ml 全血。

2．血糖测定

取具有 25ml 刻度之血糖管[④]（见图 2）3 支，编号。用奥氏吸管吸取无蛋白血滤液 2ml（如含糖量较高，只取 1ml，另加水 1ml），放入第一支血糖管内。于第二支血糖管中加 2ml 标准葡萄糖溶液（1ml 含 0.1mg 葡萄糖）。于第三支血糖管中加 2ml 蒸馏水。然后各加 2ml 新配制的碱性硫酸铜溶液，同时置于沸水浴内煮 8min，取出，在流水中迅速冷却，各加4ml 酸性钼酸盐溶液[⑤]，1min 后，以蒸馏水稀释至 25ml，混匀，倒入比色杯，用紫外可见分光光度计于 420～440nm 比色（先以空白管调节零点，然后测标准管及样品管）。

六、计算

按下式计算 100ml 全血中所含血糖质量（mg）：

$$m = \frac{A_1 C_0}{A_0} \div 0.1 \times 100$$

式中 m：100ml 全血中所含血糖质量（mg）；

C_0：葡萄糖标准液浓度，即 0.1mg/ml；

A_1：未知液吸光度；

A_0：标准液吸光度；

0.1：1ml 无蛋白血滤液相当于 0.1ml 全血；

100：100ml 全血。

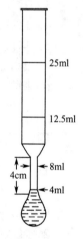

图 2 血糖管

---

① 奥氏吸管俗称胖肚吸管，因吸管中部有一膨大部分，用以吸取血液，可减少血液与管壁的接触面，使吸量更为准确。

② 欲得准确结果，所取血液的量必须准确。如由吸管中放出血液的速度太快，则有大量血液黏在吸管内壁，容量不准，一般放出 1ml 血液所用的时间不应少于 1min。

③ 沉淀由鲜红变为暗棕色，是因钨酸钠与 H_2SO_4 作用生成钨酸，在适当酸度时，使血红蛋白变性、沉淀。如血沉淀经放置后不变为暗棕色或重滤后仍混浊，系血中所加抗凝剂过多，可在钨酸与血混合液中加入 10% H_2SO_4 1～2 滴，待变为暗棕色后再滤。

④ Folin-Wu 血糖管，可减少 Cu^+ 与空气的接触，防止氧化成 Cu^{2+}。

⑤ 血液中除葡萄糖外，尚有其他还原物质，故所得结果可能偏高（100ml 全血中偏高 20～30mg），若用 α-氨基联苯（α-aminobiphenyl）试剂代替碱性硫酸铜和酸性钼酸盐两溶液即可避免此误差。

七、注意事项

1. 所用试管要干燥，提前配制好 0.33mol/L H_2SO_4，滤纸过滤完摇匀再取样，保证结果准确度。

2. 用滤纸过滤后得到的无蛋白血滤液应是无色澄清液，如果得到仍带有红色的血滤液则表明蛋白质未被完全去除。

3. 测定时，比色液一定要混匀后测定，因为样液多，上下深浅度不同。

思考题

1. 实验过程中，用流水冷却反应后的血糖管的目的是什么？
2. 测定血糖的意义是什么？影响人体血糖的因素有哪些？

实验 5　血糖的定量测定（葡萄糖氧化酶法）

一、目的

学习葡萄糖氧化酶法测定血糖的原理和方法。

二、原理

葡萄糖经葡萄糖氧化酶氧化成葡萄糖酸及过氧化氢，后者在过氧化物酶的作用下，能与苯酚及 4-氨基安替比林作用产生红色的醌类化合物，其颜色的深浅在一定条件下与葡萄糖含量成正比。测定该有色化合物的吸光度即可计算出葡萄糖的含量，其反应式如下：

$$C_6H_{12}O_6（葡萄糖）+O_2+H_2O \xrightarrow{葡萄糖氧化酶} C_6H_{12}O_7（葡萄糖酸）+H_2O_2$$

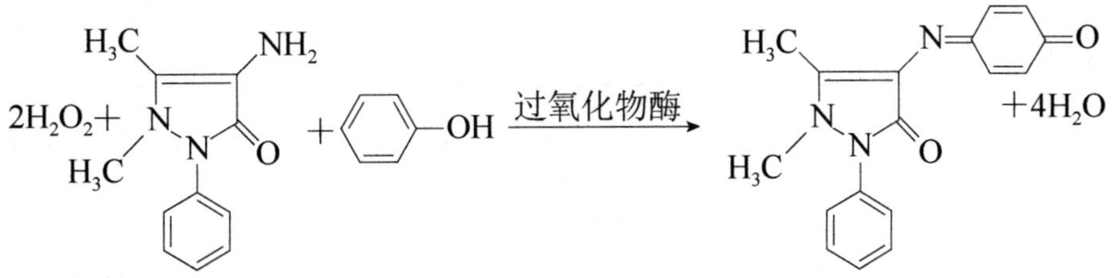

4-氨基安替比林
（4-AAP）　　　　　　　醌类化合物
　　　　　　　　　　　　（红色）

血糖增高多见于糖尿病、垂体前叶功能亢进、肾上腺皮质功能亢进、脑膜炎、胰腺癌等。饥饿、胰岛素分泌过多、甲状腺机能减退症、急性肝损害、原发性肝癌等均会引起血糖降低。

此法对葡萄糖有专一性，不受其他糖及还原性物质的干扰。用该法测得的血糖正常值为 3.89～6.11mmol/L（70～110mg/dL）。

三、实验器材

1. 新鲜血清①。
2. 试管 1.5cm×15cm（×3）。
3. 吸管 5.0ml（×1）。
4. 微量取液器。
5. 恒温水浴锅。
6. 紫外可见分光光度计。

四、实验试剂

1. 葡萄糖标准液（1.0mg/ml）。
2. 葡萄糖测定试剂盒②。

试剂盒一般组成如下：

试剂	规格	组分	浓度
酶剂	×10	4-AAP	0.77mmol/L
		葡萄糖氧化酶	≥13000U/L
		过氧化物酶	≥900U/L
缓冲液	100ml×1	磷酸盐缓冲液	pH 7.0

3. 工作液：将酶剂用 10ml 缓冲液溶解而成。

五、操作

取干净试管 3 支，按表 1 加入试剂。

表 1　葡萄糖氧化酶法测定血糖浓度

试剂 \ 管号	空白管	标准管	测定管
蒸馏水/ml	0.02	—	—
葡萄糖标准液/ml	—	0.02	—
血清/ml	—	—	0.02
工作液/ml	3.0	3.0	3.0

混匀后于 37℃保温 20min，冷却至室温，在 505nm 处比色，以空白管调零，测定各管吸光度值。

六、计算

$$Glc含量（mg/dL）=\frac{A_1}{A_2}\times100$$

$$血糖（mmol/L）=血糖（mg/dL）\times0.056$$

式中　Glc：葡萄糖；

---

① 必须使用未溶血样本，以防红细胞内葡萄糖-6-磷酸在溶血时进入血清；必须在 30min 内分离血清，否则由于糖酵解使结果降低；用草酸钾-氟化钠为抗凝剂可抑制糖分解，分离血清（浆）标本在 2～8℃可稳定 24h，−20℃冷冻可稳定 30d。

② 也可不用试剂盒。一般配制方法如下：称取葡萄糖氧化酶 125mg 及过氧化物酶 5mg，溶于 100ml 磷酸盐-甘油缓冲液中。另称取邻联茴香胺（O-dianisidine）10mg，溶于蒸馏水中。将此两种溶液混合，贮于棕色瓶中 4℃保存，一个月内有效。

A_1：测定管的吸光度值；

A_2：标准管的吸光度值；

0.056：1mg/dL 葡萄糖物质的量浓度为 0.056mmol/L。

七、注意事项

1．酶法实验要求严格控制时间和温度。

2．葡萄糖氧化酶对 β-D-葡萄糖高度特异，葡萄糖溶液中约 36% 为 α-型，64%为 β-型。葡萄糖的完全氧化则需从 α-型到 β-型的变旋反应，实验中通过延长保温时间可完成自发变旋（也可加入葡萄糖变旋酶来加速其变旋过程）。新配制的葡萄糖主要是 α-型，故须放置 2h 以上（最好过夜），待变旋平衡后方可应用。

思考题

1．本方法使用的葡萄糖氧化酶对 β-D-葡萄糖高度特异，但溶液中的葡萄糖不可能全是 β-型，那么，你认为这种方法可靠吗？为什么？

2．请指出酶法测定血液中葡萄糖的优缺点。

实验6　血液中葡萄糖的测定（邻甲苯胺法）

一、目的

掌握邻甲苯胺法测定血糖的原理和方法。

二、原理

正常人血糖浓度在神经和激素调节下维持相对恒定。当调节因素失去平衡时会出现高血糖或低血糖。病理性高血糖常见于胰岛素不足、垂体前叶机能亢进、甲状腺功能亢进、嗜铬细胞瘤、胰岛 α 细胞癌等疾病。病理性低血糖常见于胰岛 β 细胞癌、垂体机能减退、肾上腺皮质机能减退及肝坏死、糖原贮积病等疾病。

测定血液葡萄糖的方法主要有三种：①利用葡萄糖的还原性，在与碱性铜试剂共热时，使铜离子（Cu^{2+}）还原成亚铜离子（Cu^{+}），但需注意血液中含有的谷胱甘肽、维生素 C、葡萄糖醛酸、尿酸、核糖等也能使铜离子还原（约相当于葡萄糖 0.2mg/ml），所以测定结果比真实血糖浓度高。②葡萄糖在加热的有机酸溶液中能与某些芳香族胺类（如苯胺、联苯胺、邻甲苯胺等）生成有色衍生物。邻甲苯胺对葡萄糖特异性高，测定结果为真糖值。③利用葡萄糖氧化酶对葡萄糖的氧化作用，此法特异性最高。葡萄糖氧化酶血糖试纸是血液葡萄糖的简易快速测定方法。

血液葡萄糖在进食后明显升高，所以必须采取空腹血做血液葡萄糖测定，血细胞糖酵解作用会降低血液葡萄糖浓度，所以血液抽出后应及时测定，或用含氟化钠的抗凝剂抑制糖酵解，可稳定 24h。

本实验采用临床上常用的邻甲苯胺法，利用葡萄糖在热的乙酸溶液中脱水后与邻甲苯胺缩合，生成青色的 Schiff 碱，对波长 630nm 的光有特征吸收，可比色定量测定。

其反应式如下：

葡萄糖　　　　　　5-羟甲基-2-呋喃甲醛　　　　　　Schiff 碱（青色）

由于邻甲苯胺只与醛糖作用而显色，故此种测定法不受血液中其他还原物质的干扰，测定时也无需去除血浆或血清中的蛋白质。

用此法测定时，100ml 血清或血浆中葡萄糖的正常值为 70～100mg。

三、实验器材

1．新鲜血清。

2．吸管 0.10ml（×7）、0.50ml（×1）、1.0ml（×1）、2.0ml（×1）、5.0ml（×2）。

3．容量瓶 10ml（×5）、100ml（×1）、1000ml（×1）。

4．试管 1.5cm×15cm（×7）。

5．紫外可见分光光度计。

6．沸水浴锅。

四、实验试剂

1．邻甲苯胺试剂[①]：称取硫脲 2.5g，溶解于 750ml 冰乙酸中，将此溶液转移到 1000ml 的容量瓶内，加邻甲苯胺 150ml 及 2.4%硼酸 100ml，再加冰乙酸至刻度。

2．葡萄糖贮存标准液（10mg/ml）：称取 2g 左右无水葡萄糖，放置在浓硫酸干燥器内过夜。精确称取此葡萄糖 1.00g，以饱和苯甲酸溶液溶解，移入 100ml 容量瓶内，稀释至刻度。

五、操作

取 10ml 容量瓶 5 只，分别编号 1，2，3，4，5，依次加入葡萄糖贮存标准液 0.5，1.0，2.0，3.0，4.0ml，再以饱和苯甲酸溶液稀释至 10ml 刻度，混匀。上述溶液 100ml 葡萄糖含量分别为 50，100，200，300，400mg，再按表 2 进行操作。

混匀后，置沸水浴中煮沸 15min，取出，在冰水浴中冷却。以"0"号管为对照，用紫外

---

① 邻甲苯胺为略带黄色的油状液体，易氧化。配制时宜重蒸馏，收集 199～201℃时无色或浅黄色的馏出液。

可见分光光度计在 630nm 处比色测定（表 2），以各管的吸光度为纵坐标，相应管中葡萄糖含量为横坐标，绘制标准曲线。根据测定管吸光度通过标准曲线即查得含量。

表 2　邻甲苯胺法测定血糖操作表

试剂 ＼ 管号	0	1	2	3	4	5	测定管
邻甲苯胺试剂/ml	5.0	5.0	5.0	5.0	5.0	5.0	5.0
上述 1~5 号稀释葡萄糖标准液/ml	—	0.1	0.1	0.1	0.1	0.1	—
血清/ml	—	—	—	—	—	—	0.1
蒸馏水/ml	0.1	—	—	—	—	—	—
100ml 血清相当于葡萄糖质量/mg	0	50	100	200	300	400	
A_{630nm}							

六、注意事项

笔　记

1. 邻甲苯胺试剂与葡萄糖显色的深浅及其稳定性与试剂中邻甲苯胺浓度、冰乙酸浓度、加热时间有关。此法显色稳定，24h 内无变化。若缩短加热时间，生成颜色容易消退。

2. 轻度溶血的血清对结果无明显影响。

3. 高脂血的标本最后显色有时会出现浑浊，影响测定，可先制备血滤液后再行测定。

4. 因操作中有沸水浴、冰水浴，可提前烧水并将冰块准备好，以节省实验时间。

思考题

测定血糖的邻甲苯胺法与实验 4、5 比较，有何优缺点？

实验 7　植物组织中可溶性总糖的测定（蒽酮比色法）

一、目的

掌握蒽酮比色法定糖的原理和方法。

二、原理

糖在浓硫酸作用下，脱水生成糠醛或羟甲基糠醛，糠醛或羟甲基糠醛可与蒽酮反应生成蓝绿色糠醛衍生物，在 620nm 处有最大吸收。在一定范围内，颜色的深浅与糖的含量成正比，故可用于糖的定量。

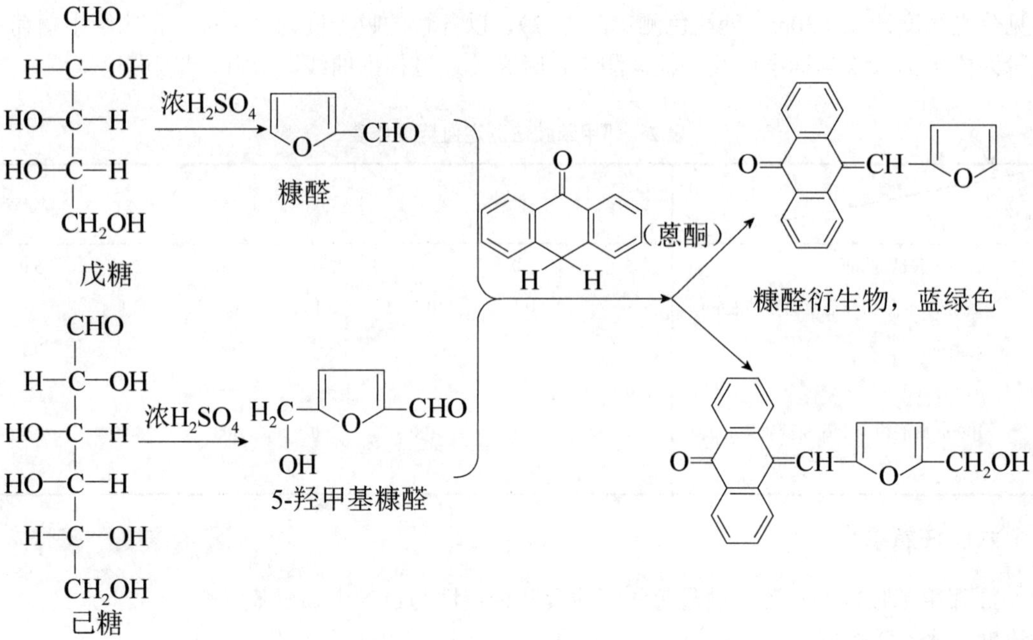

蒽酮法几乎可以测定所有的糖类物质，不但可以测定戊糖与己糖，而且可以测定寡糖类和多糖类，其中包括淀粉、纤维素、糖原等（因为反应液中的浓硫酸可以将多糖水解成单糖而发生反应），所以用蒽酮法测出的糖含量，实际上是溶液中的总糖含量。

此外，不同的糖类与蒽酮试剂的显色深度不同，果糖显色最深，葡萄糖次之，半乳糖、甘露糖较浅，五碳糖显色更浅。当样品中存有含有较多色氨酸的蛋白质时，反应不稳定，会呈现红色。

三、实验器材

1．新鲜植物叶片。

2．吸管 1ml（×2）、5ml（×1）、0.1ml（×1）、0.2ml（×1）、0.5ml（×3）。

3．试管 1.5cm×15cm（×7）。

4．紫外可见分光光度计。

5．沸水浴锅、电炉。

6．电子分析天平。

7．容量瓶 100ml（×1）、玻璃漏斗。

8．量筒、研钵、三角烧瓶。

四、实验试剂

1．蒽酮试剂：取 2g 蒽酮溶于 1000ml 80%（V/V）的硫酸中，当日配制使用[①]。

2．标准葡萄糖溶液（0.1mg/ml）：100mg 无水葡萄糖溶于蒸馏水并稀释至 1000ml（可滴加几滴甲苯作防腐剂）。

五、操作

1．制作标准曲线

取干净试管 6 支，按表 3 进行操作。

---

① 蒽酮试剂中硫酸的浓度为 80%，因为蒽酮不能溶于低于 80%的硫酸溶液中。测定样品中含水量不能多，试管也应干燥无水，否则蒽酮会在测定液中析出而影响测定。

以吸光度为纵坐标，各标准液浓度（mg/ml）为横坐标作图得标准曲线。

表3　蒽酮比色法定糖——标准曲线的制作

管号 试剂	0	1	2	3	4	5
标准葡萄糖溶液/ml	0	0.1	0.2	0.3	0.4	0.5
蒸馏水/ml	1.0	0.9	0.8	0.7	0.6	0.5
			置冰水浴中 5min			
蒽酮试剂/ml	4.0	4.0	4.0	4.0	4.0	4.0
	沸水浴中准确煮沸 10min，取出，用自来水冷却，室温放置 10min，在 620nm 处比色					
A_{620nm}						

2．可溶性糖的提取和测定

取新鲜植物叶片，洗净表面污物，用滤纸吸去表面水分。称取 1.0g，剪碎，加入 10ml 蒸馏水，在研钵中磨成匀浆，转入锥形瓶中，并用 20ml 蒸馏水冲洗研钵 2～3 次，洗出液也转入锥形瓶中。用塑料薄膜封口，于沸水中提取 30min，冷却后过滤并定容至 100ml，此为待测液。吸取待测液 0.5ml 于试管中，加蒸馏水 0.5ml，浸于冰水浴中冷却，再加 4ml 蒸酮试剂，沸水浴中煮沸 10min，取出，用自来水冷却后比色，其他条件与做标准曲线相同，根据测得的吸光度值由标准曲线查算出样品液的糖含量。

笔　记

六、计算

$$\omega（总糖）=\frac{c\times V}{m}\times100\%$$

式中　ω（总糖）：总糖的质量分数（%）；

　　　　c：从标准曲线上查出的糖含量（mg/ml）；

　　　　V：样品稀释后的体积（ml）；

　　　　m：样品的质量（mg）。

七、注意事项

1．若提取物中存在过多色素会干扰显色，需事先除去。

2．不同显色温度和时间对产物的吸光度影响较大，沸水浴时间过长，糠醛衍生物遭破坏，颜色会消退。

3．蒽酮试剂中含浓硫酸，操作时要小心，注意安全。

思考题

1．本实验蒽酮法用于测定植物叶片中的可溶性糖，非可溶性糖可用此方法吗？

2．制作标准曲线时应注意哪些问题？

实验 8　总糖和还原糖的测定（3,5-二硝基水杨酸法）

一、目的

掌握还原糖和总糖的测定原理，学习用 3,5-二硝基水杨酸法测定还原糖的方法。

二、原理

单糖和某些寡糖含有游离的醛基或酮基，有还原性，属于还原糖；而多糖和蔗糖等属于非还原性糖。利用多糖能被酸水解为单糖的性质可以通过测定水解后的单糖含量对总糖进行测定。

还原糖在碱性条件下加热被氧化成糖酸及其他产物，3,5-二硝基水杨酸则被还原为棕红色的 3-氨基-5-硝基水杨酸。在过量的 NaOH 碱性溶液中此化合物呈橘红色，在 540nm 处一定的浓度范围内还原糖的量与光吸收值呈线性关系，利用比色法可测定样品中的含糖量和总糖的含量[①]。

三、实验器材

1. 冬虫夏草干粉、山芋粉或其他植物材料。
2. 试管 1.5cm×15cm（×8）。
3. 吸管 0.2ml（×2）、0.5ml（×2）、1ml（×5）、10ml（×1）。
4. 恒温水浴锅。
5. 沸水浴锅、电磁炉、白瓷板。
6. 紫外可见分光光度计。
7. pH 试纸（1～14）。
8. 容量瓶 100ml（×3）。
9. 量筒、研钵、三角烧瓶、玻璃漏斗。
10. 电子分析天平、离心机。

四、实验试剂

1. 标准葡萄糖溶液（1.0mg/ml）：准确称取干燥恒重的无水葡萄糖 100mg，溶于蒸馏水并定容至 100ml，混匀，4℃冰箱中保存备用。

2. 3,5-二硝基水杨酸（DNS）试剂：将 6.3g DNS 和 262ml 2mol/L NaOH 溶液，加到 500ml 含有 185g 酒石酸钾钠的热水溶液中，再加 5g 结晶酚和 5g 亚硫酸钠，搅拌溶解，冷却后加蒸馏水定容至 1000ml，贮于棕色瓶中备用。

3. 6mol/L HCl：取 250ml 浓 HCl（35%～38%），用蒸馏水稀释到 500ml。

4. 6mol/L NaOH：称取 24g NaOH 溶于蒸馏水并稀释至 100ml。

---

① 不同还原糖在物化性质上仍有所差别，因此还原糖测定的结果只是反映样品整体情况。如果样品中只含有某种还原糖，则应以该还原糖做标准品，测得结果为该还原糖的含量。如果样品中还原糖的成分未知，或为多种还原糖的混合物，则以某种还原糖做标准品，结果以该还原糖计，但不代表该糖的真实含量。

5．碘-碘化钾溶液：称取 5g 碘，10g 碘化钾溶于 100ml 蒸馏水中。

五、操作

1．葡萄糖标准曲线的制作

取干净试管 6 支，按表 4 进行操作。以吸光度为纵坐标，各标准液浓度（mg/ml）为横坐标作图得标准曲线。

表 4　3,5-二硝基水杨酸法定糖——标准曲线的制作

试剂 \ 管号	0	1	2	3	4	5
标准葡萄糖溶液/ml	0	0.1	0.2	0.3	0.4	0.5
蒸馏水/ml	1.0	0.9	0.8	0.7	0.6	0.5
DNS 试剂/ml	2.0	2.0	2.0	2.0	2.0	2.0
	沸水浴中准确煮沸 5min，取出，用自来水冷却至室温					
蒸馏水/ml	4.0	4.0	4.0	4.0	4.0	4.0
	混匀后，在 540nm 处比色					
A_{540nm}						

2．样品中还原糖的提取和测定

准确称取 0.5g 冬虫夏草干粉，加蒸馏水约 3ml，在研钵中磨成匀浆，转入三角烧瓶中，并用约 30ml 的蒸馏水冲洗研钵 2～3 次，洗出液也转入三角烧瓶中。于 50℃水浴中保温 0.5h，不时搅拌，使还原糖浸出。将浸出液（含沉淀）转移到 100ml 离心管中，于 4000r/min 下离心 5min，沉淀用 20ml 蒸馏水洗一次，再离心，将两次离心的上清液合并，用蒸馏水定容至 100ml，混匀，作为还原糖待测液。取 1ml 进行还原糖的测定。

3．样品中总糖的水解、提取和测定

准确称取 0.5g 冬虫夏草干粉，加蒸馏水约 3ml，在研钵中磨成匀浆，转入三角烧瓶中，并用约 12ml 的蒸馏水冲洗研钵 2～3 次，洗出液也转入三角烧瓶中。再向三角烧瓶中加入 6mol/L 盐酸 10ml，搅拌均匀后在沸水浴中水解 0.5h，取出 1～2 滴置于白瓷板上，加 1 滴 I_2-KI 溶液检查水解是否完全。如已水解完全，则不显蓝色。水解完毕，冷却至室温后用 6mol/L NaOH 溶液中和至 pH 呈中性。然后用蒸馏水定容至 100ml，过滤，取滤液 10ml，用蒸馏水定容至 100ml，成稀释 1000 倍的总糖水解液。取 1ml 总糖水解液，测定其还原糖的含量。

六、计算

按照下列公式分别计算冬虫夏草干粉中还原糖和总糖的百分含量。

$$\omega（还原糖）= \frac{C_1 V_1}{m} \times 100\%$$

$$\omega（总糖）= \frac{C_2 V_2}{m} \times 0.9^{①} \times 100\%$$

① 计算总糖含量的公式，在测定干扰杂质很少、还原糖含量相对总糖含量很少时适用，乘以 0.9 是为了从测定出的总糖水解成单糖量中，扣除水解时所消耗的水量。

笔　　记

式中　ω（还原糖）：还原糖的质量分数（%）；

ω（总糖）：总糖的质量分数（%）；

C_1：还原糖的质量浓度（mg/ml）；

C_2：水解后还原糖的质量浓度（mg/ml）；

V_1：样品中还原糖提取液的体积（ml）；

V_2：样品中总糖提取液的体积（ml）；

m：样品的质量（mg）。

七、注意事项

1．使用离心机时一定要注意相对两个离心管的平衡。

2．样品中总糖的水解，要保证水解完全。

3．可根据具体情况决定稀释液倍数，有时候可超过标示倍数。

思考题

1．为何在3,5-二硝基水杨酸试剂中加入结晶酚和亚硫酸钠？

2．将测得的数据与文献值比较，是否与文献值一致或接近？试分析造成误差的原因。

实验9　淀粉的制备与水解

一、目的

1．熟悉淀粉多糖的碘实验反应原理和方法。

2．进一步了解淀粉的水解过程。

二、原理

淀粉广布于植物界，谷、果实、种子、块茎中含量丰富，工业用的淀粉主要来源于玉米、山芋、马铃薯。本实验以马铃薯为原料，利用淀粉不溶或难溶于水的性质来制备淀粉。

淀粉遇碘呈蓝色[①]，是由于碘被吸附在淀粉上，形成一复合物，此复合物不稳定，极易被醇、氢氧化钠和加热等使颜色褪去，其他多糖大多能与碘呈特异的颜色，此类呈色物质也不稳定。

淀粉在酸催化下加热，逐步水解成分子较小的糖，最后水解成葡萄糖，其过程如下：

$$(C_6H_{10}O_5)_x \longrightarrow (C_6H_{10}O_5)_x \longrightarrow C_{12}H_{22}O_{11} \longrightarrow C_6H_{12}O_6$$

　　淀粉　　　　　各种糊精　　　麦芽糖　　　　葡萄糖

淀粉完全水解后，失去与碘的反应能力同时出现单糖的还原性。

---

① 此实验时，溶液需呈中性或酸性。

三、实验器材

1．马铃薯。
2．纱布、研钵（×1）。
3．布氏漏斗（×1）、抽滤瓶 500ml（×1）。
4．表面皿ϕ10cm（×1）、白瓷板、皮头滴管。
5．试管 1.5cm×15cm（×4）。
6．电炉、石棉网。
7．烧杯 50ml（×1）。
8．量筒 25ml（×1）。
9．吸管 1.0ml（×1）。
10．木试管夹。

四、实验试剂

1．稀碘液：配制 2%碘化钾溶液，加入适量碘，使溶液呈淡棕黄色即可。
2．1%淀粉溶液：见实验 1.1。
3．0.1%淀粉溶液：将 1%淀粉溶液用热水稀释 10 倍（可加数滴甲苯防腐）。
4．10% NaOH 溶液：称取 NaOH 10g，溶于蒸馏水并稀释至 100ml。
5．本尼迪特试剂：见实验 2。
6．20%硫酸（V/V）：量取蒸馏水 78ml 置烧杯中，加入浓硫酸 20ml（相对密度 1.84），混匀，冷却后贮于试剂瓶中。
7．10%碳酸钠溶液：称取无水碳酸钠 10g，溶于蒸馏水并稀释至 100ml。

五、操作

1．马铃薯淀粉的制备

将生马铃薯去皮，洗净。称取 20g，剪成细小颗粒，在研钵中充分研碎，加入 60ml 蒸馏水混匀，用双层纱布过滤，除去粗颗粒。滤渣多次用水洗，收集滤液，滤液室温静置 30min，小心倾去上层清液，用 30ml 蒸馏水重新悬浮白色沉淀，3000r/min 下离心 10min，倾去上清液，沉淀用少量水悬浮，抽滤，水洗 3～4 次，抽干。滤饼摊放在培养皿中，风干后称重，计算得率。

2．淀粉与碘的反应

（1）置少量自制淀粉于白瓷板上，加 1～3 滴稀碘液，观察颜色变化。

（2）取试管 1 支，加 0.1%淀粉液 5ml，再加 2 滴稀碘液，摇匀后，观察其颜色变化。将管内液体分成 3 份，其中 1 份加热，观察颜色是否褪去。冷却后，颜色是否全部恢复。另 2 份分别加入乙醇和 10% NaOH 溶液，观察颜色变化并解释之。

3．淀粉的水解

在一小烧杯内加入 1%淀粉溶液 25ml 及 20%硫酸 1ml，放在石棉网上小火加热，微沸后每隔 2min 取出反应液 2 滴置于白瓷板上做碘试验。与此同时另取反应液 3 滴，用 10%碳酸钠溶液中和后，做本尼迪特试验（参阅实验 2），记录实验结果并解释之。

六、注意事项

1．淀粉提取时可适当加热以促进淀粉聚沉，但温度不能超过 50℃，否则会因溶解度增大而减少产量。

2．用水洗涤淀粉时需待淀粉沉降完全后再小心倾出上清液，亦可

笔　记

直接用滴管吸去上清液。

 思考题

1. 实验提取的马铃薯淀粉是直链淀粉、支链淀粉还是两者皆有？
2. 淀粉有没有还原性？如何验证？

实验 10　淀粉的分离纯化及其组分含量的测定

一、目的

1. 学习淀粉的分离纯化方法。
2. 掌握双波长测定直链淀粉和支链淀粉的原理及方法。

二、原理

淀粉是贮藏物质。大量的淀粉主要存在于种子及块茎中，禾谷类种子含淀粉 50%～80%，板栗含淀粉 50%～70%。淀粉以粒状形式存在，其主要成分是多糖，约占 95% 以上，此外还含有少量矿物质、磷酸和脂肪酸。不同作物种子的淀粉，淀粉粒的形态和大小均不同，根据这种性质可鉴定淀粉的种类。

淀粉是白色无定形粉末，由直链淀粉与支链淀粉两部分组成，它们在淀粉中的比例随植物的品种而异，一般直链淀粉在淀粉中约为 20%～25%，支链淀粉为 75%～80%。直链淀粉是由葡萄糖分子通过 α-1,4 糖苷键连接的线性分子，溶于热水，但不成糊状，呈 6 个葡萄糖残基为一周的螺旋结构，葡萄糖残基上羟基朝向圈内。当碘分子进入圈内时，羟基成为电子供体，碘分子成为电子受体，形成淀粉-碘络合物，呈现蓝色。支链淀粉不溶于水，与热水作用则膨胀而成糊状，与碘作用生成紫红色。

根据双波长比色原理，如果溶液中某溶质在两个波长下均有吸收，则两个波长的吸收差值与溶液浓度成正比。

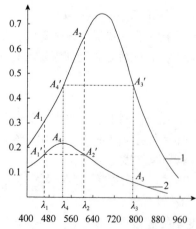

图 3　淀粉-碘结合物的吸收曲线
1. 直链淀粉；2. 支链淀粉

如果用两种淀粉的标准溶液分别与碘反应，然后在同一个坐标系里进行扫描（400～960nm）或作吸收曲线，可以得到图 3 所示结果。

对直链淀粉来说，选择 λ_2 为测定波长（不一定是最大吸收波长），在 λ_2 处作 x 轴垂线，垂线与曲线1、2分别相交于 A_2、A_2'。通过 A_2' 作 x 轴平行线，与曲线2相交于 A_1'。通过 A_1' 再作 x 轴垂线。垂线与曲线1和 x 轴分别相交于 A_1 和 λ_1。λ_1 即为直链淀粉测定的参比波长。$A_2 - A_1 = \Delta A_\text{直}$，$\Delta A_\text{直}$ 与直链淀粉含量成正比，在此条件下，$A_2' = A_1'$，支链淀粉的存在不会干扰直链淀粉的测定。

同样，可以通过作图选择支链淀粉的测定波长为 λ_4，参比波长为 λ_3。$A_4 - A_3 = \Delta A_\text{支}$ 与支链淀粉含量成正比，直链淀粉的存在也不会干扰支链淀粉的测定。

对含有直链淀粉和支链淀粉的未知样品，与碘显色后，只要在选定的波长 λ_1、λ_2、λ_3、λ_4 处作四次比色，利用直链淀粉和支链淀粉标准曲线即可求出样品中两类淀粉的含量。

三、实验器材

1. 红薯或含淀粉的其他材料。
2. 电子分析天平。
3. 双光束分光光度计。
4. pH 计。
5. 容量瓶 100ml（×2），50ml（×16）。
6. 吸管 0.5ml（×1），2.0ml（×1），5.0ml（×1）。
7. 高速组织捣碎机。
8. 纱布。
9. 离心机。
10. 索氏脂肪抽提器。

四、实验试剂

1. 10% NaCl 溶液。
2. 无水乙醇。
3. 直链淀粉标准液（1mg/ml）：准确称取 100mg 直链淀粉纯品，加 0.5mol/L KOH 10ml，稍加热，待溶解后，转移至 100ml 容量瓶中，加蒸馏水定容至刻度，即为 1mg/ml 直链淀粉标准溶液。
4. 支链淀粉标准液（1mg/ml）：用 100mg 支链淀粉纯品按上法制备成 1mg/ml 支链淀粉标准液。
5. 0.5mol/L KOH。
6. 0.1mol/L HCl。
7. 碘试剂：称取碘化钾 2.0g，溶于少量蒸馏水，再加碘 0.2g，待溶解后用蒸馏水定容至 100ml。
8. 红薯纯淀粉。
9. 乙醚。

五、操作

1. 淀粉的制备

将红薯去皮，称取 50～60g 洗净后切碎，以 1∶3（质量体积比）比例加水混合，用高速组织捣碎机捣碎。然后用三层纱布过滤，滤渣再加少量水冲洗 2 次，收集滤液，用离心机 3500r/min 离心 10min 后倒去上清液，沉淀再用水冲洗，充分搅匀，同样条件再离心一次，去上清，保留沉淀。

2. 淀粉纯化

向沉淀中加入 10% NaCl 溶液（用量约为沉淀的 4 倍体积），反复搅拌 10min，于 3500r/min 离心 10min 使其澄清，倒去上清液，如此再重复一次，以除去蛋白质。沉淀用水洗 2 次，并反复搅匀，3500r/min 离心 10min 使淀粉沉淀。沉淀再用少量无水乙醇洗涤 2 次，倾出乙醇洗涤液，沉淀转入培养皿后风干，即为淀粉制品①。

3. 直链淀粉、支链淀粉测定波长和参比波长的选择

直链淀粉：取 1mg/ml 直链淀粉标准液 1.0ml 至 50ml 容量瓶中，加蒸馏水 30ml，以 0.1mol/L

---

① 直链淀粉和支链淀粉的分离可采用纤维素吸附法。利用直链淀粉能被纤维素吸附而支链淀粉不能被吸附的性质可将它们分离，将冷红薯淀粉溶液通过脱脂棉花柱，直链淀粉被吸附在棉花上，支链淀粉流过，直链淀粉再用热水洗涤出来。用此方法可制得高纯度的支链淀粉。

HCl 溶液调至 pH 3.5 左右，加入碘试剂 0.5ml，并以蒸馏水定容。静置 20min，以蒸馏水为空白，用双光束分光光度计进行可见光全波段扫描或用普通比色法绘出直链淀粉吸收曲线。

支链淀粉：取 1mg/ml 支链淀粉标准液 1.0ml 至 50ml 容量瓶中，以下操作同直链淀粉。在同一坐标系内获得支链淀粉可见光波段吸收曲线。

根据原理部分介绍的方法，确定直链淀粉和支链淀粉的测定波长和参比波长 λ_2、λ_1、λ_4 和 λ_3。

4．制作双波长直链淀粉标准曲线

取 6 只 50ml 容量瓶，编号，按表 5 进行操作。

表 5　直链淀粉含量测定——直链淀粉标准曲线的制作

试剂 \ 编号	1	2	3	4	5	6
直链淀粉标准液/ml	0.3	0.5	0.7	0.9	1.1	1.3
蒸馏水/ml	30	30	30	30	30	30
	以 0.1mol/L HCl 溶液调至 pH 3.5 左右					
碘试剂/ml	0.5	0.5	0.5	0.5	0.5	0.5
	用蒸馏水定容，静置 20min					
$\Delta A_{直}$						

以蒸馏水为空白，用 1cm 比色杯在 λ_1、λ_2 两波长下分别测定 A_{λ_1}、A_{λ_2}，即得 $\Delta A_{直}=A_{\lambda_2}-A_{\lambda_1}$。以 $\Delta A_{直}$ 为纵坐标，直链淀粉含量（mg）为横坐标，制备双波长直链淀粉标准曲线。

5．制作双波长支链淀粉标准曲线

取 6 只 50ml 容量瓶，编号，按表 6 进行操作。

表 6　支链淀粉含量测定——支链淀粉标准曲线的制作

试剂 \ 编号	1	2	3	4	5	6
支链淀粉标准液/ml	2.0	2.5	3.0	3.5	4.0	4.5
蒸馏水/ml	30	30	30	30	30	30
	以 0.1mol/L HCl 溶液调至 pH 3.5 左右					
碘试剂/ml	0.5	0.5	0.5	0.5	0.5	0.5
	用蒸馏水定容，静置 20min					
$\Delta A_{支}$						

以蒸馏水为空白，用 1cm 比色杯在 λ_3、λ_4 两波长下分别测定 A_{λ_3}、A_{λ_4}，即得 $\Delta A_{支}=A_{\lambda_4}-A_{\lambda_3}$。以 $\Delta A_{支}$ 为纵坐标，支链淀粉含量（mg）为横坐标，制备双波长支链淀粉标准曲线。

6．样品中直链淀粉、支链淀粉及总淀粉的测定

称取脱脂样品[①]0.1g（精确至 1mg），置于 50ml 容量瓶中，加 0.5mol/L KOH 溶液 10ml，在沸水浴中加热 10min，取出，以蒸馏水定容至 50ml（可加少量乙醇以消除泡沫），静置。

吸取样品液 2.5ml 两份（即样品测定液和空白液），均加蒸馏水 30ml，以 0.1mol/L HCl

---

① 样品需粉碎后过 60 目筛，然后用乙醚脱脂（参见实验 14）。

溶液调至 pH 3.5 左右，样品测定液中加入碘试剂 0.5ml，空白液不加碘试剂，然后均用蒸馏水定容至 50ml。静置 20min 后，以空白液为对照，用 1cm 比色杯，分别测定 λ_2、λ_1、λ_4、λ_3 的吸收值 A_{λ_2}、A_{λ_1}、A_{λ_4}、A_{λ_3}。得到 $\Delta A_{直}=A_{\lambda_2}-A_{\lambda_1}$，$\Delta A_{支}=A_{\lambda_4}-A_{\lambda_3}$。分别查两类淀粉的双波长标准曲线，即可计算出脱脂样品中直链淀粉和支链淀粉含量，二者之和即为总淀粉含量。

六、计算

按下式分别计算 100g 样品中直链淀粉、支链淀粉的含量及总淀粉含量

$$\omega_1=\frac{m_1\times 50}{2.5\times m}\times 100\%$$

$$\omega_2=\frac{m_2\times 50}{2.5\times m}\times 100\%$$

$$\omega=\omega_1+\omega_2$$

式中　ω_1：直链淀粉的质量分数（%）；

　　　ω_2：支链淀粉的质量分数（%）；

　　　ω：总淀粉的质量分数（%）；

　　　m_1：样液中测得的直链淀粉的质量（mg）；

　　　m_2：样液中测得的支链淀粉的质量（mg）；

　　　m：样品质量（mg）。

笔　　记

七、注意事项

1. 样品中的脂类物质会影响样品的溶解性以及显色，因此样品需事先进行脱脂处理。

2. 因蜡质和非蜡质支链淀粉碘复合物颜色差异较大，在制备双波长支链淀粉曲线时，应根据测定的谷物类型选择不同支链淀粉纯品（蜡质或非蜡质型）。

思考题

1. 双波长法测定谷物中直链、支链淀粉的原理是什么？

2. 除了双波长法外，还有哪些方法能分别测定直链和支链淀粉？试与本实验比较它们的优缺点。

实验 11　果胶的提取与果胶含量的测定

一、目的

1. 掌握用橘皮提取果胶的方法。

2. 掌握比色法测定果胶的原理和方法。

二、原理

果胶包括原果胶、水溶性果胶和果胶酸。在果蔬中,尤其是未成熟的水果和皮中,果胶多数以原果胶存在,原果胶通过金属离子桥(如 Ca^{2+})与多聚半乳糖醛酸中的游离羧基相结合。原果胶不溶于水,可用酸水解,生成可溶性果胶,再进行提取、脱色、沉淀、干燥,即为商品果胶。得到水溶性果胶后可直接固化成粗果胶,也可根据果胶不溶于乙醇的原理将其沉淀得到果胶。本实验采取酸水解乙醇沉淀法。从柑橘皮中提取的果胶是高酯化度的果胶(酯化度在 70%以上)。在食品工业中常利用果胶制作果酱、果冻和糖果,在汁液类食品中做增稠剂、乳化剂。

果胶含量的测定包括重量测定法和咔唑法。本实验采用咔唑比色法。果胶经水解,其产物半乳糖醛酸可在强酸环境下与咔唑试剂产生缩合反应,生成紫红色化合物,在 530nm 波长下,其呈色深浅与半乳糖醛酸含量成正比,可用于定量测定。

三、实验器材

1. 新鲜橘皮。
2. 紫外可见分光光度计。
3. 试管 3cm×20cm(×9),烧杯 250ml(×4)。
4. 电子分析天平。
5. 恒温水浴锅、电磁炉、烘箱。
6. 100 目尼龙布(20cm×20cm,×4)。
7. pH 试纸(1~14)。
8. 布氏漏斗和抽滤瓶。
9. 容量瓶 100ml(×2)。

四、实验试剂

1. 0.25% HCl。
2. 95%乙醇(A.R.)。
3. H_2SO_4(浓)(A.R.)。
4. 稀氨水(A.R.)。
5. 0.15%咔唑乙醇溶液:称取分析纯咔唑 0.15g,溶解于分析纯乙醇中并定容到 100ml。咔唑溶解缓慢,需加以搅拌。
6. 半乳糖醛酸标准液:称取半乳糖醛酸 100mg,溶于蒸馏水中并定容至 100ml。用此溶液配制一组浓度为 10~70μg/ml 的半乳糖醛酸标准溶液。
7. 活性炭。
8. 硅藻土。

五、操作

1. 果胶的提取

(1)原料预处理:称取新鲜柑橘皮 20g 左右,加入 250ml 烧杯中,加水 120ml,加热至 90℃保持 5~10min,使酶失活。用水冲洗后切成 3~5mm 的颗粒,用 50℃左右的热水漂洗,直至漂洗水为无色、果皮无异味为止(每次漂洗必须把果皮用尼龙布挤干,再进行下一次漂洗)。

(2)酸水解提取:将处理过的果皮粒放入烧杯中,加入约 60ml 0.25% HCl 溶液,以浸没果皮为宜,调 pH 至 2.0~2.5,加热至 90℃并煮 45min,趁热用 100 目尼龙布或四层纱布过滤。

（3）脱色：在滤液中加入 0.5%～1.0%的活性炭，于 80℃加热 20min，进行脱色和除异味，趁热抽滤（如抽滤困难可加入 2%～4%的硅藻土作为助滤剂）。如果柑橘皮漂洗干净萃取液为清澈透明则不用脱色。

（4）沉淀：待提取液冷却后，用稀氨水调 pH 至 3～4。在不断搅拌下加入 95%乙醇溶液，加入乙醇的量约为原体积的 1.3 倍，使乙醇浓度达到 50%～65%。

（5）过滤、洗涤、烘干：用尼龙布过滤（滤液可用蒸馏法回收乙醇），收集果胶，并用 95%乙醇反复洗涤果胶直至滤液中无糖为止[①]。再放于烘箱 60～70℃干燥果胶，得果胶产品，计算得率。

（6）配制样品溶液：称取一定量已制得的果胶样品，用蒸馏水溶解并定容至 100ml。

2．果胶含量的测定

（1）制作标准曲线

取 8 个干净试管按表 7 进行操作。

以吸光度为纵坐标，半乳糖醛酸浓度为横坐标作图得标准曲线。

表 7　果胶含量的测定——标准曲线的制作

试剂	编号	0	1	2	3	4	5	6	7
浓硫酸/ml		6	6	6	6	6	6	6	6
		置冰浴中，缓慢地依次加入下列试剂							
半乳糖醛酸溶液	浓度/（µg/ml）	0	10	20	30	40	50	60	70
	体积/ml	1.0	1.0	1.0	1.0	1.0	1.0	1.0	1.0
		在沸水浴中加热 10min，用流水速冷至室温							
0.15%咔唑/ml		0.5	0.5	0.5	0.5	0.5	0.5	0.5	0.5
		充分混匀，室温放置 30min，在 530nm 处比色							
A_{530nm}									

（2）样品果胶含量的测定

准确吸取果胶样品液 1.0ml 于试管中，按标准曲线制作方法操作，根据测得的吸光度值由标准曲线查算出样品液的半乳糖醛酸含量。

笔　　记

六、计算

$$\omega = \frac{cV}{m \times 10^6} \times 100\%$$

式中　ω：柑橘皮中果胶的质量分数（%）；

　　　c：从标准曲线上查出的半乳糖醛酸质量浓度（µg/ml）；

　　　V：果胶提取液体积（ml）；

　　　m：样品质量（g）；

[①]　糖分存在会干扰咔唑的反应，使结果偏高，故提取果胶时需充分洗涤以除去糖分。可取少量滤液进行莫氏实验（参阅实验 1.1）来检验是否含糖。

10^6：μg 换算成 g。

七、注意事项

硫酸浓度直接关系到显色反应，应保证标准曲线、样品测定中所用硫酸浓度一致。

 **思考题**

1. 果胶的营养价值如何？人体是否能直接吸收？
2. 如何选择生化物质实验中的实验材料？有何标准？

第二章　脂　质

实验 12　脂肪的组成

一、目的

了解脂肪的组成及其有关性质。

二、原理

脂肪即中性脂，是脂酸与丙三醇（甘油）所成的酯。一切脂肪都能被酸、碱、蒸汽及脂酶所水解，产生甘油和脂酸。如果催化剂是碱，则得甘油和脂酸的盐类，这种盐类称皂，脂肪的碱水解亦称皂化作用。

$$
\begin{array}{l}
CH_2-O-\overset{\displaystyle O}{\overset{\|}{C}}-R \\
CH-O-\overset{\displaystyle O}{\overset{\|}{C}}-R' \\
CH_2-O-\overset{\displaystyle O}{\overset{\|}{C}}-R''
\end{array}
+3H_2O
\xrightarrow[\text{酸、碱、蒸汽}]{\text{脂酶}}
\begin{array}{l}
CH_2-OH \\
CH-OH \\
CH_2-OH
\end{array}
+
\begin{array}{l}
R-COOH \\
R'-COOH \\
R''-COOH
\end{array}
$$

脂肪　　　　　　　　　　　　　　甘油　　　脂肪酸

$$
\begin{array}{l}
CH_2-O-\overset{\displaystyle O}{\overset{\|}{C}}-R \\
CH-O-\overset{\displaystyle O}{\overset{\|}{C}}-R' \\
CH_2-O-\overset{\displaystyle O}{\overset{\|}{C}}-R''
\end{array}
+3NaOH
\longrightarrow
\begin{array}{l}
CH_2-OH \\
CH-OH \\
CH_2-OH
\end{array}
+
\begin{array}{l}
R-COONa \\
R'-COONa \\
R''-COONa
\end{array}
$$

脂肪　　　　　　　　　　　　甘油　　　　　皂

皂用酸水解即得脂肪酸，脂肪酸不溶于水而溶于脂溶剂，呈酸性。甘油脱水即成丙烯醛，具有特殊臭味，可辨别。

三、实验器材

1. 猪油或其他脂肪。
2. 烧瓶 250ml（×1）。
3. 量筒 250ml（×1）、100ml（×1）、10ml（×1）。
4. 冷凝管、橡皮管。
5. 沸水浴锅。
6. 电炉。
7. 试管 1.5cm×15cm（×3）。
8. 蒸发皿 100ml（×1）。
9. 烘箱（200℃）。

四、实验试剂

1．95%乙醇（C.P.）。

2．浓盐酸（C.P.）。

3．乙醚（A.R.）。

4．苯（A.R.）。

5．氯化钙（C.P.）。

6．甘油（C.P.）。

7．40%NaOH 溶液：称取 40g NaOH，置 250ml 烧杯中，逐渐加入 100ml 蒸馏水，搅拌使其溶解。

五、操作

1．水解

称取约 2.5g 脂肪置于 250ml 烧瓶中，加入 95%乙醇[①]250ml，及 40%氢氧化钠溶液 5ml，烧瓶口接一冷凝管，置沸水浴中回流 0.5～1h[②]。然后蒸去乙醇，至所剩溶液约为 5ml 时，加入 75ml 热水，使浓缩液溶解。

2．脂肪酸与甘油的分离

将上述溶液，加浓盐酸（约 5～6ml）使呈酸性（以石蕊试纸试之），加热，至能清楚见到脂肪酸呈油状浮于上层时，用分液漏斗将下层水溶液分开（此水溶液须保留，供以后实验用）。用热水重复洗涤脂肪酸三次，每次用热水约 100ml，以除去混杂于脂肪酸中的无机盐、甘油及剩余之盐酸等。然后移入试管中，静置澄清[③]，上清液即为脂肪酸。

3．脂肪酸溶解度试验

将脂肪酸用滴管吸出，注入另一试管中，置烘箱（90～95℃）内干燥，试验脂肪酸在水、乙醚和苯中的溶解度。

4．甘油的提取

将分离脂肪酸时所保留的水层，置蒸发皿中于蒸汽浴上蒸干，加入少量乙醇（约 5～10ml），再蒸干，残留物大部分为氯化钠及少量甘油，用 35ml 乙醇，分 3 次提取并略加热以助提取之完全，合并 3 次所得提取液，置蒸发皿内，在水浴上蒸发至浆状。

5．甘油的丙烯醛试验

取上述浆状物少许，置于试管内，加入少量氯化钙或硫酸氢钾[④]，小心加热，注意放

---

① 乙醇中如含有乙醛，遇碱即成黄色树脂类化合物，如颜色较深，可用无醛乙醇，无醛乙醇的制法是：溶 1.5g AgNO$_3$ 于 3ml 水中，加入 1000ml 乙醇，混匀；另溶 3g KOH 于 15ml 热乙醇中，冷后倾入上述硝酸银乙醇液中，再混匀，静置，使氧化银沉下，虹吸取出上清液，蒸馏即得。

② 冷却后瓶内液体无油滴，即皂化完成。

③ 如因脂肪酸熔点较低而凝固，可保温澄清。

④ 甘油脱水成丙烯醛反应如下：

$$\begin{array}{ccc}
CH_2OH & & CHO \\
| & \xrightarrow[\text{加热}]{CaCl_2} & | \\
CH-OH & & CH \quad +2H_2O \\
| & & \parallel \\
CH_2OH & & CH_2 \\
\text{甘油} & & \text{丙烯醛}
\end{array}$$

用 KHSO$_4$ 作脱水剂时，如加热过猛，KHSO$_4$ 可还原为 SO$_2$，其气味易误认为丙烯醛，故加热时应小心。

出之特殊臭味，与厨房中过度煎熬脂肪之气味相似。另以数滴纯甘油按同法试之，比较其结果。

六、注意事项

1. 可用硫酸钾、硼酸、三氯化铝代替硫酸氢钾，效果相同。
2. 不加脱水剂情况下，纯甘油加热到 280℃ 也会分解产生丙烯醛。

思考题

高温熬制的动物油脂和未精炼的植物油哪种所含的游离脂肪酸较多？

实验 13　卵磷脂的提取和鉴定

一、目的

了解用乙醇作为溶剂提取卵磷脂的原理和方法。

二、原理

卵磷脂在脑、神经组织、肝、肾上腺和红细胞中含量较多，蛋黄中含量特别多。卵磷脂易溶于醇、乙醚等脂溶剂，可利用这些脂溶剂提取。

新提取得到的卵磷脂为白色蜡状物，与空气接触后因所含不饱和脂酸被氧化而呈黄褐色。卵磷脂中的胆碱基在碱性溶液中可分解成三甲胺，三甲胺有特异的鱼腥臭味，可鉴别。

三、实验器材

1. 鸡蛋黄。
2. 烧杯 50ml（×1）。
3. 量筒 50ml（×1）。
4. 蒸发皿（×1）。
5. 试管 1.5cm×15cm（×1）。
6. 吸管 2ml（×1）。
7. 电子天平。

四、实验试剂

1. 95%乙醇（C.P.）。
2. 10%氢氧化钠溶液：10g NaOH 溶于蒸馏水，稀释至 100ml。

五、操作

1. 提取

于小烧杯内置蛋黄约 2g，加入热 95%乙醇 15ml，边加边搅，冷却，过滤[①]，将滤液置于蒸发皿内，蒸汽浴上蒸干，残留物即为卵磷脂。

---

① 若滤液不清，需重滤，直至透明为止。

2．鉴定

取卵磷脂少许，置于试管内，加 10% NaOH 溶液约 2ml，水浴加热，看是否产生鱼腥味。

笔　记

六、注意事项

卵磷脂粗品因被氧化或色素的存在而颜色较深，可用丙酮进一步提纯。

思考题

1．卵磷脂提取过程中，加入热 95% 的乙醇的作用是什么？
2．卵磷脂的生物学功能有哪些？

实验 14　粗脂肪含量的测定（Soxhlet 抽提法）

一、目的

掌握用索氏（Soxhlet）法抽提粗脂肪的原理和方法。

二、原理

所谓粗脂肪，是脂肪、游离脂酸、蜡、磷脂、固醇及色素等脂溶性物质的总称。索氏抽提法分为油重法和残余法，本实验采用油重法，即利用低沸点有机溶剂（乙醚或石油醚）回流抽提，除去有机溶剂，以增加的油的重量来计算粗脂肪的含量。

索氏抽提器为一回流装置（如图 4 所示），由小烧瓶、浸提管及冷凝管三者连接而成。浸提管两侧分别有虹吸管及通气管，盛有样品的滤纸斗（包）放在浸提管内，溶剂（乙醚或石油醚）盛于小烧瓶中，加热后，溶剂蒸气经通气管至冷凝管，冷凝之溶剂滴入浸提管，浸提样品。浸提管内溶剂越积越多，当液面达到一定高度，溶剂及溶于溶剂中的粗脂肪即经虹吸管流入小烧瓶。流入小烧瓶的溶剂由于受热而气化，气体至冷凝管又冷凝而滴入浸提管内，如此反复提取回流，即可将样品中的粗脂肪提尽并带到小烧瓶中。最后，将小烧瓶中的溶剂蒸去，烘干，小烧瓶增加之重量，即样品中粗脂肪的含量。

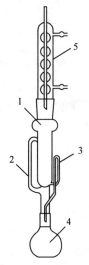

图 4　索氏脂肪抽提器
1．浸提管；2．通气管；3．虹吸管；
4．小烧瓶；5．冷凝管

三、实验器材

1．豆奶粉、麦麸以及其他动、植物材料。
2．滤纸、指套、脱脂棉线、脱脂棉。
3．索氏脂肪抽提器。
4．电子分析天平。
5．干燥器（直径 18～20cm，装有变色硅胶）。
6．不锈钢镊子（长 20cm）。
7．恒温水浴锅、温度计。
8．铁支柱、万能夹。
9．橡皮管。

10．烘箱。　　　　　　　　　　　12．样品筛（40 目）。

11．电吹风。

四、实验试剂

1．石油醚（沸程 60～90℃）或无水乙醚。

市售的无水乙醚往往仍有水分，需处理后使用，处理方法如下：

a．含水较多的乙醚，可先于乙醚中投入无水氯化钙（约为总体积的 1/3），1～2d 后，过滤，水浴蒸馏，收集 36℃馏出液。于此馏出液中加适量金属钠[①]（需用压钠机压成钠条或用刀切成薄片）。1～2d 后蒸馏，收集 36℃馏出液，即得无水乙醚。

b．水分较少的乙醚，可于每 500g 乙醚中加入 30～50g 无水硫酸钠或金属钠，1～2d 后蒸馏，收集 36℃馏出液。

2．2%氢氧化钠乙醇溶液。

五、操作

1．将洗净的索氏提取器小烧瓶用铅笔在磨口处（内侧）编号，103～105℃烘 2h[②]，取出，置于干燥器内冷却。然后用电子分析天平称重，并记录之。

2．用电子分析天平称取干样约 1g（准确至小数点后 4 位）。样品需研碎，通过 40 目筛孔），装入事先切成 8cm×8cm 大小的滤纸中，包好[③]，用长镊子将滤纸包放入浸提管底部。

3．于已称重的小烧瓶内倒入 1/3～1/2[④]体积的石油醚（或无水乙醚）。连接索氏提取器各部分，恒温水浴加热[⑤]回流 2～3h（样品含脂肪量高的应适当延长时间）。控制水浴的温度，以每小时回流 3～5 次为宜[⑥]。

4．提取完毕，待石油醚（或无水乙醚）完全流入小烧瓶时，取出滤纸包，再回流一次以洗涤浸提管。继续加热，待浸提管内石油醚液面接近虹吸管上端而未流入小烧瓶前，倒出浸提管中之溶剂。如果小烧瓶中尚留溶剂，则继续加热蒸发，直至小烧瓶中溶剂基本蒸尽，停止加热，取下小烧瓶，洗净烧瓶外壁可能沾有的污渍，用电吹风将瓶中残留的石油醚（或无水乙醚）吹尽[⑦]，再置 103～105℃烘箱中烘 30min，取出置干燥器中冷至室温，称重。由小烧瓶增加之重量可计算出样品的脂肪含量。

按同法，用不包样品的滤纸包做空白测定。

测定脂肪后，小烧瓶需先用 2%氢氧化钠乙醇溶液浸泡，再用肥皂液洗净烘干保存。

---

①　金属钠遇水爆炸，应注意！不能用手直接拿取！用后之金属钠条（片），可用二甲苯洗去外层黄色物质，再浸入煤油中并贮于密封容器中。

②　空索氏提取器小烧瓶（以及空称量瓶）经 103～105℃烘烤 2h 即恒重。

③　滤纸包必须用丝线扎好，保证样品不漏散，最好用特制的滤纸斗，斗口塞以脱脂棉。样品包（斗）放入浸提管后，其高度不能超过石油醚（或乙醚）液面的最高高度。

④　装入石油醚（或乙醚）之量，应以在回流过程中小烧瓶内有适量石油醚（或乙醚）存在为准，如发现小烧瓶中脂肪颜色变深（似烧焦状），系溶剂太少或温度太高。

⑤　亦可用电热板加热。在用水浴锅加热的时候，所用的水必须清洁（最好用蒸馏水）。提取完毕后，如小烧瓶外部沾有污渍，应洗刷干净，再烘烤称重。

⑥　回流速度不宜太快，否则样品中脂肪不易浸提完全。太慢则时间不经济。至于提取时间的多寡，与样品用量、脂肪含量及颗粒大小有关，本实验所用样品量及提取时间仅适用于测定豆奶粉中脂肪的含量。

⑦　必须将小烧瓶中残留之少量石油醚（或无水乙醚）在通风处赶尽，然后再放入烘箱，否则易发生事故。

六、注意事项

1．测定用样品、抽提器、抽提用溶剂都需要进行脱水处理。这是因为：①若抽提体系中有水，会使样品中的水溶性物质溶出，导致测定结果偏高。②若抽提体系中有水，则抽提溶剂易被水饱和（尤其是乙醚，可饱和约2%的水），从而影响抽提效率。③若样品中有水，抽提溶剂不易渗入细胞组织内部，结果不易将脂肪抽提干净。

2．试样粗细度要适宜。试样粉末过粗，脂肪不易抽提干净；试样粉末过细，则有可能透过滤纸孔隙随回流溶剂流失，影响测定结果。

3．用石油醚作抽提溶剂，沸点高，但危险性小，抽提脂肪效果差。用乙醚作抽提剂，沸点低，抽取脂肪效果好，但遇明火极易着火，危险性大。

4．进行本实验时应切实注意防火，石油醚（或乙醚）为易燃品，切忌明火加热，同时要注意提取器各连接处有否漏气，以及冷凝管冷凝效果是否良好，以免大量石油醚（或乙醚）蒸气外逸。

笔　记

❓ 思考题

除乙醚、石油醚外，还有何种试剂可作脂肪抽提溶剂？

附：水分测定

取扁形称量瓶①2只，洗净，用铅笔在磨口处作好记号，置103～105℃烘箱中烘2h，移入干燥器内，冷至室温（约10～15min），称重（准确至小数点后第4位，下同。）

用称过重量的称量瓶，各称取粉碎样品（麦麸或豆奶粉）1g，同时于103～105℃烘2h，取出置干燥器中冷却，称重。如此重复烘烤，直至恒重②，按下式计算样品的含水量。

$$\omega = \frac{m_0 - m_1}{m_0} \times 100\%$$

式中　ω：水分的质量分数（%）；

m_0：烘烤前样品净重（g）；

m_1：烘烤后样品净重（g）。

注意事项

1．烘烤样品时，必须将称量瓶盖子打开，斜搁在称量瓶口上，以免水分不能蒸发，但也不必将盖子取下，否则容易弄脏弄错。

2．冷却和称重时，应将称量瓶盖子盖好，称重要迅速，干燥器中的吸水剂需新鲜，否则将因样品吸收水分，甚至重量反而增加。

3．在整个操作过程中，应保持称量瓶清洁，不能用手直接拿取。

---

① 如用高型称量瓶，样品水分不易烤干，应经常翻拌样品，为此可置一小玻棒于瓶内，一并烘烤与称重。用扁型称量瓶时，样品也应薄薄地平铺于瓶底，不宜过多。

② 衡量是否恒重的标准，应根据各个实验的有效数字而定，本实验以前后两次重量之差不超过10mg即可。

实验 15　碘价的测定（Hanus 法）

一、目的

掌握碘价的测定原理和方法。

二、原理

在适当的条件下，不饱和脂肪酸的不饱和键能与碘、溴或氯起加成反应。脂肪分子如含有不饱和脂酰基，即能吸收碘。100g 脂肪所能吸收碘的克数称为碘价。碘价的高低表示脂肪不饱和度的大小。

由于碘与脂肪的加成作用很慢，故于 Hanus 试剂中加入适量溴，使产生溴化碘，再与脂肪作用。将一定量（过量）的溴化碘（Hanus 试剂）与脂肪作用后，测定溴化碘剩余量，即可求得脂肪之碘价，本法的反应如下：

$$I_2 + Br_2 \longrightarrow 2IBr（Hanus 试剂）$$
$$IBr + -CH = CH- \longrightarrow -CHI-CHBr-$$
$$KI + CH_3COOH \longrightarrow HI + CH_3COOK$$
$$HI + IBr \longrightarrow HBr + I_2$$
$$I_2 + 2Na_2S_2O_3 \longrightarrow 2NaI + Na_2S_4O_6（滴定）$$

三、实验器材

1. 蓖麻油或其他油类。
2. 碘瓶 500ml（×3）（如图 5 所示）。
3. 量筒 10ml（×2）。
4. 称量瓶 20ml（×1）。
5. 锥形瓶 500ml（×1）。
6. 吸管 5.0ml（×1）。
7. 滴定管（棕色）25ml（×1）、50ml（×1）。
8. 铁支架。
9. 电子分析天平。

四、实验试剂

1. Hanus 试剂：溶 13.20g 升华碘于 1000ml 冰乙酸（99.5%）[①]内，溶解时可将冰乙酸分几次加入，并置水浴中加热助溶，冷却后，加适当的溴（约 3ml）使卤素值增高 1 倍[②]。此溶液贮于棕色瓶中。

2. 15%碘化钾溶液：溶 150g 碘化钾于蒸馏水中，稀释至 1000ml。

3. 标准硫代硫酸钠溶液（约 0.05mol/L）：溶 25g 纯硫代硫酸钠晶体（$Na_2S_2O_3 \cdot 5H_2O$；C.P.以上规格）于经煮沸后刚冷的蒸馏水中，稀释至 1000ml，此溶液中可加少量（约 50mg）Na_2CO_3[③]，数日后标定。

图 5　碘瓶

---

① 本实验所用试剂，均须高纯度，所用乙酸，须与硫酸及重铬酸钾共热（水浴）不呈绿色者。

② 未加溴时，先取出 1ml 碘液，加数滴 KI 溶液，用 $Na_2S_2O_3$ 溶液滴定，加入溴后，再按同法滴定，所耗硫代硫酸钠溶液之量，应为前者的 1 倍。

③ 硫代硫酸钠溶液极不稳定，尤以酸性时更易分解，在中性或微碱性时较稳定，故加入少量 Na_2CO_3。所用蒸馏水需煮沸，赶去水中之 CO_2。

标定方法：准确称取 0.15～0.20g 重铬酸钾 2 份，分别置于两个 500ml 锥形瓶中，各加水约 30ml，溶解后，加入固体碘化钾 2g 及 6mol/L HCl 10ml，混匀，塞好，置暗处 3min，然后加水 200ml，用 $Na_2S_2O_3$ 滴定，当溶液由棕变黄后，加淀粉液 3ml，继续滴定至溶液呈淡绿色为止，计算 $Na_2S_2O_3$ 溶液的准确浓度，滴定的反应是：

$$K_2Cr_2O_7 + 6I^- + 14H^+ \longrightarrow 2K^+ + 2Cr^{3+} + 3I_2 + 7H_2O$$

$$I_2 + 2S_2O_3^{2-} \longrightarrow 2I^- + S_4O_6^{2-}$$

4. 1%淀粉液：参见实验 1。

五、操作

准确称取一定量的脂肪[1]，置于碘瓶中，加 10ml 氯仿作溶剂，待脂肪溶解后，加入 Hanus 试剂 20ml[2]（注意勿使碘液在瓶颈部），塞好碘瓶，轻轻摇动，摇动时亦应避免溶液溅至瓶颈部及塞上，混匀后，置暗处（或用黑布包裹碘瓶）30min，于另一碘瓶中置同量试剂，但不加脂肪，做空白试验。

30min 后，先注少量 15%碘化钾溶液于碘瓶口边上，将玻璃塞稍稍打开，使碘化钾溶液流入瓶内，并继续由瓶口边缘加入碘化钾溶液，共加 20ml，再加水 100ml，混匀，随即用标准硫代硫酸钠溶液进行滴定。开始加硫代硫酸钠溶液时可较快。等瓶内液体呈淡黄色时，加 1%淀粉液数滴，继续滴定，滴定将近终点时（蓝色已极淡），可加塞振荡，使与溶于氯仿中之碘完全作用，继续滴定至蓝色恰恰消失为止[3]，记录所用硫代硫酸钠溶液的量，用同法滴定空白管[4]。

六、计算

按下式计算碘价：

$$碘价 = \frac{c(B-S)}{m} \times \frac{126.9}{1000} \times 100$$

式中 B：滴定空白所耗 $Na_2S_2O_3$ 溶液的体积（ml）；
S：滴定样品所耗 $Na_2S_2O_3$ 溶液的体积（ml）；
126.9：碘（I）的相对原子质量；
1000：毫克数转化为克数；
100：碘价是 100g 脂肪所吸收的碘的质量；
m：脂肪质量（g）；
c：$Na_2S_2O_3$ 溶液物质的量浓度（mol/L）。
自然界中普通脂类的碘价及皂化价见表 8。

表 8 自然界普通脂类的碘价及皂化价*

脂类	碘价	皂化价
奶油	22～38	220～241
猪油	54～70	193～203

[1] 如为固体脂肪称取 0.5g，半干性油称取 0.25g，干性油称取 0.1～0.2g。称取油样时，最好用减重法。
[2] Hanus 试剂有刺激性，不能用吸管吸取，可将试剂盛于棕色滴定管内，放取之。
[3] 滴定好的液体，放置稍久，可能又呈蓝色，应以第一次蓝色消失为终点。
[4] 样品及空白试验，应同时加入 Hanus 试剂，因乙酸膨胀系数较大，温度稍有变化，即影响其体积，而造成误差。

续表

脂类	碘价	皂化价
羊油	32～50	192～195
椰子油	8～10	246～265
亚麻仁油	170～209	190～196
橄榄油	74～95	190～195
花生油	83～105	189～199
豆油	115～145	190～197
棉籽油	104～114	191～195
菜籽油	97～105	170～179
麻油	103～112	188～193

*不同样品和不同实验者所测定的数值略有误差。

七、注意事项

1．溴蒸气具有腐蚀性，并且有毒，人吸入后会损伤呼吸器官，因此在配制 Hanus 试剂时，须在通风橱中进行，并注意个人安全防护。

2．油脂加入 Hanus 试剂后，要将碘瓶的塞子塞好。为防止碘挥发，可在塞子的周围滴几滴 KI 作密封用。

 思考题

为什么要提倡食用含有不饱和脂肪酸多的脂肪？

实验 16　皂化价的测定

一、目的

掌握脂肪皂化价测定的原理和方法。

二、原理

脂肪的碱水解称皂化作用。皂化 1g 脂肪所需 KOH 的毫克数，称为皂化价。脂肪的皂化价和其相对分子质量成反比（亦与其所含脂肪酸相对分子质量成反比），由皂化价的数值可知混合脂肪（或脂酸）的平均相对分子质量。

三、实验器材

1．脂肪（猪油、豆油、棉籽油等均可）。
2．电子分析天平。
3．烧瓶 250ml（×2）。
4．滴定管（酸式）50ml（×1）、（碱式）50ml（×1）。

5．冷凝管、橡皮管。
6．沸水浴锅。

四、实验试剂

1．0.100mol/L 氢氧化钠乙醇溶液：配好后以 0.100mol/L 盐酸标准液标定，准确调整其浓度至 0.100mol/L。

2．0.100mol/L 标准盐酸溶液[①]：取浓盐酸（相对密度 1.19 A.R.）8.5ml，加蒸馏水稀释至 1000ml，此溶液约 0.1mol/L，需标定。

标定方法如下：称取 3～5g 无水碳酸钠（A.R.），平铺于直径约 5cm 扁形称量瓶中，110℃ 烤 2h，置干燥器中冷至室温，称取此干燥碳酸钠两份，每份重 0.13～0.15g（精确到小数点后四位），溶于约 50ml 蒸馏水中，加甲基橙指示剂 2 滴，用待标定的盐酸溶液滴定至橙红色，按下式计算盐酸溶液物质的量浓度 c：

$$c = \frac{\dfrac{m}{106} \times 2}{\dfrac{V}{1000}} = \frac{m}{V \times 0.053}$$

式中 c：盐酸溶液物质的量浓度（mol/L）；

      m：Na_2CO_3 质量（g）；

      V：滴定所耗盐酸溶液的体积（ml）。

取两次滴定结果平均值作为酸液的浓度。如两次滴定结果相差 0.2%，需重新标定。

3．70%乙醇（C.P.）：取 95%乙醇 70ml，加蒸馏水稀释至 95ml。

4．1%酚酞指示剂：称取酚酞 1g，溶于 100ml 95%乙醇。

五、操作

1．在电子分析天平上称取脂肪 0.5g 左右，置于 250ml 烧瓶中，加入 0.100mol/L 氢氧化钠乙醇[②]溶液 50ml。

2．烧瓶上装冷凝管于沸水浴内回流 30～60min，至瓶内的脂肪完全皂化为止（此时瓶内液体澄清并无油珠出现[③]）。

3．皂化完毕，冷至室温，加 1%酚酞指示剂 2 滴，以 0.100 mol/L HCl 液滴定剩余的碱[④]，记录盐酸用量。

4．另做一空白实验，除不加脂肪外，其余操作均同上，记录空白试验盐酸的用量。

笔 记

六、计算

$$皂化价 = \frac{c(V_2 - V_1) \times 56.1}{m}$$

式中 V_1：空白试验所消耗的 0.100mol/L HCl 的体积（ml）；

      V_2：脂肪试验所消耗的 0.100mol/L HCl 的体积（ml）；

      c：HCl 的物质的量浓度，即 0.100mol/L；

---

① 最好用恒沸盐酸配制（见附录十五），可不必标定。

② 普通乙醇中含有少量醛类，配制 NaOH 溶液时易显黄色，故应除去醛类（方法见实验 12）。

③ 皂化过程中，若乙醇被蒸发，可酌情补充适量的 70%乙醇。

④ 滴定所用 0.1mol/L HCl 的量太少，可用微量滴定管。

m：脂肪质量（g）；

56.1：KOH 的摩尔质量（g/mol）。

七、注意事项

皂化所用试剂一定要标准，所用样品的脂肪量要在实验范围内。

思考题

1. 如何检验油脂已皂化完全？
2. 测定油脂皂化价的意义是什么？

实验 17　脂肪酸价的测定

一、目的

了解脂肪酸价测定的原理和方法。

二、原理

天然油脂长期暴露在空气中会发生臭味，这种现象称为酸败。酸败是由于油脂水解释放出游离的脂肪酸，在空气中被氧化成醛或酮，从而有一定的臭味。酸败的程度用酸价来表示。酸价是中和的 1g 油脂的游离脂肪酸所需 KOH 的毫克数。

油脂中的游离脂肪酸与 KOH 发生中和反应，从 KOH 标准溶液消耗量可计算出游离脂肪酸的量。反应式如下：

$$RCOOH+KOH\longrightarrow RCOOK+H_2O$$

三、实验器材

1. 油脂（猪油、豆油等均可）。
2. 电子分析天平。
3. 碱式滴定管 25ml（×1）。
4. 三角烧瓶（锥形瓶）100ml（×3）。
5. 量筒 50ml（×1）。
6. 恒温水浴锅。

四、实验试剂

1. 0.100mol/L KOH 标准溶液（标定方法见实验 16）。

2. 1%酚酞指示剂：见实验 16。

3. 中性醇醚混合液：取 95%乙醇（C.P.）和乙醚（C.P.）按 1∶1 等体积混合；或苯醇混合液：取苯（C.P.）和 95%乙醇（C.P.）等体积混合；上述混合液加入酚酞指示剂数滴，用 0.100mol/L KOH 溶液中和至淡红色。

五、操作

准确称取油脂 1～2.000g 于 100ml 三角烧瓶中，加入醇醚混合液①50ml，振摇溶解（固

---

① 混合溶液在加入之前需用 0.100mol/L KOH 溶液中和至淡红色，并保持 1min 不褪色，目的是扣除试剂空白。

体脂肪需水浴溶化再加入混合溶液）或 40℃ 水浴中溶化至透明，溶液由红色变为无色，继续用 0.100mol/L KOH 标准液[1]滴定至淡红色，1min 不褪色为终点，记录 KOH 的用量 V（ml）。

笔　记

六、计算

$$脂肪的酸价 = \frac{cV \times 56.1}{m}$$

式中　c：标准 KOH 物质的量浓度（mol/L）；

V：样品消耗 KOH 的体积（ml）；

56.1：每摩尔 KOH 的质量（g/mol）；

m：样品质量（g）。

七、注意事项

取油脂的量尽量根据样品大致酸价取样，或者先做预实验，再做正式实验。

思考题

1. 实验中能否用相同浓度的 NaOH 替代 KOH 作为滴定用碱？

2. 造成食品酸价升高的因素有哪些？有何办法可防止油脂的水解、氧化和酸败？

3. 有人提出用 pH 试纸来检验食用油是否酸败，你觉得这样做可行吗？并说明理由。

实验 18　脂肪乙酰价的测定

一、目的

掌握脂肪乙酰价的测定原理和方法。

二、原理

含羟基的脂肪酸，可与乙酸酐作用生成乙酰化脂肪酸：

$$R-\underset{\underset{OH}{|}}{CH}COOH + (CH_3CO)_2O \longrightarrow R-\underset{\underset{OCOCH_3}{|}}{CH}COOH + CH_3COOH$$

　　　　羟基脂肪酸　　　　　　　　　　　　　乙酰化脂肪酸

乙酰化脂肪酸经水解作用，放出乙酸：

---

[1]　KOH 的浓度视脂肪酸败程度而定。

$$R-CHCOOH + H_2O \longrightarrow R-CHCOOH + CH_3COOH$$

$$\underset{OCOCH_3}{|} \qquad\qquad \underset{OH}{|}$$

乙酰化脂肪酸　　　　　羟基脂肪酸

$$CH_3COOH + KOH \longrightarrow CH_3COOK + H_2O$$

1g 乙酰化的脂肪所放出的乙酸，用氢氧化钾中和时，所需氢氧化钾的毫克数称为乙酰价。乙酰价的高低反映了脂肪酸含羟基的量。

三、实验器材

1. 油脂。
2. 电子分析天平。
3. 烘箱。
4. 圆底烧瓶 150ml（×1）。
5. 冷凝管、橡皮管。
6. 碱式滴定管 50ml（×2）。
7. 酸式滴定管 50ml（×1）。
8. 烧瓶 1000ml（×1）。
9. 沸水浴锅。

四、实验试剂

1. 乙酸酐（A.R.）。
2. KOH 乙醇溶液：KOH 40g 溶于 1000ml 95%乙醇中。
3. HCl（A.R.）。
4. 1%酚酞指示剂：配制方法见实验 16。
5. 0.100mol/L KOH 溶液（标定方法见实验 16）。

五、操作

1. 在一干燥 150ml 圆底烧瓶内置油脂 10g 和乙酸酐 20g，接上回流冷凝管，沸水浴回流 2h。然后将圆底烧瓶内的混合液倾入盛有 500ml 热水的大烧杯内，再煮沸半小时（为防止液体暴沸，可加入 2～3 小片沸石），静置，待液体分层，吸去水层，再加同体积的水，如前步骤煮沸。如此处理三次，至洗涤水对石蕊试纸不呈酸性后，以干滤纸过滤，乙酰化油脂置烘箱中 100℃干燥。

2. 称取上法制得的干燥乙酰化油脂 2.5g，置圆底烧瓶内，加入 40ml KOH 乙醇溶液，沸水浴回流，使样品皂化。皂化后置水浴中上蒸去乙醇，所得皂化产物溶于温水中，加标准 HCl 液（HCl 之量须与皂化时所加 KOH 乙醇溶液摩尔数相等），然后徐徐加热，脂肪酸浮于液面，以湿滤纸过滤，滤饼用刚煮沸后除去碳酸之热水洗涤，至洗涤液不再呈酸性反应为止。合并滤液与洗涤液，然后以酚酞为指示剂，用 0.100mol/L KOH 滴定。

笔　记

六、计算

$$乙酸价 = \frac{V \times 0.100 \times 56.1}{m}$$

式中　V：消耗 0.100mol/L KOH 溶液的体积（ml）；

　　　m：乙酰油脂质量（g）；

　　　56.1：每摩尔 KOH 的质量（g/mol）。

七、注意事项

乙酰化油脂干燥的温度不能过高，否则易造成油脂分解。

 思考题

检验油脂的质量好坏通常可通过测定其碘价、皂化价、酸价和乙酰价，其理由是什么？这几种油脂常数的大小说明什么问题？

实验19　血清胆固醇的定量测定（磷硫铁法）

一、目的

学习胆固醇测定的一种方法，学会制备无蛋白血清液。

二、原理

血清经无水乙醇处理，蛋白质被沉淀，胆固醇及其酯则溶在无水乙醇中。在乙醇提取液中加磷硫铁试剂（即浓硫酸和三价铁溶液），胆固醇及其酯与试剂形成比较稳定的紫红色化合物，呈色程度与胆固醇及其酯含量成正比，可用比色法（560nm）定量测定。

胆固醇的结构如下：

$$\text{胆固醇结构式}$$

三、实验器材

1．人血清。
2．紫外可见分光光度计。
3．离心机（4000r/min）。
4．离心管 0.6cm×4cm（×2）。
5．试管 1.5cm×15cm（×3）。
6．吸管 0.1ml（×1）、1ml（×3）、5ml（×1）。

四、实验试剂

1．10%三氯化铁溶液：10g $FeCl_3 \cdot 6H_2O$（A.R.）溶于磷酸（A.R.），定容至 100ml。贮于棕色瓶中，冷藏，可用一年。

2．磷硫铁试剂（P-S-Fe 试剂）：取 10% $FeCl_3$ 溶液 1.5ml 于 100ml 棕色容量瓶内，加浓硫酸（A.R.）至刻度。

3．胆固醇标准贮液（0.8mg/ml）：准确称取胆固醇（C.P.）80mg，溶于无水乙醇，定容至 100ml。

4．胆固醇标准溶液（0.08mg/ml）：将贮液用无水乙醇准确稀释 10 倍即得。

5．无水乙醇。

五、操作

1．胆固醇的提取

吸取血清 0.1ml 置干燥离心管内，先加无水乙醇 0.4ml，摇匀后再加无水乙醇 2.0ml[1]，摇匀，10min 后离心（3000r/min）5min，取上清液备用。

2．比色测定

取干燥试管 3 支，编号，分别加入无水乙醇 1.0ml（空白管）、胆固醇标准溶液 1.0ml（标准管）、上述乙醇提取液 1.0ml（样品管），各管皆加入磷硫铁试剂 1.0ml，摇匀，10min 后，分别转移至比色杯内，用紫外可见分光光度计在 560nm 处比色。

笔　记

六、计算

$$m=\frac{A_1 c_0}{A_0} \div 0.04 \times 100$$

式中　m：100ml 血清中胆固醇的质量（mg）；

A_1：样品液的吸光度；

A_0：标准液的吸光度；

c_0：标准液中胆固醇浓度，即 0.08mg/ml；

0.04：1ml 血清胆固醇乙醇提取液相当于 0.04ml 的血清；

100：100ml 血清。

100ml 人血清中胆固醇的质量正常值为 110～220mg。

七、注意事项

磷硫铁试剂中含磷酸、硫酸，还有三氯化铁，称量三氯化铁时，注意防潮，要快速称量，因其氧化性，称量后注意清洁残留物。不要用称量纸类，要用烧杯称量，再缓慢加入磷酸。用时，小心加入硫酸即成；配制好的磷硫铁试剂，放入通风橱内，用时小心，防止腐蚀。

思考题

测定血清中胆固醇的含量，有何临床意义？胆固醇对人的作用有哪些？如何控制膳食中的胆固醇？

实验 20　血清总胆固醇的测定（邻苯二甲醛法）

一、目的

了解并掌握邻苯二甲醛法测定血清总胆固醇的原理和方法。

---

[1]　无水乙醇分两次加入，目的是使蛋白质以分散很细的沉淀颗粒析出。

二、原理

胆固醇及其酯在硫酸存在下与邻苯二甲醛作用。产生紫红色物质,此物质对 550nm 波长的光有最大吸收,可用比色法定量测定。100ml 样品中胆固醇含量在 400mg 之内与吸光度呈良好线性关系。

本法优点是操作简便(无需将样品中的胆固醇抽提出来或去除样品中的蛋白质),灵敏,稳定。

三、实验器材

1.人血清。

2.试管 1.5cm×15cm(×7)。

3.吸管 0.10ml(×3)、0.50ml(×4)、
  5.0ml(×1)、10.0ml(×1)。

4.容量瓶 50ml(×1)、100ml(×1)。

5.烧杯 100ml(×2)。

6.电子分析天平。

7.紫外可见分光光度计。

四、实验试剂

1.邻苯二甲醛试剂:称取邻苯二甲醛(A.R.)50mg,以无水乙醇(A.R.)溶解并稀释至 50ml,冷藏,有效期 1 个半月。

2.90%乙酸:取冰乙酸 90ml 加入 10ml 蒸馏水中混匀即成。

3.混合酸:取试剂 2 加等体积浓硫酸混匀即成。

4.标准胆固醇贮液(1mg/ml):准确称取胆固醇(A.R.)100mg 以乙酸定容至 100ml。

5.标准胆固醇应用液(0.1mg/ml):将上述标准胆固醇贮液用乙酸准确稀释 10 倍。

五、操作

1.标准曲线的绘制

取清洁干燥试管 5 支,编号,按表 9 加入试剂。

表 9 邻苯二甲醛法测定血清总胆固醇——标准曲线的绘制

试剂 \ 管号	0	1	2	3	4
标准胆固醇应用液/ml	0	0.1	0.2	0.3	0.4
乙酸/ml	0.4	0.3	0.2	0.1	0
邻苯二甲醛试剂/ml	0.2	0.2	0.2	0.2	0.2
蒸馏水/ml	0.01	0.01	0.01	0.01	0.01
混合酸/ml	4.0	4.0	4.0	4.0	4.0
100ml 样品中总胆固醇含量/mg	0	100	200	300	400

加毕,混匀,静置 10min,以 550nm 波长比色测定,以吸光度值为纵坐标,胆固醇含量为横坐标,绘制标准曲线。

2.样品的测定

取 2 支清洁干燥试管,编号后,按表 10 加入试剂。

表 10　邻苯二甲醛法测定血清总胆固醇——样品的测定

试剂 \ 管号	对照	样品
乙酸/ml	0.4	0.4
血清/ml	0.01	0.01
邻苯二甲醛试剂/ml	0	0.2
无水乙醇/ml	0.2	0
混合酸/ml*	4.0	4.0

*硫酸含量的高低对显色有影响，故混合酸的配制和测定过程中的加量都应准确。

显色时要避免高温，采用混合酸液反应时温度不会升得太高，一般在 4～32℃时，颜色能稳定 2h。

加毕，混匀，静置 10min，于 550nm 波长比色，以对照管校零点，测定样品管的吸光度，对照标准曲线即知 100ml 样品中总胆固醇含量（mg）。

笔　记

六、注意事项

1. 所用试剂主要是冰乙酸，温度低于 15.1℃冰乙酸容易结冰，不利于操作。要提前加热备用。

2. 混合酸配制时，将浓硫酸加入冰乙酸中，次序不可颠倒。

思考题

如何用本实验的方法测定鸡蛋黄中的胆固醇含量？需要注意哪些？

实验 21　血清胆固醇的定量测定（乙酸酐法）

一、目的

了解并掌握胆固醇定量测定的乙酸酐法。

二、原理

血清总胆固醇测定对高脂血症的诊断、冠心病和动脉粥样硬化的防治均有意义。血清总胆固醇升高常见于原发性高胆固醇血症、肾病综合征、甲状腺机能减退、糖尿病等疾病。

胆固醇的测定临床常用的比色法有两类：

1. 胆固醇的氯仿或乙酸溶液中加入醋酐硫酸试剂，产生蓝绿色；

2. 胆固醇的乙酸、乙醇或异丙酸溶液中加入高铁硫酸试剂产生紫红色（参见实验 19）。

由于胆固醇颜色反应特异性差，直接测定往往受血液中其他因素干扰，所以精细的方法是先经抽提，分离及纯化等步骤，然后显色定量。

本实验采用乙酸酐硫酸单一试剂显色法。本法测定 100ml 血清总胆固醇的正常值为125～200mg。

乙酸酐能使胆固醇脱水，再与硫酸结合生成绿色化合物，反应如下：

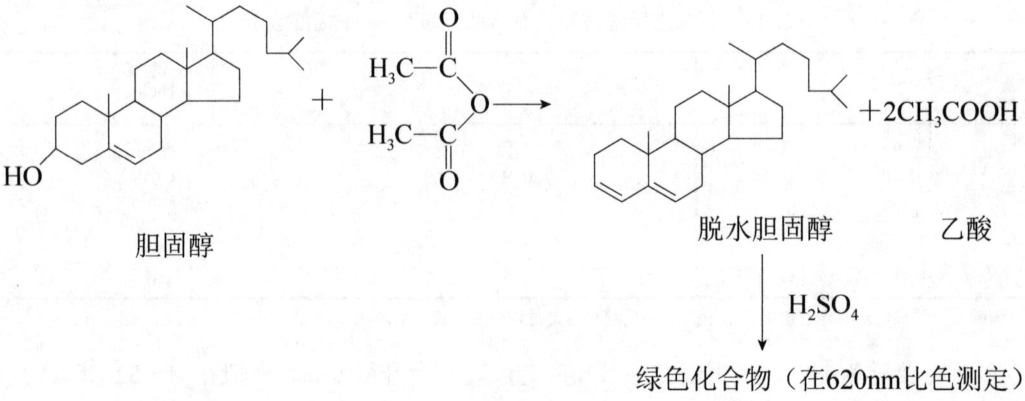

$$H_2SO_4$$

绿色化合物（在620nm比色测定）

三、实验器材

1. 人血清。
2. 试管 1.5cm×15cm（×3）。
3. 吸管 0.10ml（×3）、5.0ml（×1）。
4. 容量瓶 100ml（×1）。
5. 烧杯 100ml（×2）。
6. 电子分析天平。
7. 紫外可见分光光度计。
8. 恒温水浴锅。

四、实验试剂

1. 胆固醇标准液（2mg/ml）：准确称取干燥胆固醇 200mg，先用少量无水乙醇溶解，完全转移到 100ml 容量瓶中，再用无水乙醇稀释至刻度。

2. 硫脲显色剂：称取硫脲 0.5g，溶解于 350ml 冰乙酸及 650ml 乙酸酐配制而成的混合液中，此溶液放置冰箱内可长期保存。

使用液系于上述每 100ml 硫脲溶液中逐滴加入浓硫酸 10ml，边加边摇，不使溶液过热。冷却后放置冰箱中，可保存半个月以上。溶液发黄后不能再用。

五、操作

取干燥试管 3 支，分别标明"空白管""测定管"及"标准管"，按表 11 进行操作。

表 11　乙酸酐法定量测定胆固醇——操作表

管号　　　　　　试剂/ml	空白管	标准管	测定管
无水乙醇	0.1	—	—
胆固醇标准液	—	0.1	—
血清液	—	—	0.1
硫脲显色剂	4.0	4.0	4.0

快速加入显色剂，立即混匀，于 37℃水浴中保温 10min，取出后，立即以显色剂作为空白调零点，在 620nm 波长处进行比色。

六、计算

$$m=\frac{A_1c_0}{A_0}\times100$$

式中　m：100ml 血清中胆固醇的质量（mg）；

　　　A_1：样品液的吸光度；

　　　A_0：标准液的吸光度；

　　　c_0：标准液胆固醇的质量浓度，即 2mg/ml；

　　　100：100ml 血清。

七、注意事项

1．长时间放置的乙酸酐遇空气中的水，易分解成乙酸，在使用前须重新蒸馏，收集 139～140℃馏分。

2．硫脲显色剂需分两步配制，首先硫脲固体加冰乙酸和乙酸酐配制成混合贮存液，可放置冰箱长期保存。使用时再按比例加浓硫酸成硫脲显色剂。切记：贮存液不能直接使用。

3．在显色后不宜曝于强光下，因强光可使溶液褪色而影响测定结果。所用各种反应试剂及玻璃器皿均须干燥无水。

思考题

乙酸酐法测定血清中的胆固醇含量，对血清有无特殊要求？应如何解决？

实验 22　　血清甘油三酯简易测定法

一、目的

了解并掌握测定血清甘油三酯简易测定法。

二、原理

血清中的甘油三酯经正庚烷-异丙醇混合溶剂抽提后，用 KOH 溶液皂化，并进一步用过碘酸钠试剂氧化甘油生成甲醛，甲醛与乙酰丙酮试剂反应形成二氢二甲基吡啶黄色衍生物。可用比色法测定。

三、实验器材

1．紫外可见分光光度计。

2．试管 1.5cm×15cm（×6）。

3．吸管 1.0ml（×9）、0.20ml（×1）。

4．恒温水浴锅。

四、实验试剂

1. 抽提液：可用下列任何一种：

（1）正庚烷与异丙醇体积比为 2：3.5。

（2）汽油（B.P.95～120℃）与异丙醇体积比为 2.5：3.5。

2. 0.04mol/L H_2SO_4 溶液。

3. 异丙醇。

4. 皂化试剂：6.0g KOH 溶于 60ml 蒸馏水中，再加异丙醇 40ml，混合，置棕色瓶中室温保存。

5. 氧化试剂：650mg 过碘酸钠溶于约 100ml 蒸馏水，加入 77g 乙酸铵，溶解后再加入 60ml 冰乙酸，加水至 1000ml 置棕色瓶中室温保存。

6. 乙酰丙酮试剂：0.4ml 乙酰丙酮加蒸馏水稀释至 1000ml，置棕色瓶中室温保存。

7. 标准液：精确称取三油酸甘油酯 1.00g 于 100ml 容量瓶中，加抽提液至刻度，成 10mg/ml 的贮备标准液。临用时再将抽提液稀释 10 倍，即得 1mg/ml 应用液，冰箱保存。

五、操作

取干净试管 3 支，分别编以 B（空白）、S（标准）和 U（样品）号，按表 12 加入试剂：

表 12　血清甘油三酯的测定——操作表

试剂 \ 管号	B	S	U
血清/ml	—	—	1.0
标准液/ml	—	1.0	—
蒸馏水/ml	1.0	—	—
抽提液/ml	1.0	1.0	1.0
0.04mol/L H_2SO_4/ml	0.3	0.3	0.3

边加边摇，加毕剧烈振摇 15s。然后静置分层，吸上层液置另 3 支同样编号的试管中（每管 1ml），各管均加异丙醇 1.0ml 及皂化试剂 0.2ml，立即摇匀，65℃保温 5min。

各管再加入氧化试剂 1.0ml 及乙酰丙酮试剂 1.0ml，充分混匀，65℃水浴保温 15min 后，用冷水冷却，比色，以 B 管溶液调零，测 S、U 管 A_{420nm}。

六、计算

$$m = \frac{A_1 c_0}{A_0} \times 100$$

式中　m：100ml 血清中甘油三酯的质量（mg）；

　　　A_1：样品液的吸光度；

　　　A_0：标准液的吸光度；

　　　c_0：标准应用液的质量浓度，即 1mg/ml；

　　　100：100ml 血清。

笔　记

七、注意事项

1．也可采用比较经济易得的试剂（如：石油醚和无水乙醇体积比为 2：3.5）作为抽提试剂，效果无显著差异。

2．氧化试剂中过碘酸的浓度应根据甘油三酯的含量适当增减。当血清甘油三酯含量很高时，若过碘酸浓度太低，会导致氧化不完全而使结果偏低；过高则会发生过度氧化，可预先做几组不同浓度进行实验以确定合适的过碘酸浓度。

3．当抽提液使用汽油时，注意实验室通风以及危险性，不能有明火。

思考题

1．抽提液的作用是什么？

2．试述甘油三酯对人体的重要性，以及在正常代谢过程中的意义。

实验 23　血清甘油三酯的测定（GPO-PAP 法）

一、目的

1．掌握用试剂盒测定甘油三酯的原理和方法。

2．了解血清甘油三酯的临床意义。

二、原理

本实验采用 GPO-PAP[①]法：血清中的甘油三酯在脂肪酶（LP）、甘油激酶（GK）、磷酸甘油氧化酶（GPO）和过氧化物酶（POD）等一系列反应后，最终生成红色醌类化合物，在 505nm 处有最大吸收。具体反应过程如下：

$$甘油三酯 \xrightarrow[\text{或脂蛋白脂肪酶}]{\text{脂肪酶}} 脂肪酸 + 甘油$$

$$甘油 \xrightarrow{\text{甘油激酶}} 甘油\text{-}3\text{-}磷酸 \xrightarrow{\text{甘油-3-磷酸氧化酶}} 磷酸二羟基丙酮 + H_2O_2$$

$$H_2O_2 + 4\text{-}氨基安替比林 + 4\text{-}氯酚 \xrightarrow{\text{过氧化物酶}} 醌类化合物（红色）$$

血清甘油三酯有随年龄上升的趋势，体重超标者往往偏高。原发性继发性高脂蛋白血症、动脉粥样硬化、糖尿病、肾病、脂肪肝和妊娠后期可出现甘油三酯增高。甘油三酯降低多见于原发性 β-脂蛋白缺乏症、甲状腺功能亢进、肾上腺皮质功能不全、肝功能严重低下及吸收不良等。

---

① 其中 GPO 是磷酸甘油氧化酶的英文缩写，PAP 为过氧化物酶（peroxidase）、氨基安替比林（aminoantipyrine）、氯酚（chlorophenol）的字母缩合。

三、实验器材

1．紫外可见分光光度计。
2．恒温水浴锅。
3．旋涡混合器。
4．试管 1.5cm×15cm（×3）。
5．移液器。

四、实验试剂

1．人血清（新鲜、无溶血）。
2．甘油三酯（TG）试剂盒。组成如下：

试剂 R_1（显色剂）	试剂 R_2（酶试剂）
Tris-HCl 缓冲液 0.1mmol/L	脂蛋白脂肪酶（LP）≥3000U/L
4-氯酚 2.20mmol/L	甘油激酶（GK）≥1.50kU/L
	过氧化物酶（POD）≥12.50kU/L
	磷酸甘油氧化酶（GPO）≥3000U/L
	4-氨基安替比林（4-AAP）1.3mmol/L
	ATP 1.8mmol/L
	$MgCl_2$ 12.5mmol/L

注：甘油三酯标准液（2.26mmol/L）。

五、操作

1．二步酶法
取 3 支干净试管，按表 13 进行操作。

表 13　甘油三酯的测定——二步酶法

管号 试剂	测定管	标准管	空白管
血清/ml	0.01	—	—
标准液/ml	—	0.01	—
蒸馏水/ml	—	—	0.01
试剂 R_1/ml	0.80	0.80	0.80
	混匀，37℃恒温 5min		
试剂 R_2/ml	0.20	0.20	0.20

混匀，37℃恒温 5min，在波长 505nm 处，以空白管调零，测定各管的吸光度。

2．一步酶法
工作液配制：根据测定所需试剂用量，将试剂 R_1 和试剂 R_2 按体积比 4∶1 混合即为工作液，此工作液须密闭避光 4℃保存，一周内有效。
取 3 支干净试管，按表 14 进行操作。

表 14　甘油三酯的测定——一步酶法

试剂 \ 管号	测定管	标准管	空白管
血清/ml	0.01	—	—
标准液/ml	—	0.01	—
蒸馏水/ml	—	—	0.01
工作液/ml	1.0	1.0	1.0

混匀，37℃恒温 10min，在波长 505nm 处，以空白管调零，测定各管的吸光度。

笔　　记

六、计算

样品中甘油三酯（TG）含量计算公式：

$$b = \frac{A_u}{A_s} \times c_s$$

式中　b：血清中 TG 物质的量浓度（mmol/L）；
　　　A_u：测定管的吸光度；
　　　A_s：标准管的吸光度；
　　　c_s：标准 TG 物质的量浓度（mmol/L）。

七、注意事项

1. 当试剂混浊、出现红色时则不能使用。甘油三酯标准品应 4℃冷藏，切勿冻存以免浑浊。

2. 维生素含量大于 0.18g/L、血红蛋白含量大于 2g/L、胆红素含量大于 0.25g/L、强还原剂如二硫苏糖醇、巯基乙醇等均会干扰测试。EDTA 与肝素在抗凝用量时不干扰测定。

3. 酶法实验注意严格控制温度和时间，从实验过程中了解一步酶法、二步酶法的优缺点。

思考题

1. 实验中血清为何必须新鲜且无溶血？
2. 试比较酶法和非酶法测定甘油三酯的优缺点。

实验 24　丙二醛（MDA）的测定

一、目的

1. 掌握用试剂盒测定丙二醛的原理和方法。
2. 了解丙二醛测定的临床意义。

二、原理

机体通过酶系统与非酶系统产生氧自由基，后者能攻击生物膜中的多不饱和脂肪酸（polyunsaturated fatty acid，PUFA），引发脂质过氧化作用，并因此形成脂质过氧化物，例如，醛基（丙二醛 MDA）、酮基、羟基、羰基、氢过氧基或内过氧基，以及新的氧自由基等。脂质过氧化作用不仅把活性氧转化成活性化学剂，即非自由基性的脂类分解产物，而且通过链式或链式支链反应，放大活性氧的作用。因此，初始的一个活性氧能导致很多脂类分解产物的形成，这些分解产物中，一些是无害的，另一些则能引起细胞代谢及功能障碍，甚至死亡。氧自由基不但能通过生物膜中多不饱和脂肪酸（PUFA）的过氧化引起细胞损伤，而且还能通过脂氢过氧化物的分解产物引起细胞损伤。因而测试 MDA 的量常常可反映机体内脂质过氧化的程度，间接地反映出细胞损伤的程度。

过氧化脂质降解产物中的丙二醛（MDA）可与硫代巴比妥酸（TBA）缩合，形成红色产物，在 532nm 处有最大吸收峰。

三、实验器材

1．紫外可见分光光度计。
2．恒温水浴锅。
3．离心机（4000r/min）、离心管。
4．旋涡混合器。
5．试管 1.5cm×15cm（×4）。
6．移液器。

四、实验试剂

1．人血清（或其他组织匀浆）。
2．丙二醛测定试剂盒（购自南京建成生物工程研究所，测试盒冷藏可保存一年以上）。
3．试剂 A[①]：液体 6ml×1 瓶，室温保存（天冷时会凝固，每次测试前适当加温以加速溶解，直至透明方可应用）。
4．试剂 B：液体 6ml×1 瓶，用时加 170ml 双蒸水混匀（注意不要碰到皮肤上）。
5．试剂 C：粉剂×1 支，用时加入到 80~100℃的热双蒸水 30ml 中（在溶解过程中可适当加热），充分溶解后用双蒸水补足至 30ml，再加冰乙酸 30ml，混匀，避光冷藏。
6．标准品：10nmol/ml 四乙氧基丙烷 5ml×1 瓶。
7．50%冰乙酸。
8．无水乙醇。

五、操作

取 4 支干净试管，按表 15 进行操作。

加入试剂后，用旋涡混合器混匀，试管口用保鲜薄膜扎紧，刺一小孔，95℃水浴 40min[②]，取出后流水冷却，然后 3500~4000r/min，离心 10min。取上清，532nm 处，1cm 光径，用蒸馏水调零，比色测定各管吸光度值。

---

① 试剂用量按 50 人份配制。
② 若发现检测样本吸光度太低，可以将水浴时间 40min 延长至 80min，但在同一研究课题中 MDA 的检测都必须延长至 80min，以免造成批间差异。

表 15　丙二醛的测定——操作表

试剂 ＼ 管号	标准管	标准空白管	测定管	测定空白管*
10nmol/ml 标准品/ml	0.1			
无水乙醇/ml		0.1		
血清（浆）**/ml			0.1	0.1
试剂 A/ml	0.1	0.1	0.1	0.1
混匀（摇动试管）				
试剂 B/ml	3.0	3.0	3.0	3.0
试剂 C/ml	1.0	1.0	1.0	
50%冰乙酸/ml				1.0

*一般情况下，标准管、标准空白管及测定空白管每批只需做 1～2 只，若测定管中蛋白量不是太高，则测定空白管可以不测，用标准空白管来代替测定空白管。

**参考取样量：血清（浆）取 0.1～0.2ml。低密度脂蛋白悬液取 0.1～0.2ml。食用油取 0.03ml。肝组织、心肌、肌肉组织、螺旋藻等，取 5%或 10%匀浆 0.1～0.2ml 较好。

笔　　记

六、计算

1. 血清（浆）中 MDA 含量计算公式：

$$c = \frac{A_2 - A_1}{A_4 - A_3} \times c_0 n$$

式中　c：血清（浆）中 MDA 物质的量浓度（nmol/ml）；

　　　A_1：测定空白管吸光度；

　　　A_2：测定管吸光度；

　　　A_3：标准空白管吸光度；

　　　A_4：标准管吸光度；

　　　c_0：标准应用液物质的量浓度（10nmol/ml）；

　　　n：样品稀释倍数。

2. 组织中 MDA 含量计算公式：

$$b = \frac{A_2 - A_1}{A_4 - A_3} \times c_0 \div c$$

式中　b：组织中 MDA 质量摩尔浓度（nmol/mg 蛋白质）；

　　　A_1：测定空白管吸光度；

　　　A_2：测定管吸光度；

　　　A_3：标准空白管吸光度；

　　　A_4：标准管吸光度；

　　　c_0：标准应用液物质的量浓度（10nmol/ml）；

　　　c：蛋白质质量浓度（mg/ml）。

七、注意事项

在操作中，水浴加热95℃保温40min的条件，在有的设备不够精确的情况下，需要经常检查温度，以保证实验结果。

 **思考题**

丙二醛含量的测定有何实际意义？

第三章 蛋 白 质

实验 25 蛋白质的颜色反应

一、目的

掌握鉴定蛋白质的原理和方法。

二、原理

蛋白质分子中的某种或某些基团与显色剂作用，可产生特定的颜色反应，不同蛋白质所含氨基酸不完全相同，颜色反应亦不同。颜色反应不是蛋白质的专一反应，一些非蛋白物质亦可产生相同颜色反应，因此不能仅根据颜色反应的结果决定被测物是否是蛋白质。颜色反应是一些常用的蛋白质定量测定的依据。

三、实验器材

1. 鸡（或鸭）蛋白。
2. 吸管 1.0ml（×3）、0.50ml（×1）、2.0ml（×2）。
3. 滴管。
4. 试管 1.5cm×15cm（×7）。
5. 恒温水浴锅。
6. 电炉。
7. 白明胶。

四、实验试剂

1. 卵清蛋白液：将鸡（鸭）蛋用蒸馏水稀释 20～40 倍，2～3 层纱布过滤，滤液冷藏备用。

2. 0.5%苯酚溶液：苯酚 0.5ml，加蒸馏水稀释至 100ml。

3. 1%白明胶液：1g 白明胶溶于少量热水，完全溶解后，稀释至 100ml。

4. 米伦（Millon）试剂：40g 汞溶于 60ml 浓硝酸（相对密度 1.42），水浴加温助溶，溶解后加 2 倍体积蒸馏水，混匀，静置澄清，取上清液备用。此试剂可长期保存。

5. 0.1%茚三酮溶液：0.1g 茚三酮溶于 95%乙醇并稀释至 100ml。

6. 尿素：如颗粒较粗，最好研成细粉末状。

7. 10% NaOH 溶液：10g NaOH 溶于蒸馏水，稀释至 100ml。

8. 浓硝酸：相对密度 1.42。

9. 1%硫酸铜溶液：硫酸铜 1g 溶于蒸馏水，稀释至 100ml。

五、操作

A. 米伦氏反应

米伦试剂为硝酸、亚硝酸、硝酸汞、亚硝酸汞之混合物，能与苯酚及某些二羟苯衍生物起颜色反应。

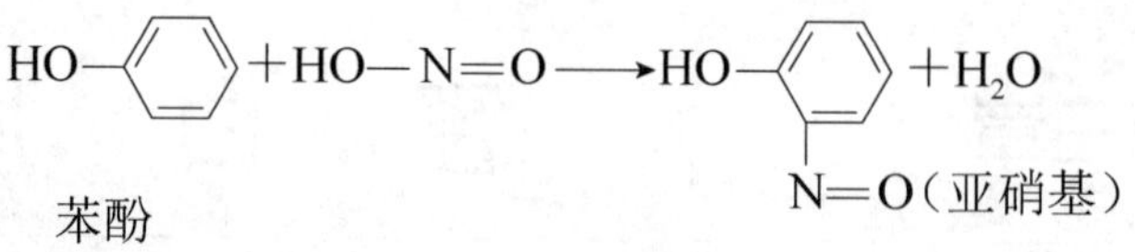

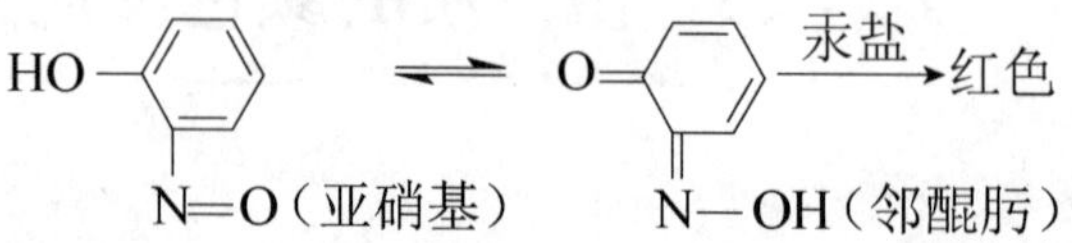

最初产生的有色物质可能为羟苯之亚硝基衍生物，经变位作用变成颜色更深的邻醌肟，最终得具有稳定红色的产物，此红色产物的结构尚不了解。组成蛋白质的氨基酸只有酪氨酸为羟苯衍生物，因此具有该反应者即为酪氨酸存在之确证。

操作方法

1. 用苯酚做试验：取 0.5% 苯酚溶液 1ml 于试管中，加米伦试剂约 0.5ml[①]，小心加热，溶液即出现玫瑰红色。

2. 用蛋白质溶液做试验[②③]：取 2ml 蛋白质溶液，加 0.5ml 米伦试剂，此时出现蛋白质的沉淀（因试剂含汞盐及硝酸之故）。小心加热，凝固之蛋白质出现红色。

3. 用白明胶（也是一种蛋白质）做上述试验，结果如何? 解释之。

B．双缩脲反应

将尿素加热，两分子尿素放出一分子氨而形成双缩脲。双缩脲在碱性环境中，能与硫酸铜结合成红紫色的配合物，此反应称为双缩脲反应。蛋白质分子中含有肽键与缩脲结构相似，故能呈此反应[④]。

其反应式如下：

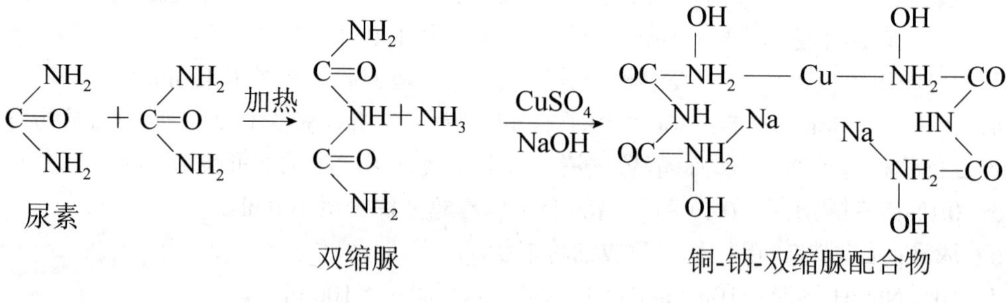

操作方法

1. 取少许结晶尿素放在干燥试管中，微火加热，尿素熔化并形成双缩脲，释出之氨可用红色石蕊试纸试之。至试管内有白色固体出现，停止加热，冷却。然后加 10% NaOH 溶液 1ml 摇匀，再加 2 滴 1% $CuSO_4$ 溶液，混匀，观察有无紫色出现。

① 米伦试剂含有硝酸，如加入量过多，能使蛋白质呈黄色，加入量不超过试液体积的 1/5～1/4。

② 溶液如存有大量无机盐，可与汞产生沉淀从而丧失试剂的作用，所以此试剂不能用来测定尿中的蛋白质。

③ 试液中不能含有 H_2O_2、醇或碱，因它们能使试剂中的汞变成氧化汞沉淀。遇碱必须先中和，但不能用 HCl 中和。

④ 双缩脲反应可用以鉴定蛋白质是否完全水解，及用比色法作蛋白质之定量测定。

2. 另取一试管，加蛋白质溶液 10 滴，再加 10% NaOH 溶液 10 滴及 1% CuSO$_4$ 溶液 2 滴，混匀，观察是否出现紫玫瑰色。

C. 黄色反应

蛋白质分子中含有苯环结构的氨基酸[①]（如酪氨酸、色氨酸等）。遇硝酸可硝化成黄色物质，此物质在碱性环境中变为橘黄色的硝苯衍生物。反应如下：

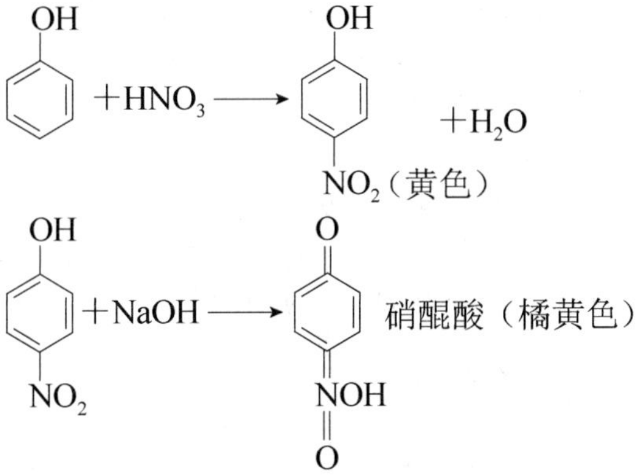

操作方法

于一试管内，置蛋白质溶液 10 滴及浓硝酸 3～4 滴，加热，冷却后再加 10% NaOH 溶液 5 滴，观察颜色变化。

D. 茚三酮反应

蛋白质与茚三酮共热，则产生蓝紫色的还原茚三酮、茚三酮和氨的缩合物。此反应为一切蛋白质及 α 氨基酸[②]所共有。含有氨基的其他物质亦呈此反应。

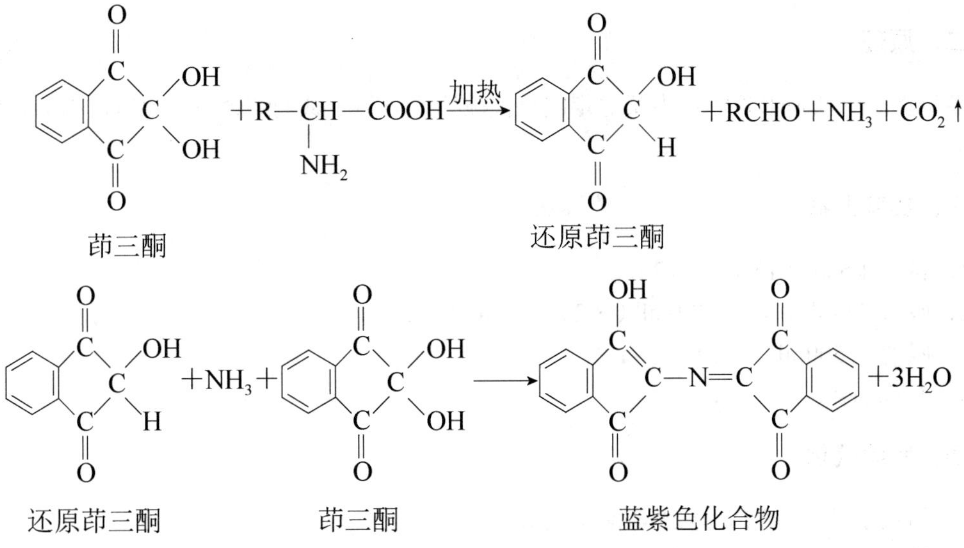

① 苯及苯丙氨酸较难硝化，需用浓硫酸促进之。
② 亚氨基酸（脯氨酸和羟脯氨酸）与茚三酮反应呈黄色。

操作方法

取 1ml 蛋白质溶液置于试管中，加 2 滴茚三酮试剂，加热至沸，即有蓝紫色出现。

笔　　记

六、注意事项

1. 米伦试剂中的汞为剧毒物品，实验室应保持良好通风，操作应在通风橱内进行，并戴防护手套，注意安全。

2. 双缩脲反应中硫酸铜不能多加，否则将产生蓝色的 $Cu(OH)_2$。此外在碱溶液中氨或铵盐与铜盐作用，生成深蓝色的络离子 $Cu(NH_3)_4^{2+}$，妨碍此颜色反应的观察。

3. 茚三酮反应必须在 pH 5～7 进行。

4. 试管加热时，试管应保持与水平呈 45 度角，加热时切不可对着任何人，要用试管夹夹住试管。

思考题

1. 鉴别蛋白质的方法有哪些？简述其原理。

2. 能否利用茚三酮反应可靠鉴定蛋白质的存在？为什么？

实验 26　蛋白质的沉淀反应

一、目的

1. 熟悉蛋白质的沉淀反应。

2. 进一步掌握蛋白质的有关性质。

二、原理

多数蛋白质是亲水胶体，当其稳定因素被破坏或与某些试剂结合成不溶解的盐后，即产生沉淀。

三、实验器材

1. 试管 1.5cm×15cm（×7）。

2. 吸管 5.0ml（×2）、2.0ml（×2）、1.0ml（×1）。

3. 吸滤瓶 500ml（×1）。

4. 布氏漏斗。

四、实验试剂

1. 蛋白质试液：见实验 25 卵清蛋白液。

2. 硫酸铵晶体：如颗粒太大，最好研碎。

3. 饱和硫酸铵溶液：蒸馏水 100ml 加硫酸铵至饱和。

4．95%乙醇。

5．结晶氯化钠。

6．1%乙酸铅：1g 乙酸铅溶于蒸馏水并稀释至 100ml。

7．5%鞣酸溶液：5g 鞣酸溶于水并稀释至 100ml。

8．1%硫酸铜溶液：见实验 25。

9．饱和苦味酸溶液。

10．1%乙酸溶液：冰乙酸 1ml 用蒸馏水稀释至 100ml。

五、操作

A．蛋白质盐析作用

向蛋白质溶液中加入中性盐至一定浓度，蛋白质即沉淀析出，这种作用称为盐析。

操作方法

1．取蛋白质溶液 5ml，加入等量饱和硫酸铵溶液（此时硫酸铵的浓度为 50%饱和），微微摇动试管，使溶液混合静置数分钟，球蛋白即析出（如无沉淀可再加少许饱和硫酸铵）。

2．将上述混合液过滤，滤液中加硫酸铵粉末，至不再溶解，析出的即为清蛋白。再加水稀释，观察沉淀是否溶解。

B．乙醇沉淀蛋白质

乙醇为脱水剂，能破坏蛋白质胶体质点的水化层而使其沉淀析出。

操作方法

取蛋白质溶液 1ml，加晶体 NaCl 少许（加速沉淀并使沉淀完全），待溶解后再加入 95%乙醇 2ml 混匀。观察有无沉淀析出。

C．重金属盐沉淀蛋白质

蛋白质与重金属离子（如 Cu^{2+}、Ag^+、Hg^{2+} 等）结合成不溶性盐类而沉淀。

操作方法

取试管 2 支各加蛋白质溶液 2ml，一管内滴加 1%乙酸铅溶液，另一管内滴加 1% $CuSO_4$ 溶液，至有沉淀生成。

D．生物碱试剂沉淀蛋白质

植物体内具有显著生理作用的含氮碱性化合物称为生物碱（或植物碱）。能沉淀生物碱或与其产生颜色反应的物质称为生物碱试剂，如鞣酸、苦味酸、磷钨酸等。生物碱试剂能和蛋白质结合生成沉淀，可能因蛋白质和生物碱含有相似的含氮基团之故。

操作方法

取试管 2 支各加 2ml 蛋白质溶液及 1%乙酸溶液 4～5 滴，向一管中加 5%鞣酸溶液数滴，另一管内加饱和苦味酸溶液数滴,观察结果。

笔 记

六、注意事项

1. 在做蛋白质盐析实验时应先加蛋白质溶液,然后加饱和硫酸铵溶液。

2. 固体硫酸铵若加到过饱和会有结晶析出,勿与蛋白质沉淀混淆。

3. 乙醇沉淀蛋白质时加入乙醇速度不能过快,要边加边摇,防止局部过浓。

思考题

1. 用蛋清作为铅或汞中毒的解毒剂的依据是什么?

2. 在蛋白质的沉淀反应里,哪些是可逆的,哪些是不可逆的?

实验27 蛋白质浓度测定(微量凯氏定氮法)[①]

一、目的

1. 掌握凯氏(Kjeldahl)定氮法测定蛋白质含量的原理和方法。

2. 学会使用凯氏定氮仪。

二、原理

凯氏定氮也称克氏定氮。样品与浓硫酸共热,含氮有机物即分解产生氨(消化),氨又与硫酸作用,变成硫酸铵。然后经强碱碱化使硫酸铵分解放出氨,借蒸汽将氨蒸至酸液中,根据此酸液被中和的程度,即可计算得样品之含氮量,若以甘氨酸为例,其反应式如下:

$$NH_2CH_2COOH + 3H_2SO_4 \longrightarrow 2CO_2 + 3SO_2 + 4H_2O + NH_3 \tag{1}$$

$$2NH_3 + H_2SO_4 \longrightarrow (NH_4)_2SO_4 \tag{2}$$

$$(NH_4)_2SO_4 + 2NaOH \longrightarrow 2H_2O + Na_2SO_4 + 2NH_3 \uparrow \tag{3}$$

反应(1)(2)在凯氏烧瓶内完成,反应(3)在凯氏蒸馏装置中进行(如图6),其特点是将蒸汽发生器、蒸馏器及冷凝器三个部分融为一体。由于蒸汽发生器体积小,节省能源,本仪器使用方便,效果良好。

为了加速消化,可以加入 $CuSO_4$ 作催化剂[②],及硫酸钾以提高溶液之沸点,收集氨可用硼酸(加混合指示剂)溶液[③],氨与溶液中的氢离子结合生成铵离子,使溶液中氢离子浓度降低,指示剂颜色发生改变,然后用强酸滴定。

三、实验器材

1. 卵清蛋白或其他含蛋白质样品。

2. 凯氏定氮仪。

3. 电炉。

4. 消化架。

---

① 本法适用于 0.05~3.0mg 氮,样品中含氮量过高时,则应减少取样量或将样液稀释。

② 除 $CuSO_4$ 外,还可用硒汞混合物或钼酸钠作催化剂,如用 $CuSO_4$ 消化时间仍很长,可改用钼酸钠。

③ 凯氏定氮法分大量、半微量及微量三种,大量定氮法可用强酸,微量定氮法必须用弱酸。

5．锥形瓶 100ml（×3）。　　　　　　2ml，可读至 0.02ml）。

6．量筒 10ml（×1）、100ml（×1）。　9．凯氏烧瓶 50ml（×3）。

7．表面皿 ϕ5cm（×3）。　　　　　10．小漏斗 ϕ4cm（×3）。

8．酸式滴定管 25ml（×1）（侧管为　11．玻璃珠。

四、实验试剂

1．卵清蛋白溶液：2g 卵清蛋白溶于 0.9% NaCl 溶液并稀释至 100ml。如有不溶物，离心取上清液备用。

2．浓硫酸（A.R.）。

3．硫酸钾硫酸铜混合物：硫酸钾 3 份与硫酸铜 1 份（质量比）混合研磨成粉末。

4．50%氢氧化钠溶液：50g 氢氧化钠溶于蒸馏水，稀释至 100ml。

5．2%硼酸溶液：2g 硼酸溶于蒸馏水，稀释至 100ml[①]。

6．混合指示剂：0.1%甲基红乙醇溶液和 0.1%甲烯蓝乙醇溶液按体积比 4∶1 混合。

7．0.01mol/L 标准盐酸溶液：用恒沸盐酸准确稀释（参看附录十五）。

五、操作

1．消化

将两个 50ml 凯氏烧瓶编号，一只烧瓶内加 1.0ml 蒸馏水，为空白试验；另一烧瓶内加入 1.0ml 样液（卵清蛋白液）[②]。然后各加硫酸钾硫酸铜混合物约 20mg 及浓硫酸 2ml。烧瓶口插一小漏斗（作冷凝用），将烧瓶置通风橱内的消化架或电炉上加热消化[③]。开始时应控制火力，勿使瓶内液体冲至瓶颈，待瓶内水汽蒸完，硫酸开始分解释出 SO_2 白烟后，适当加强火力，直至消化液透明，并呈淡绿色为止[④]（约 2～3h）。冷却，准备蒸馏。

2．定氮仪的洗涤

如图 6 所示，开启开关乙，使冷水流入蒸汽发生器 D 内球体 2/3 量后关闭开关乙。将煤气灯或酒精灯放到蒸汽发生器下面加热，此时开关甲和丙处于关闭状态。蒸汽发生器产生的蒸汽由小孔 K 经 B 管通入反应室 C 的液体中，将其中的氨带出，经 E 而进入冷凝管 F，冷凝后从出口 J 进入吸收瓶中。自来水自 L 通入，经 G 管进入冷凝器，再通过 H 进入 M。其后分为两路：当开关乙开启时可流入蒸汽发生器 D，另一路则通过 I 向外流出。操作时关闭开关丙，开启开关乙，使水进入 D，当液面占据圆球约一半体积时，关闭开关乙（蒸汽发生器 D 中不要放入过多的水，否

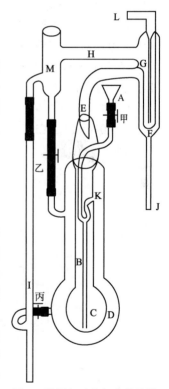

图 6　微量凯氏定氮蒸馏装置

---

① 应取少量硼酸液用混合指示剂试之，如不呈葡萄紫色，则以稀酸或碱调节之。

② 应注意勿使样品粘于烧瓶颈部。放置液体样品时，需将吸管插至烧瓶底部再放样；如是固体样品，可将样品卷在纸内，平插入烧瓶底部，然后再将烧瓶直起，纸卷内的样品即完全放在烧瓶底部。

③ 烧瓶应斜放（45°左右），万一有少量样品粘于瓶颈部，可转动烧瓶利用冷凝之硫酸将样品中至瓶底。

④ 并非所有样品至透明时，即表示消化完全，另一方面，消化液的颜色亦常因样品成分的不同而异，因此，每测一新样品时，最好先试验一下需多少时间才能使样品中的有机氮全部变成无机氮。以后即以此时间为标准。本实验至消化液呈透明淡绿色时，即消化完全。

则 C 瓶内的液体易反冲出来）。开关甲除在加消化液等液体时，应常紧闭。蒸馏完毕，停止加热。开启开关乙，使水流入 D，当液面距小孔 K 约 3cm 时，关闭开关乙。开启开关丙，D 瓶内的水向外流出，C 瓶内的废液也随之由小孔 K 排入 D 瓶。

用蒸汽洗涤反应室约 10min 后，移去锥形瓶，放上另一个盛硼酸指示剂混合液的锥形瓶，将瓶倾斜，以保证冷凝管末端连接的小玻璃管完全浸于液体内。继续蒸馏 1～2min。观察锥形瓶内溶液是否变色，如不变色，则表明反应室内部已干净。移动三角瓶使混合液离开管口约 1cm，继续通气 1min，最后用水冲洗管外口，移开煤气灯，准备蒸馏①。

3．蒸馏

开启开关丙，放掉蒸汽发生器中的热水，然后关闭开关丙，开启开关乙，使冷水流入蒸汽发生器 D 内球体 2/3 量后关闭开关乙。这一步操作对加样时避免样品经出样口 K 抽出反应室是很关键的。开启开关甲，将消化好的样品液自漏斗 A 加入反应室，通过 B 管至 C 瓶底部，并用少量蒸馏水洗涤漏斗 A 内壁，洗涤液也放入反应室，关闭开关甲。另取 1 只锥形瓶，加 20ml 硼酸溶液和 2 滴混合指示剂，将锥形瓶斜接于冷凝管下端。取 50%氢氧化钠溶液 10ml 放入小漏斗中，微开开关甲，使氢氧化钠溶液慢慢流入反应室，当未完全流尽时，关闭开关甲，向小漏斗加入约 3ml 蒸馏水，再微开开关甲，使氢氧化钠全部流入反应室，关闭开关甲，剩余的蒸馏水留在小漏斗中作水封。将煤气灯移到蒸汽发生器下面加热，锥形瓶中溶液由葡萄紫色变成鲜绿色，自变色起开始计时，蒸馏 5min，然后移动锥形瓶使液面离开冷凝管口约 1cm，继续蒸馏 1min。并用少量蒸馏水洗涤冷凝管口外周，移去锥形瓶，用表面皿覆盖，准备滴定。

4．滴定

用 0.01mol/L HCl 溶液滴定锥形瓶中的硼酸液至呈淡葡萄紫色，记录所耗 HCl 溶液量。

笔　记

六、计算

$$m=\frac{c(A-B)\times14.008\times100}{V}$$

式中　m：样品含氮的质量，即 100ml 样品中含氮量（mg）；

A：滴定样品消耗的 HCl 溶液体积（ml）；

B：滴定空白消耗的 HCl 溶液体积（ml）；

V：相当于未稀释样品的体积（ml）；

c：盐酸物质的量浓度（mol/L）；

14.008：每摩尔氮原子质量（g/mol）；

100：100ml 样品。

计算所得结果为样品总量，如欲求得样品中蛋白氮含量，应将总氮量减去非蛋白氮即得。如欲进一步求得样品中蛋白质的含量，即用样品蛋白氮乘以 6.25 即得。

---

① 此种蒸馏器其蒸汽来源于自来水的加热，如所采用自来水含氨较多，可影响测定。因此，每次蒸馏后，D 瓶应充分洗涤，使蒸汽发生的水呈酸性，必要时可从 M 的上口加入硫酸少许，使水酸化，每次蒸馏样品前必须先做试验，只有在空白值低而恒定时，才能作样品蒸馏。为了消除自来水中含氨的影响，每次蒸馏后，倒清 C 瓶和 D 瓶内残存的自来水，关闭自来水进水口和开关丙，然后打开开关乙，从 M 处加少量蒸馏水入 D 瓶，其高度略高于开关丙，然后关闭乙，即可进行下一个样品的蒸馏。

七、注意事项

1．定氮仪各连接处应使玻璃对玻璃外套橡皮管绝对不能漏气。

2．所用橡皮管、塞须经处理。处理方法是：浸在 10% NaOH 溶液中煮约 10min，水洗，水煮 10min，再水洗数次。

3．蒸馏过程中切忌火力不稳，否则将发生倒吸现象。

4．定氮仪洗涤时，在蒸汽发生器中加入的冷水应适量，太少易蒸干，太多易沸腾溅至吸收瓶。

5．将消化好的样品液加入反应室后，氢氧化钠溶液应缓慢小心加入，且开关甲不能常开，加完后应做水封。

6．冷凝管末端连接的小玻璃管应浸于硼酸-指示剂混合液液面下 1~2cm。

思考题

1．在蒸馏过程中，为何要控制好火力？

2．消化时加入硫酸钾、硫酸铜混合物的作用是什么？

实验 28　蛋白质浓度测定（双缩脲法）

一、目的

了解并掌握双缩脲法测定蛋白质浓度的原理和方法。

二、原理

具有两个或两个以上肽键的化合物皆有双缩脲反应[①]，在碱性溶液中蛋白质与 Cu^{2+} 形成紫色配合物，在 540nm 处有最大吸收。在一定浓度的范围内，蛋白质浓度与双缩脲反应所呈的颜色深浅成正比，可用比色法定量测定。

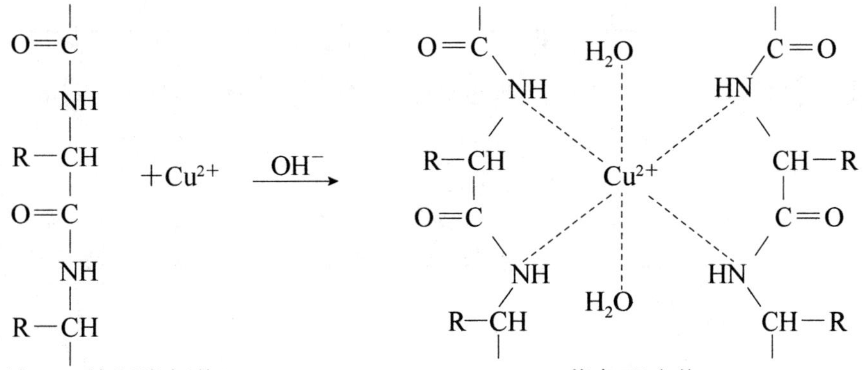

多肽链（双缩脲类似物）　　　　　　　　　　　　　紫色配合物

双缩脲法最常用于需要快速但不要求十分精确的测定。硫酸铵不干扰此呈色反应，但

---

① 双缩脲反应并非为蛋白质所特有，具有—CS—NH$_2$、—CH$_2$—NH$_2$、—CHNH$_2$CH$_2$OH 等基团的化合物均能产生双缩脲反应。

Cu^{2+} 容易被还原，有时会出现红色沉淀。

三、实验器材

1. 试管 1.5cm×15cm（×8）。   3. 紫外可见分光光度计。
2. 吸管 5ml（×3）、2ml（×1）。

四、实验试剂

1. 双缩脲试剂[①]：将 0.175g $CuSO_4 \cdot 5H_2O$ 溶于约 15ml 蒸馏水，置于 100ml 容量瓶中，加入 30ml 浓氨水 30ml 冰冷的蒸馏水和 20ml 饱和氢氧化钠溶液，摇匀，室温放置 1～2h，再加蒸馏水至刻度，摇匀备用。

2. 卵清蛋白液：约 1g 卵清蛋白溶于 100ml 0.9% NaCl 溶液，离心，取上清液，用凯氏定氮法测定其蛋白质含量。根据测定结果，用 0.9% NaCl 溶液稀释卵清蛋白溶液，使其蛋白质含量为 2mg/ml。

亦可用 2mg/ml 的牛血清白蛋白溶液。

3. 未知液：可用酪蛋白配制。

4. 0.9% NaCl。

五、操作

1. 标准曲线的绘制
取干净试管 7 支，编号，按表 16 进行操作。

表 16   双缩脲法测定蛋白质浓度——标准曲线的绘制

试剂 \ 管号	0	1	2	3	4	5	6
2mg/ml 卵清蛋白液/ml	0.0	0.3	0.6	0.9	1.2	1.5	1.8
蒸馏水/ml	3.0	2.7	2.4	2.1	1.8	1.5	1.2
双缩脲试剂/ml	2.0	2.0	2.0	2.0	2.0	2.0	2.0
	充分混匀，在 540nm 比色*						
蛋白质浓度/（mg/ml）	0.0	0.2	0.4	0.6	0.8	1.0	1.2
A_{540nm}							

*需于显色后 30min 内比色，30min 后可能有雾状沉淀产生。各管由显色到比色的时间应尽可能一致。

笔　记

以吸光度为纵坐标，各标准蛋白质溶液浓度（mg/ml）为横坐标绘制标准曲线。

2. 样液测定
取未知浓度的蛋白质溶液 3.0ml[②]置试管内，加入双缩脲试剂 2.0ml，混匀，测其 540nm 的吸光度，对照标准曲线求得未知液蛋白质浓度。

---

① 双缩脲试剂也可按下列配方获得：称取 1.5g 硫酸铜（$CuSO_4 \cdot 5H_2O$）、6.0g 酒石酸钾钠（$NaKC_4H_4O_6 \cdot 4H_2O$）和 1g 碘化钾，溶于 500ml 蒸馏水，搅拌下加入 300ml 10%的 NaOH 溶液，最后用蒸馏水定容至 1000ml，贮于棕色瓶中，避光，可长期保存。如有红色或黑色沉淀出现，需重新配制。
② 样液蛋白质含量应在 0.05～1.25mg/ml 范围内。

六、注意事项

样品蛋白质溶液的吸光度值应在标准曲线范围内。

思考题

1. 对标准蛋白质有哪些要求？
2. 在双缩脲试剂配制中为何要加入酒石酸钾钠和碘化钾？

实验 29　蛋白质浓度测定（Folin-酚试剂法）

一、目的

熟悉并掌握福林（Folin）酚试剂法测定蛋白质浓度的原理和方法。

二、原理

蛋白质（或多肽）分子中含有酪氨酸或色氨酸，能与 Folin-酚试剂起氧化还原反应，生成蓝色化合物，蓝色的深浅与蛋白质浓度成正比，可用比色法测定蛋白质浓度。

此法也适用于酪氨酸或色氨酸的定量测定。

三、实验器材

1. 蛋白质及其水解产物。
2. 紫外可见分光光度计。
3. 试管 1.5cm×15cm（×8）。
4. 吸管 0.50ml（×4）、0.10ml（×2）、0.20ml（×2）、5.0ml（×1）。

四、实验试剂

1. Folin-酚试剂 A：将 1g Na_2CO_3 溶于 50ml 0.1mol/L NaOH 溶液。另将 0.5g $CuSO_4 \cdot 5H_2O$ 溶于 100ml 1%酒石酸钾（或酒石酸钠）溶液。将前者 50ml 与硫酸铜酒石酸钾溶液 1ml 混合。混合后的溶液一日内有效。

2. Folin-酚试剂 B：将 100g 钨酸钠（$Na_2WO_4 \cdot 2H_2O$）、25g 钼酸钠（$Na_2MoO_4 \cdot 2H_2O$）、700ml 蒸馏水、50ml 85%磷酸及 100ml 浓盐酸置于 1500ml 磨口圆底烧瓶中，充分混匀后，接上磨口冷凝管，回流 10h。再加入硫酸锂 150g，蒸馏水 50ml 及液溴数滴，开口煮沸 15min，驱除过量的溴（在通风橱内进行）。冷却，稀释至 1000ml，过滤，滤液呈微绿色，贮于棕色瓶中。临用前，用标准氢氧化钠溶液滴定，用酚酞作指示剂（由于试剂微绿，影响滴定终点的观察，可将试剂稀释 100 倍再滴定）。根据滴定结果，将试剂稀释至相当于 1mol/L 的酸（稀释 1 倍左右），贮于冰箱中可长期保存。

3. 卵清蛋白溶液：将实验 27 配制的含 2mg/ml 卵清蛋白溶液准确稀释至 500μg/ml。

五、操作

1．标准曲线的绘制

将 7 支干净试管编号，按表 17 顺序加入试剂。

混匀，室温放置 10min，各管再加 Folin-酚试剂 B 0.5ml，30min 后比色（500nm），作吸光度-蛋白质浓度曲线。

表 17　Folin-酚试剂法测定蛋白质浓度——标准曲线

试剂 ＼ 管号	0	1	2	3	4	5	6
卵清蛋白/ml	0	0.05	0.1	0.2	0.3	0.4	0.5
蒸馏水/ml	0.5	0.45	0.4	0.3	0.2	0.1	0
Folin-酚试剂 A/ml	4.0	4.0	4.0	4.0	4.0	4.0	4.0

2．样液测定

准确吸取样液 0.5ml 置干净试管内，加入 4ml Folin-酚试剂 A，10min 后，再加试剂 B 0.5ml，30min 后比色（500nm），对照标准曲线求出样液蛋白质浓度。

笔　记

六、注意事项

1．加入 Folin-酚试剂 B 后应迅速摇匀（加一管摇一管），使还原反应产生于磷钼酸-磷钨酸试剂被破坏之前。

2．为减少显色反应时间带来的误差，Folin-酚试剂的加入顺序和最后测定吸光度的顺序应保持一致，且间隔时间应尽量相同（如间隔 1min）。

思考题

1．含有哪种氨基酸的蛋白质能与 Folin-酚试剂反应而呈现蓝色？

2．Folin-酚试剂法测定蛋白质含量和双缩脲法比较，哪个更加灵敏，为什么？

实验 30　蛋白质浓度测定（紫外光吸收法）

一、目的

1．了解紫外吸收法测定蛋白质浓度的原理。

2．熟悉紫外分光光度计的使用。

二、原理

蛋白质组成中常含有酪氨酸和色氨酸等芳香族氨基酸，在紫外光 280nm 波长处有最大吸收峰，一定浓度范围内其浓度与吸光度成正比，故可用紫外分光光度计通过比色来测定蛋白质的含量。

由于核酸在 280nm 波长处也有光吸收，对蛋白质测定有一定的干扰作用，但核酸的最大吸收峰在 260nm 处。如同时测定 260nm 的光吸收，通过计算可以消除其对蛋白质测定的影响。因此如溶液中存在核酸时必须同时测定 280nm 及 260nm 的吸光度，方可通过计算测得溶液中的蛋白质浓度。

三、实验器材

1．紫外可见分光光度计。
2．容量瓶 50ml（×1）。
3．试管 1.5cm×15cm（×9）。
4．吸管 0.50ml（×1）、1.0ml（×3）、2.0ml（×2）、5.0ml（×2）。

四、实验试剂

1．卵清蛋白标准液（1mg/ml）：将实验 28 配制的含 2mg/ml 蛋白质的溶液准确稀释 1 倍。
2．未知浓度蛋白质溶液[①]：用卵清蛋白配制，浓度控制在 1.0～2.5mg/ml 范围内。
3．0.9% NaCl。

五、操作

（一）直接测定法

在紫外分光光度计上，将未知的蛋白质溶液小心盛于石英比色皿中，以生理盐水为对照，测得 280nm 和 260nm 两种波长的吸光度（A_{280nm} 及 A_{260nm}）。

将 280nm 及 260nm 波长处测得的吸光度按下列公式计算蛋白质浓度[②]。

$$c=1.45A_{280nm}-0.74A_{260nm}$$

式中　c：蛋白质质量浓度（mg/ml）；
　　　A_{280nm}：蛋白质溶液在 280nm 处测得的吸光度；
　　　A_{260nm}：蛋白质溶液在 260nm 处测得的吸光度。

本法对微量蛋白质的测定既快又方便，它还适用于硫酸铵或其他盐类混杂的情况，这时用其他方法测定往往较困难。

为简便起见对于混合蛋白质溶液，可用 A_{280nm} 乘以 0.75 来代表其中蛋白质的大致含量（mg/ml）。

（二）标准曲线法

1．标准曲线的绘制
取 8 支干净试管，编号，按表 18 加入试剂。

---

① 或用稀释血清代替：准确吸取 0.1ml 血清置于 50ml 容量瓶中，用生理盐水稀释至刻度。
② 不同的蛋白质及核酸的光吸收率不完全相同，按此式计算仍可能产生误差。
如为纯蛋白质样品（或核酸含量在 0.5% 以下，即 $A_{280nm}/A_{260nm}>1.5$），可根据该蛋白质在 280nm 附近的标准消光系数，直接测定该蛋白质的含量。如牛血清白蛋白在 280nm 附近的标准消光系数 $E_{1cm}^{1\%}$ 为 6.3，测待测样品中牛血清白蛋白含量可用下式计算：

$$样品中牛血清白蛋白质量浓度（mg/ml）=\frac{A_{280nm}}{6.3}×10。$$

表 18   紫外吸收法测定蛋白质浓度——标准曲线的绘制

试剂 \ 管号	0	1	2	3	4	5	6	7
1mg/ml 卵清蛋白标准液/ml	0	0.5	1.0	1.5	2.0	2.5	3.0	4.0
蒸馏水/ml	4.0	3.5	3.0	2.5	2.0	1.5	1.0	0
蛋白质浓度/（mg/ml）	0	0.125	0.25	0.375	0.5	0.625	0.75	1.0
A_{280nm}								

笔 记

加毕，混匀，用紫外分光光度计测 A_{280nm}，以吸光度为纵坐标，蛋白质浓度为横坐标作图。

2．样液测定

取未知浓度的蛋白液 1.0ml，加蒸馏水 3.0ml，测 A_{280nm}，对照标准曲线求得蛋白质浓度。

六、注意事项

1．比色测定时应采用石英比色皿。

2．样品应在溶解透明状态下进行测定，若蛋白质不溶解会对入射光产生反射、散射等而造成实际吸光度偏高。

3．若吸光度过高，可将样品适当稀释后再进行测定。

 **思考题**

如何鉴定蛋白质和核酸样品？

实验 31   蛋白质浓度测定（考马斯亮蓝结合法）

一、目的

学会用考马斯亮蓝结合法测定蛋白质浓度。

二、原理

考马斯亮蓝能与蛋白质的疏水微区相结合，这种结合具有高敏感性。考马斯亮蓝 G250 的磷酸溶液呈棕红色，最大吸收峰在 465nm。当它与蛋白质结合形成复合物时呈蓝色，其最大吸收峰改变为 595nm，考马斯亮蓝 G250-蛋白质复合物的高消光效应导致了蛋白质定量测定的高敏感度。

在一定范围内，考马斯亮蓝 G250-蛋白质复合物呈色后，在 595nm 下，吸光度与蛋白质含量呈线性关系，故可以用于蛋白质浓度的测定。

三、实验器材

1．旋涡混合器。

2．试管 1.5cm×15cm （×8）。

3．吸管 0.10ml （×1），0.50ml

（×2），1.0ml （×2），2.0ml

（×1），5.0ml （×1）。

4．紫外可见分光光度计。

5．容量瓶 1000ml（×1）。

6．量筒 100ml（×1）。

7．电子分析天平。

四、实验试剂

1．0.9% NaCl 溶液。

2．标准蛋白液：牛血清白蛋白（0.1mg/ml），准确称取牛血清白蛋白 0.2g，用 0.9% NaCl 溶液溶解并稀释至 2000ml。

3．染液：考马斯亮蓝 G250（0.01%），称取 0.1g 考马斯亮蓝 G250 溶于 50ml 95%乙醇中，再加入 100ml 浓磷酸[①]，然后加蒸馏水定容到 1000ml。

4．样品液：取牛血清白蛋白（0.1mg/ml）溶液，用 0.9%NaCl 稀释至一定浓度。

五、操作

1．标准曲线的制备

取 7 支干净试管，按表 19 进行编号并加入试剂。

混匀，室温静置 3min，以第 1 管为空白，于波长 595nm 处比色，读取吸光度，以吸光度为纵坐标，各标准液浓度（μg/ml）作为横坐标作图得标准曲线。

表 19 考马斯亮蓝法测定蛋白质浓度——标准曲线的绘制

管号 试剂	1（空白）	2	3	4	5	6	7
标准蛋白液/ml	—	0.1	0.2	0.3	0.4	0.6	0.8
0.9% NaCl/ml	1.0	0.9	0.8	0.7	0.6	0.4	0.2
考马斯亮蓝染液/ml	4.0	4.0	4.0	4.0	4.0	4.0	4.0
蛋白质浓度/（μg/ml）	0	10	20	30	40	60	80
A_{595nm}							

2．样液的测定

另取一支干净试管，加入样品液 1.0ml 及考马斯亮蓝染液 4.0ml，混匀，室温静置 3min，于波长 595nm 处比色，读取吸光度，由样品液的吸光度查标准曲线即可求出含量。

笔　记

六、注意事项

1．样品蛋白质含量应在 10～100μg 为宜。一些阳离子如 K^+、Na^+、Mg^{2+}、乙醇等物质对测定无影响，而大量的去污剂如 SDS 等会严重干扰测定。

2．应尽快完成比色测定（最好 30min 内），时间放置过长，考马斯亮蓝 G250-蛋白质复合物易凝集沉淀。

---

① 浓磷酸，即市售的质量百分浓度为 85%的磷酸，相对密度为 1.69。

1. 考马斯亮蓝法测定蛋白质含量的原理是什么？应如何克服不利因素对测定的影响？

2. 利用蛋白质的呈色反应来测定蛋白质含量的方法有哪些？试比较它们的优缺点。

实验 32　非蛋白氮（NPN）的测定

一、目的

掌握测定非蛋白氮的原理和方法。

二、原理

将样液中的蛋白质沉淀去除，测得的氮即为非蛋白氮（nonprotein nitrogen，简称 NPN）。含氮化合物与硫酸共热，变成硫酸铵。硫酸铵与氢氧化钠作用，产生氢氧化铵和硫酸钠。在有氢氧化钠存在的情况下，氢氧化铵与奈氏试剂（Nessler's reagent，含 HgI_2 和 KI）作用产生碘化二汞铵溶液。反应式如下：

$$含氮化合物 + H_2SO_4 \xrightarrow{\triangle} (NH_4)_2SO_4 \tag{1}$$

$$(NH_4)_2SO_4 + 2NaOH \longrightarrow Na_2SO_4 + 2NH_4OH \tag{2}$$

$$NH_4OH + 2(HgI_2\text{-}2KI) + 3NaOH \longrightarrow O\underset{Hg}{\overset{Hg}{\diamondsuit}}NH_2I + 4KI + 3NaI + 3H_2O \tag{3}$$

（中间化合物）

中间化合物很不稳定，易分解成碘化二汞铵：

$$O\underset{Hg}{\overset{Hg}{\diamondsuit}}NH_2I \longrightarrow Hg_2NI + H_2O \tag{4}$$

碘化二汞铵

因此，可将反应（3）（4）合并，写成：

$$NH_4OH + 2(HgI_2 \cdot 2KI) + 3NaOH \longrightarrow Hg_2NI + 4KI + 3NaI + 4H_2O$$

碘化二汞铵

碘化二汞铵溶液呈黄色，可用比色法测定。

三、实验器材

1. 血清或其他蛋白样品。
2. 紫外可见分光光度计。
3. 离心机（4000r/min）。
4. 容量瓶 10ml（×1）。
5. 吸管 2.0ml（×4）、0.50ml（×3）、1.0ml（×2）。
6. 离心管 1.0cm×10cm（×2）。
7. 电炉。
8. 凯氏烧瓶 50ml（×1）。
9. 小漏斗 ϕ4cm（×1）。

四、实验试剂

1. 10%三氯乙酸溶液：10g 三氯乙酸溶于水，稀释至 100ml。

2. 硫酸液（1∶1）：将 1 份浓硫酸缓缓倾入等体积蒸馏水中，混匀，冷却即得。

3. 30%过氧化氢溶液。

4. 2mol/L 氢氧化钠溶液：8.0g 干燥的氢氧化钠溶于蒸馏水，稀释至 100ml。

5. 1%硫酸铜溶液：1g $CuSO_4$ 溶于蒸馏水，稀释至 100ml。

6. 奈氏试剂[①]：

　　A 液——称取茄替胶 1.75g，加蒸馏水 750ml，回流 2~3h，过滤，滤液备用。

　　B 液——将 KI 4g 和 HgI_2 4g 溶于 25ml 蒸馏水中。

将 A、B 液混合，加蒸馏水稀释至 1000ml。临用时，取此溶液加等体积水稀释。

7. 标准硫酸铵溶液：将硫酸铵于 110℃烘 2h，置干燥器中冷至室温。准确称取 0.4714g，溶于蒸馏水，加数滴 H_2SO_4（防腐剂），稀释至 1000ml。此溶液含氮量为 100μg/ml，可长期保存，临用时将其稀释至 25μg/ml。

五、操作

吸取 1.5ml 血清置离心管内，加入 10%三氯乙酸溶液 1.5ml（用吸管），使蛋白质沉淀。离心（3000r/min）5min，吸取上清液 1.0ml 置凯氏烧瓶中，加 1∶1 H_2SO_4 溶液 1ml 及 1%$CuSO_4$ 溶液 4~6 滴，烧瓶口内插一小漏斗，斜置于电炉上加热。开始加热时有白色烟雾逸出，等白色烟雾消失后，加入 3 滴 30%H_2O_2，继续加热至烧瓶内液体透明（约 15min），冷却，倒入 10ml 容量瓶内，用少量蒸馏水洗涤凯氏烧瓶，洗涤液皆倒入容量瓶，最后用蒸馏水稀释至刻度。

将 3 支试管按 0、1、2 编号，0 号为空白管，加 0.5ml 蒸馏水；1 号为样品管，加入稀释后的消化液 0.5ml；2 号为标准管，加入标准硫酸铵溶液 0.5ml。各管均加奈氏试剂（1∶1 稀释）2.0ml，再加 2mol/L NaOH 溶液 1.5ml，混匀，20min 后以 0 号管为空白，于 490nm 处比色，测定样品管和标准管的吸光度。

笔　记

六、计算

$$m=\frac{A_1 m_0}{A_0}\times\frac{100}{V}$$

式中　m：100ml 血清中 NPN 质量（mg）；

　　　A_0：标准液的吸光度；

　　　A_1：样品液的吸光度；

　　　m_0：标准液含氮质量（mg）；

　　　V：所取稀释消化液相当于血清体积（ml）。

七、注意事项

1. 消化时会产生 SO_2，必须在通风橱内进行。

2. 奈氏试剂中的汞有毒，使用时要小心，皮肤触碰时须及时清洗。

---

① 奈氏试剂也可按以下方法配制：将 10g 碘化汞和 7g 碘化钾溶于 10ml 蒸馏水中，将此液缓缓加入已冷却的 50ml 32%的氢氧化钾溶液中，并不停搅拌。加水稀释至 100ml，静置 24h。吸取上清液，贮于棕色瓶中，避光保存。

3. 配制溶液时所有的蒸馏水必须无氨或铵离子。

思考题

饲料掺假中主要的非蛋白氮原料包括尿素、铵盐、硝酸盐、亚硝酸盐、尿醛聚合物、生物蛋白精、三聚氰胺等，结合本实验及有关文献资料，设计实验方案进行快速定性检测。

实验 33　甲醛滴定法

一、目的

了解并掌握甲醛滴定法的原理和方法。

二、原理

水溶液中的氨基酸为两性离子，不能直接用碱滴定氨基酸的羧基。用甲醛处理氨基酸，甲醛与氨基结合，形成—NH—CH_2OH，—N（CH_2—OH）$_2$ 等羟甲基衍生物，—NH_3^+ 上的 H^+ 游离出来，这样就可用碱滴定—NH_3^+ 放出的 H^+，测出氨基氮，从而计算氨基酸的含量。

$$\begin{array}{l} \text{R—CH—COO}^- \rightleftharpoons \text{R—CH—COO}^- + H^+ \\ \qquad | \qquad\qquad\qquad\qquad | \\ \quad NH_3^+ \qquad\qquad\qquad\quad NH_2 \end{array}$$

$$\begin{array}{l} \text{R—CH—COO}^- + HCHO \rightleftharpoons \text{R—CH—COO}^- \\ \qquad | \qquad\qquad\qquad\qquad\qquad | \\ \quad NH_2 \qquad\qquad\qquad\qquad\quad NHCH_2OH \end{array}$$

$$\begin{array}{l} \text{R—CH—COO}^- + HCHO \rightleftharpoons \text{R—CH—COO}^- \\ \qquad | \qquad\qquad\qquad\qquad\qquad | \\ \quad NHCH_2OH \qquad\qquad\qquad N（CH_2OH）_2 \end{array}$$

如样品中只含某一种已知氨基酸，由甲醛滴定的结果即可算出该氨基酸的量，如样品是多种氨基酸的混合物（如蛋白质水解液），则滴定结果不能作为氨基酸的定量依据。

此外，脯氨酸与甲醛作用后，生成不稳定化合物，致使滴定结果偏低；酪氨酸的酚基结构，又可使滴定结果偏高。

甲醛滴定法常用以测定蛋白质水解程度，随着水解程度的增加，滴定值增加，当水解完全后，滴定值即保持恒定。

三、实验器材

1. 锥形瓶 100ml（×3）。
2. 碱式滴定管 25ml（×1）。
3. 吸管 2.0ml（×2）、5.0ml（×2）、10.0ml（×1）。

四、实验试剂

1. 0.5%酚酞乙醇溶液：称 0.5g 酚酞溶于 100ml 95%乙醇。
2. 0.05%溴麝香草酚蓝溶液：0.05g 溴麝香草酚蓝溶于 100ml 20%乙醇溶液。

3．1%甘氨酸溶液：1g 甘氨酸溶于 100ml 蒸馏水。

4．标准 0.100mol/L 氢氧化钠溶液：可用 0.100mol/L 标准盐酸溶液标定。

5．中性甲醛溶液：甲醛溶液 50ml，加 0.5%酚酞指示剂约 3ml，滴加 0.1mol/L NaOH 溶液，使溶液呈微粉红色，临用前中和。

五、操作

将 3 只 100ml 锥形瓶标以 1、2、3 号。于 1、2 号瓶内各加甘氨酸（或样品）2.0ml 及蒸馏水 5ml；于 3 号瓶内加蒸馏水 7.0ml。向 3 只锥形瓶中各加中性甲醛溶液 5.0ml，0.05%溴麝香草酚蓝溶液 2 滴及 0.5%酚酞乙醇溶液 4 滴。然后用标准 0.100mol/L 氢氧化钠液滴定至紫色（pH 8.7～9.0）[①]。

六、计算

$$m=\frac{(V_1-V_0)\times1.4008}{2}$$

式中　m：1ml 氨基酸溶液中含氨基氮的质量（mg）；

$\quad\quad V_1$：滴定样品消耗 NaOH 溶液的体积（ml）；

$\quad\quad V_0$：滴定空白消耗 NaOH 溶液的体积（ml）；

$\quad\quad$1.4008：每毫升 0.1mol/L 氢氧化钠溶液相当的氮质量（mg/ml）。

笔　　记

七、注意事项

1．临近终点时应仔细滴定，切忌滴过量。

2．甲醛有毒，若不慎接触皮肤，应立即用水冲洗。实验过程应保持良好的通风。

思考题

1．甲醛法测定氨基酸含量的原理是什么？

2．为什么 NaOH 溶液滴定氨基酸—NH_3^+ 上的 H^+，不能用一般的酸碱指示剂？

3．测氨基酸的含量时，甲醛溶液为何事先要加入酚酞并用 NaOH 滴定至微粉红色？

实验 34　DNP-氨基酸的制备和鉴定

一、目的

了解并掌握 DNP-氨基酸的制备和鉴定方法。

二、原理

在温和条件下（室温，pH 8.5～9.0），2,4-二硝基氟苯（FDNB）能和氨基酸（多肽或蛋

---

① 溶液颜色由黄→绿→紫，紫色为滴定终点。

白质）的自由 α-氨基作用，生成黄色的二硝基苯基（简称 DNP-氨基酸）。

$$O_2N-\langle\text{苯环}\rangle-F + H_2N-CH-COOH \xrightarrow{pH8.5\sim9.0} O_2N-\langle\text{苯环}\rangle-NHCH-COOH + HF$$

|　　　NO_2　　　R | | NO_2　R |
| FDNB | 氨基酸 | DNP-氨基酸 |

DNP-氨基酸可用聚酰胺薄膜层析法鉴定。聚酰胺薄膜是将腈纶（尼龙）涂于涤纶片上制成。被分离物质可与薄膜上酰胺基以氢键的形式结合吸附。在适当的溶剂中，被分离物质在聚酰胺表面与溶剂之间的分配系数有明显差异。在展层过程中不断重新分配而将物质的各成分彼此分离。

必须指出，除自由 α-氨基外，酪氨酸的酚羟基、组氨酸的咪唑基和赖氨酸的 ε-氨基亦可与 FDNB 作用，生成相应的 DNP-衍生物。

三、实验器材

1. 聚酰胺薄膜（7cm×7cm，浙江黄岩化学试验厂）。
2. pH 试纸（pH 1～14）。
3. 单面刀片、直尺、黑布。
4. 试管 1.0cm×7.5cm（×1）。
5. 分液漏斗 ϕ10cm。
6. 真空干燥器。
7. 微量点样管 5μl（×1）或毛细管。
8. 培养皿 ϕ10cm（×2）。
9. 电吹风。
10. 层析缸。
11. 玻璃板。
12. 废胶卷。
13. 烧杯 10ml（×1）。
14. 恒温箱。

四、实验试剂

1. 2.5% 2,4-二硝基氟苯乙醇溶液：用无水乙醇配制。
2. 0.01mol/L HCl。
3. 混合氨基酸溶液：称取甘氨酸、缬氨酸、甲硫氨酸、谷氨酸、组氨酸、亮氨酸、异亮氨酸和色氨酸各 50mg，溶于 0.01mol/L HCl 并稀释至 10.0ml。
4. 固体 $NaHCO_3$。
5. 1mol/L 氢氧化钠。
6. 2mol/L HCl。
7. 乙酸乙酯（A.R.）。
8. 正丁醇（A.R.）。
9. 无水乙醚：需去尽过氧化物。如乙醚中含有少量过氧化物将导致 DNP-氨基酸分解。去除过氧化物的方法是：向每 500ml 无水乙醚中投入 5～10g 固体硫酸亚铁（$FeSO_4$），经常振摇，1～2h 后，滤去固体物即可。
10. 无水丙酮（A.R.）。
11. 展层剂
第 I 向[①]：V（苯）：V（冰乙酸）=4:1。

---

① 第 I 向展层溶剂含水越少越好，否则展层时，斑点扩散严重，影响第 II 向展层。

第Ⅱ向：V（甲酸，88%）：V（水）＝1：1。

五、操作

1．DNP-氨基酸的制备

于一小试管中置混合氨基酸溶液 1.0ml（含各种氨基酸 5mg），加入固体 $NaHCO_3$ 少许，使溶液 pH 为 9.0，再加入 2.5% FDNB-乙醇溶液 1.0ml，用软木塞塞好，并用黑纸将试管包好，振摇 5min，置于 40℃恒温箱中避光保温 1.5h，前 1h 内应经常摇动，使反应充分完成。取出，置真空干燥器内（或用梨形瓶）减压抽去乙醇（试管内液体减少约一半）。

2．DNP-氨基酸的抽提

将蒸去乙醇的反应液，用 1mol/L NaOH 溶液（约 1～2 滴）调至 pH 10，加入等体积无水乙醚，振摇，静置分层，吸去乙醚层（即去除剩余的 FDNB）[1]。再用无水乙醚同样处理 1 次。用 2mol/L HCl 溶液（约 1～2 滴）酸化至 pH 3，此时试管内液体由橙黄色变成淡黄色。淡黄色物质即 DNP-氨基酸。

加入乙酸乙酯 1ml，振摇后静置分层，将乙酸乙酯层吸入 10ml 烧杯中，再用 1ml 乙酸乙酯抽提一次。合并抽提液。此时，母液中尚有 DNP 组氨酸和 DNP-赖氨酸[2]，需用少量正丁醇抽提一次，并将正丁醇抽提液与上述乙酸乙酯抽提液合并。将小烧杯置于真空干燥器内，减压抽干，小烧杯内残留物（即 DNP-氨基酸），用少量无水丙酮溶解[3]。

3．点样

用点样管将 DNP 氨基酸丙酮溶液点在 7cm×7cm 聚酰胺薄膜的角上，斑点直径不得超过 2mm。每点一次，均需用电吹风冷风吹干（切忌用热风），然后再点下一次。

4．展层

在小培养皿中倾入第Ⅰ向展层溶剂，溶剂厚度约 1cm。将薄膜卷成圆筒形，浸立在展层溶剂中，点有样品的一端在下。为了使薄膜保持圆筒形，可用洗去药膜的废胶卷做成的圆筒，套在薄膜的外面（图 7）。胶卷不宜太宽，不得与展层剂接触。用钟罩罩好，展层，当溶剂前沿距薄膜上端约 0.5cm 时（约 45min），移去钟罩，取出薄膜，用冷风吹干。

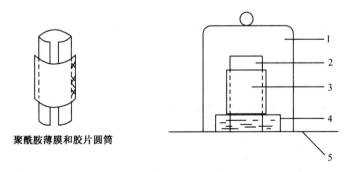

聚酰胺薄膜和胶片圆筒

图 7　聚酰胺薄膜层析装置
1. 钟罩；2. 聚酰胺薄膜；3. 胶片圆筒；4. 培养皿；5. 水平位置

---

① 在酸性条件下，大多数 DNP-氨基酸溶于乙醚，少数溶于水。但在 pH10 时，DNP-氨基酸皆不溶于乙醚，只能将剩余的 FDNB 洗去。

② 如样液中有精氨酸或半胱氨酸，它们的 DNP 衍生物也不溶于乙酸乙酯，也需用正丁醇提取。

③ 如作定量测定，用丙酮溶解时需定容。

将吹干的薄膜旋转 90°，做成圆筒形，浸立在第 II 向展层溶剂中。当溶剂前沿距薄膜顶端约 0.5cm 时，停止展层，取出薄膜，用热风吹干[①]，薄膜上即有若干黄色斑点。对照标准图谱，鉴定各斑点系何种 DNP-氨基酸（图 8）。

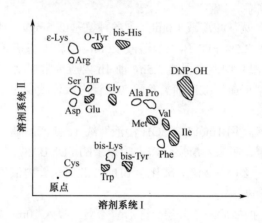

图 8　DNP-氨基酸聚酰胺薄膜层析图谱

ε-Lys 表示 Lys 的 ε-NH_2DNP 化的产物；O-Tyr 表示 Tyr 的酚羟基 DNP 化的产物；bis 表示"双"的意思，如 bis-His 表示 His 的 α-NH_2 及咪唑基的亚氨基都 DNP 化；bis-Tyr 表示 Tyr 的 α-NH_2 及酚羟基皆 DNP 化的产物

六、注意事项

1. 严格控制点样位置以及点样直径，点样点应始终保持在展层溶剂液面以上。

2. 展层时，薄膜须保持直立状态。展层过程中不能移动展层体系。

思考题

1. 第一次展层后为何必须用冷风将薄膜吹干？

2. 哪些氨基酸经过 DNP 化后会产生"bis"产物？

实验 35　DNS-氨基酸的制备和鉴定

一、目的

了解并掌握 DNS-氨基酸的制备和鉴定。

二、原理

荧光试剂 5-二甲氨基-1-萘磺酰氯（5-dimethylamino-1-naphthylene sulfonyl chloride，dansyl chloride，简称 DNS-Cl）在弱碱性（pH 9.0 左右）条件下可与氨基酸的 α-氨基反应，生成带黄绿色荧光的 DNS-氨基酸。

[①]　第 II 向溶剂含水量大，斑点易扩散，用热风可加快吹干速度，减少斑点的扩散。点样及第 I 向展层后，皆不能用热风吹干，因用热风易使薄膜变形，边缘不直，对展层带来不良后果。

DNS-氨基酸可用聚酰胺薄膜层析法分离，所得层析图与 DNS-标准氨基酸层析图谱相对比，可借此鉴定样品中氨基酸的种类，用此法鉴定蛋白质 N-端氨基酸比 FDNB 法灵敏 100 倍，仅 $10^{-10} \sim 10^{-9}$ mol 样品即可检出，产物也比 DNP-氨基酸稳定，且操作简便、快速。

DNS-Cl 在 pH 过高时，水解产生副产物 DNS-OH，反应式如下：

在 DNS-Cl 过量时，会产生 DNS-NH$_2$，反应式如下：

在紫外光照射下，DNS-OH 和 DNS-NH$_2$ 产生蓝色荧光，而 DNS-氨基酸产生黄绿色荧光，可彼此区分开。

三、实验器材

1. 层析缸（10cm×20cm）。
2. 聚酰胺薄膜（7cm×7cm，浙江黄岩化学试验厂）。
3. 电吹风。
4. 紫外灯（波长 254nm 或 265nm）。
5. 微量注射器（或毛细点样管）。
6. 吸管 0.50ml（×2）。
7. 量筒 100ml（×2）。
8. 恒温水浴锅。

四、实验试剂

1. DNS-Cl 丙酮溶液：称取 25mg DNS-Cl 溶于 10ml 丙酮中。
2. 0.2mol/L NaHCO$_3$。
3. 三乙胺。
4. 展层剂
第 I 向：V（苯）：V（冰乙酸）＝9：1。
第 II 向：V（甲酸，88%）：V（蒸馏水）＝1.5：100。
5. 氨基酸样品：Gly、Phe、His 各 0.5mg。

五、操作

1. DNS-氨基酸的制备

称取 Gly、Phe、His 各 0.5mg，加 0.2mol/L NaHCO$_3$ 0.5ml 溶解，加入 DNS-Cl 丙酮溶液 0.5ml，混匀，用三乙胺调 pH 至 9.0～10.5，加塞，40℃水浴，避光反应 2～3h，用电吹风冷风吹去丙酮后即可点样。

2. 展层

取聚酰胺薄膜（7cm×7cm）一张，在距离相邻边缘各 1.0cm 处用铅笔画一相交直线，作为点样原点。用微量注射器（或毛细点样管）取上述 DNS-氨基酸样品液进行点样，点样直径不超过 2mm，可分几次点完，每次点后用冷风吹干再点下一次，吹干。光面向外卷曲（两边不相接触）外扎以牛皮筋。直立于盛有 20ml 展层剂的培养皿中，点样点置下端，置于展析缸中展层（装置参见实验 34）。

先用展层剂（I）进行第 I 向（纵向）展层，当展层剂离顶端 0.5cm 时取出吹干。将吹干的薄膜旋转 90°，用展层剂（II）作展层剂，进行第 II 向（横向）展层，展至距离顶端 0.5m 时取出，吹干。

3. 结果观察

将聚酰胺薄膜置于紫外灯下，观察荧光斑点，区分 DNS-氨基酸，DNS-NH$_2$ 与 DNS-OH，对照标准图谱找出它们各自相应的位置，用铅笔在斑点边缘轻轻画图做记号（见图 9）。

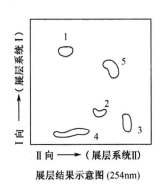 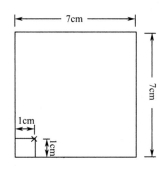

图 9　DNS-氨基酸聚酰胺薄膜层析图

1. DNS-Phe；2. DNS-Gly；3. DNS-α-His*；4. DNS-OH；5. DNS-NH$_2$

*His 的侧链咪唑基也可 DNS 化，可形成双 DNS 化产物

笔　　记

六、注意事项

1. 第Ⅰ向展层结束后必须将薄膜吹干后才能进行第Ⅱ向展层。点样及第Ⅰ向展层后，皆不能用热风吹干，因热风易使薄膜变形，边缘不直，对展层带来不良后果。第Ⅱ向溶剂含水量大，用热风可加快吹干速度，减少斑点的扩散。

2. 展层剂Ⅰ中的苯对人身体有害，实验应在通风橱中进行并保持室内良好通风。

3. 紫外灯下观察结果，时间不宜过长，注意保护眼睛，必要时可戴防护眼镜。

思考题

1. 聚酰胺薄膜层析分离样品的原理是什么？

2. 比较本实验的方法和纸层析分离氨基酸的方法有哪些优点？

实验 36　用 DNS 法鉴定蛋白质或多肽的 N-端氨基酸

一、目的

了解并掌握 DNS-氨基酸聚酰胺薄膜层析鉴定蛋白质或多肽的 N-端氨基酸。

二、原理

荧光试剂 DNS-Cl 在碱性条件下可与蛋白质或多肽的 N-端氨基结合生成 DNS-蛋白质或 DNS-多肽，再经酸水解可释放出 DNS-氨基酸[①]，在紫外光照射下，产生强烈的黄绿色荧光，

---

① DNS-蛋白质或 DNS-多肽在 6mol/L HCl，110℃，22h 水解的条件下，除 DNS-Trp 全部破坏和 DNS-Pro（77%）、DNS-Ser（35%）、DNS-Gly（18%）、DNS-Ala（7%）部分破坏外，其余 DNS-氨基酸很少破坏。

可用聚酰胺薄膜层析进行鉴定。

其反应式如下：

DNS-Cl　　　　　蛋白质或多肽　　　　　　　DNS-蛋白质或DNS-多肽

DNS-氨基酸　　　　　　氨基酸的混合物

DNS-Cl 与蛋白质的侧链基团巯基、咪唑基、ε-氨基和酚羟基反应，前两者在酸碱条件下均不稳定，酸水解时完全破坏；DNS-ε-赖氨酸和 DNS-O-酪氨酸较稳定，同时还有 DNS-双-赖氨酸和 DNS-双-酪氨酸生成，展层后在层析图谱的位点上，都与 DNS-α-氨基酸有区别。

DNS-Cl 在 pH 过高时，水解产生副产物 DNS-OH；DNS-Cl 过量时，会产生 DNS-NH₂（反应式参见实验 35），在紫外光照射下，DNS-OH 和 DNS-NH₂ 产生蓝色荧光，而 DNS-氨基酸产生黄绿色荧光，能明显区分。

三、实验器材

1. 层析缸。
2. 聚酰胺薄膜（7cm×7cm，浙江黄岩化学试验厂）。
3. 电吹风。
4. 紫外灯。
5. 点样管（或微量注射器）。
6. 真空干燥器。
7. 具塞磨口试管。
8. 水解管（硬质玻璃）。
9. 培养皿。
10. 恒温水浴锅。

四、实验试剂

1. 各种层析纯标准氨基酸。
2. 胰岛素（或其他蛋白质或多肽样品）。

3．DNS-Cl 丙酮溶液：称取 25mg DNS-Cl 溶于 10ml 丙酮中，贮于棕色瓶中，1 个月内有效。

4．5.7mol/L 恒沸盐酸（参见附录十五）。

5．0.2mol/L NaHCO₃。

6．展层剂

第 I 向：V（苯）：V（冰乙酸）＝9：1。

第 II 向：V（甲酸，88%）：V（蒸馏水）＝1.5：100。

五、操作

1．DNS-标准氨基酸的制备

称取 2.5μmol 层析纯的氨基酸，溶于 0.5ml 0.2mol/L 碳酸氢钠溶液。取 0.1ml 于具塞玻璃试管中，加入 0.1ml DNS-Cl 丙酮溶液，用 1mol/L 氢氧化钠溶液调 pH 至 9.0～9.5，于室温（20℃左右）避光反应 2～4h，贮备于暗处备用。按后面所述的层析溶剂系统，做 DNS-氨基酸的标准图谱（图 10-a）。亦可用商品标准 DNS-氨基酸制作层析图谱。

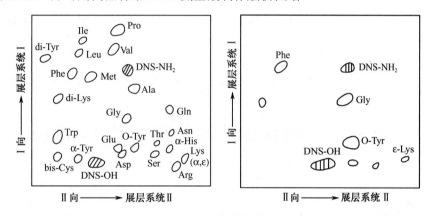

a．混合的标准 DNS-氨基酸在聚酰胺薄膜上的双向层析图谱；b．胰岛素 N-端聚酰胺薄膜双向层析图谱

图 10　双向层析图谱

2．DNS-蛋白质的制备和水解

称取 0.5mg 左右的胰岛素（或其他蛋白质或多肽样品），置于具塞玻璃试管中，用少量蒸馏水溶解，加入 0.5ml 0.2mol/L 的碳酸氢钠溶液，再加 0.5ml DNS-Cl 丙酮溶液，用 1mol/L 氢氧化钠溶液调 pH 至 9.0～9.5，塞好塞子，室温下避光反应 2～4h（或于 40℃水浴中避光反应 2h）。反应完毕，真空抽去丙酮，用 0.5ml 5.7mol/L 恒沸盐酸转移至水解管，抽真空封管，于 110℃水解 18～24h。

开管后抽去盐酸，加少量蒸馏水，再抽干，重复 2～3 次以除尽盐酸，临用前加几滴丙酮，然后按操作步骤 3 进行层析。

3．样品的聚酰胺薄膜层析

取聚酰胺薄膜（7cm×7cm）一张，在距离相邻边缘各 1.0cm 处用铅笔画一相交直线，作为点样原点。用点样管取上述 DNS-氨基酸样品液进行点样，点样直径不超过 2mm，可分几次点完，每次点后用冷风吹干再点下一次，吹干。光面向外卷曲（两边不相接触）外扎以牛皮筋。直立于盛有 20ml 展层剂的培养皿中，点样点置下端，置于展析缸中展层（装置参见实验 34）。

若只需单向层析即用展层剂（II），要进行双向层析时，为了便于吹干，可先用展层剂

（Ⅰ）为第Ⅰ向，展层后取出再用展层剂（Ⅱ）为第Ⅱ向，这样可节省时间。但有时遇到聚酰胺薄膜质地不均匀，如先用展层剂（Ⅰ）展层后会有"爆皮"现象，无法再走第Ⅱ向。遇到这种情况可用展层剂（Ⅱ）为第Ⅰ向。但展层后因含水，需要充分吹干，最好晾过夜，次日再走第Ⅱ向。

4．结果观察

在紫外灯下观察 DNS-氨基酸的荧光斑点，将样品的聚酰胺薄膜层析图谱（图 10-b）与 DNS-氨基酸标准图谱（图 10-a）比较，由其相应位置确定胰岛素的 N-端氨基酸[①]。

在胰岛素 N-端聚酰胺薄膜层析图谱上除了 N-端的 DNS-Gly 和 DNS-Phe 以外，还有 DNS-ε-Lys 和 DNS-*O*-Tyr，这是胰岛素分子中 Lys 残基和 Tyr 残基的侧链基团与 DNS-Cl 作用的产物。

笔　记

六、注意事项

1．水解后的氨基酸样品必须将 HCl 除尽，可用 pH 试纸测知。

2．DNS-Cl 应是黄色粉末状固体，在丙酮中有良好的溶解性。若颜色发白且溶解性差，说明 DNS-Cl 已经失效，不能再用。

 **思考题**

用 DNS 法测定蛋白质或多肽的 N-端氨基酸需要注意哪些问题？

实验 37　用 DNS 法测定多肽的氨基酸组成

一、目的

了解并掌握用 DNS-氨基酸聚酰胺薄膜层析测定多肽的氨基酸组成。

二、原理

多肽经酸水解后，肽链断裂，生成游离氨基酸[②]，所有氨基酸都能与 DNS-Cl 反应生成具有荧光的 DNS-氨基酸，其中赖氨酸、组氨酸、酪氨酸、天冬酰胺等氨基酸可生成双 DNS-氨基酸，这些 DNS-氨基酸相当稳定，可用于多肽或蛋白质氨基酸组成的微量分析，灵敏度可达 $10^{-10} \sim 10^{-9}$ mol 水平，比茚三酮法高 10 倍以上。

在 pH 过高的情况下，DNS-Cl 要水解，产生副产物 DNS-OH。在 DNS-Cl 过量时，产生副产物 DNS-NH$_2$。DNS-OH 和 DNS-NH$_2$ 在紫外光照射下产生蓝色荧光，可以与 DNS-氨基酸的黄绿色荧光区分开来，详见实验 35。

三、实验器材

1．水解管（硬质玻璃，内径 0.5cm，长度 8cm）。
2．移液器、Tip、Eppendorf 管。
3．真空干燥器。
4．烘箱。
5．恒温水浴锅。

---

① 胰岛素由 A、B 两条链组成，其 N-端分别为 Gly 和 Phe。
② 酸水解时色氨酸和部分羟基氨基酸被破坏，谷氨酰胺和天冬酰胺分别变成谷氨酸和天冬氨酸，胱氨酸变成半胱氨酸。

6．电吹风。

7．层析缸。

8．聚酰胺薄膜（7cm×7cm，浙江黄岩

化学试验厂）。

9．紫外灯。

10．点样管。

四、实验试剂

1．各种层析纯标准氨基酸。

2．多肽样品。

3．DNS-Cl 丙酮溶液：称取 25mg DNS-Cl 溶于 10ml 丙酮中，贮于棕色瓶中，1 个月内有效。

4．5.7mol/L 恒沸盐酸（参见附录十五）。

5．0.2mol/L NaHCO$_3$。

6．展层剂

第Ⅰ向：V（苯）：V（冰乙酸）＝9：1。

第Ⅱ向：V（甲酸，88%）：V（蒸馏水）＝1.5：100。

五、操作

1．DNS 标准氨基酸的制备

称取 2.5μmol 层析纯的氨基酸，溶于 0.5ml 0.2mol/L 碳酸氢钠溶液。取 0.1ml 于具塞玻璃试管中，加入 0.1ml DNS-Cl 丙酮溶液，用 1mol/L 氢氧化钠溶液调 pH 至 9.0～9.5，于室温（20℃左右）避光反应 2～4h，贮备于暗处备用。按后面所述的层析溶剂系统，做 DNS-氨基酸的标准图谱（图 10-a）。

2．多肽氨基酸组成的 DNS 分析

取多肽样品 1～2mg，置水解管中，加入 5.7mol/L HCl 50μl，充氮气、封管，110℃烘箱水解 18h 左右。水解后，开管，在真空干燥器中抽去 HCl（大约 2～3h），加 20μl 无离子水，再抽干，重复两次以除尽盐酸。

在水解管中加入 50μl 0.2mol/L NaHCO$_3$ 溶液，使水解的样品溶解，然后转移到 Eppendorf 管中，加入等量（50μl）的 DNS-Cl 丙酮溶液，40℃水浴避光反应 2h。在反应过程中样品由黄色→淡黄→淡绿→无色。将 Eppendorf 管放入真空干燥器中抽去丙酮，然后加 20μl 甲醇溶解，准备点样。

按实验 35 将样品点样并进行聚酰胺薄膜双向层析，对照 DNS-氨基酸标准图谱可知多肽的氨基酸组成。

笔　记

六、注意事项

参见实验 34、35 注意事项。

思考题

用 DNS 法测定多肽的氨基酸组成需要注意哪些？其缺点有哪些？＿＿＿＿＿＿＿＿

实验 38　肽的序列分析（PTH 法）

一、目的

掌握苯异硫氰酸法分析肽序列的原理和方法。

二、原理

在温和条件下（40℃，pH 8.7～9.0），苯异硫氰酸[①]（C_6H_5NCS，phenyl-isothiocyanate，简称 PITC）能与肽或蛋白质的自由氨基作用，生成苯氨基硫甲酰基肽或蛋白质（PTC-肽或蛋白质，PTC 系 phenylthiocarbamyl 的缩写）。后者在 40℃酸性水溶液中环化，生成乙内酰苯硫脲氨基酸（PTH-氨基酸，PTH 系 3-phenyl-2-thiohydantion 的缩写）并从肽链上分离下来。

经抽提并鉴定所生成的 PTH-氨基酸，就可知道此肽的 N-端氨基酸。剩余的肽链经浓缩后，仍可按上述方法重复进行第二个氨基酸的鉴定。如此即从肽链 N-端开始，逐个地测定氨基酸排列顺序。

三、实验器材

1. 聚酰胺薄膜（7cm×7cm）。
2. pH 试纸（pH 8.5～10.0）。
3. 层析缸。
4. 烧杯 10ml（×2）。
5. 量筒 10ml（×1）。
6. 吸管 0.1ml（×1）。
7. 分液漏斗 25ml（×2）。
8. 点样管 100μl（×1）或毛细管。
9. 电吹风。
10. 梨形瓶。
11. 直尺、刀片。
12. 恒温水浴锅。

[①]　苯异硫氰酸也称异硫氰酸苯酯。

四、实验试剂

1．谷胱甘肽[①]：作本实验的试样，亦可用其他肽。

2．氨基酸[②]：作层析标准品，可按需要选用。

3．无水碳酸钠。

4．50% 1,4-二氧六环。

5．盐酸（5.7mol/L）：参见附录十五。

6．苯异硫氰酸。

7．乙酸。

8．乙醇。

9．0.1mol/L 氢氧化钠溶液。

10．乙酸乙酯。

11．碘-叠氮显色液：0.01mol/L I_2＋0.5mol/L KI 水溶液，与 0.5mol/L NaN_3 水溶液等体积混合。

12．层析溶剂。

第 I 向溶剂：V（苯）：V（醋酸）＝9：1。

第 II 向溶剂：V（甲酸，88%）：V（蒸馏水）＝1：1。

五、操作

1．PTH-氨基酸标准层析谱

（1）PTH-氨基酸的制备

将 20～50mg 氨基酸（约 0.3mmol/L）与等物质的量的碳酸钠共溶于 2～4ml 50% 1,4-二氧六环，再加入 0.1ml 苯异硫氰酸，40℃搅拌 2h。作用完毕，用苯提尽过剩的苯异硫氰酸，并用空气吹尽苯，加 5.7mol/L 盐酸至盐酸浓度约为 1mol/L。再于 40℃反应 2～4h，反应完毕，放置冷却，PTH 氨基酸即结晶析出。晶体用乙酸、乙醇、水依次各洗一次。

（2）聚酰胺薄膜层析

将 PTH-氨基酸溶于少量乙醇（2.0～4.0ml）。用点样管取此溶液 0.1ml，点于聚酰胺薄膜（7cm×7cm）原点处（参见图 11）。点样直径不得超过 2mm，边点样边用冷风吹干。将点好样的薄膜卷成圆筒状，置层析缸中展层（参见实验 34 层析操作）。

两向展层后，吹干，浸于碘-叠氮显色液中显色，吹干，即得标准 PTH-氨基酸图谱（见图 11）。

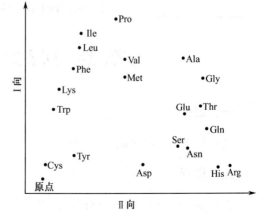

图 11　聚酰胺薄膜双向层析 PTH-氨基酸图谱

---

① 本实验的目的是使学生掌握用 PTH 法测定肽顺序的基本方法，故用已知小肽作样品。

② 由于所用样品——谷胱甘肽的顺序是已知的，只需测定两个氨基酸残基的顺序即可。本实验只需选用谷氨酸和半胱氨酸。按常规，凡测肽的氨基酸顺序，必先测知其氨基酸组成，故可根据组成，选用标准氨基酸。

2．序列测定

（1）PTC-肽的合成

称取 2～3mg 样品，溶于 2ml 蒸馏水，加入 2ml 1,4-二氧六环，充分混合，用 0.1mol/L NaOH 溶液调 pH 至 8.7～9.0，再加入 0.1ml 苯异硫氰酸，40℃搅拌 1.5～2h。反应完毕，用苯抽提反应液数次，除去过剩的苯异硫氰酸，水溶液移至小烧杯内，置 NaOH 干燥器中真空干燥，即得 PTC-肽钠盐。

（2）PTC-肽的环化

将 PTC-肽钠盐溶于 2.7ml 水，加入约 3ml 5.7mol/L HCl，使溶液的盐酸浓度为 3mol/L。然后于 40℃保温 2～4h，用乙酸乙酯抽提 PTH-氨基酸，共抽提三次。脱下一个氨基酸的肽段大部存在于水溶液中，应保留。

合并乙酸乙酯抽提液，用少量水洗两次（将存在于乙酸乙酯中的肽抽提尽），将此水溶液与前述水溶液合并，置于一小烧杯中，真空干燥。干燥后的残渣用 2ml 水溶解，加入 2ml 1,4-二氧六环，混合后，再加入 0.1ml 苯异硫氰酸，重复制备 PTC-肽，测定第二个 N-端氨基酸。

（3）PTH-氨基酸的鉴定

将上述抽提 PTH-氨基酸的乙酸乙酯液置于小梨形瓶中减压浓缩至干（亦可置小烧杯中用电吹风吹干）。加入少量（约 0.1ml）乙醇使 PTH-氨基酸溶解。全部点于聚酰胺薄膜原点处，按上法进行双向展层、显色。对照标准层析谱，决定是何种氨基酸。

笔　记

六、注意事项

样品的制备过程较为繁琐，需严格操作并去除剩余试剂。将 PTH-衍生物（PTH-肽、PTH-氨基酸）样品冻干贮存于-20℃下可稳定 1 个月以上，不影响下一步实验检测。

? 思考题

1. PTH 法测定蛋白质及肽的序列对蛋白质及肽有何要求？
2. 试比较 PTH、DNS-Cl、FDNB 三种方法鉴定氨基酸的原理和方法。

实验 39　尿素对蛋白质的变性作用

一、目的

了解并掌握蛋白质的变性作用。

二、原理

天然蛋白质分子中的肽链以一定的方式盘绕曲折，形成特定的构象。这种构象的维持，主要依赖于蛋白质分子中的氢键。尿素能破坏氢键，导致蛋白质分子结构松弛，使蛋白质变性。

变性后，蛋白质的肽链就伸展开来，从而使原来包藏在分子内部的—SH 暴露，能与巯基试剂作用。在一定范围内，暴露的—SH 随着变性程度的加深而增加，因此测定—SH 的增加，可衡量蛋白质的变性程度。

在碱性条件下，—SH 可被亚硝基铁氰化钠 $Na_2[Fe(NO)(CN)_5]^{2-}$氧化成—S—S—（二硫键），氧化剂的铁由高价还原成低价，其配合物呈红色。

$$2RSH+[Fe(NO)(CN)_5]^{2-}\longrightarrow R—S—S—R+[Fe(NO)(CN)_5]^{3-}（红色）$$

产生红色配合物的量与—SH 量成正比，可用比色法（520nm）测定。

由于—SH 在重金属离子催化下，易被空气氧所氧化，故于反应体系中加入少许氧化物，抑制这种反应。

三、实验器材

1. 卵清蛋白或其他蛋白质样品。
2. 试管 1.5cm×15cm（×27）。
3. 刻度试管 5.0ml（×18）。
4. 吸管 0.10ml（×1）、0.50ml（×4）、1.0ml（×2）、5.0ml（×1）。
5. 电子天平。
6. 紫外可见分光光度计。
7. 容量瓶 10ml（×1）。

四、实验试剂

1. 2%卵清蛋白液：称取 0.5g 卵清蛋白，溶于蒸馏水[①]，离心去除不溶物，取上清液加水稀释至 25ml。

2. 尿素（A.R.）：粉末状。

3. 半胱氨酸盐酸溶液（Cys-HCl）：准确称取半胱氨酸盐酸盐 15.76mg，溶于蒸馏水，稀释至 10.0ml（容量瓶定容）。用时，取此液 0.5ml，用蒸馏水稀释至 10.0ml，此稀释液每毫升含 Cys-HCl 0.5μmol。

4. 饱和氯化钠（A.R.）溶液。

5. 0.067mol/L NaCN-1.5mol/L Na_2CO_3 溶液：称取 3.28g NaCN（A.R.）和 159g Na_2CO_3（A.R），溶于蒸馏水并稀释至 1000ml。

6. 2%亚硝基铁氰化钠溶液：称取亚硝基铁氰化钠（A.R.）2g，溶于蒸馏水并稀释至 100ml。

五、操作

1. —SH 标准曲线的绘制

取干净试管 9 支，按表 20 编号并加入试剂。

表 20　—SH 标准曲线的绘制

试剂 ＼ 管号	0′	0	1	2	3	4	5	6	7
Cys-HCl 溶液/ml	0	0	0.1	0.2	0.3	0.4	0.5	0.6	0.7
蒸馏水/ml	4.5	1.0	0.9	0.8	0.7	0.6	0.5	0.4	0.3
饱和氯化钠溶液/ml	0	3.0	3.0	3.0	3.0	3.0	3.0	3.0	3.0
NaCN-Na_2CO_3 溶液/ml	0	0.5	0.5	0.5	0.5	0.5	0.5	0.5	0.5
2%亚硝基铁氰化钠/ml	0.5	0.5	0.5	0.5	0.5	0.5	0.5	0.5	0.5
含—SH 个数									
A_{520nm}									

---

① 为了减少蛋白质变性，溶解时只能用玻棒轻缓搅动，切忌剧烈搅动。

摇匀比色。颜色在 15s 内稳定，操作要快。不能等各管都加好显色剂后再测定，应加一管测一管。

根据半胱氨酸盐酸盐溶液浓度以及每管加入量，计算各—SH 个数，将此数字及测得吸光度值填入表 20。

以—SH 个数为横坐标，吸光度值为纵坐标作图即得标准曲线。

2．蛋白质变性程度的测定（以测得的—SH 量表示）

取 5.0ml 刻度试管 18 支，分成对照及测定两组，对照组按 0～8 编号，测定组按 0′～8′编号。

于对照组 0～8 号刻度试管中，依次加入尿素 0、0.8、1.0、1.2、1.4、1.6、1.8、2.0、2.2g，各加蒸馏水少许，待尿素溶解后，加水至刻度。

于测定组 0′～8′号刻度试管中依次加入尿素 0、0.8、1.0、1.2、1.4、1.6、1.8、2.0、2.2g。再各加卵清蛋白液 2.0ml，尿素溶解后，放置 45min，各加水至刻度。

另取 18 支试管，亦分对照及测定两组，对照组亦编以 0～8，测定组编以 0′～8′号。各管皆加入饱和 NaCl 溶液 3.0ml 以及 0.067mol/L NaCN-1.5mol/L Na_2CO_3 溶液 0.5ml。

笔　记

从前 18 支刻度试管中各取出 1.0ml 溶液，分别加入相同编号的后 18 支试管内，摇匀。然后向每管加入 2%亚硝基铁氰化溶液 0.5ml，立即摇匀比色（520nm），操作时间不得超过 15s。比色时，各以本组的零号管调零。

将测定组 1′～8′各管之吸光度值减去对照组中相应号码管的吸光度值。对照标准曲线求得各管的—SH 个数。

以—SH 个数为纵坐标，尿素量为横坐标作图，并解释所得结果。

六、注意事项

氰化钠是剧毒物品，操作时，必须穿好工作服，戴双层手套、口罩并备好防毒面具，避免氰化钠直接接触皮肤或吸入氰化钠粉尘。操作结束后，必须用清水或 5%硫代硫酸钠水溶液反复冲洗。

思考题

1. 尿素对蛋白质变性作用及原理是什么？
2. 蛋白质经尿素处理后结构发生怎样的改变？

实验 40　氨基酸纸层析法

一、目的

了解并掌握氨基酸纸层析的原理和方法。

二、原理

用滤纸为支持物进行层析的方法，称为纸层析法。纸层析所用展层溶剂大多由水和有机溶剂组成，滤纸纤维与水的亲和力强，与有机溶剂的亲和力弱，因此在展层时，水是固定相，有机溶剂是流动相。溶剂由下向上移动的，称上行法；由上向下移动的，称下行法。将样品点在滤纸上（此点称为原点），进行展层，样品中的各种氨基酸在两相溶剂中不断进行分配。由于它们的分配系数不同，不同氨基酸随流动相移动的速率就不同，于是就将这些氨基酸分离开来，形成距原点距离不等的层析点。

溶质在滤纸上的移动速率用 R_f 值表示：

$$R_f = \frac{原点到层析点中心的距离}{原点到溶剂前沿的距离}$$

只要条件（如温度、展层溶剂的组成）不变，R_f 值是常数，故可根据 R_f 值作定性依据。

样品中如有多种氨基酸，其中某些氨基酸的 R_f 值相同或相近，此时如只用一种溶剂展层，就不能将它们分开。为此，当用一种溶剂展层后，将滤纸转动 90°，再用另一溶剂展层，从而达到分离的目的，这种方法称为双向纸层析法。

氨基酸无色，利用茚三酮反应，可将氨基酸层析点显色作定性、定量用。

三、实验器材

1. 混合氨基酸溶液（蛋清或血粉水解后的氨基酸干粉）6mg/ml。
2. 滤纸。
3. 烧杯 10ml（×1）。
4. 剪刀。
5. 层析缸（×2）。
6. 微量注射器 10μl（×1）或毛细管。
7. 电吹风（×1）。
8. 紫外可见分光光度计。

四、实验试剂

1. 溶剂系统：
(1) 碱相溶剂：V[正丁醇（A.R.）]：V（12%氨水）：V（95%乙醇）=13：3：3。
(2) 酸相溶剂：V[正丁醇（A.R.）]：V（88%甲酸）：V（水）=15：3：2。
2. 显色贮备液：V（0.4mol/L 茚三酮-异丙醇）：V（甲酸）：V（水）=20：1：5。
3. V（0.1%硫酸铜）：V（75%乙醇）=2：38 溶液。临用前按比例混合。

五、操作

1. 标准氨基酸单向上行层析法

(1) 滤纸准备：选用新华 1 号滤纸，裁成 22cm×28cm[①]的长方形，在距纸一端 2cm 处划一基线，在线上每隔 2～3cm，画一小点作点样的原点，见图 12。

(2) 点样：氨基酸点样量以每种氨基酸含 5～20μg 为宜，用微量注射器或微量吸管，吸取氨基酸样品 10μl 点于原点（分批点完），点子直径不能超过 0.5cm，边点样边用电吹风吹干。

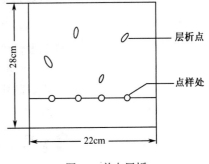

图 12 单向层析

(3) 展层和显色：将点好样的滤纸，用白线缝好[②]，制成圆筒，原点在下端，浸立在培养

---

① 滤纸裁剪的大小应根据层析缸的大小作适当调整。
② 除了线缝合外，还可以用金属针等（如大号订书针）进行固定，但需注意固定时上下滤纸的间隔应保持一致。不能用胶带类物体进行固定，以免在展层过程中胶失去黏性而使展层无法继续。

皿内，不需平衡，立即展层，展层剂为酸性溶剂系统 [V（正丁醇）：V（甲酸）：V（水）＝ 15：3：2]，把展层剂混匀，倒入培养皿内，同时加入显色贮备液（每 10ml 展层剂加 0.1～0.5ml 的显色贮备液）进行展层，当溶剂展层至距滤纸上沿 1～2cm 时，取出滤纸，吹干，层析斑点即显蓝紫色。用铅笔划下层析斑点，可进行定性、定量测定。

　　2．混合氨基酸双向上行纸层析

　　（1）滤纸准备：将滤纸裁成 28cm×28cm 正方形，距滤纸相邻两边各 2cm 处的交点上，用铅笔轻划一点，作点样用，见图 13。

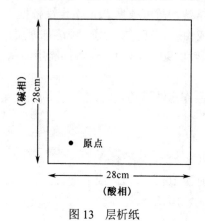

图 13　层析纸

　　（2）点样：取混合氨基酸溶液（5mg/ml）10～15μl，分次点于原点，见图 13。

　　（3）展层和显色：将点好的滤纸卷成半圆筒纸，用线缝好，竖立在培养皿中（图 14），原点应在下端。置少量 12%氨水于小烧杯中，盖好层析缸，平衡过夜。次日，取出氨水，加适量碱相（第Ⅰ向）溶剂于培养皿中，盖好层析缸，上行展层，当溶剂前沿距滤纸上端 1～2cm 时，取出滤纸，冷风吹干。将滤纸转 90°，再卷成半圆筒状，竖立于干净培养皿中，并于小烧杯中置少量酸相溶剂，盖好层析缸，平衡过夜。次日将加有显色剂的酸相溶剂（每 10ml 展层剂加 0.1～0.5ml 显色贮备液）倾入培养皿，进行第Ⅱ向展层。展层毕，取出滤纸，用热风吹干，蓝紫色斑点即显现。

　　（4）定性鉴定与量测定：双向层析 R_f 值，由两个数值组成，在第Ⅰ向计量一次，第Ⅱ向计量一次，分别与已知的氨基酸在酸碱系统的 R_f 值对比，即可初步决定它为何种氨基酸的斑点（图 15）。将它剪下，在同一张纸剪下一块大小相同的空白纸作对照，用硫酸铜-乙醇溶液洗脱，用紫外可见分光光度计测定其吸光度，在标准曲线上查出氨基酸含量。

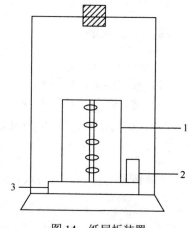

图 14　纸层析装置
1. 层析纸；2. 平衡溶液；3. 培养皿

笔　记

六、注意事项

　　1．点样操作时应戴手套，防止样品及滤纸受污染。

　　2．严格控制点样位置以及点样直径，防止层析后氨基酸斑点过度扩散和重叠。

　　3．酸相溶剂需临用时配制，以免发生酯化而影响层析结果。

思考题

　　1．氨基酸纸层析实验中固定相和流动相分别是什么？

　　2．影响纸层析移动速率 R_f 的因素有哪些？

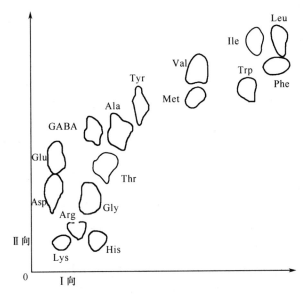

图 15 氨基酸双向室温纸层析图谱

第Ⅰ向［V（正丁醇）：V（12%氨水）：V（95%乙醇）＝13∶3∶3］；

第Ⅱ向［V（正丁醇）：V（88%甲酸）：V（水）＝15∶3∶2］

实验 41 氨基酸微晶纤维素薄板层析法

一、目的

1. 了解氨基酸微晶纤维素薄板层析法的原理。

2. 学会使用纤维素薄板层析。

二、原理

以微晶纤维素制成的薄板为支持物进行色谱分析的方法，称为纤维素薄板层析法。纤维素是一种惰性支持物，它与水有较强的亲和力而与有机溶剂亲和力较弱。层析时吸着在纤维素上的水是固定相，有机溶剂是流动相，当被分离的各种物质固定相和流动相中的分配系数不同时，即可被分开。

三、实验器材

1. 混合氨基酸溶液（蛋白质水解液，经活性炭脱色、浓缩、干燥等处理后的混合氨基酸干粉或由配制而成的混合氨基酸溶解于 10%异丙醇中。用稀氨水调至 pH 7 左右）（6～10mg/ml）。冰箱保存备用。

2. 烧杯 50ml（×1）。

3. 玻璃板 15cm×15cm（×1）。

4. 层析缸 20cm×20cm（×2）。

5. 研钵（×1）。

6. 微量注射器 10μl（×1）。

7. 吸管 2.0ml（×1）、5.0ml（×1）。

8. 电吹风。

9. 电子天平。

10. 量筒 100ml（×1）。

四、实验试剂

1．微晶纤维素（300 目）（进口分装）层析用，上海试剂四厂。

2．层析溶剂系统

（1）碱性溶剂系统：V［叔丁醇（A.R.）］：V［丁酮（A.R.）］：V［氨水（A.R.）］：V（水）＝5：3：1：1。

（2）酸性溶剂系统：V［异丙醇（A.R.）］：V［甲酸（A.R.）］：V（水）＝20：1：5。上述溶剂需在临用时配制。

3．显色剂：0.4mol/L 茚三酮异丙醇溶液。

4．显色贮备液：V（0.4mol/L 茚三酮异丙醇）：V（甲酸）：V（水）＝20：1：5。

5．0.3%聚乙烯醇溶液：称 3g 聚乙烯醇，溶解在 1000ml 重蒸馏水中，可加热助溶。

6．各种氨基酸标准液（1mg/ml）。

7．17 种氨基酸混合标准液（天冬氨酸、谷氨酸、亮氨酸、异亮氨酸、甲硫氨酸、苯丙氨酸、酪氨酸、脯氨酸、半胱氨酸、赖氨酸、组氨酸、精氨酸、甘氨酸、丙氨酸、苏氨酸、丝氨酸、缬氨酸各称取 5mg，溶于 1ml 0.01mol/L HCl 溶液中），每种氨基酸浓度为 5mg/ml。

五、操作

1．薄板制备

取 15cm×15cm 玻璃板一块，洗净，烘干，平放于水平台上。称 4g 微晶型纤维素，加 15ml 0.3%聚乙烯醇溶液（亦可用 15ml 蒸馏水加 3ml 丙酮溶液）搅成匀浆，倒在玻璃板上，前后倾斜玻璃板，使之均匀铺于玻璃板上，平放晾干（亦可放 40℃烘箱烘干），备用。

2．点样

用微量注射器吸取 5～10μl 样液，分次滴加于薄板原点处，边点边用电吹风吹干[①]。

3．展层与显色

室温下在密闭 20cm×20cm×10cm 长方形玻璃缸中进行双向上行展层，加展层剂 200ml，先用碱相溶剂展层，后用酸性溶剂展层（薄板下端浸入溶剂的深度约为 0.5cm），当溶剂上行至离板顶 1.5cm 时，取出薄板用冷、热风交替吹干。在原溶剂中重复展层一次，当溶剂上行至原来前沿时，取出吹干。转 90°角，进行酸相展层，方法同上，亦重复一次，在进行酸相展层前，将显色贮备液加入展层剂中（10ml 展层剂加 0.1～0.5ml 显色贮备液），展层毕，取出吹干，紫红色斑点即显出。将薄板放在 50℃烘箱内烘 2h，取出，放在干燥器内可长期保存（否则纤维素吸湿后斑点将扩散）。

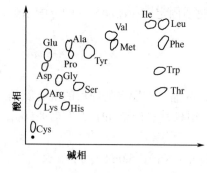

图 16　氨基酸层析显色图

4．氨基酸层析显色图谱（见图 16）

脯氨酸为黄色斑点，其他氨基酸皆为蓝紫色斑点。

---

① 使用冷风，不能用热风。

六、注意事项

1. 良好的薄板应是厚度适中，分布均匀，且无"纹路"。

2. 点样时不要将薄板刺破，否则会影响展层。

3. 碱相溶剂系统层析完毕后，一定要烘干，否则第二次层析斑点会有扩散现象。

思考题

1. 影响纤维素薄板层析 R_f 值的因素有哪些？

2. 薄板制备应注意哪些？

实验 42　离子交换柱层析法分离氨基酸

一、目的

通过实验要求学会装柱、洗脱、收集等离子交换柱层析技术。

二、原理

树脂（惰性支持物）上结合了阳离子或阴离子后，可与阴离子或阳离子结合。改变溶液的离子强度则这种离子结合又解离，由于不同的氨基酸在不同的 pH 及离子强度溶液中的所带电荷各不相同，故对离子交换树脂的亲和力也各不相同。从而可以在洗脱过程中按先后顺序洗出，达到分离的目的。

三、实验器材

1. 层析柱 1.2cm×19cm。

2. 恒流泵。

3. 部分收集器。

4. 刻度试管 10ml（×1）。

5. 烧杯 250ml（×1）。

6. 吸管 1.0ml（×2）、5.0ml（×1）。

7. 紫外可见分光光度计。

8. 沸水浴锅，电磁炉。

四、实验试剂

1. 阳离子树脂（Amberlite IR-120）。

2. 柠檬酸-柠檬酸钠缓冲液（洗脱液，0.45mol/L，pH 5.3）：称取 57g 柠檬酸，用适量的蒸馏水溶解，加入 37.2g NaOH，21ml 浓 HCl，混匀，用蒸馏水定容至 2000ml。

3. 显色剂（0.5%茚三酮）：0.5g 茚三酮溶于 100ml 95%乙醇中。

4. 0.1% $CuSO_4$ 溶液。

5. 氨基酸样品：0.005mol/L 的 Asp 和 Lys（用 0.02mol/L HCl 配制）。

五、操作

1．树脂的处理

干树脂经蒸馏水膨胀，倾去细小颗粒，然后用 4 倍体积的 2mol/L HCl 及 2mol/L NaOH 依次浸洗，每次浸 2h，并分别用蒸馏水洗至中性。再用 1mol/L NaOH 浸半小时（转型），用蒸馏水洗至中性。

2．装柱

竖直装好层析柱，关闭出口，加入柠檬酸-柠檬酸钠缓冲液约 1cm 高。将处理好的树脂 12～18ml 加等体积缓冲液，搅匀，沿管内壁缓慢加入，柱底沉积约 1cm 高时，缓慢打开出口，继续加入树脂直至树脂沉积达 8cm 高。装柱要求连续、均匀，无纹格、无气泡，表面平整，液面不得低于树脂表面，否则要重新装柱。

3．平衡

将缓冲液瓶与恒流泵相连，恒流泵出口与层析柱入口相连，树脂表面保留 3～4cm 左右的液层，开动恒流泵，以 0.4ml/min 的流速平衡，直至流出液 pH 与洗脱液 pH 相同（约需 2～3 倍柱床体积）。

4．加样

揭去层析柱上口盖子，待柱内液体流至树脂表面 1.0～2.0mm 时关闭出口，沿管壁四周小心加入 0.5ml 样品，慢慢打开出口，使液面降至与树脂表面相平处关闭，吸少量缓冲液冲洗柱内壁数次，加缓冲液至液层 3～4cm，接上恒流泵。加样时应避免冲破树脂表面，避免将样品全部加在某一局限部位。

5．洗脱

以柠檬酸-柠檬酸钠缓冲液洗脱，洗脱流速 0.4ml/min，用部分收集器收集洗脱液，4ml/管×20（每 10min 收集一管）。

笔 记

6．测定

分别取各管洗脱液 1ml，各加入显色剂 1ml，混合后沸水浴 5min，冷却，各加 0.1% $CuSO_4$ 溶液 3ml，混匀，测 A_{570nm}。以吸光度值为纵坐标，洗脱液累计体积（每管 4ml，故 4ml 为一个单位）为横坐标绘制洗脱曲线。

六、注意事项

1．新鲜树脂通过预处理可去除树脂生产过程中残留的溶剂、低聚物以及少量的重金属离子（如 Fe^{3+}，Cu^{2+}）等杂质。

2．装柱时倒入树脂速度不要太快，以免产生泡沫和气泡。

3．树脂悬浮液的温度要相对恒定或应与室温接近，否则柱床体内易产生气泡而影响层析效果。

4．在装柱的同时应将其他仪器设备（如：自动部分收集器，恒流泵等）电源接通，并按实验要求进行预热和调试。

思考题

1．试根据洗脱曲线说明 Asp 和 Lys 的出峰次序并解释原因。

2．装柱的一般要求有哪些？

实验 43　血清白蛋白的分离与纯化

一、目的

1．了解血清蛋白质分离的一般方法。
2．掌握盐析法、凝胶层析和 DEAE-纤维素层析法分离纯化白蛋白的方法。

二、原理

不同蛋白质的相对分子质量、溶解度以及在一定条件下带电的情况有所不同，可根据这些性质的差别，分离及提纯各种蛋白质。

本实验先用盐析法作初步分离。在半饱和硫酸铵溶液中，血清白蛋白不沉淀，球蛋白沉淀，离心后白蛋白主要在上清液中。

由于血清白蛋白的相对分子质量较硫酸铵大得多，故盐析初步分离的白蛋白可用凝胶层析法除去硫酸铵。

除硫酸铵后的白蛋白溶液在 0.02mol/L pH 6.5 乙酸铵（NH_4Ac）缓冲液的条件下，加到二乙氨乙基（DEAE）-纤维素层析柱上，在此 pH 时，DEAE-纤维素带有正电荷：

$$纤维素-O-CH_2-CH_2-N\begin{matrix}C_2H_5\\C_2H_5\end{matrix}+H^+ \rightleftharpoons 纤维素-O-CH_2-CH_2-\overset{+}{N}H\begin{matrix}C_2H_5\\C_2H_5\end{matrix}$$

它能吸附带负电荷的白蛋白、α 及 β 球蛋白（血清白蛋白等电点为 4.9，绝大多数 α 及 β 球蛋白等电点均小于 6）。改用 0.06mol/L NH_4Ac，离子交换柱上的 β-球蛋白及部分 α-球蛋白可被洗脱下来。继而将盐浓度提高至 0.3mol/L NH_4Ac，则白蛋白被洗脱下来，此时收集的即为较纯的白蛋白（尚混有少量 α-球蛋白）。

三、实验器材

1．层析柱 1cm×40cm（×1），
　　1cm×20cm（×1）。
2．离心机（4000r/min）。
3．离心管。
4．恒流泵。
5．部分收集器。
6．梯度混合器。
7．冷冻干燥机。
8．pH 计。
9．紫外检测仪。

四、实验试剂

1．0.5mol/L pH 6.5 乙酸铵缓冲液（简写为 NH_4Ac）：称取乙酸铵 38.54g，加蒸馏水约 80ml 溶解，在不断搅拌下滴入稀氨水或稀乙酸溶液，用 pH 计准确调节至 pH 6.5，再加蒸馏水至 1000ml。

2．0.06mol/L pH 6.5 NH_4Ac 缓冲液：取试剂 1 用蒸馏水稀释 8.33 倍。

3．0.02mol/L pH 6.5 NH_4Ac 缓冲液：取试剂 2 用蒸馏水稀释 3 倍。

上述三种缓冲液必须准确配制，并用 pH 计准确调整 pH，用蒸馏水稀释后应再用 pH 计测定 pH。由于 NH_4Ac 是挥发性盐类，故溶液配制时不得加热，配好后必须密封保存，以防

pH 和浓度发生改变，否则将影响所分离的蛋白质纯度。

4．饱和硫酸铵溶液。

5．血清样品（或其他粗蛋白样品）。

五、操作

1．装葡聚糖凝胶 G-25（Sephadex G-25）层析柱

（1）取一根 1cm×40cm 的层析柱竖直夹于铁架上（有尼龙网孔的一头朝下），将底部夹紧，注入 2cm 高的 0.02mol/L pH 6.5 NH$_4$Ac 缓冲液。将已处理好浸泡在 0.02mol/L pH 6.5 NH$_4$Ac 缓冲液中的 Sephadex G-25 葡聚糖凝胶搅成悬浮状，加入层析柱内，慢慢打开底部出口，同时不断加入凝胶直至柱高 25cm（装柱时速度要均匀，不能分层，不得有气泡，凝胶床表面要平整）。

（2）在凝胶柱床上留有 3cm 高的溶液，将层析柱两头旋紧，接上恒流泵，用 0.02mol/L pH 6.5 NH$_4$Ac 缓冲液平衡 20min（流速为 1ml/min，层析柱两头要旋紧，防止柱床流干）。

2．装 DEAE-纤维素离子交换层析柱

（1）取一根 1cm×20cm 的层析柱竖直夹在铁架上，注入 1cm 高的 0.02mol/L pH 6.5 NH$_4$Ac 缓冲液。将已处理好浸泡在 0.02mol/L pH 6.5 NH$_4$Ac 缓冲液中的 DEAE-纤维素搅成悬浮状（沉淀的纤维素与 NH$_4$Ac 溶液体积比为 1∶2），加入层析柱内，慢慢打开底部出口，同时不断加入 DEAE 纤维素直至柱高 10cm。

（2）纤维素柱床上留有 3cm 高的溶液，将层析柱两头旋紧，接上恒流泵，用 0.02mol/L pH 6.5 NH$_4$Ac 缓冲液平衡 20min（流速为 1ml/min，层析柱两头要旋紧，防止柱床流干）。

3．硫酸铵盐析

取 1.0ml 血清于离心管中边摇边缓慢滴入饱和硫酸铵溶液 10ml，混匀后室温放置 10min，离心（3000r/min）10min。用滴管小心吸出上层清液于另一试管中（尽量全部吸出），作为纯化白蛋白之用。

4．凝胶柱层析除盐

葡聚糖凝胶 G-25 层析柱经 0.02mol/L pH 6.5 NH$_4$Ac 缓冲液平衡后，旋下上盖，慢慢打开底口使凝胶床上的液面下降到与床面相齐（不能低于凝胶床面），夹死底口。用长滴管吸取经盐析所得的粗制白蛋白液 1.5ml，小心缓慢地加到凝胶床面上。打开底口，使粗提的白蛋白液慢慢进入凝胶床直至与床表面相齐。吸取 0.5ml 0.02mol/L pH 6.5 NH$_4$Ac 缓冲液，沿柱壁慢慢加入凝胶床面上，慢慢打开底口使其流至与床面相平（三次）以洗下柱壁上的白蛋白。继续在凝胶床面上加 3cm 高的洗脱液，旋紧层析柱两头，接上恒流泵，用 0.02mol/L pH 6.5 NH$_4$Ac 洗脱（流速为 1ml/min）。

洗脱液用部分收集器收集，共收 6 管，每管 5ml（每 5min 收集一管）。用紫外检测仪检测蛋白峰（280nm）。

5．DEAE-纤维素分离白蛋白

DEAE-纤维素离子交换层析柱经 0.02mol/L pH 6.5 NH$_4$Ac 缓冲液平衡后，旋下上塞，慢慢打开底口使纤维床上的液面下降到与床面相齐，夹住底口。将经凝胶柱去盐收集的白蛋白液加到纤维素柱上，打开底口使样品慢慢进入床体，直至与床面相齐，吸 1.0ml 0.02mol/L pH 6.5 NH$_4$Ac 溶液，沿柱壁慢慢加入纤维素床面上（三次，操作同上），洗净沾在柱壁上的白蛋白液。在纤维素床面上加 3cm 高的 0.02mol/L pH 6.5 NH$_4$Ac 溶液，将

层析柱两头柱塞旋紧,接上恒流泵,用 0.06～0.5mol/L pH 6.5 NH$_4$Ac 进行梯度洗脱(流速为 1ml/min)。Ⅰ室加入 0.06mol/L pH 6.5 NH$_4$Ac 溶液 200ml,Ⅱ室加入 0.5mol/L pH 6.5 NH$_4$Ac 溶液 200ml(图 17)。

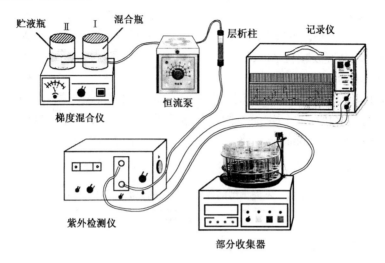

图 17　梯度洗脱装置图

洗脱液用部分收集器收集,每管 4ml(每 4min 收集一管)。经紫外检测仪检测蛋白峰(280nm),将收集到的纯化白蛋白冷冻干燥,留作醋酸纤维薄膜电泳法检查其纯度及测定其相对分子质量之用。

六、注意事项

1.在用硫酸铵盐析沉淀蛋白质,应控制好溶液的 pH 与离子强度,最好使溶液 pH 保持在蛋白质的等电点附近。

2.硫酸铵易吸潮,为称量准确,可在使用前将其磨碎后平铺放入烘箱内 60℃烘干后再称量。

思考题

1.本实验中分离纯化血清白蛋白分为几步?每一步的目的是什么?

2.除了用凝胶层析的方法脱盐外,还有哪些方法可以脱盐?

实验 44　凝胶层析法分离纯化蛋白质

一、目的

了解凝胶层析的基本原理,并学会用凝胶层析分离纯化蛋白质。

二、原理

凝胶层析也称凝胶过滤、凝胶过滤层析、分子排阻层析和分子筛层析。凝胶是具有一定孔径的网状结构物质，凝胶层析是一种分子筛效应，主要用于分离分子大小不同的生物大分子以及测定其相对分子质量（M_r）。相对分子质量小的物质可通过凝胶网孔进入凝胶颗粒的内部，而相对分子质量大的物质不能进入凝胶内部，被排阻在凝胶颗粒之外。随着洗脱的进行，相对分子质量小的物质由于进入凝胶内部，不断地从一个网孔穿到另一个网孔，这样"绕道"而移动，走的路程长，下来得慢（迁移速度慢）；而相对分子质量大的物质因不能进入凝胶内部即随洗脱液从凝胶颗粒之间的空隙挤落下来，走的路程短，下来得快（迁移速度快），这样就可达到分离的目的。

目前常用的凝胶有葡聚糖凝胶（商品名 Sephadex）、聚丙烯酰胺凝胶（商品名 Bio-Gel P）、琼脂糖凝胶（商品名因生产厂家而不同，如瑞典的 Sepharose，美国的 Bio-Gel A），其中最常用的是 Sephadex。Sephadex 有各种不同型号，用于分离相对分子质量大小不同的物质（见表 21）。

表 21　不同类型的葡聚糖凝胶的分离范围和应用

凝胶类型 （Sephadex）	分离范围（M_r） （肽或球状蛋白质）	应用
G-10	<700	去盐
G-15	<1500	去盐
G-25	1000～5000	去盐
G-50	1500～30000	小分子蛋白质分离
G-75	3000～70000	中等蛋白质分离
G-100	4000～150000	中等蛋白质分离
G-150	5000～400000	较大蛋白质分离
G-200	5000～800000	较大蛋白质分离

本实验用 Sephadex G-75 分离胰岛素（M_r 为 6000）和牛血清白蛋白（M_r 为 75000）。

三、实验器材

1. 层析柱 1cm×90cm。
2. 恒流泵。
3. 紫外检测仪。
4. 部分收集器。
5. 记录仪。
6. 试管等普通玻璃器皿。

四、实验试剂

1. 待分离样品：胰岛素、牛血清白蛋白。
2. 葡聚糖凝胶 Sephadex G-75。
3. 蓝色葡聚糖 2000。
4. 洗脱液：0.1mol/L pH 6.8 磷酸缓冲液。

五、操作

1. 凝胶的处理

Sephadex G-75 干粉经蒸馏水室温充分溶胀 24h，或沸水浴中 3h，这样可大大缩短溶胀时间，而且可以杀死细菌和排除凝胶内部的气泡。溶胀过程中注意不要过分搅拌，以防颗粒破碎。凝胶颗粒大小要求均匀，使流速稳定。凝胶充分溶胀后用倾泌法将不易沉下的较细颗粒除去。

将溶胀后的凝胶抽干，用 10 倍体积的洗脱液处理约 1h，搅拌后继续用倾泌法除去悬浮的较细颗粒。

2．装柱

将层析柱竖直装好，关闭出口，加入洗脱液约 1cm 高。将处理好的凝胶用等体积洗脱液搅成浆状，自柱顶部沿管内壁缓缓加入柱中，待底部凝胶沉积约 1cm 高时，再打开出口，继续加入凝胶浆，至凝胶沉积至一定高度（约 70cm）即可。装柱要求连续，均匀，无气泡，无"纹路"。

3．平衡

将洗脱液与恒流泵相连，恒流泵出口端与层析柱入口相连，用 2～3 倍床体积的洗脱液平衡，流速为 0.5ml/min。平衡好后在凝胶表面放一片滤纸，以防加样时凝胶被冲起。

柱装好和平衡后可用蓝色葡聚糖 2000 检查层析行为，在层析柱内加 1ml（2mg/ml）蓝色葡聚糖 2000，然后用洗脱液进行洗脱（流速 0.5ml/min），若色带狭窄并均匀下降，说明装柱良好，然后再用 2 倍床体积的洗脱液平衡。

4．加样与洗脱

将柱中多余的液体放出，使液面刚好盖过凝胶，关闭出口，将 1ml 样品沿层析柱管壁小心加入，加完后打开底端出口，使液面降至与凝胶面相平时关闭出口，用少量洗脱液洗柱内壁 2 次，加洗脱液至液层 4cm 左右，按上恒流泵，调好流速（0.5ml/min），开始洗脱。

上样的体积，分析用量一般为床体积的 1%～2%，制备用量一般为床体积的 20%～30%。

5．收集与测定

用部分收集器收集洗脱液，每管 4ml。紫外检测仪 280nm 处检测，用记录仪或将检测信号输入色谱工作站系统，绘制洗脱曲线。

6．凝胶柱的处理

一般凝胶用过后，反复用蒸馏水通过柱（2～3 倍床体积）即可，若凝胶有颜色或比较脏，需用 0.5mol/L NaOH-0.5mol/L NaCl 洗涤，再用蒸馏水洗。冬季一般放 2 个月无长霉情况，但在夏季如不用，则要加 0.02%的叠氮钠防腐。

| 笔　　记 |

六、注意事项

1．本实验中的凝胶 Sephadex G-75 颗粒较细，若悬液黏稠，凝胶颗粒在柱中分散不均匀，沉降的凝胶柱床容易出现纹路，而且易夹带气泡。可将凝胶与水的比例调整为 1∶1 或 1∶2，此时颗粒分散均匀，沉降连续，无气泡、纹路及断层。

2．样品加样量的多少要根据具体的实验要求而定，加样过多，会造成洗脱峰的重叠，影响分离效果。

思考题

凝胶层析的原理是什么？试列举几种凝胶层析方法的应用。

实验 45 DEAE-Sephadex A-25 分离纯化多肽

一、目的

了解并掌握 DEAE-Sephadex A-25 层析的基本原理和梯度洗脱的层析方法。

二、原理

多肽和蛋白质是两性化合物，当溶液的 pH<pI 时，多肽或蛋白质带正电荷，可以与阳离子交换剂交换阳离子；当溶液的 pH>pI 时，多肽或蛋白质带负电荷，可以与阴离子交换剂交换阴离子。由于各种多肽或蛋白质所带电荷不同，通过改变溶液的 pH 或（和）离子强度可将不同的多肽或蛋白质洗脱下来，从而达到分离的目的。

分离多肽和蛋白质常用的阳离子交换剂为 CM（羧甲基纤维素），常用的阴离子交换剂为 DEAE-纤维素（二乙氨基乙基-纤维素）。而 Sephadex 是凝胶过滤中常用的一种凝胶介质，在凝胶层析中广泛使用。它主要根据多肽或蛋白质相对分子质量的不同而达到分离的目的。现将离子交换层析和凝胶层析两者结合起来，用 DEAE-Sephadex A-25 来分离多肽，分离过程中既有电荷效应又有分子筛效应，这样对分离更为有效。

对于一些组分比较复杂或性质相近的多肽或蛋白质样品，采用一般的恒溶剂系统，往往不易分开，这时可采用阶段洗脱或梯度洗脱的方法进行层析分离。

本实验用 DEAE-Sephadex A-25，并采用梯度洗脱的方法来分离纯化人工合成的八肽胆囊收缩素（CCK_8），八肽胆囊收缩素的序列为 Asp-Tyr（SO_3H）-Met-Gly-Trp-Met-Asp-Phe-NH_2，利用本实验的条件可将未硫酯化和硫酯化的 CCK_8 分开。

三、实验器材

1. 层析柱 1cm×50cm。
2. 恒流泵。
3. 梯度混合仪。
4. 紫外检测仪。
5. 部分收集器。
6. 自动记录仪。
7. 试管、烧杯、滴管。

四、实验试剂

1. DEAE-Sephadex A-25。
2. 梯度洗脱液 I：0.1mol/L（NH_4）$_2CO_3$。
3. 梯度洗脱液 II：1.5mol/L（NH_4）$_2CO_3$。
4. 1.1mol/L（NH_4）$_2CO_3$。
5. 待分离样品：人工合成的 TFA·CCK_8（SO_3H）[①]50mg 加 1ml 0.1mol/L（NH_4）$_2CO_3$，用 0.25ml 1.1mol/L（NH_4）$_2CO_3$ 调至 pH 7～8，离心，取上清液备用。

---

① TFA 为三氟乙酸的代号，TFA·CCK_8（SO_3H）为人工合成的八肽胆囊收缩素的三氟乙酸盐。

五、操作

1．DEAE-Sephadex A-25 的处理

与 DEAE-纤维素的处理方法相同，只是将酸、碱浓度由 0.5mol/L 改为 0.2mol/L。称取 DEAE-Sephadex A-25 20g 加蒸馏水溶胀半天，用倾泌法将悬浮在上层的细颗粒除去，抽干。用 0.2mol/L HCl 溶液适当搅拌浸泡 0.5h，蒸馏水洗至中性，再用 0.2mol/L NaOH 溶液适当搅拌浸泡 0.5h，蒸馏水洗至中性，抽干。加 0.1mol/L $(NH_4)_2CO_3$ 浸泡 0.5h，备用。

2．装柱

将处理好的 DEAE-Sephadex A-25 抽干，加约 1 倍体积的 0.1mol/L$(NH_4)_2CO_3$，抽气，除去气泡。将层析柱装好，并关闭底端出口，加入 0.1mol/L $(NH_4)_2CO_3$ 溶液约 1cm 高。将 DEAE-Sephadex A-25 悬浮液沿层析柱管壁缓缓加入柱中，待沉积到 1cm 高时，打开出口，再继续加 DEAE-Sephadex A-25 悬浮液，直到沉积高度为 35cm 为止。

3．平衡

将梯度洗脱液 I 即 0.1mol/L $(NH_4)_2CO_3$ 与恒流泵相连，用 2～3 倍床体积的梯度洗脱 I 平衡，流速 1ml/min。

4．安装梯度混合仪

梯度混合仪的混合瓶中倒入 500ml 梯度洗脱液 I，贮液瓶中倒入 500ml 梯度洗脱液 II。将梯度混合与恒流泵相连，恒流泵与层析柱顶端相连（图 18）。

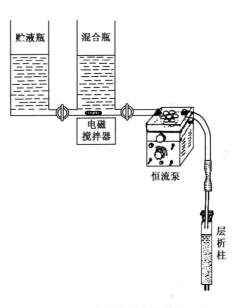

图 18　线性梯度洗脱装置

5．加样与洗脱

打开层析柱的上盖和底端出口，当液面与柱床面相平时，关闭底端出口，将处理好的待分离样品约 1.25ml 沿层析柱管壁小心加入，加完后打开底端出口，使液面降至与柱床面相平时，关闭出口，用少量 0.1mol/L $(NH_4)_2CO_3$ 洗柱内壁 2 次，加 0.1mol/L $(NH_4)_2CO_3$ 至液层 4cm 左右，接上恒流泵，调好流速（1ml/min），开始梯度洗脱。

6．收集与测定

用部分收集器收集洗脱液，每管 8ml。紫外检测仪 280nm 处检测，用记录仪记录或将检测信息输入色谱工作站系统，绘制洗脱曲线。

本实验分离纯化人工合成的 CCK$_8$，可得到三个峰，第一个峰为未硫酯化的 CCK$_8$，第二个峰为磺化的 CCK$_8$，第三个峰是硫酯化的 CCK$_8$。收集硫酯化的 CCK$_8$，并反复冷冻干燥以去盐，直至恒重为止，硫酯化的 CCK$_8$ 用红外检测，有 1050cm^{-1} 峰。

笔　记

六、注意事项

梯度洗脱前要将管路及层析柱彻底清洗干净，并用梯度洗脱液 I

平衡，以免空白中出现过多的杂峰。

思考题

1. 什么是梯度洗脱？
2. 本实验中采用 DEAE-Sephadex A-25 的依据是什么？

实验 46　亲和层析法分离纯化单克隆抗体

一、目的

了解亲和层析的基本原理，并学会用亲和层析法分离蛋白质。

二、原理

亲和层析法是根据蛋白质能与特异的配体（ligand，或称配基）相结合而设计的方法，例如抗原与抗体、酶与底物、激素与受体等都能特异结合，这种特异的结合是以非共价键结合的，并且是可逆的，通过改变原有的条件如洗脱液的 pH、离子强度等使这复合物解离，将被分离的物质洗脱下来，从而达到分离的目的。这种分离纯化方法，由于专一性强，理论上可以从复杂的体系中一步提取所需的物质。

蛋白质 A（protein A）能与免疫球蛋白中 IgG 的 Fc 部分特异结合，且亲和力很强，所以可用蛋白质 A-Sepharose CL-4B （Protein A-Sepharose CL-4B）来分离纯化属 IgG 的单克隆抗体[①]，本实验用 Protein A-Sepharose CL-4B 来分离纯化抗血管内皮细胞生长因子（VEGF）的单克隆抗体。

三、实验器材

1. 层析柱 1cm×8cm。
2. 恒流泵。
3. 紫外检测仪。
4. 自动部分收集器。
5. 记录仪。
6. 普通玻璃器皿：吸管、烧杯、试管、滴管等。

四、实验试剂

1. 蛋白质 A-Sepharose CL-4B。
2. 结合缓冲液（Binding buffer：3mol/L NaCl，1.5mol/L Gly，pH 8.9）：17.53g NaCl，11.26g Gly，加蒸馏水约 60ml，调 pH 至 8.9，最终用蒸馏水稀释至 100ml。
3. 缓冲液 Ⅰ：pH 7.0 的 PBS。

NaCl 0.80g，KCl 0.02g，Na$_2$HPO$_4$ 0.12g，KH$_2$PO$_4$ 0.02g，加约 90ml 蒸馏水溶解，调 pH 至 7.0，用蒸馏水定容至 100ml。

4. 缓冲液 Ⅱ：pH 5.0 的 PBS。
5. 缓冲液 Ⅲ：pH 4.0 的 PBS。
6. 0.1mol/L 柠檬酸溶液（pH 3.0）：1.92g 柠檬酸加蒸馏水约 90ml，调 pH 至 3.0，最终用蒸馏水稀释至 100ml。

---

① 如果单克隆抗体是 IgM，IgM 不能与蛋白质 A 结合，因此不能用蛋白质 A-Sepharose CL-4B 来分离纯化。

五、操作

亲和层析的操作方法与其他层析方法相似。

1．蛋白质 A-Sepharose CL-4B 的处理

将 1g 蛋白质 A-Sepharose CL-4B 置于 pH 7.0 的 PBS 中溶胀 1h。

2．装柱

将上述溶胀好的蛋白质 A-Sepharose CL-4B 装入一根小柱（1cm×8cm）中。

3．平衡

用恒流泵，以 pH 8.9 的结合缓冲液平衡柱（2～3 倍床体积），流速为 0.5ml/min。

4．加样

将抗体溶液（含 3mol/L NaCl，1.5mol/L Gly，调 pH 至 8.9）上柱，用 pH 8.9 的结合缓冲液洗柱，紫外检测仪跟踪检测 280nm 的光吸收，待基线达到稳定后即可洗脱。

5．洗脱

依次分别用 5 倍床体积的缓冲液 Ⅰ～Ⅲ 洗脱（流速 0.5ml/min），缓冲液 Ⅰ 洗脱 IgG₁ 抗体，缓冲液 Ⅱ 洗脱 IgG₂ₐ 抗体，缓冲液 Ⅲ 洗脱 IgG₂ᵦ 抗体。用自动部分收集器收集洗脱液，每管 2ml。紫外检测仪 280nm 处检测，用记录仪或将检测信号输入色谱工作站系统，绘制洗脱曲线，合并有关部分。

当用酸性缓冲液洗脱时，应立即予以中和，可将洗脱液滴入一个盛有 1mol/L Tris-HCl pH 8.5 缓冲液的试管内。

6．透析除盐，冻干。

7．柱再生：用 pH 3.0，0.1mol/L 柠檬酸溶液 40ml 使柱再生，蛋白质 A-Sepharose CL-4B 柱可以重复使用 50～100 次。

笔　记

六、注意事项

抗体溶液的浓度不宜过高，应保持低速上样，以保证抗体和蛋白质 A-Sepharose CL-B 有充分的时间进行结合。

思考题

1．亲和层析要达到好的分离效果要注意哪些？

2．亲和层析柱在样液上样、洗脱、再生处理过程中其 280nm 处的吸光度有何变化？为什么？

实验 47　醋酸纤维薄膜电泳法分离血清蛋白质

一、目的

掌握醋酸纤维薄膜电泳法分离蛋白质的原理和方法。

二、原理

蛋白质是两性电解质。在 pH 小于其等电点的溶液中，蛋白质为正离子，在电场中向阴极移动；在 pH 大于其等电点的溶液中，蛋白质为负离子，在电场中向阳极移动。血清中含有数种蛋白质，它们所具有的可解离基团不同，在同一 pH 的溶液中，所带净电荷不同，因此在电场中移动速度不同，故可利用电泳法将它们分离。

血清中含有白蛋白、α-球蛋白、β-球蛋白、γ-球蛋白等，各种蛋白质由于氨基酸组分、立体构象、相对分子质量、等电点及形状不同（见表 22），在电场中迁移速度不同。由表 22 可知，血清中 5 种蛋白质的等电点大部分低于 pH 7.0，所以在缓冲液（pH 8.6）中，它们都电离成负离子，在电场中向阳极移动。

表 22　人血清中各种蛋白质的等电点及相对分子质量

蛋白质名称	等电点（pI）	相对分子质量（M_r）
白蛋白	4.88	69000
α_1-球蛋白	5.06	200000
α_2-球蛋白	5.06	300000
β-球蛋白	5.12	90000～150000
γ-球蛋白	6.85～7.50	156000～300000

在一定范围内，蛋白质的含量与结合的染料量成正比，故可将各蛋白质区带剪下，分别用 0.4mol/L NaOH 溶液浸洗下来，进行比色，测定其相对含量。也可以将染色后的薄膜直接用光密度计扫描，测定其相对含量。

肾病、弥漫性肝损害、肝硬化、原发性肝癌、多发性骨髓瘤、慢性炎症、妊娠等都可使白蛋白下降。肾病时 α_1、α_2、β-球蛋白升高，γ-球蛋白降低。肝硬化时 α_2、β-球蛋白降低，而 α_1、γ-球蛋白升高。

三、实验器材

1. 醋酸纤维薄膜（2cm×8cm，厚度 120μm，浙江黄岩化学试验厂）。
2. 人血清（新鲜、无溶血现象）。
3. 培养皿 φ10cm（×5）。
4. 点样器（或点样玻片）、载玻片。
5. 直尺。
6. 单面刀片。
7. 镊子。
8. 玻璃棒。
9. 电吹风。
10. 试管 1.5cm×15cm（×8）。
11. 吸管 5.0ml（×1）。
12. 恒温水浴锅。
13. 水平电泳槽。
14. 直流稳压电泳仪。
15. 紫外可见分光光度计。
16. 剪刀。
17. pH 计。

四、实验试剂

1. 巴比妥-巴比妥钠缓冲液（pH 8.6，离子强度 0.06mol/L）[①]：称取巴比妥钠（A.R.）12.76g

---

① 电极缓冲液也可采用硼酸-硼酸钠体系（pH8.6，0.075mol/L）：硼酸 5.61g，四硼酸钠 5.61g，NaCl 1.32g，加 1000ml 蒸馏水溶解即得。

和巴比妥（A.R.）1.66g，溶于蒸馏水并稀释至1000ml。用pH计校正后使用。

2．染色液：氨基黑10B 0.5g、甲醇（A.R.）50ml、冰乙酸（A.R.）10ml，加蒸馏水40ml，混匀即可。

3．漂洗液：95%乙醇（A.R.）45ml，冰乙酸（A.R.）5ml，加蒸馏水50ml，混匀即可。

4．浸出液：0.4mol/L NaOH溶液（A.R.）。

5．透明液：冰乙酸（A.R.）25ml、无水乙醇75ml，混匀即得。

五、操作

1．准备和点样

在电泳槽两侧分别加入等量的电极缓冲液，将浸透缓冲液的双层纱布放在电泳槽的搁架上，平贴好。取一条大小为2cm×8cm的醋酸纤维薄膜（可根据需要选择薄膜的大小），浸入缓冲液中，完全浸透后，用镊子轻轻取出，将薄膜无光泽的一面向上，平放在干净滤纸上，薄膜上再放一张干净滤纸，吸去多余的缓冲液。

用滴管取少量血清于干净载玻片上，并将血清涂布为均匀的一层。用点样器或点样玻片的一端蘸取一定量血清样品[①]，然后轻轻与距纤维薄膜一端1.5cm处接触，样品即呈一条状涂于纤维膜上，如图19所示。待血清透入膜内，移去载玻片，将薄膜平贴于已放在电泳槽上、并已浸透缓冲液的纱布[②]上，点样端为阴极。

2．电泳

接通电源，进行电泳。电泳条件：电压90～110V，电流0.4～0.6mA，（不同的电泳仪所需电压、电流可能不同，应灵活掌握），通电45～60min（冬季电泳时间需适当延长）。

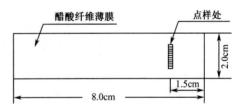

图19　醋酸纤维薄膜及点样处示意图

3．染色

电泳完毕，将薄膜浸于染色液中5～10min，取出，用漂洗液漂至背景无色（约4～5次），再浸于蒸馏水中。

4．定量

定量有以下两种方法。

（1）将上述漂净的薄膜用滤纸吸干，剪下薄膜上各条蛋白质色带，另取一条与各区带近似宽度的无蛋白附着的空白薄膜，分别浸于4.0ml 0.4mol/L NaOH溶液中，37℃水浴5～10min，色泽浸出后，用紫外可见分光光度计在590nm处比色，以空白膜条洗出液为空白调零，测定各管的吸光度。

设各部分吸光度分别为：$A_白$、A_{α_1}、A_{α_2}、A_β、A_γ。则吸光度总和（$A_总$）为：

$$A_总 = A_白 + A_{\alpha_1} + A_{\alpha_2} + A_\beta + A_\gamma$$

---

① 点样器、点样玻片的宽度均应小于薄膜宽度。

② 亦可用双层滤纸代替。

$$\text{白蛋白 (\%)}=\frac{A_{白}}{A_{总}}\times 100\% \qquad \alpha_1\text{-球蛋白 (\%)}=\frac{A_{\alpha_1}}{A_{总}}\times 100\%$$

$$\alpha_2\text{-球蛋白 (\%)}=\frac{A_{\alpha_2}}{A_{总}}\times 100\% \qquad \beta\text{-球蛋白 (\%)}=\frac{A_{\beta}}{A_{总}}\times 100\%$$

$$\gamma\text{-球蛋白 (\%)}=\frac{A_{\gamma}}{A_{总}}\times 100\%$$

（2）待薄膜完全干燥后，浸入透明液中约 2~5min，取出，平贴于干净玻璃片上，干燥，即得背景透明的电泳图谱，可用光密度计测定各蛋白斑点。此图谱可长期保存。

本法测得的血清蛋白各组分正常值为：

白蛋白（%）=67.24%（61.2%~74.5%）

α_1-球蛋白＋α_2-球蛋白＋β-球蛋白（%）=16.92%（11.2%~22%）

γ-球蛋白（%）=15.84%（10.4%~20.6%）

笔　记

六、注意事项

1. 为了使薄膜吸水均匀，浸泡时最好让薄膜漂浮于缓冲液，让其吸满缓冲液后自然下沉。若薄膜吸水不均匀，则有白斑点或条纹，应舍去不用，以免造成电泳后区带界线不清，背景脱色困难。

2. 透明前应将薄膜用电吹风充分吹干后置于透明液中透明。将透明后的薄膜平贴于载玻片上时，应一次性完成，否则薄膜易拉断和造成气泡。

思考题

1. 点样前为何要将醋酸纤维薄膜充分浸泡而后将膜上多余的缓冲液吸掉？

2. 血清中的各蛋白质含量有何临床意义？

3. 若要测定血清中的蛋白质总量，可以用什么方法？请设计一个实验方案。

实验 48　血清糖蛋白醋酸纤维薄膜电泳

一、目的

掌握醋酸纤维薄膜电泳分离糖蛋白的原理和方法。

二、原理

血清中含有多种蛋白质，它们之中有的和某些糖类结合，形成糖蛋白。由于各种蛋白所具有的解离基团不同，因而在同一 pH 的溶液中，所带净电荷也不同，因此在电场中移动速率不同，故可利用电泳的方法将它们分离。

采用醋酸纤维薄膜为支持物的电泳方法，称为醋酸纤维薄膜电泳。醋酸纤维（二乙酸纤维素）薄膜具有均一的泡沫状结构（厚约 120μm），渗透性强，对分子移动无阻力，用它作区带电泳的支持物，具有用样量少，分离清晰，无吸附作用，应用范围广和快速简便等优点。目前已广泛用于血清蛋白、脂蛋白、血红蛋白、糖蛋白、酶的分离和免疫电泳等方面。

醋酸纤维薄膜经 1,4-二氧六环（1,4-dioxane）、透明液或液体石蜡处理即透明，因而可得到背景为无色的电泳图谱，有利于用光密度计测定。也可将斑点洗脱，用比色法测定。

三、实验器材

1. 新鲜血清（无溶血现象）。
2. 醋酸纤维薄膜（2cm×8cm）。
3. 吸管 5.0ml（×1）。
4. 试管 1.5cm×15cm（×6）。
5. 培养皿 6～8cm（×3）。
6. WJ-5 型血清加样器。
7. 水平电泳槽。
8. 电泳仪（电压 0～500V、电流 0～100mA）。
9. 紫外可见分光光度计。
10. 光密度计。
11. 恒温水浴锅。

四、实验试剂

1. 5%磺杨酸：称取磺基水杨酸钠 5g，溶于 100ml 蒸馏水中。
2. 95%乙醇。
3. 0.5%过碘酸：称取过碘酸 0.5g 加入蒸馏水 100ml。
4. Schiff 试剂：称取 16g 偏重亚硫酸钠，加蒸馏水 2000ml，再加浓盐酸 21ml，待完全溶解后，加入碱性品红 8g，轻轻搅拌，室温放置 2h，再加少量（3g）的活性炭，待红色消失（约 15min）便开始过滤，滤液装在棕色瓶中，冰箱内保存，此试剂若颜色变红或 SO_2 气味消失，则应重配。
5. 亚硫酸乙醇洗液：95%乙醇 1000ml，加入蒸馏水 1000ml。再加偏重亚硫酸钠 5g，浓盐酸（37%）9ml。
6. 巴比妥缓冲液（pH 8.6，0.06mol/L）：称取巴比妥钠 8.25g 溶于 1000ml 蒸馏水中，加入 0.2mol/L 盐酸 38.2ml。
7. 透明液：冰乙酸 25ml，无水乙醇 75ml 混匀。
8. 浸出液：0.4mol/L NaOH 溶液（A.R）。

五、操作

1. 准备和点样

将 2cm×8cm 条状醋酸纤维薄膜，浸入缓冲液中。完全浸透后，用镊子取出，将薄膜无光泽的一面向上，平放在干净滤纸上，薄膜上再放一张干净的滤纸，吸去多余的缓冲液。

用血清加样器吸取血清 2.5μl，然后轻轻与距薄膜一端 1.5cm 处接触。样品即呈一条带状涂于薄膜上，如图 19 所示（见实验 47）。待血清透入薄膜内，移去点样玻片，将薄膜平放在电泳槽上，并用已浸透缓冲液的纱布作桥，贴在薄膜两端，点样端接阴极，进行电泳。

2．电泳

电流 0.6mA/cm^2；1～1.5h。

3．染色

电泳结束后，立即将薄膜取出，浸入 5%磺杨酸内 5min，再移入 95%乙醇中 5min，然后取出浸入 0.5%过碘酸中氧化 10min，取出用蒸馏水漂洗 30min（换水数次），再放入 Schiff 试剂中浸染 20～30min，37℃保温；染色后放入亚硫酸乙醇溶液中漂洗至背景无色（中途需换漂洗液 3～5 次），最后在 95%乙醇中浸 10～15min，取出夹在滤纸中干燥。

4．定量测定

可采用下述两种方法中任何一种方法。

（1）将上述漂洗干燥的薄膜，剪下各种糖蛋白的色带，另取一条与各区带近似宽度的无蛋白附着的空白薄膜，分别浸于 4.0ml 0.4mol/L NaOH 溶液中，37℃水浴 5～10min，色泽浸出后，用紫外可见分光光度计在 420nm 处比色，以空白膜条洗出液为空白调零，测定各管的吸光度。

设各部分吸光度分别为：$A_{白}$、A_{α_1}、A_{α_2}、A_{β}、A_{γ}。则吸光度总和（$A_{总}$）为：

$$A_{总}=A_{白}+A_{\alpha_1}+A_{\alpha_2}+A_{\beta}+A_{\gamma}$$

$$白蛋白（\%）=\frac{A_{白}}{A_{总}}\times100\% \qquad \alpha_1\text{-糖蛋白}（\%）=\frac{A_{\alpha_1}}{A_{总}}\times100\%$$

$$\alpha_2\text{-糖蛋白}（\%）=\frac{A_{\alpha_2}}{A_{总}}\times100\% \qquad \beta\text{-糖蛋白}（\%）=\frac{A_{\beta}}{A_{总}}\times100\%$$

$$\gamma\text{-糖蛋白}（\%）=\frac{A_{\gamma}}{A_{总}}\times100\%$$

（2）待薄膜完全干燥后，浸入透明液中约 2～5min，取出，平贴于干净玻璃片上，干后，即得背景透明的电泳图谱，可用光密度计扫描测定各种糖蛋白斑点，此图谱可长期保存。

本法测得血清糖蛋白各组分的正常值为：

白蛋白（9.42±2.0）%；

α_1-糖蛋白（12.71±1.63）%；

α_2-糖蛋白（28.49±4.44）%；

β-糖蛋白（25.68±3.46）%；

γ-糖蛋白（23.8±4.24）%。

笔　记

六、注意事项

1．点样时动作应轻、稳，用力不能太重，以免将薄膜弄坏或印出凹陷而影响电泳区带分离。操作过程中还要防止指纹污染。点样宽度应小于薄膜宽度且不能重复点样。

2．点样后应立即开始电泳，以免长时间露置于空气中而造成薄膜干涸，影响分离效果。

 思考题

实验中为何要用 Schiff 试剂进行染色?

实验 49　牛乳中酪蛋白和乳糖的制备与鉴定

一、目的

1. 学习从牛乳中分离酪蛋白和乳糖的原理和方法。
2. 掌握等电点沉淀法提取蛋白质的方法。
3. 学习常用蛋白质和乳糖的鉴定方法。

二、原理

　　牛乳中主要含有酪蛋白和乳清蛋白两种蛋白质，其中酪蛋白占了牛乳蛋白质的 80%。牛乳在 pH 4.7 时酪蛋白等电聚沉后剩余的蛋白质统称为乳清蛋白。酪蛋白是白色或淡黄色，无味的物质，不溶于水、乙醇等有机溶剂，但溶于碱溶液。乳清蛋白不同于酪蛋白，其粒子的水合能力强，分散性高，在乳中呈高分子状态。本法利用等电点时溶解度最低的原理，将牛乳的 pH 调至 4.7 时，酪蛋白就沉淀出来。用乙醇洗涤沉淀物，除去脂类杂质后便可得到纯的酪蛋白。

　　牛奶中的糖主要是乳糖。乳糖是一种二糖，它由 D-半乳糖分子 C_1 上的半缩醛羟基和 D-葡萄糖分子 C_4 上的醇羟基脱水通过 β-1,4 糖苷键连接而成。乳糖也不溶于乙醇，当乙醇混入乳糖水溶液中，乳糖会结晶出来，从而达到分离的目的。

三、实验器材

1. 鲜牛奶。
2. 恒温水浴锅、温度计。
3. 离心机。
4. 抽滤装置。
5. 蒸发皿。
6. 精密 pH 试纸（pH 3.8～5.4）或 pH 计。
7. 电泳仪。

四、实验试剂

　　1. 0.2mol/L pH 4.7 乙酸-乙酸钠缓冲溶液 100ml：称取 NaAc · 3H$_2$O 1.606g，冰乙酸 0.492g，用蒸馏水定容至 100ml。

　　2. 乙醇-乙醚混合液（95% 乙醇、无水乙醚体积比 1∶1）。

　　3. 实验 28 所用试剂。

　　4. 巴比妥钠缓冲液（pH 8.6，离子强度 0.06mol/L）：参见实验 47。

　　5. 染色液：0.25g 考马斯亮蓝 R250，加入 91ml 50% 甲醇，9ml 冰乙酸。

　　6. 漂洗液：50ml 甲醇，75ml 冰乙酸加入 875ml 蒸馏水混合而成。

　　7. 盐酸苯肼溶液：临用前将 A 液 B 液等体积混合。A 液（10% 苯肼盐酸盐）：称取 10g 盐酸苯肼，加水稀释溶解并定容至 100ml，过滤，贮存于棕色瓶中，临用前配制。B 液（15% 乙酸钠）：称取 15g 无水乙酸钠，加水稀释溶解并定容至 100ml。

五、操作

1．酪蛋白的分离

将 20ml 牛奶盛于 100ml 的烧杯中加热到 40℃。在搅拌下慢慢加入预热至 40℃、pH 4.7 乙酸缓冲溶液 20ml。用冰乙酸调节溶液 pH 至 4.7，此时即有大量的酪蛋白沉淀析出。将上述悬浮液冷却至室温，离心 5min（4000r/min），上清液中加入 $CaCO_3$ 粉末中和冰乙酸留作乳糖测定用，沉淀即为酪蛋白粗品。

用蒸馏水洗涤沉淀 3 次（每次约 20ml），离心 5min（3000r/min），弃去上清液。在沉淀中加入约 20ml 95%乙醇，搅拌片刻，将全部的悬浊液转移到布氏漏斗中抽滤。用乙醇乙醚混合溶液洗涤沉淀 2 次，最后用乙醚洗涤沉淀 2 次，抽干。

将沉淀摊开在表面皿上，风干，得到酪蛋白纯品。准确称重，计算酪蛋白含量（g/100ml 牛乳）。

2．酪蛋白的含量测定

参见实验 28，用双缩脲法测定酪蛋白的含量。

参见实验 47，酪蛋白进行醋酸纤维薄膜电泳。电泳结束后，取出薄膜，染色 5～10min，后进行漂洗，直至背景基本无色（约 10min），即可看到酪蛋白谱带。

3．乳糖的分离以及糖脎的形成

将上述实验所得的上清液加热，煮沸。趁热过滤，除去沉淀的蛋白质和残余的 $CaCO_3$，将滤液置于蒸发皿中，用小火浓缩至 5ml 左右，取 0.5ml 置于一小试管中，加入新鲜配制的盐酸苯肼溶液 1ml，混匀，置沸水浴中加热 30min，冷却。取少许结晶在显微镜下观察糖脎结晶。剩余浓缩液经冷却后加入 20ml 95%乙醇，加塞，4℃放置 1～2d，收集乳糖晶体，并用冷的乙醇洗涤晶体，干燥、称重，计算百分含量。

笔 记

六、注意事项

1．实验的关键是将 pH 调至酪蛋白的等电点。市售牛奶中大多会添加一些耐酸性稳定剂来增加黏稠度，以致即使等电点时蛋白质沉淀也较少，可先将 pH 调过酸多一点然后再调回等电点。

2．在热处理过程中会有一些乳清蛋白同时沉淀出来，其沉淀依热处理条件不同而有差异，因此测定出来的酪蛋白值可能高于相应的理论值或实际值。

思考题

1．为何要将缓冲液的 pH 调至 4.7?

2．酪蛋白提取过程中分别用水、醇-醚混合液、无水乙醚洗涤酪蛋白粗品的目的各是什么？从操作角度分析其次序能否颠倒？为什么？

实验 50　聚丙烯酰胺凝胶圆盘电泳法分离血清蛋白质

一、目的

掌握聚丙烯酰胺凝胶圆盘电泳法分离血清蛋白质。

二、原理

聚丙烯酰胺凝胶电泳是以聚丙烯酰胺凝胶作支持物的一种区带电泳，由于此种凝胶具有分子筛的性质，所以本法对样品的分离作用，不仅决定于样品各组分所带净电荷的多少，也与分子大小有关。其次，聚丙烯酰胺凝胶电泳还有一种独特的浓缩效应，即在电泳开始阶段，由于不连续 pH 梯度的作用，将样品压缩成一条狭窄区带，从而提高了分离效果。

聚丙烯酰胺凝胶具有网状立体结构，很少带有离子的侧基，惰性好，电泳时，电渗作用小，几乎无吸附作用，对热稳定，呈透明状，易于观察结果。

聚丙烯酰胺凝胶是由丙烯酰胺（简称 Acr）和交联剂亚甲基双丙烯酰胺（简称 Bis）在催化剂的作用下，聚合交联而成的含有酰胺基侧链的脂肪族大分子化合物。反应方程式如下：

丙烯酰胺　　　N, N'-亚甲基双丙烯酰胺　　　　　聚丙烯酰胺

三、实验器材

1. 血清及其他蛋白质样品。
2. 移液器。
3. 稳压直流电源（500V）。
4. 玻璃管 φ0.5cm×7～10cm（×10）。
5. 灯泡瓶。
6. 注射器 10ml（×1）。
7. 滴管。
8. 培养皿 10cm（×5）。
9. 圆盘电泳槽（见图 20）。
10. 容量瓶 25ml（×1）、10ml（×1）。

四、实验试剂

1. 1mol/L HCl。
2. 丙烯酰胺（Acr）[①]：分析纯。如不纯，可按下法重结晶：90g 丙烯酰胺，溶于 500ml

[①]　Acr 及 Bis 都是神经性毒剂，对皮肤有刺激作用，应在通风橱内操作，操作者须戴医用乳胶手套！

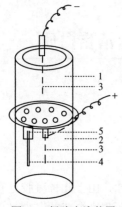

图 20 凝胶电泳装置
1. 上槽; 2. 下槽; 3. 铂电极;
4. 电泳管; 5. 乳胶管

50℃氯仿, 热滤, 滤液用盐冰浴降温, 即有结晶析出。砂芯漏斗过滤, 收集结晶。按同法再重结晶一次, 结晶于室温中赶尽氯仿 (约得 50g, m.p.84.3℃), 贮棕色瓶中, 干燥低温保存 (4℃)。

3. N, N, N′, N′-四甲基乙二胺 (TEMED): 密封避光保存。可用 N-二甲氨基丙腈或三乙醇胺代替, 但效果较差。

4. N, N′-亚甲基丙烯酰胺 (Bis): 分析纯。如不纯按下法处理: 12g 亚甲基双丙烯酰胺, 溶于 1000ml 40~50℃丙酮。热滤, 滤液慢慢冷至-20℃, 结晶析出, 砂芯漏斗吸滤, 结晶用冷丙酮洗数次, 真空干燥, 贮棕色瓶, 干燥低温 (4℃) 保存。

5. 三羟甲基氨基甲烷 (简称 Tris)。

6. 过硫酸铵 (A.R.) (聚合用催化剂)。

7. 0.05%氨基黑 10B 溶液: 称取 50mg 溶于 100ml 水中。

8. 冰乙酸。

9. 0.05%溴酚蓝溶液: 称取 50mg 溴酚蓝加水溶解并定容到 100ml。

10. 40%蔗糖。

11. 20%蔗糖-溴酚蓝溶液: 100ml 20%蔗糖溶液加 50mg 溴酚蓝。

12. 甘氨酸-Tris 缓冲液: 称取甘氨酸 2.88g, Tris 0.6g 加水定容至 1000ml (pH 8.3)。

13. 1%考马斯亮蓝 G250。

五、操作

1. 贮备液配制

A 液——小孔胶缓冲液:

1mol/L HCl	24ml
Tris	18.3g
TEMED	0.12ml

用稀 HCl 调 pH 至 8.9, 加水至 50ml, 混浊可过滤。

B 液——大孔胶缓冲液:

1mol/L HCl	12ml
Tris	1.5g
TEMED	0.12ml

用稀 HCl 调 pH 至 6.7, 加水至 25ml 过滤。

C 液——小孔胶单体溶液:

丙烯酰胺	7g
亚甲基双丙烯酰胺	0.184g

用 25ml 容量瓶定容后过滤。

D 液——大孔胶单体溶液:

丙烯酰胺	1g
亚甲基双丙烯酰胺	0.25g

用 10ml 容量瓶定容后过滤。

E 液——40%蔗糖溶液。

F 液——0.14%过硫酸铵溶液（要新配，试剂要好）。

以上试剂需放入冰箱保存，前四种溶液，配制后如超过两个月需重新配制。尤其是 C、D 两贮液，由于 Acr 及 Bis 易水解生成丙烯酸和 NH_3，冷藏也只能保存 1～2 月。如 pH 超过 5.2，即失效。F 液只能使用一星期。否则，将延缓凝胶的聚合。

2．准备好内径为 0.5cm、7～10cm 长的玻管，切口磨光，洗液浸泡，洗净烘干备用。

3．凝胶的制备[①]

（1）将所用的试剂从冰箱中取出，放至室温。

（2）小孔胶（分离胶）制备：取一灯泡瓶按 $V(A) : V(C) : V(水) : V(F) =$ 1：2：1：3 的比例混合，混合的溶液抽气（用水泵或油泵，约 10min，除溶解氧），然后用滴管将胶加入玻管内（玻管首先底部贴上胶布，放于有机玻璃试架上，加 40%蔗糖少许，以使胶面底部平整），当加到玻管高度 2/3 时，在表面覆盖一层水。25℃聚合 30～60min，使之凝聚。吸取表面水分。

（3）大孔胶（浓缩胶）配制：取一灯泡瓶按 $V(B) : V(D) : V(E) : V(F) =$ 1：1.5：1：4 的比例混合，抽气（同上）。加至分离胶上面约 1cm 高度，表面覆盖一层水，聚合 20～30min，除去表面水分。

4．加样

取血清 5μl，加于白瓷板凹穴内。用 0.1ml 20%蔗糖溴酚蓝液稀释。取 50μl 稀释好的样品沿管壁加于大孔胶上，将贴于凝胶管下端的胶布去掉。用甘氨酸-Tris 缓冲液洗去残留蔗糖液并充以缓冲液（不能有气泡！），放入电泳槽缓冲液内。

5．电泳

凝胶电泳装置参见图 20，将 pH 8.3 甘氨酸-Tris 缓冲液倒入电泳槽，阴极在上，阳极在下，把玻管插入电泳槽，上面用少量缓冲液覆盖，每管电流约 3mA，开始电压为 240V，待溴酚蓝至分离胶时，加大电压 360～400V，当溴酚蓝至凝胶下端时，电泳结束（约 2～3h）。电泳毕，取下玻管，用注射器沿玻管壁慢慢注入蒸馏水转动 360°，小心地将凝胶压出（用洗耳球）。电泳时要适当降温，缓冲液先放入冰箱预冷，或电泳槽下放冰。

6．染色和洗脱

（1）将取下的胶条放入 7%TCA（三氯乙酸）中固定 15min 左右，用 0.05%氨基黑 10B 染色 20min，7%乙酸浸泡过夜。如脱色过慢，可于 1%乙酸中电泳脱色，电压 40V，电流

---

① 实际应用时，常按样品的相对分子质量大小来选择适宜的凝胶浓度。不同浓度凝胶孔径不一样。以蛋白质和核酸为例。

蛋白质：

相对分子质量范围	适用的凝胶浓度
$<10^4$	20%～30%
$(1～4)\times10^4$	15%～20%
$4\times10^4～1\times10^5$	10%～15%
$1\times10^5～5\times10^5$	5%～10%
$>5\times10^5$	2%～5%

核酸：

相对分子质量范围	适用的凝胶浓度
$<10^4$	15%～20%
$4\times10^4～5\times10^5$	5%～10%
$5\times10^5～2\times10^6$	2%～2.6%

常用的所谓标准凝胶是指浓度为 7.5%的凝胶，大多数生物体内的蛋白质在此凝胶中电泳能得满意的结果。当分析一个未知样品时，常先用 7.5%的标准凝胶或用 4%～10%的凝胶梯度来试测，选出适宜的凝胶浓度。

50mA，脱色完，可放 7%乙酸中保存，血清蛋白在凝胶条上可分出十几条带。

（2）将取下的胶条放入 12.5%三氯乙酸中，滴加数滴 1%考马斯亮蓝 G250 水溶液，过夜，7%乙酸保存。

六、注意事项

1. 电泳中电流应保持稳定，避免电流强度过高，而产生大量的热使分离失败。

2. 凝胶柱面应平整，操作过程切勿产生气泡，否则电泳区带不整齐。

3. 丙烯酰胺（Acr）和 N, N'-亚甲基双丙烯酰胺（Bis）均为神经毒剂，对皮肤有刺激作用，操作时应戴防护手套。

思考题

聚丙烯酰胺凝胶电泳的原理是什么？

实验 51　聚丙烯酰胺凝胶垂直平板电泳法鉴定胰岛素

一、目的

了解并掌握垂直平板电泳的使用方法。

二、原理

聚丙烯酰胺凝胶垂直平板电泳的原理和圆盘电泳相同（参阅实验 50），操作方法也相似。不同的仅仅在于圆盘电泳凝胶是装在凝胶管中，而垂直平板电泳凝胶是在两块垂直放置的、间隔几个毫米的平行玻璃板中进行，所得的是垂直平板状的凝胶。垂直平板电泳有以下优点：

① 一系列样品能在同一块凝胶上进行电泳，显色条件也相同；

② 平板表面大，有利于凝胶的冷却；

③ 易于进行光密度扫描测定。

垂直平板电泳可用于分析、制备和鉴定蛋白质、核酸等样品。

三、实验器材

1. 电泳仪（500V，50mA）。

2. 垂直平板电泳槽（15cm×10cm×0.15cm）。

3. 微量注射器（50μl）。

4. 灯泡瓶。

5. 染色与脱色缸。

6. 移液器。

7. 量筒 50ml（×1）。

8. 滴管（×2）。

9. 脱色摇床。

四、实验试剂

1．丙烯酰胺（$CH_2\!=\!CH\!-\!CONH_2$）（Acr）。

2．1%琼脂。

3．N, N, N', N'-四甲基乙二胺（TEMED）。

4．N, N'-亚甲基双丙烯酰胺（交联剂，简称 Bis）。

5．过硫酸铵（聚合用催化剂）。

6．试剂 A（pH 8.9）：36.6g 三羟甲基氨基甲烷（Tris）和 48ml 1mol/L HCl 混合加水至 100ml。

7．试剂 B（pH 6.7）：5.98g Tris 和 48ml 1mol/L HCl 混合加水至 100ml。

8．电极缓冲液（pH 8.3）：6.0g Tris 和 28.8g 甘氨酸混合加水至 1000ml，用时稀释 10 倍。

9．0.05%溴酚蓝。

10．20%甘油。

11．染色液：0.25g 考马斯亮蓝 R250，加入 91ml 50%甲醇，9ml 冰乙酸。

12．7%乙酸。

13．1mol/L HCl。

14．标准胰岛素、胰岛素样品。

五、操作

1．垂直平板电泳槽的安装

参见图 21。

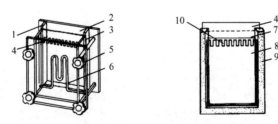

图 21　垂直平板电泳槽示意图

1. 有机玻璃板；2. 电极槽；3. 凝胶模；4. 样品槽模板（梳子）；5. 螺丝销；

6. 冷凝管；7. 长玻璃板；8. 短玻璃板；9. 硅胶带；10. 点样槽

先把垂直平板电泳槽和两块玻璃板洗净，晾干。通过硅胶带将两块玻璃板紧贴于电泳槽（玻璃板之间留有空隙），两边用夹子夹住。将 1%的琼脂糖融化，冷至 50℃左右，用吸管吸取热的 1%琼脂沿电泳槽的两边条内侧加入电泳槽的底槽中，封住缝隙，冷后琼脂凝固，待用[①]。

2．凝胶的制备

（1）分离胶的制备

称取 Acr 3.2g，Bis 16mg，过硫酸铵 16mg[②]一起置于灯泡瓶中，然后加入试剂 A 2ml，水

---

① 有不同型号的电泳槽，其安装和使用方法参见有关生产厂家的说明书。

② 室温高时，过硫酸铵可少加些，加 10mg 左右即可。

14ml[①]，摇匀，使其溶解，然后用水泵或油泵抽气 10min，随后再加 TEMED 2 滴（滴管内径小于 2mm），混匀。用吸管吸取分离胶，沿壁加入垂直平板电泳槽中，直至胶液的高度达电泳槽高度的 2/3 左右，上面再覆盖一层水，在室温静置 30~60min 即可凝聚，凝聚后，用小滤纸条吸去表面的水分。

（2）浓缩胶的制备

称取 Acr 0.12g、Bis 6mg，过硫酸铵 16mg，试剂 B 0.4ml，水 2.8ml[②]混匀，抽气，加 TEMED 1 滴，混匀。用吸管吸取浓缩胶加到分离胶的上面，直至浓缩胶的高度为 1.5cm，这时将梳板插入，注意梳齿的边缘不能带入气泡，在室温下静置 30~60min，观察梳齿附近凝胶中呈现光线折射的波纹时，浓缩胶即凝聚完成。凝聚后，将梳板拔去，立即用电极缓冲液冲洗孔格（此步操作很重要！因为取出梳板后，梳板上面吸附的和胶顶部少量未聚合完的丙烯酰胺会流入孔格内，再慢慢聚合后，使孔底不平，将导致电泳条带的形状不整齐）。

3．加样

用微量注射器分别吸取 10mg/ml 的标准胰岛素和胰岛素样品 50μl，上面加 20%甘油 1 滴，溴酚蓝指示剂 1 滴，再用滴管小心加入少量电极缓冲液，使充满梳孔。

4．电泳

将电极缓冲液分别倒入上下电泳槽，接通电源，调节电压为 300V，待指示剂移至凝胶下端时，切断电源。

5．染色

把垂直平板电泳槽上的玻璃轻轻扳开，将凝胶取下，放染色缸内染色 20~30min，然后放入 7%乙酸中脱色至背景脱尽为止。

6．鉴定

根据染色所出现的区带，分析样品的纯度。

| 笔   记 |

六、注意事项

1．制胶前应确保玻璃板，梳齿、楔形插板、胶垫和主体等清洁。

2．凝胶配好后应迅速混匀并及时灌制，否则胶会发生凝结。灌胶的速度不宜太快，不能带有气泡，以免影响分离效果。

3．浓缩胶高度应满足梳齿的深度，以免加样孔太浅而造成样品溢出。

4．丙烯酰胺（Acr）和 N,N'-亚甲基双丙烯酰胺（Bis）均为神经毒剂，对皮肤有刺激作用，操作时应戴防护手套。

思考题

1．分离胶和浓缩胶为何选用不同的浓度？

2．垂直平板电泳与圆盘电泳相比有何优点？

---

① 本实验所用分离胶的浓度为 20%，样品不同所用分离胶的浓度不同，本实验制备分离胶的量适用于 15cm×10cm×0.15cm 的垂直平板电泳槽，实验时可根据电泳槽大小制备一定量的分离胶。

② 浓缩胶的浓度为 3%~4%，不同样品所用浓缩胶的浓度不同。

实验 52　SDS-聚丙烯酰胺凝胶电泳法测定蛋白质的相对分子质量

一、目的

了解 SDS-聚丙烯酰胺凝胶电泳法的原理，并学会用这种方法测定蛋白质的相对分子质量。

二、原理

聚丙烯酰胺凝胶电泳之所以能将不同的大分子化合物分开，是由于这些大分子化合物所带电荷的差异和分子大小不同之故，如果将电荷差异这一因素除去或减小到可以忽略不计的程度，这些化合物在凝胶上的迁移率则完全取决于相对分子质量。

SDS 是十二烷基硫酸钠（sodium dodecyl sulfate）的简称，它是一种阴离子去污剂，它能按一定比例与蛋白质分子结合成带负电荷的复合物，其负电荷远远超过了蛋白质分子原有的电荷，也就消除或降低了不同蛋白质之间原有的电荷差别，这样就使电泳迁移率只取决于分子大小这一个因素，就可根据标准蛋白质的相对分子质量的对数对迁移率所作的标准曲线求得未知蛋白质的相对分子质量。

SDS-聚丙烯酰胺凝胶电泳（SDS-PAGE）可以用圆盘电泳，也可以用垂直平板电泳，本实验用目前常用的垂直平板电泳，样品的起点一致，便于比较。

三、实验器材

1．直流稳压电泳仪。
2．垂直平板电泳槽。
3．移液器（1.0ml、200μl、20μl）。
4．微量注射器（20μl）。
5．烧杯、试管、滴管、直尺。
6．脱色摇床。

四、实验试剂

1．凝胶贮备液：丙烯酰胺（Acr）29.2g，亚甲基双丙烯酰胺（Bis）0.8g，加重蒸水至 100ml。外包锡纸，4℃冰箱保存，30 天以内使用。

2．分离胶缓冲液：1.5mol/L Tris-HCl，pH 8.8。

18.15g Tris（三羟甲基氨基甲烷），加约 80ml 重蒸水，用 1mol/L HCl 调 pH 到 8.8，用重蒸水稀释至最终体积为 100ml，4℃冰箱保存。

3．浓缩胶缓冲液：0.5mol/L Tris-HCl，pH 6.8。

6g Tris，加约 60ml 重蒸水，用 1mol/L HCl 调 pH 至 6.8,用重蒸水稀释至最终体积为 100ml，4℃冰箱保存。

4．10%SDS，室温保存。

5．两类样品缓冲液。

（1）2 倍还原缓冲液（2×reducing buffer）。

　　　　　　　0.5mol/L Tris-HCl，pH 6.8　　　　2.5ml

甘油	2.0ml
质量浓度 10%SDS	4.0ml
质量浓度 0.1%溴酚蓝	0.5ml
β-巯基乙醇[①]	1.0ml
总体积	10ml

（2）2 倍非还原缓冲液（2×non-reducing buffer）。

重蒸水	1.0ml
0.5mol/L Tris-HCl，pH 6.8	2.5ml
甘油	2.0ml
质量浓度 10%SDS	4.0ml
质量浓度 0.1%溴酚蓝	0.5ml
总体积	10ml

6．电极缓冲液，pH 8.3。

Tris 3g，甘氨酸 14.4g，SDS 1.0g，加重蒸水至 1000ml，4℃冰箱保存。

7．低相对分子质量标准蛋白质（上海产），开封后溶于 200μl 重蒸水，加 200μl 2 倍样品缓冲液（还原缓冲液），分装 20 小管，−20℃保存。临用前沸水浴 3～5min。其相对分子质量（M_r）如下：

标准蛋白质	M_r
兔磷酸化酶 B	97 400
牛血清白蛋白	66 200
兔肌动蛋白	43 000
牛碳酸酐酶	31 000
胰蛋白酶抑制剂	20 100
鸡蛋清溶菌酶	14 400

8．质量浓度为 10%过硫酸铵：此溶液需临用前配制。

9．1.5%琼脂：1.5g 琼脂粉加 100ml 重蒸水，加热至沸腾，未凝固前使用。

10．染色液：0.25g 考马斯亮蓝 R250，加入 91ml 50%甲醇，9ml 冰乙酸。

11．脱色液：50ml 甲醇，75ml 冰乙酸与 875ml 重蒸水混合。

12．待测相对分子质量的样品。

五、操作

1．将垂直平板电泳槽装好，用 1.5%琼脂趁热灌注于电泳槽平板玻璃的底部，以防漏（具体操作详见实验 51）。

2．分离胶的选择和配制方法

（1）按照蛋白质不同的相对分子质量选用不同浓度的分离胶。

蛋白质相对分子质量的范围	分离胶的浓度
$<10^4$	20%～30%
1×10^4～4×10^4	15%～20%

---

① β-巯基乙醇能使蛋白质分子中的二硫键还原。

$$4 \times 10^4 \sim 1 \times 10^5 \qquad\qquad 10\% \sim 15\%$$
$$1 \times 10^5 \sim 5 \times 10^5 \qquad\qquad 5\% \sim 10\%$$
$$> 5 \times 10^5 \qquad\qquad 2\% \sim 5\%$$

（2）不同分离胶的配制方法。

分离胶的浓度	20%	15%	12%	10%	7.5%
重蒸水/ml	0.75	2.35	3.35	4.05	4.85
1.5mol/L Tris-HCl（pH 8.8）/ml	2.5	2.5	2.5	2.5	2.5
质量浓度为 10%SDS/ml	0.1	0.1	0.1	0.1	0.1
凝胶贮备液（Acr/Bis）/ml	6.6	5.0	4.0	3.3	2.5
质量浓度为 10%过硫酸铵/μl	50	50	50	50	50
TEMED/μl	5	5	5	5	5
总体积/ml	10	10	10	10	10

3．分离胶的灌制

根据待测蛋白质样品的相对分子质量选择合适的分离胶浓度，本实验选用血管内皮细胞生长因子（VEGF）为待测相对分子质量的样品[1]，用 12%的分离胶。

在 15ml 试管中依次加入重蒸水 3.35ml、1.5mol/L Tris-HCl（pH 8.8）缓冲液 2.5ml、10% SDS 0.1ml、凝胶贮备液 4.0ml、10%过硫酸铵 50μl 和 TEMED 5μl[2]，由于加入 TEMED 后凝胶就开始聚合，所以应立即混匀混合液，然后用滴管吸取分离胶，在电泳槽的两玻璃板之间灌注，留出梳齿的齿高加 1cm 的空间以便灌注浓缩胶。用滴管小心地在溶液上覆盖一层重蒸水，将电泳槽垂直静置于室温下约 30～60min，分离胶则聚合，待分离胶聚合完全后，除去覆盖的重蒸水，尽可能去干净。

4．浓缩胶的配制和灌制

一般采用 5%的浓缩胶，配制方法：重蒸水 2.92ml、0.5mol/L Tris-HCl 缓冲液（pH 6.8）1.25ml、10%SDS 0.05ml、凝胶贮备液（Acr/Bis）0.8ml、10%过硫酸铵 25μl、TEMED 5μl，在试管中混匀，灌注在分离胶上。小心插入梳齿，避免混入气泡，将电泳槽竖直静置于室温下至浓缩胶完全聚合（约 30min）。

5．样品的制备

（1）标准蛋白质样品的制备

取出一管预先分装好的 20μl 低相对分子质量标准蛋白质，放入沸水浴中加热 3～5min，取出冷至室温。

（2）待测蛋白质样品的制备

a．10μl VEGF（约含 5μg VEGF）[3]加 10μl 2 倍还原缓冲液。

b．10μl VEGF（约含 5μg VEGF），加 10μl 2 倍非还原缓冲液。

以上 a、b 两管均同标准蛋白质样品一样，在沸水浴中加热 3～5min，取出冷至室温。

6．电泳

（1）待浓缩胶完全聚合后，小心拔出梳齿，用电极缓冲液洗涤加样孔（梳孔）数次，然

---

① 常用的 VEGF 的相对分子质量约为 44 000，还原后为 22 000。

② 分离胶的体积应根据垂直平板电泳槽的大小而定。

③ 考马斯亮蓝染色可检测微克水平的蛋白质。

后将电泳槽注满电极缓冲液。

（2）用微量注射器按号向凝胶梳孔内加样。

（3）接上电泳仪，上电极接电源的负极，下电极接电源的正极。打开电泳仪电源开关，调节电流至 20～30mA 并保持电流强度恒定。待蓝色的溴酚蓝条带迁移至距凝胶下端约 1cm 时，停止电泳。

7. 染色与脱色

小心将胶取出，置于一大培养皿中，在溴酚蓝条带的中心插一细钢丝作为标志。加染色液染色 1h，倾出染色液，加入脱色液，数小时更换一次脱色液，直至背景清晰。

8. 相对分子质量的计算

用直尺分别量出标准蛋白质、待测蛋白质区带中心以及钢丝距分离胶顶端的距离，按下式计算相对迁移率：

$$相对迁移率 = \frac{样品迁移距离（cm）}{染料迁移距离（cm）}$$

以标准蛋白质 M_r 的对数对相对迁移率作图，得到标准曲线。根据待测蛋白质样品的相对迁移率，从标准曲线上查出其相对分子质量。

笔　记

六、注意事项

1. 为了更好地散热，可以将电泳槽放在 4℃ 的冷藏柜内操作。

2. 参见实验 51 注意事项。

思考题

1. 简述 SDS-PAGE 电泳测定蛋白质的相对分子质量的原理。

2. SDS-PAGE 中分离胶和浓缩胶用的是 Tris-HCl 缓冲液，而电极缓冲液却选 Tris-甘氨酸缓冲液，为什么？

3. 若待测蛋白质是由多亚基组成的，能否用该法测定其相对分子质量？为什么？

实验 53　用等电聚焦电泳法测定蛋白质等电点

一、目的

掌握用等电聚焦电泳法测定蛋白质等电点的原理和方法。

二、原理

等电聚焦法是一种特殊的凝胶电泳法。它的特点是在凝胶柱中加入一种称为两性电解质载体（ampholine）的化合物[①]，从而使凝胶柱上产生 pH 值梯度。将蛋白质放在这种凝胶柱中进行电泳[②]，带电荷的蛋白质离子即在柱上泳动。当泳动至凝胶的某一部分、而此部位的 pH

---

① 两性电解质载体有多种规格，目前普遍应用的有三种，分别适用于 pH 3～10、pH 4～10 或 pH 5～7。

② 亦有将样品置于凝胶柱（或板）的一端。

正好相当于该蛋白质的等电点时，由于蛋白质的净电荷为零即不再移动（聚焦），测定聚集部位凝胶的 pH，即可知该蛋白质的等电点。

由此可见，两性电解质载体犹如隔离离子，可把具有不同等电点的两性电解质，分隔在相应的 pH 区域中。

一般电泳法，由于扩散作用的影响，随着电泳时间或电泳质点移动距离的延长，区带越来越宽，分辨率较差。等电聚焦法抵消了扩散作用的影响，电泳时间的延长，反使区带越是狭窄（所测物质越集中），因而提高了分辨率。

利用等电聚焦法，不仅可测两性电解质的等电点，亦可将具有不同等电点的物质分离。

目前常用的等电聚焦胶支持的介质有：聚丙烯酰胺凝胶、琼脂糖凝胶和葡聚糖凝胶。聚丙烯酰胺凝胶是等电聚焦电泳分析中最广泛使用的一种支持物。等电聚焦电泳的方式有很多种，大致可分为垂直管式、毛细管式、水平板式及超薄水平板式等，这些方式各具其优点，本实验采用垂直管式。

三、实验器材

1．圆盘电泳槽。
2．直流电源。
3．小玻璃管 0.5cm×10cm（×3）。
4．微量注射器 100μl（×1）。
5．普通注射器 10ml（×1）。
6．洗耳球。
7．直尺。
8．刀片。
9．试管 1.0cm×7.5cm（×20）。
10．培养皿。
11．移液器。
12．烧杯 25ml（×2）。

四、实验试剂

1．两性电解质载体凝胶：丙烯酰胺 3.5g，N, N'-亚甲基双丙烯酰胺（Bis）0.1g[①]，pH 3～10 两性电解质载体 2.5ml，加水至 50ml。

2．10%过硫酸铵溶液：称 0.1g 过硫酸铵溶于 1ml 的重蒸水中，临用前配制，当日使用。

3．蛋白质溶液：纯牛血清白蛋白 7mg，溶于 1ml 蒸馏水。此蛋白溶液应无盐离子，否则应透析去盐。

4．5%磷酸溶液：将 29.4ml 85%磷酸加水稀释至 500ml。

5．2%氢氧化钠溶液：10g NaOH，溶于蒸馏水并稀释至 500ml。

6．考马斯亮蓝 R250 染色液：称取考马斯亮蓝 R250 0.25g，加入 50%甲醇 91ml 和冰乙酸 9ml。

7．40%蔗糖溶液：称取蔗糖 4g 溶于少量蒸馏水，稀释至 10ml。

8．12%三氯乙酸溶液：12g 三氯乙酸，溶于 100ml 蒸馏水。

9．脱色液：V（乙醇）∶V（冰乙酸）∶V（蒸馏水）＝25∶10∶65。

10．TEMED（N, N, N', N'-四甲基乙二胺）。

五、操作

1．取 4ml 两性电解质载体凝胶，置于梨形瓶中，加入 0.07ml 白蛋白（7mg 白蛋白/ml），

---

① Bis 用量直接影响凝胶的交联度，作不同实验时，可根据需要改变 Bis 的用量。

轻轻摇匀，抽去气泡。加入 TEMED 5μl 和 10%过硫酸铵溶液 25μl，将溶液迅速混匀。

2. 取内径 0.5cm，长 10cm 干净玻管两支，竖直放置，底端塞以橡皮塞[①]，加入 40%蔗糖溶液 3～4 滴，然后吸取梨形瓶中的两性电解质载体凝胶-白蛋白混合液 1.8ml 缓缓放入玻管，上部再加蒸馏水 2～3 滴，使混合液表面水平并与空气隔绝，室温放置凝聚约 1h。

3. 管内凝胶凝聚后，用滤纸将顶端水吸去，拔去管底橡皮塞，使蔗糖液流出，并用少量蒸馏水洗，然后将玻管放入圆盘电泳装置（图 20），上槽注以 5%磷酸溶液，接正极；下槽注以 2%NaOH 溶液，接负极，150V，聚焦约 4h。

4. 聚焦结束，取出玻管，用水将两端洗净。用注射器吸水，并将针头紧贴玻管内壁插至凝胶与管壁之间，沿管壁转一周，同时注入少量水，使凝胶与玻管分离。然后用洗耳球将凝胶柱轻轻压出，浸于 12%三氯乙酸中固定 2h，白色蛋白区带即出现，再浸于考马斯蓝染色液中染色 5h，取出转移至脱色液中脱去背景颜色。

将另一做同样样品的凝胶柱的两端用水洗净，用同样方法剥离，挤出，顺序切成 0.5cm 长的小段，各浸泡于 1.0ml 蒸馏水过夜，测 pH。

5. 以凝胶柱长度（mm）为横坐标，pH 为纵坐标作图，量出染色的各蛋白区带距离，对照曲线查出等电点。

笔   记

六、注意事项

1. 安装聚合好的凝胶玻管时要保证凝胶管竖直且橡胶塞孔密封不漏，且应避免管下有气泡。

2. 为了便于识别胶条，可在聚焦结束后，取下凝胶管，用蒸馏水充分洗净两端电极液，在凝胶条的正极端插一铜丝为标记。

思考题

1. 支持介质在等电聚焦电泳中的作用是什么？
2. 哪些因素影响等电聚焦电泳的分离度？

实验 54   对流免疫电泳法测定胎儿甲种蛋白质

一、目的

熟悉对流免疫电泳法测定蛋白质的原理和方法。

二、原理

胎儿甲种蛋白质（alpha feto-protein，简称 AFP）由人胎儿肝细胞合成，当胎儿出生后 1～2 周，AFP 即自行消失。但在原发性肝细胞癌患者血清中，却有大量 AFP 存在。

将 3～6 个月的胎儿血清、组织或强阳性肝癌者的血清注射入动物体，即产生 AFP 抗体（存在于血清中）。

AFP 的等电点为 4.75（相对分子质量 65 000～75 000），在 pH 8.5 缓冲液中为负离子，

---

① 亦可用与玻管外径相同的玻棒，外套橡皮管，使玻棒与玻管紧贴，玻棒端必须平整。

在电场中向阳极移动。AFP 抗体属 γ-球蛋白，等电点为 6.83～7.3，抗体置于阳极端，进行电泳，二者即相对移动（对流），当抗原与抗体在琼脂薄板上相遇时，即产生特异的白色沉淀线。

将受试者血清与 AFP 抗体进行对流电泳，如产生白色沉淀线，即证明受试者血清有大量 ADF[①]，证明受试者可能患有肝癌。

三、实验器材

1. 正常人血清、阳性血清（即患者血清或 AFP）。
2. 玻璃片 2.5cm×7.5cm（×2）。
3. 打孔器。
4. 水平台、水平仪。
5. 微量注射器 50μl（×2）。
6. 吸管 10ml（×1）。
7. 电泳槽。
8. 电泳仪。
9. 培养皿 ϕ10cm（×5）。
10. 恒温水浴锅。
11. 烧杯 50ml（×1）。
12. 纱布。

四、实验试剂

1. 抗 AFP 血清（即含 AFP 抗体的血清）：可向医检单位索取或购买。
2. 1%琼脂溶液[②]：先用水配制 2%琼脂溶胶，再加入等体积 pH 8.6 巴比妥钠-HCl 缓冲液。
3. pH 8.6 巴比妥钠-HCl 缓冲液：巴比妥钠 9.0g，1mol/L HCl 溶液 0.5ml，叠氮钠[③]（NaN_3）1.0g，溶于水并稀释至 1000ml。
4. 氨基黑 10B 溶液：用 5%乙酸溶液配制成 0.05%溶液。
5. 5%甘油溶液：5ml 甘油，加水稀释至 100ml。
6. 0.5%乙酸溶液：冰乙酸 0.5ml，加水稀释至 100ml。

五、操作

1. 琼脂凝胶板制备

将 1%琼脂溶胶加热溶化，取 8ml，浇于 2.5cm×7.5cm 干净玻璃板上（玻璃板必须洗净），冷却凝固，按图 22 打孔[④]，孔径 4mm，抗原孔与抗体孔相距 4mm。

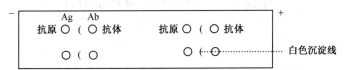

图 22　对流免疫电泳琼脂凝胶板

2．点样

用微量注射器吸取 25～30μl 稀释 10 倍的被测者血清，放在琼脂板左边的抗原孔内，再用另一微量注射器吸取胎儿血清 20～25μl，放在右边抗原孔内，再用第三支微量注射器吸取抗 AFP（阳性）血清放在所有抗体孔内。

3．电泳

将加好样的琼脂板放入电泳槽。用纱布或滤纸条作盐桥，抗原端为负极，抗体端为正极，通电 60min，电流强度 2～3mA，电压约 70V[①]。

切断电源，取出琼脂板，观察抗原和抗体孔间有无白色沉淀线。有沉淀线者为阳性，无沉淀线者为阴性[②]。

4．染色与干燥

用生理盐水浸泡琼脂板约 3h，洗去剩余的抗原、抗体。晾干，浸于氨基黑 10B 溶液中 10～15min，转移到 0.5%乙酸溶液浸洗至背景变白，取出，用滤纸吸干乙酸，再将琼脂板在 5%甘油溶液中浸一下，贴在有机玻璃板上阴干，取下保存。

笔　记

六、注意事项

1．抗原抗体浓度的比例应适当，否则不能出现明显可见的沉淀线。可将待测样品做几个不同的稀释度来进行检测。

2．为了排除假阳性反应，则在待检抗原孔的邻近并列一阳性抗原孔，若待检样品中的抗原与抗体所形成的沉淀线和阳性抗原抗体沉淀线完全融合时，则待检样品中所含的抗原为特异性抗原。

3．若抗原抗体在同一电极缓冲液中带同种电荷或迁移率相近时，无法用对流免疫电泳来检测。

？ 思考题

1．什么是对流免疫电泳？

2．本实验中若未出现白色沉淀线是何原因？

实验 55　火箭免疫电泳法

一、目的

了解并掌握火箭免疫电泳法的原理及应用。

二、原理

火箭免疫电泳法（rocket immunoelectrophoresis，也称电泳免疫扩散，electroimmuno-diffusion），是在单向免疫扩散的基础上，加上电场作用的定量免疫电泳方法之一，目前已用于许多纯抗原的半定量分析。

---

① 电流不宜过大，以免蛋白变性。
② 如沉淀线不清晰，可将琼脂板放在 37℃温箱中保温数小时。

可溶性抗原在碱性溶液带负电，在电场中通过含有抗体的琼脂糖凝胶时，与相应的抗体在比例合适时形成圆锥形的沉淀峰，在圆锥形沉淀峰的内部，未与抗体结合的自由抗原继续迁移至抗原抗体沉淀峰的先导部分并溶解它，当它继续向前移动，可再次与琼脂中的抗体形成抗原抗体沉淀。如此反复多次，直至抗原与抗体反应完毕。形成似上升的火箭形状沉淀峰。故沉淀的高度与抗原量成正比，与抗体量成反比。

三、实验器材

1. 抗血清。
2. 纱布。
3. 锥形瓶 250ml（×2）。
4. 玻璃板 5cm×8cm（×2）。
5. 水平板。
6. 水平仪。
7. 打孔器。
8. 微量注射器 50μl（×1）、100μl（×1）。
9. 多孔白瓷板（6 孔或 12 孔）（×2）。
10. 竹镊子。
11. 电泳仪。
12. 电泳槽。
13. 恒温水浴锅。

四、实验试剂

1. 巴比妥-巴比妥钠缓冲液（pH 8.6，0.05mol/L）：称取巴比妥 2.76g 缓缓加入热蒸馏水中溶解，再加巴比妥钠 17.52g，溶解后定容至 2000ml。
2. 1%琼脂：用上述巴比妥-巴比妥钠缓冲液稀释 1 倍配制。
3. 染色液：将氨基 10B 1g、1mol/L 乙酸 450ml、0.1mol/L 乙酸钠 450ml、甘油 100ml 混匀即得。
4. 脱色液：2%或 5%乙酸溶液。
5. 固定液：将 14g 苦味酸缓缓加入 1000ml 60℃蒸馏水中，过滤，滤液中再加入 200ml 冰乙酸，混匀即可。

五、操作

1. 将 1%琼脂融化并保温在 56℃水浴中，吸出 9ml 融化的琼脂液，加 1ml 抗血清，迅速充分混匀后立即浇在已水平好的玻璃板上，置室温冷却凝固。
2. 琼脂板凝固后，沿着与凝胶板长边平行的线打孔，孔径 3~3.5mm。
3. 加样：将标准抗原与未知抗原用微量注射器分别加入凝胶内，标准抗原可用倍比稀释法得到几个稀释度，以便获得标准曲线。
4. 在 10V 的电压下电泳 2~10h，电泳时间的长短取决于抗体在琼脂的浓度、抗原浓度和加样量。
5. 电泳毕，取下琼脂板直接测量峰的高度或面积（或按常规浸洗、干燥、固定、染色后测量峰的高度则更为准确），以此为纵坐标，将不同稀释度的标准抗原为横坐标，作标准曲线，根据已测出的未知抗原的沉淀峰高度，在标准曲线上求出未知抗原的量。

六、注意事项

笔　记

1. 抗原抗体浓度的比例应适当，抗原太浓，在一定时间内不能达到最高峰，抗体太浓，则沉淀峰太低而无法测量。预试峰的合适高度为 2～5cm。

2. 琼脂质量差可导致电渗，而使血清中的其他蛋白成分也泳向负极，造成非特异性反应。应选用优质琼脂糖或参照实验 54 的方法加以处理。

3. 为了获得较好的结果，可采用较小的电压或电流，适当延长时间。

4. 一定条件下，电泳时间要根据峰的形成情况而定。如形成尖角峰形，表示已无游离抗原。如呈钝圆形，前面有云雾状，表示还未到终点。

思考题

1. 火箭免疫电泳实验的火箭峰是如何形成的？
2. 抗体加入时温度是多少？应加在哪种溶液里？

实验 56　Western 印迹

一、目的

了解 Western 印迹的原理，掌握 Western 印迹的方法。

二、原理

Western 印迹（Western blotting）即蛋白质印迹，一般由蛋白质的凝胶电泳、蛋白质的印迹和固定化，以及各种灵敏的检测手段如抗原抗体反应等三部分组成。

通常首先是将蛋白质如待测的抗原进行 SDS-聚丙烯酰胺凝胶垂直平板电泳，然后将抗原用电转移法转移并固定到特殊的载体上（常用的是硝酸纤维素膜），最后利用抗原抗体的反应来检测特定的抗原，有时也可用来检测特异的抗体，如检测单克隆抗体。Western 印迹可检测 1～5ng 的蛋白质。

本实验用血管内皮细胞生长因子（VEGF）的单克隆抗体来检测 Sf9 昆虫细胞表达的 VEGF（抗原）。

三、实验器材

1. 滤纸。
2. 硝酸纤维素膜（NC 膜）。
3. 小塑料盒若干。
4. 乳胶手套（一次性）。
5. 微量注射器。
6. 镊子。
7. 普通玻璃器皿。
8. 垂直平板电泳槽、电泳仪。
9. 电泳转移槽及相关配件。
10. 水平摇床。
11. 制冰机。
12. 移液器。

四、实验试剂

1. 甘氨酸（Gly）。

2．甲醇。

3．三羟甲基氨基甲烷（Tris）。

4．吐温 20（Tween 20）。

5．氯化钠。

6．电泳缓冲液：见实验 52。

7．预染 SDS-PAGE 标准品（prestained SDS-PAGE standards），有两种：

（1）低范围（low range），相对分子质量为 15 000～110 000；

（2）高范围（high range），相对分子质量为 45 000～210 000。

本实验用低范围的。

8．印迹缓冲液：25mmol/L Tris，192mmol/L Gly，体积分数为 20%甲醇，pH 8.3（6.05g Tris、28.83g Gly，加 400ml 甲醇，用重蒸水定容至 2000ml，现配现用）。

9．TBS（Tris 缓冲盐溶液）：10mmol/L Tris，0.5mol/L NaCl，调 pH 至 7.5（10×TBS 贮存液：Tris 12.1g、NaCl 292.2g，加重蒸水约 700ml，调 pH 至 7.5，用重蒸水定容到 1000ml。临用前用重蒸水稀释 10 倍）。

10．T-TBS：TBS 含 0.05%吐温 20（Tween 20）。

11．封闭液：3%BSA 的 TBS 缓冲液。

12．单克隆抗体（一抗）：本实验用抗 VEGF 的单克隆抗体。

13．碱性磷酸酶标记的羊抗鼠 Ig（二抗）。

14．底物溶液：NBT（nitroblue tetrazolium salt，10×），和 BCIP（5-bromo-4-chloro-3-indolyl phosphate，10×）各 1ml，加重蒸水 8ml，使用前配制。NBT 和 BCIP 购自美国 ZYMED LABORATORIES 公司（BCIP/NBT Kit）。

五、操作

1．SDS-聚丙烯酰胺凝胶电泳（SDS-PAGE）：见实验 52。

将低相对分子质量预染 SDS-PAGE 标准品 5～10μl、待测抗原粗抽提液、纯化中的或纯化后的样品按顺序加到梳孔中，进行 SDS-PAGE。

2．电转移

（1）戴乳胶手套将硝酸纤维素膜裁成比印迹凝胶略大的大小。

（2）将 SDS-PAGE 后准备印迹的凝胶和硝酸纤维素膜分别放入装有印迹缓冲液的小塑料盒中，漂洗 10min。

（3）将滤纸裁成比硝酸纤维素膜略大的小块，在电转移的夹子（印迹夹）中先放塑料泡沫状的衬垫，再依次放滤纸、NC 膜、凝胶、滤纸、衬垫形成夹心的"三明治"状。

（4）印迹槽中倒入印迹液，将印迹夹放入，凝胶朝负极，NC 膜朝正极，印迹时电流从负极到正极，凝胶上的蛋白质从负极向正极转移，蛋白质即印迹到 NC 膜上。

（5）电印迹：接通电源，调电压使至 100V，同时印迹槽外面加冰或通冷凝水，印迹 1～2h 后，切断电源。

3．抗原的检测

（1）印迹完毕，用镊子小心取出 NC 膜，放在装有 TBS（pH 7.5）的小塑料盒中，洗 3 次。

（2）NC 膜在小塑料盒中，加入封闭液，室温在水平摇床上摇 1h。

（3）用 TBS 洗 NC 膜 2 次。

（4）从 NC 膜上剪下低相对分子质量预染 SDS-PAGE 标准品的条带，晾干并保存好。

（5）在小塑料盒中加 NC 膜和抗 VEGF 的抗体溶液（5μg/ml 抗体配在 T-TBS 中，0.02% NaN₃），在室温下摇过夜或至少 2h。

（6）用 T-TBS 洗 3 次，每次 5min。

（7）加入 T-TBS 配制的酶标二抗（按商品要求配制）：本实验用碱性磷酸酶标记的羊抗鼠 Ig，在室温慢慢摇动 1～2h。

（8）用 T-TBS 洗 3 次，每次 5min。

（9）加底物溶液，在室温反应 10～30min，直至抗原区带呈现明显的紫色，取出。

（10）终止反应：以重蒸水洗涤以终止反应，将 NC 膜夹在滤纸间，干燥，暗处保存。

笔　记

六、注意事项

1. 实验中取胶和膜需戴手套。

2. 具体的转膜时间要根据目的蛋白的大小而定，目的蛋白的相对分子质量越大，需要的转膜时间越长，目的蛋白的相对分子质量越小，需要的转膜时间越短。

3. 在转膜过程中，特别是高电流快速转膜时，通常会有非常严重的发热现象，最好把转膜槽放置在冰浴中进行转膜。

4. 从转膜完毕后所有的步骤，要注意膜的保湿，避免膜干燥，否则极易产生较高的背景。

思考题

1. 10%的分离胶适合分离多少相对分子质量范围的蛋白质？

2. 实验中加入封闭液的作用是什么？不加会产生什么样的结果？

实验 57　酶联免疫吸附测定（ELISA）

一、目的

1. 酶联免疫吸附测定的基本原理。

2. 学习双抗体夹心法检测抗原物质的基本操作。

二、原理

酶联免疫吸附测定（enzyme linked immunosorbent assay， ELISA）是以免疫学反应为基础，将抗原、抗体的特异性反应与酶对底物的高效催化相结合起来的一种测定方法，该方法具有微量、特异、高效、简便和安全等特点，广泛用于生物学和医学的许多领域。

ELISA 有 4 种常用方法：直接法（测定抗原）、间接法（测定抗体）、双抗体夹心法（测定大分子抗原）和竞争法（测定小分子抗原及半抗原）。本实验采用双抗体夹心法测定人血清总免疫球蛋白 E（IgE）。测定时，先将过量抗体（羊抗人 IgE 抗体）吸附在固相载体表面，再加待测抗原（待测血清），形成抗原抗体复合物，然后加酶标抗体（酶标羊抗人 IgE 抗体），最后加入底物生成有色产物，根据颜色反应的程度进行血清中 IgE 的定量。

人血清总 IgE 水平一般用国际单位（IU）或 ng 表示，1IU＝2.4ng。正常人 IgE 水平受环境、种族、遗传、年龄和检测方法等因素的影响，以致各家报道的正常值相差甚远。正常成人血清 IgE 水平在 20～200 IU/ml，通常男性略高于女性。在变态反应性疾病，寄生虫感染和急性或慢性肝炎等患者血清中，IgE 的含量大多数均有升高，因此测定患者血清中 IgE 的含量对于诊断 IgE 介导的疾病有一定意义。

三、实验器材

1．酶标板（96 孔）。
2．酶联免疫检测仪。
3．恒温箱。
4．冰箱。
5．移液器。
6．保鲜膜。

四、实验试剂

1．羊抗人 IgE 抗体。

2．包被缓冲液（0.05mol/L，pH 9.5 碳酸缓冲液含 0.02%NaN$_3$）：Na$_2$CO$_3$ 1.59g，NaHCO$_3$ 2.93g，NaN$_3$ 0.2g，加重蒸水到 1000ml，4℃冰箱保存不超过 2 周。

3．磷酸缓冲盐溶液（phosphate buffered saline，PBS，pH 7.4）：NaCl 8g，KH$_2$PO$_4$ 0.2g，Na$_2$HPO$_4$ · 12H$_2$O 2.9g，KCl 0.2g，加重蒸水至 1000ml。

4．封闭液（2%小牛血清/PBS 溶液）：小牛血清 2ml，加 PBS 98ml。

5．洗涤液（PBST，pH 7.4）：NaCl 8g，KH$_2$PO$_4$ 0.2g，Na$_2$HPO$_4$ · 12H$_2$O 2.9g，KCl 0.2g，Tween 20 0.5ml，加重蒸水至 1000ml。

6．样本稀释液（PBS，pH 7.4）。

7．IgE 标准参考品：符合世界卫生组织第二次公布的人 IgE 国际参考标准 75/502。

8．正常人血清，患者血清。

9．羊抗人 IgE-辣根过氧化物酶结合物（羊抗人 IgE-HRP 结合物）。

10．底物溶液（邻苯二胺-过氧化氢溶液，现配现用，避光保存）。

A 液（0.1 mol/L 柠檬酸溶液）：柠檬酸 19.2g 加蒸馏水至 1000ml。

B 液（0.2mol/L Na$_2$HPO$_4$ 溶液）：Na$_2$HPO$_4$ · 12H$_2$O 71.7g 加蒸馏水至 1000ml。

临用前取 A 液 4.86ml 与 B 液 5.14ml 混合，加入邻苯二胺（OPD）4mg，待充分溶解后加入质量分数为 30%（V/V）的 H$_2$O$_2$ 50μl，即成底物应用液，外面用锡纸包好。

11．终止液（2mol/L H$_2$SO$_4$ 溶液）：重蒸水 60ml，慢慢滴加 10ml 浓 H$_2$SO$_4$ 并不断搅拌，加重蒸水至 90ml（最终体积）。

五、操作

1．抗体包被：将羊抗人 IgE 抗体用包被缓冲液稀释成 10mg/ml，加入到酶标板各孔中，每孔 100μl，包上保鲜膜，4℃冰箱过夜。

2．洗涤：次日甩净酶标板各孔内的包被液。用洗涤液（PBST）洗 3 次，每次 3min，甩干。

3．封闭：每孔加入 100μl 2%小牛血清封闭液，37℃封闭 1h。

4．洗涤同 2。

5．加待测抗原[1]：A 排孔依次加入连续倍比稀释的 IgE 标准参考品 100μl，浓度分别为 200、100、50、25、12.5、6.25、3.13、1.56、0.8、0.4、0.2、0.1、0.05IU/ml[2]；B 排孔以后加入 1∶10 和 1∶100 的待检血清 100μl，各设两个复孔。同时设阴性、阳性、空白对照。包上保鲜膜，37℃温育 2h。

6．洗涤同 2。

7．加酶标抗体：加工作浓度的羊抗人 IgE-HRP 结合物，每孔 100μl[3]，包上保鲜膜，37℃温育 2h。

8．洗涤同 2。

9．加底物溶液：在所有小孔内分别加入 100μl 底物溶液，置 37℃显色 20min。

10．终止反应：每孔加终止液 50μl。

11．测定光吸收：在 20min 内，用酶标仪于 492nm 波长测各孔的吸光度。

12．以 IgE 参考含量（IU/ml）为横坐标，以标准参考品的吸光度（A 值）为纵坐标，在半对数坐标纸上绘制标准曲线。由标准曲线查出样品中 IgE 的相对含量，再乘以稀释倍数，即为样品中 IgE 的含量。

笔　　记

六、注意事项

1．所有试剂使用前室温平衡 15～20min。

2．实验板孔加入试剂的顺序应一致，以保证所有反应孔的孵育时间一致。

3．洗涤酶标板孔过程中反应孔中残留的洗涤液除了甩干外，亦可在滤纸上充分拍干，但勿将滤纸直接放入反应孔中吸水。

4．本实验灵敏度为 0.2 IU/ml，线性范围为 3.13～50 IU/ml，若待测样本的测定结果不在此范围内，可调整样本的稀释度后再行测定，以求准确结果。

思考题

1．ELISA 实验的注意事项有哪些？

2．能否用含有 IgE 抗体的血清直接包被？为什么？

---

[1] IgE 本质上是一种抗体，但实验中作为抗原来测定。

[2] 注意从高稀释度到低稀释度加样。

[3] 根据产品说明书稀释成工作浓度。

实验 58　核酸的定量测定（定磷法）

一、目的

掌握定磷法测定核酸含量的原理与方法。

二、原理

核酸分子中含有一定比例的磷，RNA 中含磷量为 9.0%，DNA 中含磷量为 9.2%，因此通过测得核酸中磷的量，即可求得核酸的量。

用强酸使核酸分子中的有机磷消化成为无机磷，使之与钼酸铵结合成磷钼酸铵（黄色沉淀）[①]。

$$PO_4^{3-} + 3NH_4^+ + 12MoO_4^{2-} + 24H^+ \Longrightarrow (NH_4)_3PO_4 \cdot 12MoO_3 \cdot 6H_2O \downarrow + 6H_2O$$
$$（黄色）$$

当有还原剂存在时，Mo^{6+} 被还原成 Mo^{4+}，此 4 价钼再与试剂中的其他 MoO_4^{2-} 结合成 $Mo(MoO_4)_2$ 或 Mo_3O_8，呈蓝色，称为钼蓝。

在一定浓度范围内，蓝色的深浅和磷含量成正比，可用比色法测定。

样品中如有无机磷，应将无机磷扣除，否则结果偏高。

三、实验器材

1. 粗核酸（RNA、DNA 均可）。
2. 凯氏烧瓶 50ml（×2）。
3. 小漏斗 ϕ4cm（×1）。
4. 容量瓶 100ml（×2）、50ml（×1）。
5. 吸管 0.10ml（×1）、0.20ml（×2）、0.50ml（×1）、1.0ml（×2）、5.0ml（×4）。
6. 试管 1.5cm×15cm（×11）。
7. 紫外可见分光光度计。
8. 电炉。
9. 恒温水浴锅。

四、实验试剂

1. 标准磷溶液：将磷酸二氢钾（A.R.）于 100℃烘至恒重，准确称取 0.8775g 溶于少量蒸馏水中，转移至 500ml 容量瓶中，加入 5ml 5mol/L 硫酸溶液及氯仿数滴，用蒸馏水稀释至刻度，此溶液每毫升含磷 400μg。临用时准确稀释 20 倍（20μg/ml）。

2. 定磷试剂

（1）17%硫酸：17ml 浓硫酸（相对密度 1.84）缓缓加入 83ml 水中。

（2）2.5%钼酸铵溶液：2.5g 钼酸铵溶于 100ml 水。

[①] 有过量 $(NH_4)_2MoO_4$ 存在时，黄色沉淀能溶于过量的磷钼酸盐溶液中。

（3）10%抗坏血酸溶液：10g 抗坏血酸溶于 100ml 水。贮棕色瓶中。溶液呈淡黄色尚可用，呈深黄甚至棕色即失效。

临用时将上述三种溶液与水按如下比例混合，V（17%硫酸）：V（2.5%钼酸铵溶液）：V（10%抗坏血酸溶液）：V（水）＝1：1：1：2。

3．5%氨水。

4．27%硫酸：27ml 硫酸（相对密度 1.84，A.R.）缓缓倒入 73ml 水中。

5．30%过氧化氢。

五、操作

1．磷标准曲线的绘制

取干净试管 9 支，按表 23 编号及加入试剂。

表 23　核酸含量的测定——标准曲线的绘制

试剂 ＼ 管号	0	1	2	3	4	5	6	7	8
标准磷溶液/ml	0	0.05	0.1	0.2	0.3	0.4	0.5	0.6	0.7
蒸馏水/ml	3.0	2.95	2.9	2.8	2.7	2.6	2.5	2.4	2.3
定磷试剂/ml	3.0	3.0	3.0	3.0	3.0	3.0	3.0	3.0	3.0
A_{660nm}									

加毕摇匀，45℃水浴中保温 10min，冷却，测定吸光度（660nm）。以磷含量为横坐标，吸光度为纵坐标作图。

2．总磷的测定

称取样品（如粗核酸）0.1g，用少量蒸馏水溶解（如不溶，可滴加 5%氨水至 pH 7.0），转移至 50ml 容量瓶中，加水至刻度（此溶液含样品 2mg/ml）。

吸取上述样液 1.0ml，置于 50ml 凯氏烧瓶中，加入少量催化剂，再加 1.0ml 浓硫酸及 1 粒玻璃珠，凯氏烧瓶中内插一小漏斗，放在通风橱内加热，至溶液呈黄色时取出稍冷加数滴 H_2O_2，继续消化至透明[①]，表示消化完成。冷却，将消化液移入 100ml 容量瓶中，用少量水洗涤凯氏烧瓶两次，洗涤液一并倒入容量瓶，再加水至刻度，混匀后吸取 3.0ml 置于试管中，加定磷试剂 3.0ml，45℃保温 10min，测 A_{660nm}。

3．无机磷的测定

吸取样液（2mg/ml）1.0ml，置于 100ml 容量瓶中，加水至刻度，混匀后吸取 3.0ml 置试管中，加定磷试剂 3.0ml，45℃水浴保温 10min，冷却，测 A_{660nm}。

六、计算

$$总磷\ A_{660nm}－无机磷\ A_{660nm}＝有机磷\ A_{660nm}$$

由标准曲线查得有机磷的质量（μg），再根据测定时的取样毫升数，求得有机磷的质量浓度（μg/ml）。按下式计算样品中核酸的质量分数：

---

① 消化时间视样品不同而不同，如 RNA 一般在 800W 电炉上消化 45min 即可。

$$\omega=\frac{cV\times11}{m}\times n\times100\%$$

式中　ω：核酸的质量分数（%）；

　　　c：有机磷的质量浓度（μg/ml）；

　　　V：样品总体积（ml）；

　　　11：因核酸中含磷量为 9%左右，1μg 磷相当于 11μg 核酸；

　　　m：样品质量（μg）；

　　　n：稀释倍数。

七、注意事项

1．试剂及所有器皿均须清洁，不含磷。

2．消化溶液定容后务必上下颠倒混匀后再取样。

思考题

除了样品溶液消化至透明，表示消化完成外，还可以用何种方法来分析判断？

实验 59　酵母 RNA 的提取

一、目的

掌握稀碱法提取酵母 RNA 的原理和方法。

二、原理

酵母核酸中 RNA 含量较多，DNA 则少于 2%。RNA 可溶于碱性溶液，当碱被中和后，可加乙醇使其沉淀，由此即可得到粗 RNA 制品。

用碱液提取的 RNA 有不同程度的降解。

三、实验器材

1．干酵母粉（市售）。

2．鲜酵母（市售）。

3．pH 试纸（pH 1～14）。

4．电子天平。

5．烧杯 100ml（×1）。

6．量筒 50ml（×1）、10ml（×1）。

7．抽滤瓶 500ml（×1）。

8．布氏漏斗ϕ10cm（×1）。

9．吸管 0.50ml（×1）、1.0ml（×2）、2.0ml（×2）、5.0ml（×1）。

10．离心机 4000r/min。

11．沸水浴锅。

四、实验试剂

1．0.2%氢氧化钠溶液：2g NaOH 溶于蒸馏水并稀释至 1000ml。

2．乙酸（A.R.）。

3．95%乙醇。

4. 无水乙醚（A.R.）。

5. 氨水（A.R.）。

6. 10%硫酸溶液：浓硫酸（98%，相对密度1.84）10.20ml，缓缓倾于水中，稀释至100ml。

7. 5%硝酸银溶液：5g $AgNO_3$ 溶于蒸馏水并稀释至100ml，贮于棕色瓶中。

8. 苔黑酚-三氯化铁试剂：将 100mg 苔黑酚溶于 100ml 浓盐酸中，再加入 100mg $FeCl_3 \cdot 6H_2O$[①]。临用时配制。

五、操作

1. RNA 的提取

称取 8g 干酵母粉于 100ml 烧杯中，加入 0.2% NaOH 溶液 40ml，沸水浴加热 30min，经常搅拌。冷却[②]，加入乙酸数滴，使提取液呈酸性（pH 5～6，用石蕊试纸试之），离心 10～15min（4000r/min）。取上清液，加入 2 倍体积的 95%乙醇，边加边搅。加毕，静置，待完全沉淀，离心 5min（4000r/min），彻底去除上清液，沉淀用 10ml 95%乙醇悬浮，抽滤[③]。滤渣先用 95%乙醇洗 2 次（每次约 10ml），继而用无水乙醚洗 2 次（每次 10ml），洗涤时可用细玻棒小心搅动沉淀。乙醚滤干后，滤渣即为粗 RNA，可作鉴定和测定含量用。

2. 鉴定

取上述 RNA 约 0.5g，加 10%硫酸液 5ml，加热至沸 1～2min，将 RNA 水解。

（1）取水解液 0.5ml，加苔黑酚三氯化铁试剂 1ml，加热至沸 1min，观察颜色变化。

（2）水解液 2ml，加氨水 2ml 及 5%硝酸银溶液 1ml，观察是否产生絮状的嘌呤银化合物[④]。

（3）磷的测定（见实验 58）。

（4）RNA 含量的测定（见实验 60）。

笔 记

六、注意事项

1. 用 NaOH 提取时必须为沸水浴，才能保证酵母细胞壁变性、裂解完全。

2. 取上清液应用滴管小心吸取，不要将下层的细胞残渣吸入。离心后细胞残渣较黏，应用纸包裹后丢进垃圾桶，不能直接冲入水槽。

思考题

1. 加热提取 RNA 后为什么要加乙酸中和至微酸性？乙酸能不能多加？为什么？

2. 加乙酸后进行离心分离，上清液及沉淀物中各主要含什么物质？

3. 除了稀碱法外，还有没有其他提取 RNA 的方法？它们各有何优缺点？

4. 本实验为何选用酵母作为提取原料？在分离纯化的实验选材上应遵循哪些原则？

---

① $FeCl_3 \cdot 6H_2O$ 是催化剂。

② 若沸水浴过程中水分蒸发过多，可补加蒸馏水使总体积与沸水浴前相当。

③ 过滤和下一步的洗涤过程中，不能带水。否则沉淀会粘在滤纸上无法取下。

④ 有时絮状物出现较慢，可放置十多分钟。

实验 60　RNA 的定量测定（苔黑酚法）①

一、目的

掌握用苔黑酚法测定 RNA 含量的原理和方法。

二、原理

在酸性条件下，RNA 分子中的核糖基转变成 α-呋喃甲醛，后者与苔黑酚（3,5-二羟基甲苯）作用生成绿色复合物，可用比色法测定。

当核糖核酸浓度在 10～100μg/ml 范围内，其浓度与吸光度呈线性关系。

三、实验器材

1．粗制 RNA（或用实验 59 所提取的 RNA 代替）。

2．试管 1.5cm×15cm（×7）。

3．吸管 0.50ml（×2）、1.0ml（×3）、2.0ml（×3）。

4．紫外可见分光光度计。

5．沸水浴锅。

四、实验试剂

1．标准 RNA 母液（1mg/ml）：准确称取 RNA 10.0mg，用少量蒸馏水溶解（如不溶，可滴加浓氨水，调 pH 7.0），定容至 10.0ml，此溶液每 1ml 含 RNA 1mg。

2．标准 RNA 溶液（100μg/ml）：取母液 1.0ml，置 10ml 容量瓶中，用蒸馏水稀释至刻度。此溶液为 100μg RNA/ml。

3．样品溶液：将一定量的 RNA 粗品用蒸馏水溶解并定容，RNA 浓度在 10～100μg/ml 范围内。

4．苔黑酚-三氯化铁试剂：见实验 59。

五、操作

1．标准曲线的绘制

取试管 6 支，按表 24 号并加入试剂：

表 24　苔黑酚法测定 RNA 含量——标准曲线的绘制

试剂 ＼ 管号	0	1	2	3	4	5
RNA 标准液/ml	0	0.4	0.8	1.2	1.6	2.0
蒸馏水/ml	2.0	1.6	1.2	0.8	0.4	0
苔黑酚试剂/ml	2.0	2.0	2.0	2.0	2.0	2.0

---

① 本法灵敏度高。样品中蛋白质含量高时，应先用 5%三氯乙酸溶液将蛋白沉淀后再测定，否则将发生干扰。有较多的 DNA 存在时，亦会发生干扰，如在试剂中加入适量 CuCl₂·H₂O，可减少 DNA 的干扰。

加毕，混匀，置沸水中加热 45min，冷却，测定各管 A_{670nm}。以 A_{670nm} 为纵坐标，RNA 量（μg）为横坐标作图。

2．样品的测定

取 1.0ml 样液置试管内，加蒸馏水 1.0ml 及苔黑酚试剂 2.0ml，沸水浴保温 45min，冷却，测定其 A_{670nm}。根据标准曲线求得 RNA 的质量（μg）。

$$\omega=\frac{m_1}{m_2}\times100\%$$

式中　ω：RNA 的质量分数（%）；

　　　m_1：样液中测得的 RNA 的质量（μg）；

　　　m_2：样液中样品的质量（μg）。

笔　记

六、注意事项

1．显色反应必须在沸水浴中进行以保证反应完全，且须用薄膜封口以防水分过分蒸发引起浓度上的误差。

2．苔黑酚试剂由浓盐酸配制而成，因此测吸光度时比色皿应加盖，操作时注意不要将溶液溅洒到仪器上，以免腐蚀仪器。

 **思考题**

RNA 的鉴定方法有哪些？其鉴定的基本原理是什么？

实验 61　动物肝脏中 DNA 的提取

一、目的

学习和掌握用浓盐法从动物组织中提取 DNA 的原理与技术。

二、原理

核酸和蛋白质在生物体中以核蛋白的形式存在，其中 DNA 主要存在于细胞核中，RNA 主要存在于核仁及细胞质中，在制备核酸时应防止过酸、过碱及其他能引起核酸降解的因素的作用。全部操作过程应在低温（4℃）下进行，必要时还要加入酶抑制剂。如柠檬酸、氰化物、砷酸盐、乙二胺四乙酸（EDTA）等可以抑制 DNA 酶活性，皂土可抑制 RNA 酶活性，同时 SDS 或苯酚等蛋白变性剂也可使核酸降解酶被破坏。

动植物的 DNA 核蛋白能溶于水及高浓度的盐溶液（如 1mol/L NaCl），但在 0.14mol/L 的盐溶液中溶解度很低，而 RNA 核蛋白则溶于 0.14mol/L 盐溶液，可利用不同浓度的氯化钠溶液，将脱氧核糖核蛋白和核糖核蛋白从样品中分别抽提出来。

将抽提得到的脱氧核糖核蛋白用 SDS（十二烷基硫酸钠）处理，DNA 即与蛋白质分开，可用氯仿-异戊醇将蛋白质沉淀除去，而 DNA 则溶解于溶液中。向含有 DNA 的水相中加入冷乙醇，DNA 即呈纤维状沉淀出来。

三、实验器材

1．猪肝（或小白鼠的肝脏）。
2．紫外可见分光光度计。
3．匀浆器。
4．量筒 50ml（×1）、10ml（×1）。
5．冷冻离心机（5000r/min）。
6．离心管。
7．试管及试管架。
8．吸管 0.50ml（×2）、1.0ml（×2）、2.0ml（×2）、5.0ml（×1）。
9．恒温振荡器。

四、实验试剂

1．0.1mol/L NaCl-0.05 mol/L 柠檬酸钠溶液（pH 6.8）：氯化钠 5.844g 及柠檬酸钠（$Na_3C_6H_5O_7 \cdot 2H_2O$）14.705g 溶于蒸馏水，稀释至 1000ml。

2．0.015mol/L NaCl-0.0015mol/L 柠檬酸钠溶液：氯化钠 0.877g 及柠檬酸钠（$Na_3C_6H_5O_7 \cdot 2H_2O$）0.441g 溶于蒸馏水，稀释至 1000ml。

3．95%乙醇（A.R.）。

4．NaCl 固体（A.R.）。

5．5%SDS 溶液：5g SDS 溶于 100ml 水中。

6．氯仿（A.R.）。

7．氯仿-异戊醇混合液：V（氯仿）：V（异戊醇）＝20∶1。

五、操作

1．称取猪肝 8g，用匀浆器磨碎（冰浴），加入相当于 2 倍肝重的 0.1mol/L NaCl-0.05mol/L 柠檬酸钠缓冲液，研磨三次，然后倒出匀浆物，匀浆物在 4000r/min 下离心 10min；沉淀中再加入 25ml 缓冲液，于 4000r/min 离心 20min；取沉淀。

2．在上述沉淀中加入 40ml 0.1mol/L NaCl-0.05mol/L 柠檬酸钠缓冲液、21ml $CHCl_3$-异戊醇混合液、4ml 5%SDS，振摇 30min，然后缓慢加固体 NaCl，使其终浓度为 1mol/L（约 3.6g）。将上述混合液在 3500r/min 离心 20min，取上清水相。

3．在上述水相溶液中加入等体积冷 95%乙醇，边加边用玻璃棒慢慢搅动，将缠绕在玻棒上的凝胶状物用滤纸吸去多余的乙醇，即得 DNA 粗品。用蒸馏水溶解并定容至 50ml，用二苯胺法测定 DNA 含量（参见实验 62）。

4．提纯

将上述所得的 DNA 粗品置于 20ml 0.015mol/L NaCl-0.0015mol/L 柠檬酸钠溶液中，加入 1 倍体积的氯仿-异戊醇混合液，振摇 10min，离心（4000r/min，10min），倾出上层液（沉淀弃去），加入 1.5 倍体积 95%乙醇，DNA 即沉淀析出。离心，弃去上清液，沉淀（粗 DNA）按本操作步骤重复一次。最后所得沉淀用无水乙醇洗涤 2 次，真空干燥。

六、注意事项

笔　记

1．提取过程中应避免过酸、过碱及高温。

2．加入氯仿-异戊醇和 SDS 后，振摇不宜过于剧烈，以防机械张力使核酸链破坏。

3. 固体氯化钠应事先在研钵中磨成粉末，加入也应分批缓慢加入，且边加边摇，避免局部浓度过大或因未及溶解而沉入氯仿层。

4. 用玻棒缠绕 DNA 有困难时，也可缓慢摇动烧杯以助 DNA 聚集。

思考题

1. 提取 DNA 时加柠檬酸钠、SDS、氯仿、异戊醇和固体 NaCl 的目的分别是什么？

2. 实验中没有获得预期量的 DNA 时，可能的原因是什么？

实验 62　DNA 的定量测定（二苯胺法）

一、目的

学习和掌握二苯胺法测定 DNA 含量的原理和方法。

二、原理

DNA 分子中的脱氧核糖基，在酸性溶液中变成 ω-羟基-γ-酮基戊醛，与二苯胺试剂作用生成蓝色化合物（$\lambda_{max}=595nm$）。

$$DNA（脱氧戊糖基）\xrightarrow{[H^+]} HO-CH_2-\underset{\underset{O}{\|}}{C}-CH_2-CH_2-CHO \xrightarrow{二苯胺} 蓝色化合物$$

在 DNA 浓度为 20～200μg/ml 范围内，吸光度与 DNA 浓度成正比，可用比色法测定。

三、实验器材

1. 粗制 DNA。
2. 坐标纸。
3. 试管 1.5cm×15cm（×7）。
4. 吸管 0.20ml（×2）、0.50ml（×3）、1.0ml（×2）。
5. 紫外可见分光光度计。
6. 恒温水浴锅。

四、实验试剂

1. DNA 标准溶液（200μg/ml）：取 DNA 钠盐用 5mmol/L 的 NaOH 配成 200μg/ml 的溶液。

2. 二苯胺试剂：称取纯二苯胺（如不纯，需在 70%乙醇中重结晶 2 次）1g 溶于 100ml 分析纯的冰乙酸中，再加入 10ml 过氯酸（A.R.，60%以上），混匀待用。当所用药品纯净时，配得试剂应为无色，临用前加入 1ml 1.6%乙醛溶液（乙醛溶液应保存于冰箱中，一周内可使用），贮于棕色瓶。

3. DNA 样液：将实验 61 所提取的 DNA 粗品用蒸馏水溶解，定容至 50ml，控制其 DNA 含量在 100μg/ml 左右。

五、操作

1．标准曲线的绘制

按表 25 加入各种试剂，混匀，于 60℃恒温水浴保温 45min，冷却后，在 595nm 波长下，于紫外可见分光光度计上比色测定，以吸光度对 DNA 浓度作图，制定标准曲线。

表 25　二苯胺法测定 DNA 含量——标准曲线的绘制

管号 试剂	0	1	2	3	4	5
标准 DNA 溶液/ml	0	0.4	0.8	1.2	1.6	2.0
蒸馏水/ml	2.0	1.6	1.2	0.8	0.4	0
二苯胺试剂/ml	4.0	4.0	4.0	4.0	4.0	4.0
A_{595nm}	0					

2．样品的测定

吸取 DNA 样液 1.0ml，加入蒸馏水 1.0ml，混匀。然后准确加入二苯胺试剂 4.0ml，混匀，于 60℃恒温水浴保温 45min，冷却后，选 595nm 波长，于紫外可见分光光度计上比色测定，根据所测得的吸光度对照标准曲线求得 DNA 的质量（μg）。

笔　记

六、计算

按下式计算 100g 猪肝中 DNA 含量

$$\omega = \frac{m_1}{m_2} \times 100\%$$

式中　ω：DNA 的质量分数（%）；

　　　m_1：样液中测得的 DNA 的质量（μg）；

　　　m_2：样液中所含样品的质量（μg）。

七、注意事项

1．其他糖及糖的衍生物、芳香醛、羟基醛和蛋白质等，对此反应干扰，测定前尽量除去。

2．在二苯胺试剂中加入乙醛，可加深反应产物的显色量，从而增加对 DNA 含量的灵敏度，同时也可减少脱氧木糖和阿拉伯糖等的干扰。

3．实验所用的玻璃仪器须清洁、干燥。

思考题

若 DNA 样品中混用 RNA 和蛋白质，应如何除去这些杂质？

实验 63　5′-核苷酸的定量测定（过碘酸氧化法）

一、目的

学习和掌握用过碘酸氧化法测定核苷酸的原理与技术。

二、原理

5′-核苷酸核糖基的 2′、3′碳原子都有羟基，为邻二醇结构，这两个碳原子之间的键较弱，过碘酸可使它氧化断裂，生成二醛化合物。二醛化合物可与甲胺加成，加成物在酸性条件下脱下磷酸基。测定此无机磷量，即可得知 5′-核苷酸量。

无机磷含量可有钼蓝法测定（参看定磷法实验）。

为了消除样品中存在的其他可测得的磷（无机磷）造成的误差，需同时测定未经过碘酸氧化的样品磷含量（无机磷）。此磷含量与经过碘酸氧化的样品所测得的磷含量（总磷）之差，即为 5′-核苷酸磷。

本法的优点是能专一地测定 5′-核苷酸。

5′-核苷酸　　　　　　　　　　　　　　二醛化合物
（R＝嘌呤或嘧啶碱基）

加成化合物　　无机磷

三、实验器材

1. 粗制 AMP 及其他核苷酸样品。
2. 试管 1.5cm×15cm（×14）。
3. 吸管 0.10ml（×1）、0.20ml（×2）、0.50ml（×4）、1.0ml（×3）、

2.0ml（×3）、5.0ml（×1）。
4. 恒温水浴锅。
5. 紫外可见分光光度计。

四、实验试剂

1. 样液：可用粗 AMP 水溶液。也可用 RNA 水解液。

2. 过碘酸试剂：3g Na_3HIO_6 或 2.1g $NaIO_4$，加入 3mol/L H_2SO_4 溶液 5ml，再加蒸馏水至 50ml，贮于棕色瓶。

3. 30%乙二醇：60ml 乙二醇，加蒸馏水 140ml。

4. 2mol/L 甲胺溶液：50ml 30%甲胺，加蒸馏水至 250ml。

5. 标准磷溶液：取少量 KH_2PO_4（相对分子质量＝136.09）铺于扁形称量瓶中，105～110℃烘至恒重。准确称取 0.2195g，溶于少量蒸馏水，转移至 500ml 容量瓶中，加蒸馏水刻度。此溶液每毫升含磷 100μg。临用时准确稀释 10 倍。

6．定磷试剂：见定磷法实验。

五、操作

1．标准曲线的绘制

取干净试管 11 支，按表 26 编号及加入试剂。

表 26　5′-核苷酸的测定——标准曲线的绘制

试剂* ＼ 管号	0	1	2	3	4	5	6	7	8	9	10
标准磷溶液（10μg/ml）/ml	0	0.2	0.4	0.6	0.8	1.0	1.2	1.4	1.6	1.8	2.0
蒸馏水/ml	2.0	1.8	1.6	1.4	1.2	1.0	0.8	0.6	0.4	0.2	0
过碘酸试剂/ml	0.1	0.1	0.1	0.1	0.1	0.1	0.1	0.1	0.1	0.1	0.1
30%乙二醇/ml	0.4	0.4	0.4	0.4	0.4	0.4	0.4	0.4	0.4	0.4	0.4
2mol/L 甲胺/ml	0.5	0.5	0.5	0.5	0.5	0.5	0.5	0.5	0.5	0.5	0.5
A_{660nm}	0										

*试剂必须按顺序加入，不能颠倒，每加一试剂必须充分摇匀。

加毕，45℃水浴温 45min，各管加定磷试剂 3.0ml，继续保温 20min，取出冷至室温。以 0 号管中的液体调零，比色测定各管的 A_{660nm}。将吸光度值填入上表，并以吸光度为纵坐标，磷量为横坐标作图。

2．样品的测定

取干净试管 3 支，按表 27 进行编号并加入试剂。以 1 号管调零，比色测定 2、3 号管的 A_{660nm}，填入表中，根据标准曲线查出样液中磷含量。

表 27　核苷酸的测定——样品的测定

加样顺序 ＼ 管号	1（空白）	2（氧化）	3（不氧化）
过碘酸试剂 0.1ml	①	①	①
样液 1.0ml		②	③
蒸馏水 1.0ml		③	④
蒸馏水 2.0ml	②		
30%乙二醇 0.4ml	③	④	②
		45℃保温 10min	
2mol/L 甲胺 0.5ml	④	⑤	⑤
		45℃保温 10min	
定磷试剂 3.0ml	⑤	⑥	⑥
		45℃保温 10min	
A_{660nm}	0		

2 号管为样液中原有无机磷及 5′-核苷酸磷含量之和；3 号管为样液中原有无机磷含量，两者之差为 5′-核苷酸磷量（μg）。

六、计算

按下式计算每毫升样液所含 5′-核苷酸毫克数：

$$c = \frac{c_1 M_r}{31} \times \frac{n}{1000}$$

式中 c：5'-核苷酸质量浓度（mg/ml）；

c_1：5'-核苷酸磷的质量浓度（μg/ml）；

M_r：所测核苷酸相对分子质量，如样品系 RNA 水解液，则用四种核苷酸的平均相对分子质量为 340；

31：磷的相对原子质量；

n：样液稀释倍数；

1000：由 μg 换算成 mg。

笔 记

七、注意事项

过碘酸钠、过碘酸均是强氧化剂，可助燃、有毒，具有很强刺激性，实验室应保持良好通风。不能直接接触，使用时应穿戴合适的防护服、手套并使用防护眼镜或者面罩。万一接触皮肤或眼睛，立即使用大量清水冲洗并送医诊治。

思考题

简述过碘酸氧化法测定核苷酸的原理。

实验 64   DEAE-纤维素薄板层析法测定核苷酸

一、目的

掌握 DEAE-纤维素薄板层析法测定核苷酸的原理和方法。

二、原理

二乙氨基乙基纤维素，简称 DEAE-纤维素，结构式如下：

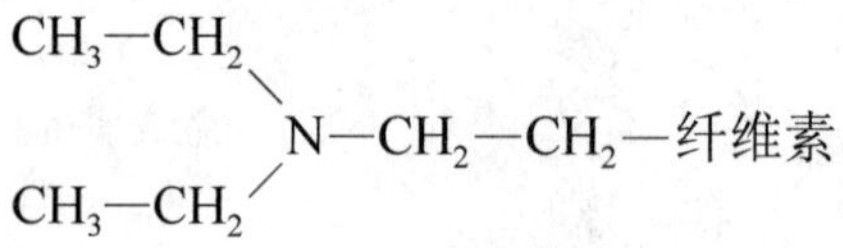

$$CH_3-CH_2 \diagdown$$
$$\qquad\qquad N-CH_2-CH_2-纤维素$$
$$CH_3-CH_2 \diagup$$

它是弱碱性阴离子交换剂，在 pH 3.5 左右 N—解离成 N—。

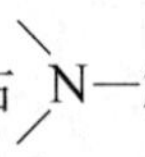

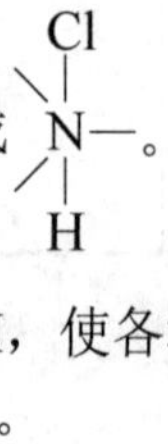

带负电荷的核苷酸离子就被交换上去。控制溶液的 pH，使各种核苷酸所带净电荷不同，与 DEAE-纤维素的亲和力也就不同，从而达到分离的目的。

三、实验器材

1. 玻璃片 4cm×15cm（×4）。   2. 尼龙布。

3．pH 试纸（pH 1～14）。

4．电动搅拌器。

5．水平板。

6．水平仪。

7．铅笔。

8．紫外分析仪（254nm）。

9．电吹风。

10．烧杯 1000ml（×1）。

11．吸滤瓶 1000ml（×1）。

12．布氏漏斗 ϕ20cm（×1）。

13．微量点样管 10μl（×1）。

四、实验试剂

1．核苷酸样品。

2．DEAE-纤维素（层析用）。

3．1mol/L NaOH 溶液。

4．1mol/L HCl 溶液。

5．0.05mol/L 柠檬酸-柠檬酸钠缓冲液（pH 3.5）：称取柠檬酸（$C_6H_8O_7 \cdot H_2O$）16.29g，柠檬酸钠（$Na_3C_6H_5O_7 \cdot 2H_2O$）6.62g，溶于蒸馏水，稀释至 2000ml。

五、操作

1．DEAE-纤维素的处理

先用水洗，抽干后用 4 倍体积 1mol/L NaOH 溶液浸泡 4h（或搅拌 2h），抽干，蒸馏水洗至中性，再用 4 倍体积 1mol/L HCl 浸泡 2h（或搅拌 1h）抽干蒸馏水洗至 pH 4.0 备用[①]。

2．铺板

将处理过的 DEAE-纤维素放在烧杯里，加水调成稀糊状，搅匀后立即倒在干净玻璃板上（4cm×15cm），涂成均匀的薄层，放在水平板上，自然干燥或 60℃烘干，备用。

3．点样

在已烘干的薄板一端 2cm 处用铅笔轻划一基线，用微量点样管取样液 10μl[②]，点在基线上，用冷风吹干。

4．展层

在烧杯内置 pH 3.5 柠檬酸-柠檬酸钠缓冲液（液体厚度约 1cm），把点过样的薄板倾斜插入此烧杯内（点样端在下），溶剂由下而上流动，当溶剂前沿到达距离薄板上端约 1cm 处（10min 左右）取出薄板，用热风吹干，用 260nm 紫外线照射 DEAE-纤维素层观看斑点（图 23）。DEAE-纤维素经处理可反复使用。

此法具有快速、灵敏的特点。

图 23　ATP、ADP 和 AMP 的 DEAE-纤维素薄板层析图谱

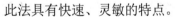
笔　　记

六、注意事项

1．铺板时，DEAE-纤维素与水的比例应适当，太稀太稠对铺板均不利。

2．DEAE-纤维素板应完全干燥，否则会影响分离效果。

① 如长期不用，需于 60℃以下烘干保存。

② 可用腺苷三磷酸粗品或药用腺苷三磷酸结晶作样品，亦可用实验 94 的发酵液为样品。样液核苷酸浓度为每毫升 5mg 左右时，点样量为 5～10μl。可按此标准控制点样量。

3. 可提前将板铺好并自然晾干后置于干燥器中保存。

思考题

影响 DEAE-纤维素薄板层析分离效果的因素有哪些?

实验 65 核酸的酶法降解以及葡聚糖凝胶层析法制备 5′-单核苷酸

一、目的

1. 了解核酸的酶法降解。
2. 学习葡聚糖凝胶层析法制备 5′-单核苷酸。

二、原理

核酸是单核苷酸通过 3′, 5′-磷酸二酯键连接而成的, 3′, 5′-磷酸二酯键可被磷酸二酯酶水解成 5′-单核苷酸。用橘青霉使核酸降解成 5′-混合核苷酸, 再通过凝胶层析去掉大分子化合物, 即可得到 5′-核苷酸。

三、实验器材

1. 酵母 RNA (自制)。
2. 层析柱 1cm×26cm (×1)。
3. 吸管 5.0ml (×2)、1.0ml (×2)、0.50ml (×2)。
4. 量筒 100ml (×1)、50ml (×1)。
5. 烧杯 100ml (×2)、50ml (×2)。
6. 试管 1.5cm×15cm (×20)。
7. 恒温水浴锅。
8. 电动搅拌机。
9. 紫外可见分光光度计。
10. 铁支架 (×2)。
11. 夹子 (×2)。

四、实验试剂

1. 葡聚糖凝胶 G-25。
2. 粗核酸 2%: 称 2g 粗核酸加水 (无离子水) 调成浆糊状, 用 5% 氨水调至 pH 6.5~7.0, 使其全部溶解, 再用 0.5mol/L pH 5.3 乙酸缓冲液稀释至核酸终浓度为 2%, pH 应在 6.2~7.0 范围内。放置冰箱备用。
3. 0.05mol/L 乙酸缓冲液 (pH 5.8)。

五、操作

1. 取 2% 核酸液 (pH 5.8) 50ml, 在 80℃ 预热。另取橘青霉液 50ml (pH 4.8) 预热至 45℃。二者混合, 迅速升温至 70℃, 放置 1.5~2h (反应 pH 为 5.4 左右) 反应毕, 升温至 95℃ 灭酶活后过滤, 滤液在 80℃ 下浓缩至 20~22mg/ml 核苷酸含量 (用过碘酸氧化法测) 以备上样用。

2．葡聚糖凝胶层析去大分子

（1）葡聚糖凝胶的处理

一般分析用的葡聚糖凝胶 G25 型可不必处理，直接使用。称 70g 葡聚糖凝胶，G25 型（156～280 目），用蒸馏水洗至中性。以备装柱。床体积为 25ml，用过数次后，再生又可用（若在柱上再生，可用 0.1mol/L NaOH 的 0.5mol/L NaCl 溶液流过，然后洗至中性备用）。

（2）装柱

柱子大小一般选择直径与柱长之比是 1∶15。将柱子下口用螺旋夹夹住，柱内倒入蒸馏水（约 2cm 高），将已膨胀的 Sephadex G25 慢慢倾入柱内（边加边搅），使凝胶自行下沉，待凝胶层沉积 2～3cm 高时，打开下口螺旋夹（流速控制 1ml/min）继续装柱。装柱完毕后，使其不存在气泡和裂纹，保持一定的水分，让其平衡半天，以备上样用。

（3）上样

将柱上的水吸去，留一薄层水面（注意柱床不能干）用吸管沿管壁缓慢加入样品（样品即是上述酶解液）4ml，加样完毕后，用等量蒸馏水洗一下柱，然后剪一小圆滤纸覆盖在上面，调节流速 1.8ml/min。

（4）收集

上样后（待样品刚好流入凝胶床时），用蒸馏水洗脱，先用量筒收集 10～17ml，弃去，以后每管 5ml，流速 1ml/min，从黄褐色开始，一直收到无色为止（颜色变化开始白色混浊后来黄褐色→淡黄色→无色）。收集完毕（试管不能放错），放置冰箱半天，高峰管即有结晶析出。

（5）测定

收集高峰管左右 10～15 管，用紫外可见分光光度计在 260nm 测吸光度值。以吸光度值为纵坐标，收集体积为横坐标，作图。

六、注意事项

笔　记

1．上样量应根据所用的层析柱的分离容量而作相应改变。

2．为便于操作，在洗脱流速固定的情况下，可以通过固定每管的收集时间来达到每管的洗脱体积一致。

思考题

1．核酸的水解反应为何要在 pH 5.4、70℃条件下进行？

2．将洗脱后的收集管置于冰箱中，高峰管为何会有结晶析出？

3．磷酸二酯酶在人体内分布极广，其生理作用涉及多个研究领域。试通过查阅相关文献了解其相关信息。

实验 66　质粒 DNA 的提取

一、目的

学习和掌握常用的提取质粒 DNA 的方法。

二、原理

本实验采用碱变性法提取质粒 DNA，碱变性法是根据共价闭合环状质粒 DNA 与线性染色体 DNA 的变性与复性的差异而达到分离的目的。

在强碱性条件下，染色体 DNA 的氢键断裂，双螺旋结构解开而变性，质粒 DNA 大部分氢键也断裂，但超螺旋共价闭合环状的两条互补链不会完全分离，彼此互相盘绕，仍会紧密地结合在一起。当将 pH 调到中性时，变性质粒 DNA 又回复到原来的结构（复性）保存在溶液中，而染色体 DNA 不能复性，相互缠绕形成网状结构。通过离心，染色体 DNA 与不稳定的大分子 DNA，蛋白质 SDS 复合物等一起沉淀下来而被除去。

三、实验器材

1. Eppendorf 管。
2. 移液器。
3. 量筒。
4. 烧杯。
5. 锥形瓶。
6. 冰箱（0～4℃）。
7. 低温冰箱（-70～-20℃）。
8. 恒温振荡器。
9. 隔水式恒温培养箱。
10. 台式高速离心机。
11. 旋涡混合器。
12. 恒温水浴锅。

四、实验试剂

1. 菌种：大肠杆菌 pBR322。
2. 溶液 I
   50mmol/L 葡萄糖
   25mmol/L Tris-HCl（pH 8.0）
   10mmol/L EDTA
3. 溶液 II
   0.4mol/L NaOH，2%SDS，用前等体积混合。
4. 溶液 III：3mol/L 乙酸钾 pH 4.8 溶液
   5mol/L 乙酸钾　　　　60ml
   冰乙酸　　　　11.5ml
   水　　　　28.5ml
5. 酚/氯仿试剂
   V（酚）：V（氯仿，含 1/24 异戊醇）＝1：1
6. TE 缓冲液
   10mmol/L Tris·HCl（pH 7.4～8.0）
   1mmol/L EDTA（pH 8.0）
7. LB 培养基
   蛋白胨（peptone）　　　　10g
   酵母浸出粉（yeast extract）　5g
   NaCl　　　　10g
   溶解在 1L 水中，调 pH 至 7.2。

8．抗生素

氨苄青霉素（Amp）：使用浓度 50～100µg/ml。

9．10mg/ml 核糖核酸酶 A（RNase A）

称取 10mg RNase A，于灭菌的 Eppendorf 管内，加 1ml 100mmol/L pH 5 的乙酸钠溶液（完全溶解），即为 10mg/ml RNase。为了破坏脱氧核糖核酸酶，置 80℃水浴中 15min，然后−20℃保存。

五、操作

1．接种含 pBR322 的菌种于 3ml LB（含 Amp），37℃振荡培养过夜。

2．取 1.5ml 培养液倒入 Eppendorf 管中，4℃，8000r/min，离心 5min。

3．弃上清，使细胞沉淀尽可能干燥。

4．将菌体（沉淀）悬浮于 100µl 溶液 I 中，用旋涡混合器振荡 1min，置冰浴 10min。

5．加 200µl 溶液 II，盖紧管口，快速来回颠倒 3 次，使内容物充分混合，不要振荡，将 Eppendorf 管置冰浴中 3min。

6．加 150µl 溶液 III（冰上预冷），盖紧管口，颠倒数次并轻轻振荡使混匀，冰浴中放置 5min。

7．4℃，12 000r/min 离心 5min，将上清液移入另一 Eppendorf 管中。

8．加 RNase A 至终浓度为 20µg/ml，37℃保温 30min。

9．向上清液中加入等体积酚/氯仿（1∶1），用旋涡混合器振荡 1～2min，4℃，10 000r/min 离心 2min，将上清液移入另一 Eppendorf 管中。

10．加等体积氯仿，重复上面的操作。

11．加 1/10 体积的 2.5mol/L 乙酸钠，再加 2 倍体积的乙醇，混匀后室温放置 5min，4℃，12 000r/min 离心 15min，弃上清，将 Eppendorf 管倒扣在吸水纸上，吸干液体。

12．加 1ml 70%乙醇振荡漂洗沉淀，4℃，12 000r/min 离心 2min，弃上清。

13．将管倒扣在吸水纸上使乙醇流尽，真空抽干乙醇或空气中干燥。

14．加 10µl TE 缓冲液，−20℃保存。

六、注意事项

笔　记

1．提取过程应尽量在低温环境中进行。

2．加入溶液 II 后不要剧烈振荡，加入溶液 III 后，复性时间不宜过长。

3．若提取的质粒 DNA 不能被限制性内切酶切割，可通过酚/氯仿再次抽提除杂来解决。

思考题

碱变法提取质粒 DNA 时，分别用溶液 I、溶液 II 和溶液 III 处理的目的是什么？其加入的次序能否颠倒，为什么？

实验 67　DNA 琼脂糖凝胶电泳

一、目的

学习并掌握琼脂糖凝胶电泳的原理和基本操作，通过 DNA 琼脂糖凝胶电泳可知 DNA 的纯度、含量和相对分子质量。

二、原理

琼脂糖凝胶电泳是分子生物学中最常用的鉴定 DNA 的方法，它简便易行，只需少量 DNA。DNA 分子在琼脂糖凝胶中泳动时有电荷效应和分子筛效应，前者由分子所带电荷量的多少而定，后者则主要与分子大小及构象有关。DNA 分子在高于其等电点的 pH 溶液中带负电荷，在电场中向正极移动。由于糖磷酸骨架在结构上的重复性质，相同数量的双链 DNA 几乎具有等量的净电荷，因此它们能以同样的速度向正极移动。在一定的电场强度下，DNA 分子的泳动速度取决于 DNA 分子大小和构象。具有不同相对分子质量的 DNA 片段泳动速度不同，DNA 分子的迁移速度与其相对分子质量的对数成反比。另外 DNA 分子的构象也可影响其迁移速度，同样相对分子质量的 DNA，超螺旋共价闭环质粒 DNA（covalently closed circular DNA，ccc DNA）迁移速度最快，线状 DNA（linear DNA）其次，开环 DNA（open circular DNA，ocDNA）最慢。

琼脂糖凝胶分离 DNA 的范围较广，用各种浓度的琼脂糖凝胶可以分离长度为 200bp～50kb 的 DNA，见表 28。

表 28　不同浓度琼脂糖凝胶分离 DNA 分子的范围

琼脂糖的含量/%	分离线状 DNA 分子的有效范围/kb
0.3	5～60
0.6	1～20
0.7	0.8～10
0.9	0.5～7
1.2	0.4～6
1.5	0.2～4
2.0	0.1～3

由于 pBR322 DNA 为 4.3kb，所以本实验选用 0.8%的琼脂糖凝胶。

观察琼脂糖凝胶中 DNA 的最简便方法是利用荧光染料溴化乙锭（ethidium bromide，简称 EB）染色，EB 在紫外灯照射下，发出红色荧光。当 DNA 样品在琼脂糖凝胶中电泳时，加入的 EB 就插入 DNA 分子中形成荧光结合物，使发射的荧光增强几十倍。而荧光的强度正比于 DNA 的含量，如将已知浓度的标准样品作电泳对照，就可估计出待测样品的浓度。

综上所述，通过 DNA 琼脂糖凝胶电泳可知 DNA 的纯度、含量和相对分子质量。

三、实验器材

1. Eppendorf 管。
2. Tip。
3. 一次性手套。
4. 移液器。
5. 锥形瓶。
6. 烧杯。
7. 量筒。
8. 滴管。
9. 微波炉。
10. 稳压电泳仪。
11. 紫外检测仪。
12. 水平式电泳槽。

13．水平仪。　　　　　　　　　　　14．摄影设备。

四、实验试剂

1．pH 8.0 TBE 缓冲液[①]。

5×TBE（5 倍体积的 TBE 贮存液）：每升含 Tris 54g，硼酸 27.5g，0.5mol/L EDTA 20ml（pH 8.0）。

2．凝胶加样缓冲液：0.2%溴酚蓝，50%蔗糖。

称取溴酚蓝 200mg，加重蒸水 10ml，在室温下过夜，待溶解后再称取蔗糖 50g，加重蒸水溶解后移入溴酚蓝溶液中，摇匀后加重蒸水定容至 100ml，加 10mol/L NaOH 1～2 滴，调至蓝色。

3．琼脂糖。

4．溴化乙锭溶液（EB）[②]。

（1）10mg/ml EB 溶液：戴手套谨慎称取溴化乙锭（相对分子质量 394.33）约 200mg 于棕色试剂瓶内，按 10mg/ml 的浓度加重蒸水配制，溶解后，瓶外面用锡纸包好，并贮于 4℃冰箱，备用（EB 是较强的致突变剂，也是较强的致癌物，如有液体溅出外面，可加少量漂白粉，使 EB 分解）。

（2）1mg/ml EB 溶液：戴手套取 10mg/ml EB 溶液 10ml 于棕色试剂瓶内，外面用锡纸包好，加入 90ml 重蒸水，轻轻摇匀，置 4℃冰箱备用。

5．DNA 相对分子质量标准品（marker）。

6．大肠杆菌 pBR322。

五、操作

1．琼脂糖凝胶的制备

称取 0.28g 琼脂糖，放入锥形瓶中，加入 35ml 1×TBE 缓冲液，置微波炉或水浴加热至完全溶化取出摇匀，琼脂糖的浓度为 0.8%。待琼脂糖凝胶溶液冷却至 50℃，再加入溴化乙锭，使其终浓度为 0.5μg/ml[③]。

2．凝胶板的制备

（1）一般可选用微型水平式电泳槽（30～35ml 胶）。

（2）用胶带将有机玻璃内槽的两端边缘封好，并置于一水平位置。

（3）选择孔径适宜的梳子，垂直架在有机玻璃内槽的一端，使梳齿距玻璃板之间尚有 0.5～1.0mm 的距离。

（4）将冷到 50℃左右的琼脂糖凝胶，缓缓倒入有机玻璃内槽，厚度适宜（注意不要有气泡）。

（5）待凝胶凝固后，小心取出梳子，并取下两端的胶带，放入电泳槽内。

[①]　也可用 pH8.0 TAE 缓冲液，50×TAE 为每升含 Tris 242g，冰乙酸 57.1ml，0.5mol/L EDTA 100ml（pH8.0）。TAE 的缓冲能力低，长时间电泳会使缓冲能力丧失（阳极呈碱性，阴极呈酸性）。TBE 比 TAE 成本稍高，但它有较高的缓冲能力。

[②]　亦可采用 EB 的替代品 DuRed。该染料具有与 EB 相同的光谱特性，但其独特的油性和较大的相对分子质量的特点使其不能穿透细胞膜进入细胞内，诱变性远远小于 EB。

[③]　用 EB 对 DNA 染色一般有三种方法：a. 在制胶中与电泳缓冲液中同时加入 0.5μg/ml 的 EB。b. 只在胶中加入 0.5μg/ml 的 EB，而在电泳缓冲液中不加 EB。c. 在电泳结束后取出琼脂糖凝胶，放在含有 0.5μg/ml EB 的电泳缓冲液中染色。一般来说用本实验的方法，即 b 的方法较方便，且可在实验过程中随时观察 DNA 的迁移情况。

（6）加入足够的 TBE 电泳缓冲液，使液面略高出凝胶面。

3．加样

待测 pBR322 质粒 DNA 中加 1/5 体积的溴酚蓝指示剂，混匀后用移液器将其加入加样孔（梳孔），记录样品点样次序与点样量。

4．电泳

（1）接通电泳槽与电泳仪的电源（注意电极的负极在点样孔一边，DNA 片段从负极向正极移动），DNA 的迁移速度与电压成正比，最高电压不超过 5V/cm（微型电泳槽一般用 40V）。

（2）当溴酚蓝染料移动到距凝胶前沿 1～2cm 处，停止电泳。

5．观察

在紫外灯下观察凝胶，有 DNA 处应显出橘红色荧光条带（在紫外灯下观察时应戴上防护眼镜）。记录电泳结果或直接拍照。

笔　　记

六、注意事项

1．配制琼脂糖凝胶时，加入 TBE 缓冲液的量要适当，以免配出的胶太薄导致胶孔太浅或浓度太低。

2．须待胶液冷到一定温度后才能倒胶，倒胶时应将胶液摇匀且不能产生气泡。

3．在操作 EB 时，应戴手套，沾有 EB 的手套应及时丢弃处理。

4．在紫外灯下观察凝胶电泳结果应戴防护眼镜。

？ 思考题

本实验中若质粒 DNA 样品经琼脂糖凝胶电泳后未出现预期的结果，可能的原因是什么？

第五章　　　　　酶

实验 68　影响酶促反应的因素——温度、pH、激活剂及抑制剂

一、目的

1. 了解温度、pH、激活剂及抑制剂对酶活力的影响。
2. 学习测定酶的最适温度、最适 pH 的方法。

二、原理

酶活力受温度的影响很大，提高温度可以增加酶促反应的速率。通常温度每升高 $10℃$，反应速率加快一倍左右，最后反应速率达到最大值。但同时酶又是一种蛋白质，温度过高可引起蛋白质变性，导致酶的失活。因此，反应速率达到最大值以后，随着温度的升高，反应速率反而逐渐下降，以致完全停止反应。反应速率达到最大值时的温度称为某种酶作用的最适温度。高于或低于最适温度时，反应速率逐渐降低。大多数动物酶的最适温度为 $37\sim40℃$，植物酶的最适温度为 $50\sim60℃$。通常测定酶活力时，在酶反应的最适温度下进行。

酶活力与环境 pH 有密切关系。通常各种酶只有在一定的 pH 范围内才具有活力。酶活力最高时的 pH，称为该酶的最适 pH。低于或高于最适 pH 时，酶的活力逐渐降低。不同酶的最适 pH 不同，例如，胃蛋白酶的最适 pH 为 $1.5\sim2.5$，胰蛋白酶的最适 pH 为 8 等。

酶活力常受某些物质的影响，有些物质能使酶活力增加，称为酶的激活剂；另一些物质则能使酶活力降低，称为酶的抑制剂。例如，Cl^- 为唾液淀粉酶的激活剂，Cu^{2+} 为其抑制剂。

三、实验器材

1. 唾液（进食前的）。
2. 试管 1.5cm×15cm（×13）。
3. 吸管 1.0ml（×12）、2.0ml（×5）。
4. 白瓷板 6 孔。
5. 沸水浴锅。
6. 恒温水浴锅。

四、实验试剂

1. 0.1%淀粉液：称取可溶性淀粉 0.1g，先用少量水加热调成糊状，再加热水稀释至 100ml。

2. 0.1%蔗糖溶液：0.1g 蔗糖溶于 100ml 蒸馏水。

3. 本尼迪特试剂：见实验 2。

4. 1%淀粉溶液：将 1g 可溶性淀粉与少量冷蒸馏水混合成薄浆状物，然后缓缓倾入沸蒸

馏水中，边加边搅，最后以沸蒸馏水稀释至 100ml。

5．0.2mol/L Na_2HPO_4 溶液。

6．0.2mol/L NaH_2PO_4 溶液。

7．1%氯化钠溶液：1g NaCl 溶于 100ml 蒸馏水。

8．1%硫酸铜溶液：1g $CuSO_4$ 溶于 100ml 蒸馏水。

9．1%硫酸钠溶液：1g Na_2SO_4 溶于 100ml 蒸馏水。

10．碘化钾-碘溶液：于 2%碘化钾溶液中加入碘至淡黄色。

五、操作

1．酶的专一性

唾液淀粉酶可将淀粉逐步水解成各种不同大小分子的糊精及麦芽糖。它们遇碘呈不同的颜色。直链淀粉（即可溶性淀粉）遇碘呈蓝色；糊精按分子从大到小的顺序，遇碘可呈蓝色、紫色、暗褐色和红色，最小的糊精和麦芽糖遇碘不呈现颜色。因此可由酶反应混合物遇碘所呈现的颜色来判断。

取干净试管 4 只，按表 29 加入试剂并操作。

表 29　酶的专一性

试剂 \ 管号	1	2	3	4
0.1%淀粉溶液/ml	2.0	—	2.0	—
0.1%蔗糖溶液/ml	—	2.0	—	2.0
稀释的唾液（1∶30）/ml	—	—	0.5	0.5
蒸馏水/ml	0.5	0.5		
	37℃恒温反应 10min，分别取 2 滴反应液在白瓷板中，滴加 2 滴碘化钾碘试剂，观察现象			
现象 1				
本尼迪特试剂/ml	0.1	0.1	0.1	0.1
沸水浴/min	5	5	5	5
现象 2				

比较各管的现象，并解释之。

2．温度对酶活力的影响

取干净试管 5 支，按表 30 加入试剂并操作。

表 30　温度对酶活力的影响

试剂 \ 管号	1	2	3	4	5
1%淀粉溶液/ml	1.0	1.0	1.0	1.0	1.0
温度预处理	37℃	0℃	100℃	0℃	100℃
稀释的唾液（1∶30）/ml	0.5	0.5	0.5	0.5	0.5
	37℃保温 5min*	0℃保温 5min	100℃保温 5min	先 0℃保温 5min 再 37℃保温 5min	先 100℃保温 5min 再 37℃保温 5min

*实验前，先以 1 号管测定反应基准时间，即每隔 10s 从 1 号管中取溶液 2 滴加到到已有碘化钾-碘试剂的白瓷板中，观察颜色变化，直至与碘不呈色时，记录反应所用时间（如 5min），此时间即为基准反应时间。

再向各管加碘化钾-碘试剂 2 滴，摇匀后观察各管颜色，并解释之。

3．pH 对酶活力的影响

取干净试管 5 只，按表 31 加入试剂并操作。

表 31　pH 对酶活力的影响

管号 / 试剂	1	2	3	4	5
0.2mol/L Na$_2$HPO$_4$/ml	0.16	0.56	1.47	2.43	2.84
0.2mol/L NaH$_2$PO$_4$/ml	2.84	2.44	1.53	0.57	0.16
pH	5.6	6.2	6.8	7.4	8.0
1%淀粉溶液/ml	1.0	1.0	1.0	1.0	1.0
	混匀，37℃水浴中保温 2min				
稀释的唾液（1∶30）/ml	0.5	0.5	0.5	0.5	0.5

加酶后，迅速混匀，置 37℃水浴保温，每隔 1min 从 3 号管中取溶液 2 滴加到已有碘化钾-碘试剂的白瓷板中，观察颜色变化，直至与碘不呈色时，再向各管加碘化钾-碘试剂 2 滴，摇匀后观察。根据实验结果找出唾液淀粉酶的最适 pH。

4．激活剂和抑制剂对酶活力的影响

取干净试管 4 只，按表 32 编号并加入试剂。

表 32　激活剂和抑制剂对酶活力的影响

管号 / 试剂	1	2	3	4
1%淀粉溶液/ml	1.0	1.0	1.0	1.0
1%硫酸铜溶液/ml	1.0	—	—	—
1%氯化钠溶液/ml	—	1.0	—	—
1%硫酸钠溶液/ml	—	—	1.0	—
蒸馏水/ml	—	—	—	1.0
	混匀，37℃水浴中保温 2min			
稀释的唾液（1∶30）/ml	0.5	0.5	0.5	0.5

加酶后，迅速混匀，置 37℃水浴保温，每隔 30s 分别取 2 滴反应液在白瓷板中，滴加 1 滴碘化钾-碘试剂，观察颜色的变化，哪支试管内液体最先不呈蓝色，哪一管次之，说明原因。

笔　记

六、注意事项

1．反应试管应清洗干净，不同试剂、酶液及其移液管不能交叉混用。

2．使用混合唾液或通过预试选出合适的唾液稀释度，效果更为显著。

3．实验完毕注意生物试剂（如人唾液）的无公害处理。

思考题

1．通过查找文献获得唾液淀粉酶的各项参考值，比对后，试分析实验结果与文献参考值的差异，并作出解释。

2．如何保证实验中被测酶的活性？

实验 69　胰蛋白酶米氏常数的测定

一、目的

了解并掌握米氏常数的意义和测定方法。

二、原理

当底物在较低范围内增加时,酶促反应速率随着底物浓度的增加而加速。当底物增至一定浓度后,即使再增加其浓度,反应速率也不会增加。这是由于酶浓度限制了所形成的中间络合物浓度的缘故。

Michaelis 和 Menten 用数字推导得出底物浓度和酶促反应速率的关系式为:

$$v = \frac{V[S]}{K_m + [S]}$$

此式称为米氏方程,式中:v 为反应速率;V 为最大反应速率;[S] 为底物浓度;K_m 为米氏常数。

按此方程,可用作图法求出 K_m,常用的方法有两种:

(1) 以 v 对 S 作图:

由米氏方程可知,$v = \dfrac{V}{2}$ 时,$K_m = [S]$,即米氏常数值等于反应速率达到最大反应速率一半时所需底物的浓度,因此,可测定一系列不同底物浓度的反应速率 v,以 v 对 [S] 作图。当 $v = \dfrac{V}{2}$ 时,其相应底物浓度即为 K_m。

(2) 以 $\dfrac{1}{v}$ 对 $\dfrac{1}{[S]}$ 作图:

取米氏方程的倒数式

$$\frac{1}{v} = \frac{K_m + [S]}{V[S]} = \frac{K_m}{V[S]} + \frac{[S]}{V[S]}, \quad \frac{1}{v} = \frac{K_m}{V} \times \left(\frac{1}{[S]}\right) + \frac{1}{V}$$

2-*N*-苯甲酰-L-精氨酰胺

以 $\dfrac{1}{v}$ 对 $\dfrac{1}{[S]}$ 作图可得一直线，其斜率为 $\dfrac{K_m}{V}$，截距为 $\dfrac{1}{V}$。若将直线延长与横轴相交，则该交点在数值上等于 $-\dfrac{1}{K_m}$。

本实验以胰蛋白酶为实验材料。

胰蛋白酶能专一地水解苯甲酰精氨酰胺的酰胺键而放出氨，释放的氨可用奈氏试剂定量测定，从标准曲线查知氨的微摩尔数，以单位时间内释出氨的微摩尔数表示反应速率。

三、实验器材

1. 测氨瓶（×7）。
2. 吸管 0.50ml（×1）、1.0ml（×4）、2.0ml（×1）、5.0ml（×3）。
3. 容量瓶 10ml（×14）、100ml（×1）。
4. 烧杯 10ml（×15）。
5. 试管 1.5cm×15cm（×7）。
6. 恒温水浴锅。
7. 电子分析天平。
8. 紫外可见分光光度计。

四、实验试剂

1. 0.05mol/L pH 8.0 Tris-HCl 缓冲液。见附录十四。
2. 苯甲酰精氨酰胺（BAA）溶液：称取苯甲酰精氨酰胺盐酸盐（$C_{13}H_{19}N_5O_2HCl \cdot H_2O$，$M_r$ 331.8）1.66g，溶于蒸馏水并定容至 50ml。
3. 胰蛋白酶液：用 Tris-HCl（pH 8.0）缓冲液配成每毫升含胰蛋白酶 2.5mg 的溶液。
4. 2mol/L 氢氧化钠溶液。
5. 饱和 K_2CO_3 溶液。
6. 奈氏试剂：见实验 32。

五、操作

1. 底物浓度对酶反应速率的影响

进行本实验前，应先将恒温水浴锅调至 37℃，恒温箱调至 40℃备用。将 7 只测氨瓶（图 24）编以 0～6 号，于每一测氨瓶中隔的左边加入饱和 K_2CO_3 溶液 1.0ml。

取清洁干燥试管 7 支，也编以 0～6 号。0 号管作空白试验，加入 1.0ml 蒸馏水，1～6 号管依次加入不同浓度苯甲酰精氨酰胺溶液（0.5×10^{-2} ～ 8.0×10^{-2}mol/L）1ml。37℃保温 5min，每隔 1min 依次向各管加入已保温至 37℃的酶液 1.0ml[①]。37℃保温 5min 后，又按同样隔时间，依次从各试管取反应液 0.4ml 置测氨瓶中隔的另一边（注意勿使与饱和 K_2CO_3 溶液接触！）。将带有橡皮塞的玻棒蘸上 0.5mol/L H_2SO_4[②]，塞紧测氨瓶口[③]，轻摇测氨瓶，使反应液和饱和 K_2CO_3 溶液相混，立即置 40℃恒温箱保温 1h。

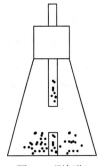

图 24　测氨瓶

保温结束，小心将带塞玻棒由测氨瓶取下，将玻棒放在编有同样号码的 10ml 烧杯中，

---

① 如操作不熟练，可适当延长间隔时间。但每管间隙时间必须一致。以后吸取反应液的间隔也必须一致，否则将造成较大误差。
② 所蘸 H_2SO_4 溶液不能过多，绝不能滴在测氨瓶内。
③ 需事先检查保证不漏气。橡皮塞中间玻棒处亦不得漏气。

用 4.0ml 奈氏试剂冲洗玻棒蘸有 H_2SO_4 的一端，然后加入 2mol/L NaOH 溶液 3.0ml 搅匀，溶液呈黄色。放置 15min，比色，测 A_{430nm}[①]。

根据标准曲线求得各管释出氨的微摩尔数。再由测定结果

（1）计算出不同底物浓度的反应速率；

（2）以 v 对 [S] 作图，求出牛胰蛋白质酶的 K_m；

（3）以 $\dfrac{1}{v}$ 对 $\dfrac{1}{[S]}$ 作图，求出牛胰蛋白酶的 K_m。

2．氨标准曲线的绘制

（1）标准液的配制

将硫酸铵（A.R.，相对分子质量=132）于 110℃烤 2h，转移至干燥器中冷至室温，准确称取 66.0mg，溶于蒸馏水，定容至 100ml（容量瓶）。此（NH_4）$_2SO_4$ 溶液为 0.005mol/L，NH_4^+ 浓度为 0.01mol/L（或 10mmol/L）。再取 10ml 容量瓶 7 只，编号，按表 33 稀释成各种浓度。

表 33　胰蛋白酶米氏常数的测定——标准曲线的绘制

瓶号	标准液/ml	蒸馏水	稀释后 NH_4^+ 的浓度/（mmol/L）
1	1.0	加至刻度	1.0
2	1.5	加至刻度	1.5
3	2.0	加至刻度	2.0
4	2.5	加至刻度	2.5
5	3.0	加至刻度	3.0
6	3.5	加至刻度	3.5
7	4.0	加至刻度	4.0

（2）测定及绘制曲线

取测氨瓶 8 只，编以 0、1、2、…、7 号，于中隔的左边各加饱和 K_2CO_3 溶液 1.0ml。0 号瓶为空白试验，中隔右边加蒸馏水 0.5ml，1～7 号瓶依次加入不同浓度的标准氨溶液 0.5ml。将带有橡皮塞的玻棒蘸上 0.5mol/L H_2SO_4 溶液后，立即塞紧。摇动测氨瓶，使中隔两边的溶液相混。然后将 8 只测氨瓶置 40℃温箱中保温 1h。

将 8 只 10ml 烧杯编号，小心取出测氨瓶的带塞玻棒，对号放在小烧杯中，用 4.0ml 奈氏试剂（1∶1 稀释）洗下玻棒上的氨，用紫外可见分光光度计测 A_{430nm}。

以氨含量为横坐标，A_{430nm} 为纵坐标作图。

笔　记

六、注意事项

所有反应器皿均须清洗干净，确保不含氨或铵离子。

思考题

1．为何要将玻棒蘸上 H_2SO_4，且所蘸 H_2SO_4 溶液不能过多，否则会出现什么后果？

2．饱和 K_2CO_3 溶液的作用是什么？

3．本实验的误差来源有哪些？

[①]　波长范围在 430～490nm，如用 722 或 7220 型分光光度计测定，因波长较短，光源灯丝电压需 10V。

实验 70　胆碱酯酶米氏常数的测定

一、目的

了解并掌握胆碱酯酶米氏常数的测定方法。

二、原理

胆碱酯能与羟胺反应生成酰化羟胺，后者在酸性溶液中能和高价铁离子形成一具有红紫色的可溶性复合物，其颜色深度与胆碱酯的量成正比。如以乙酰胆碱为例，反应如下：

$$(CH_3)_3N^+CH_2CH_2-O-\overset{\overset{O}{\|}}{C}-CH_3+NH_2OH\longrightarrow(CH_3)_3N^+-CH_2-CH_2-OH+CH_3CO-NHOH$$

$$CH_3CO-NHOH+FeCl_3\longrightarrow CH_3C\overset{O\cdots FeCl_3}{\underset{NH-OH}{\diagdown}}\qquad(红紫色可溶性复合物)$$

测定经胆碱酯酶作用后剩余的底物（胆碱酯）量。就可求得反应速率，计算公式如下：

$$v=\frac{n-n\left(\dfrac{A_1}{A_0}\right)}{t}=\frac{n\left(1-\dfrac{A_1}{A_0}\right)}{t}$$

式中　v：反应速率（μmol/min）；

n：反应前胆碱酯的量（μmol）；

A_1：实验样品的吸光度；

A_0：非酶对照的吸光度；

$\dfrac{A_1}{A_0}$：经酶作用后剩余的胆碱酯与反应前胆碱酯之比；

t：反应时间（min）。

本实验以乙酰胆碱为底物，测定胆碱酯酶的米氏常数。

三、实验器材

1. 胆碱酯酶（此酶液也可用血清代替）。
2. 试管 1.5cm×15cm（×17）。
3. 玻璃球塞（×17）。
4. 吸管 0.10ml（×1）、0.50ml（×2）、1.0ml（×4）、2.0ml（×1）。
5. 容量瓶 10ml（×1）。
6. 烧杯 25ml（×1）、50ml（×1）。
7. 量筒 50ml（×1）。
8. 超级恒温水浴锅（×1）。
9. 秒表（×1）。
10. 紫外可见分光光度计。

四、实验试剂

1. 0.1mol/L 磷酸缓冲液（pH 8.0）。
2. 2mol/L 盐酸羟胺溶液。

3．3.5mol/L NaOH 溶液。

4．碱性羟胺溶液（等量的羟胺溶液与 NaOH 溶液用前混合）。

5．V（浓盐酸）：V（水）＝1：2。

6．0.37mol/L $FeCl_3$ 盐酸溶液（溶 10.0g $FeCl_3 \cdot 6H_2O$ 于 100ml 0.1mol/L HCl 中）。

7．0.01mol/L 乙酰胆碱（用前以试剂 1 配制）。

五、操作

1．将超级恒温水浴温度调节到（38±0.1）℃。试管编号，0 为空白管，1～7 为反应管。1'～7'为非酶反应管。

2．按表 34 加入试剂，加完试剂后，放置 10min，使反应完全，然后于 540nm 处比色，测定吸光度（A），填入表中。

表 34　胆碱酯酶的米氏常数的测定

试剂　　　管号	0	1	2	3	4	5	6	7	8
缓冲液/ml	0.9	0.8	0.75	0.7	0.6	0.5	0.4	0.2	0
乙酰胆碱/ml	0	0.1	0.15	0.2	0.3	0.4	0.5	0.7	0.9
				38℃预热 5min					
酶*				各加 0.1ml					
				38℃反应 20min					
碱性羟胺				各加 2.0ml					
酶				不加					
1：2 稀释 HCl				各加 1.0ml					
$FeCl_3$ 液				各加 1.0ml					
A_{540nm}									

试剂　　　管号	1'	2'	3'	4'	5'	6'	7'	8'
缓冲液/ml	0.8	0.75	0.7	0.6	0.5	0.4	0.2	0
乙酰胆碱/ml	0.1	0.15	0.2	0.3	0.4	0.5	0.7	0.9
			38℃预热 5min					
酶*			不加					
			38℃反应 20min					
碱性羟胺			各加 2.0ml					
酶			各加 0.1ml					
1：2 稀释 HCl			各加 1.0ml					
$FeCl_3$ 液			各加 1.0ml					
A_{540nm}								

*若酶液用血清代替，则应另外配备小玻璃漏斗 17 只和试管 17 支，以备过滤，除去沉淀。

3．按公式计算出各管中被水解的乙酰胆碱微摩尔数，求出速率，以 $1/v$ 对 $1/$［S］作图求出 K_m 值。

六、注意事项

1. 加试剂量必须准确，并勿使溅附于试管壁。
2. 反应时间应严格控制，保证各管反应时间一致。

思考题

1. 胆碱酯酶的酶促化学反应方程式是什么？
2. 胆碱酯酶的生理功能是什么？它的活性异常一般标志什么？

实验 71　过氧化氢酶米氏常数的测定

一、目的

了解米氏常数的意义，测定过氧化氢酶的米氏常数。

二、原理

H_2O_2 被过氧化氢酶分解出 H_2O 和 O_2，未分解的 H_2O_2 用 $KMnO_4$ 在酸性环境中滴定，根据反应前后 H_2O_2 的浓度差可求出反应速率。

$$2H_2O_2 \xrightarrow{\text{酶}} 2H_2O + O_2 \uparrow$$

$$2KMnO_4 + 5H_2O_2 + 3H_2SO_4 \longrightarrow 2MnSO_4 + K_2SO_4 + 5O_2 \uparrow + 8H_2O$$

本实验以马铃薯提供过氧化氢酶，以 $1/v \sim 1/[S]$ 作图求 K_m。

三、实验器材

1. 锥形瓶 100~150ml（×6）。
2. 吸管 1.0ml（×2）、0.5ml（×2）、2.0ml（×2）、5ml（×2）、10.0ml（×1）。
3. 温度计（0~100℃）。
4. 滴定管 25ml（×1）。
5. 容量瓶 1000ml（×1）。
6. 组织匀浆器。
7. 抽滤装置。

四、实验试剂

1. 0.02mol/L磷酸缓冲液（pH 7.0）：称取0.437g $Na_2HPO_4 \cdot 12H_2O$ 和0.122g $NaH_2PO_4 \cdot 2H_2O$，溶于蒸馏水中并稀释至100ml。

2. 酶液：称取马铃薯 10g，加上述缓冲液 20ml，匀浆，过滤，滤液即为粗酶液。

3. 0.02mol/L $KMnO_4$：称取 $KMnO_4$（A.R.）3.2g，加蒸馏水 1000ml，煮沸 15min，2d 后过滤，棕色瓶保存。

4. 0.01mol/L $KMnO_4$：准确称取恒重草酸钠 0.2g，加 250ml 冷沸水及 10ml 浓硫酸，搅拌溶解，用 0.02mol/L $KMnO_4$ 滴定至微红色，水浴，加热至 65℃，继续滴定至溶液微红色并 30s 不褪，算出 $KMnO_4$ 的准确浓度稀释成 0.01mol/L 即可。

5. 0.1mol/L H_2O_2：取 30% H_2O_2 23ml 加入 1000ml 容量瓶中，加蒸馏水至刻度（约

0.2mol/L），用标准 $KMnO_4$（0.01mol/L）标定其准确浓度，稀释成 0.1mol/L（标定前稀释 2 倍，取 2.0ml，加 25%H_2SO_4 2.0ml，用 0.01mol/L $KMnO_4$ 滴定至微红色）。

6．25%H_2SO_4。

五、操作

取锥形瓶 6 只，按表 35 顺序加入试剂：

表 35　过氧化氢酶米氏常数的测定

试剂 ＼ 管号	0	1	2	3	4	5
0.1mol/L H_2O_2/ml	0	1.00	1.25	1.67	2.50	5.00
蒸馏水/ml	9.50	8.50	8.25	7.83	7.00	4.50
酶液/ml	0.5	0.5	0.5	0.5	0.5	0.5

先加好 0.1mol/L H_2O_2 及蒸馏水，加酶液后立即混合，依次记录各瓶的起始反应时间。各瓶时间达 5min 时立即加 2.0ml 25%H_2SO_4 终止反应，充分混匀。用 0.01mol/L $KMnO_4$ 滴定各瓶中剩余的 H_2O_2 至微红色，记录消耗的 $KMnO_4$ 体积。

六、计算

分别求出各瓶的底物浓度 [S] 和反应速率 v。

$$[S] = \frac{c_1 V_1}{10}$$

$$v = \frac{c_1 V_1 - \frac{5}{2} c_2 V_2}{5}$$

式中　[S]：底物物质的量浓度（mol/L）；

c_1：H_2O_2 物质的量浓度（mol/L）；

V_1：H_2O_2 的体积（ml）；

10：反应的总体积（ml）；

v：反应速率（mmol/min）；

c_2：$KMnO_4$ 物质的量浓度（mol/L）；

V_2：$KMnO_4$ 的体积（ml）。

以 $1/v$ 对 $1/[S]$ 作图求出 K_m。

笔　记

七、注意事项

1．反应时间必须准确。

2．酶浓度须均一，混匀后再使用。若酶活力过大，应适当稀释。

3．加入 25% H_2SO_4 除了终止酶反应之外，还能提供 $KMnO_4$ 滴定剩余 H_2O_2 所需要的酸性环境。

4．数据处理过程中要注意米氏常数的单位和相应的有效数字。

思考题

1. 除了 K_m 值以外，本实验还能得到酶的哪个重要参数？

2. 除了马铃薯外，还有哪些植物中含有丰富的过氧化氢酶？过氧化氢酶的主要生物学功能是什么？

实验 72　用正交法测定几种因素对酶活力的影响

一、目的

1. 掌握正交法的原理。

2. 用正交法测定几种因素对酶活力的影响。

二、原理

酶反应受到多种因素的影响，如底物浓度、酶浓度、温度、pH、激活剂和抑制剂等都能影响酶的反应速率。这种多因素的试验可通过正交法即用一特制的表格——正交表来安排试验，计算和分析试验结果。这样就能通过少量试验取得较好的效果。实践证明正交法是一个多、快、好、省的方法，目前已广泛用于农业生产和科学实验中。

本实验运用正交法测定底物浓度、酶浓度、温度、pH 这四个因素对酶活性的影响，并求得在什么样的底物浓度、酶浓度、温度和 pH 时酶的活性最大。通过本实验初步掌握正交法的使用。

三、实验器材

1. 温度计（0～100℃）。

2. 试管 1.5cm×15cm（×30）。

3. 漏斗 ϕ6cm（×10）。

4. 吸管 0.20ml（×2）、0.50ml（×4）、　1.0ml（×3）、2.0ml（×4）、5.0ml（×4）。

5. 恒温水浴锅（×3）。

6. 紫外可见分光光度计。

四、实验试剂

1. 2%血红蛋白液：于 20ml 蒸馏水中加入血红蛋白 2.2g，尿素 36g，1mol/L NaOH 溶液 8ml，室温放置 1h，使蛋白质变性。过滤除去不溶物，再加 0.2mol/L NaH_2PO_4 溶液至 110ml 及尿素 4g，调节溶液 pH 达 7.6 左右。

2. 15%三氯乙酸溶液：15g 三氯乙酸溶于蒸馏水，并稀释至 100ml。

3. 牛胰蛋白水解酶液：3mg 牛胰蛋白水解酶冷冻干粉，溶于 10ml 蒸馏水。

4. 0.04mol/L pH 7、8、9 巴比妥钠缓冲液。

5. Folin-酚试剂：见实验 29 Folin-酚试剂法测定蛋白质浓度的实验。

五、操作

1. 实验设计

本实验取四个因素，即底物浓度 [S]、酶浓度 [E]、温度、pH。每个因素选三个水平（水平即在因素的允许变化范围内，要进行试验的"点"，见表36）。

表 36　正交实验设计表

水平	因素 [S]/ml	[E]/ml	温度/℃	pH
1	0.2	0.2	37	7
2	0.5	0.5	50	8
3	0.8	0.8	60	9

按一般方法，如对四个因素三个水平的各种搭配都要考虑，共需做 $3^4=81$ 次试验，而用正交表（见表37）只需做 9 次试验。选用 L_9 表（L 是正交表的代号，L 右下角的数字表示试验次数）。

表 37　L_9 表

实验号 列号	1	2	3	4
1	1	1	1	1
2	1	2	2	2
3	1	3	3	3
4	2	1	2	3
5	2	2	3	1
6	2	3	1	2
7	3	1	3	2
8	3	2	1	3
9	3	3	2	1

L_9 表有两个特性：

（1）每一列中"1""2""3"这三个数字都出现三次，即其出现次数相同。

（2）每两列的横行组成的"数对"共有九个，九种不同的数对（1，1）、（1，2）、（1，3）、（2，1）、（2，2）、（2，3）、（3，1）、（3，2）、（3，3）各出现一次。

在每一列中各个不同的数字出现的次数相同；每两列的横行组成的各种不同的"数对"出现的次数也都相同，这两点就是正交表的特点，它保证了用正交表安排的试验计划的均衡搭配的。因此，分析数据比较方便，结果比较可靠。

2．实验安排

将本实验的四个因素依次放在 L_9 的第 1，2，3，4 列，再将各列的水平数用该列因素相应的水平写出来，就得到下面的实验安排表（见表38）。

表 38　正交法测定几种因素对酶活力的影响——实验安排表

试剂/ml 实验号	1	6	8	2	4	9	3	5	7
2%血红蛋白液	0.2	0.5	0.8	0.2	0.5	0.8	0.2	0.5	0.8
缓冲溶液	pH 7 2.6	pH 8 1.7	pH 9 1.7	pH 8 2.3	pH 9 2.3	pH 7 1.4	pH 9 2.0	pH 7 2.0	pH 8 2.0
	37℃预温 5min			50℃预温 5min			60℃预温 5min		
酶液*	0.2	0.8	0.5	0.5	0.2	0.8	0.8	0.5	0.2
	37℃反应 10min			50℃反应 10min			60℃反应 10min		

*酶液需在各自反应温度下预温 5min 后加入。

表中试验号共 9 个，表示要做 9 次试验，每次试验的条件如每一纵行所示。如做第一个试验时 [S] 是 0.2ml，[E] 是 0.2ml，温度 37℃，pH 为 7。第二个试验 [S] 是 0.2ml，[E] 是 0.5ml，温度 50℃，pH 为 8，余类推。

各管均加入 15%三氯乙酸溶液 2ml 终止反应。

另取试管一支作非酶对照，即加 2%血红蛋白液 0.5ml，pH 8 缓冲液 2.0ml，先加 15%TCA 2ml，摇匀放置 10min 后再加入酶液 0.5ml。

将上述酶促和非酶对照各管反应液，室温放置 15min，过滤，滤液留待 Folin-酚法测定酶活力。

Folin-酚法测定酶活力：取滤液 0.5ml，加入 Folin-酚试剂 A 4ml，室温放置 10min，再加 Folin-酚试剂 B 0.5ml，室温静置 30min[①]后，于 680nm 处测吸光度。

3．数据记录及分析

实验做好后，把 9 个数据填入表 39 试验结果栏内，按表中数据计算出各因素的一水平试验结果总和、二水平试验结果总和、三水平试验结果总和，再取平均值（各自被 3 除）。最后计算极差。极差是指这一列中最大值与最小值之差，从极差的大小就可以看出哪个因素对酶活力影响最大，哪个影响最小。找出在何种条件下酶活力最高，最后作一直观分析的结论。

表 39　正交法测定几种因素对酶活力的影响——数据记录及分析

列号 试验号	1 [S] /ml	2 [E] /ml	3 温度/℃	4 pH	试验结果 A_{680nm}
1	1　0.2	1　0.2	1　37	1　7	
2	1　0.2	2　0.5	2　50	2　8	
3	1　0.2	3　0.8	3　60	3　9	
4	2　0.5	1　0.2	2　50	3　9	
5	2　0.5	2　0.5	3　60	1　7	
6	2　0.5	3　0.8	1　37	2　8	
7	3　0.8	1　0.2	3　60	2　8	
8	3　0.8	2　0.5	1　37	3　9	
9	3　0.8	3　0.8	2　50	1　7	
Ⅰ（一水平试验结果总和）					
Ⅱ（二水平试验结果总和）					
Ⅲ（三水平试验结果总和）					
Ⅰ/3					
Ⅱ/3					
Ⅲ/3					
极差					

以吸光度值 $\left(\dfrac{Ⅰ}{3}, \dfrac{Ⅱ}{3}, \dfrac{Ⅲ}{3}\right)$ 为纵坐标，因素的水平数为横坐标作图。

---

①　或置于 50℃水浴中 15min。

六、注意事项

1. 每加入一种试剂都需要充分混匀。
2. 应确保酶促反应的温度及反应时间的准确性。
3. 参见实验 29 的注意事项。

思考题

1. 三氯乙酸终止酶反应的原理什么？
2. 胰蛋白酶如何特异性地水解蛋白质？
3. 本实验中的非酶对照管的作用是什么？其选择是否唯一？不同的非酶对照对实验的结果有无影响？
4. 通过查找文献资料获得牛胰蛋白酶的各项最适参考值，比对后，试分析实验结果与文献参考值的差异，并做出解释。
5. 结合本实验结果，试说明正交法的优点和缺点。

实验 73 胰蛋白酶抑制剂
苯甲基磺酰氯对胰蛋白酶的抑制作用

一、目的

1. 了解掌握抑制剂对酶活力的影响。
2. 掌握测定胰蛋白酶抑制剂的抑制效应及其质量分数对抑制程度的比较。

二、原理

肠道消化酶的代谢作用是影响蛋白质和多肽类药物口服吸收的主要原因之一，而蛋白酶抑制剂的使用可保护蛋白质和多肽类药物免受消化酶降解作用的影响。常用的酶抑制剂品种较多，其中包括：杆菌肽（bacitracin）、抑肽酶[①]、1,10-邻二杂氮菲、对羟基汞基苯甲酸、有机磷化合物[②]及嘌呤霉素[③]等，其中应用最广，效果较好的是抑肽酶。但是抑肽酶成本较高，应用受到限制，而其对蛋白酶活性的抑制并未达到理想的效果。本实验选用苯甲基磺酰氯[④]这一蛋白酶抑制剂，并对其质量分数不同时，对抑制程度的影响进行比较。

三、实验器材

1. 试管 1.5cm×15cm（×81）。   2. 小漏斗（×27）。

[①] 抑肽酶（trasylol，别名：抑胰肽酶、胰蛋白酶抑制剂）能抑制胰蛋白酶及糜蛋白酶，阻止胰脏中其他活性蛋白酶原的激活及胰蛋白酶原的自身激活。

[②] 如氟磷酸二异丙酯（diisopropyl phosphorofluoridate, DFP），可抑制蛋白酶 K。

[③] 嘌呤霉素（puromycin, PM）是一种蛋白质合成抑制剂，它具有与 tRNA 分子末端类似的结构，能够同氨基酸结合，代替氨酰化的 tRNA 同核糖体的 A 位点结合，并掺入到生长的肽链中，因而导致蛋白质合成的终止。

[④] 苯甲基磺酰氟（phenylmethylsulfonyl fluoride 或 α-toluenesulfonyl fluoride, PMSF），能抑制丝氨酸蛋白酶（如胰蛋白酶、胰凝乳蛋白酶、凝血酶等）和巯基蛋白酶（如木瓜蛋白酶）。

3．紫外可见分光光度计。　　　　　6．恒温水浴锅。

4．吸管 5ml（×1）。　　　　　　　7．量筒 100ml（×1）。

5．微量取液器 1000μl（×2）。　　8．容量瓶 100ml（×5）。

四、实验试剂

1．磷酸缓冲液（pH 7）：称取 Na_2HPO_4（A.R.）0.44g，NaH_2PO_4（A.R.）0.12g 溶于蒸馏水并稀释至 100ml。

2．15%三氯乙酸溶液（TCA）：称取 15g 三氯乙酸溶于蒸馏水并稀释至 100ml。

3．0.2mg/ml 酪蛋白溶液：称取 0.02g 酪蛋白溶于蒸馏水并稀释至 100ml。

4．80μg/ml 胰蛋白酶溶液：准确称取 8.0mg 胰蛋白酶溶于蒸馏水并稀释至 100ml。

5．Folin-酚试剂：见实验 29 Folin-酚试剂法测定蛋白质浓度的实验。

6．2mg/ml 苯甲基磺酰氯（PMSF）：称取 0.2g 苯甲基磺酰氯溶于蒸馏水并稀释至 100ml。

五、操作

1．胰酶活性的测定

取 18 支试管，分编三次同样号码，按表 40 进行操作。

表 40　胰酶活性的测定

管号 试剂	1	2	3	4	5
酪蛋白/ml	0.5	0.5	0.5	0.5	0.5
胰蛋白酶/ml	0.20	0.40	0.60	0.80	1.00
缓冲液/ml	4.30	4.10	3.90	3.70	3.50
	混匀，37℃保温 2h 后，立即加入 TCA 终止反应				
TCA/ml	2.0	2.0	2.0	2.0	2.0
	室温放置 15min，取第二组试管，滤纸过滤，各取滤液 0.5ml，放入第三组试管				
Folin-酚试剂 A/ml	4.0	4.0	4.0	4.0	4.0
	室温放置 10min				
Folin-酚试剂 B/ml	0.5	0.5	0.5	0.5	0.5
	混匀，室温 30min 后在 680nm 处比色				
A_{680nm}					

另取一试管（0 号）作非酶对照，即加酪蛋白底物 0.5ml，缓冲液 2.0ml，先加 15%TCA 2ml，摇匀放置 10min 后，再加入酶液 0.5ml，其他反应过程和样品管一样。

2．胰蛋白酶抑制剂苯甲基磺酰氯（PMSF）对胰蛋白酶活性的抑制作用

取 21 支试管，编号，按表 41 进行操作。

表 41　胰蛋白酶抑制剂苯甲基磺酰氯（PMSF）对胰蛋白酶活性的抑制作用

管号 试剂/ml	6	7	8	9	10	11	12	13	14	15	16
酪蛋白	0.5	0.5	0.5	0.5	0.5	0.5	0.5	0.5	0.5	0.5	0.5
PMSF	0.01	0.025	0.05	0.02	0.05	0.10	0.04	0.10	0.20	0.07	0.16
胰蛋白酶	0.20	0.50	1.00	0.20	0.50	1.00	0.20	0.50	1.00	0.20	0.50
缓冲液	4.29	3.975	3.45	4.28	3.95	3.40	4.26	3.90	3.30	4.23	3.84

续表

管号 试剂/ml	17	18	19	20	21	22	23	24	25	26
酪蛋白	0.5	0.5	0.5	0.5	0.5	0.5	0.5	0.5	0.5	0.5
PMSF	0.30	0.10	0.25	0.50	0.16	0.40	0.80	20	0.50	1.00
胰蛋白酶	1.00	0.20	0.50	1.00	0.20	0.50	1.00	0.20	0.50	1.00
缓冲液	3.20	3.75	4.20	3.00	4.14	3.60	2.70	4.10	3.50	2.50

所有试管加好后，混匀。按胰酶活性测定步骤保温 37℃ 开始进行，至测出 A_{680nm} 结束。

六、计算

1. 以 A_{680nm} 为纵坐标，胰蛋白酶体积为横坐标作图得酶活性曲线。

2. 胰蛋白酶抑制剂反应实验中，以不同 PMSF 浓度作用的 A_{680nm} 为纵坐标，胰蛋白酶体积数为横坐标作图得胰蛋白酶抑制剂 PMSF 对胰蛋白酶活性抑制曲线。

3. 以胰蛋白酶为 1.00ml 时的 A_{680nm} 为纵坐标，苯甲基磺酰氯（PMSF）不同浓度为横坐标作图得不同质量分数 PMSF 对胰蛋白酶活性抑制的曲线。

笔　记

七、注意事项

该实验试管多，注意不要搞错。加试剂后要分开放，测定条件应保持一致。

思考题

试述胰蛋白酶抑制剂的应用价值。

实验 74　溶菌酶的提纯结晶和活力测定

一、目的

学习溶菌酶的提纯方法和酶活力的测定。

二、原理

鸡蛋清内含有丰富的溶菌酶（lysozyme），向蛋清中加入一定量的中性盐，并调节 pH 至溶菌酶的等电区，溶菌酶即可结晶析出。如结晶不纯，可重结晶。

溶菌酶之所以溶菌，乃因它能催化革兰氏阳性细菌细胞壁黏多糖水解的缘故[1]。测定溶菌酶活力，可用某些细菌细胞壁作底物，以单位时间内被它水解的细胞壁的量表示酶活力的大小。

三、实验器材

1. 鸡蛋清：将新鲜鸡蛋两端各敲一小洞，使蛋清流出。蛋清的 pH 值若低于 8.0 即不能

---

[1]　溶菌酶水解 N-乙酰胞壁酸与 N-乙酰葡糖胺之间的 β-1,4 糖苷键。

使用。

2．纱布。

3．烧杯 100ml（×1）。

4．匀浆器。

5．量筒 100ml（×1）、50ml（×1）。

6．吸管 0.20ml（×1）、5.0ml（×1）。

7．电子天平。

8．电子分析天平。

9．抽滤瓶 500ml（×1）。

10．布氏漏斗 ϕ10cm（×1）。

11．真空干燥器 ϕ25cm（×1）。

12．显微镜。

13．离心机（5000r/mim）。

14．培养箱。

15．恒温水浴锅。

16．紫外可见分光光度计。

四、实验试剂

1．氯化钠（C.P.）：应研细。

2．五氧化二磷：工业品，作吸水用。

3．1mol/L 氢氧化钠溶液。

4．丙酮：无水，C.P.

5．0.1mol/L 磷酸缓冲液（pH 6.2）：称取 $NaH_2PO_4 \cdot 2H_2O$ 11.70g，$Na_2HPO_4 \cdot 12H_2O$ 7.86g 及 EDTA（乙二胺四乙酸二钠）0.392g，溶于蒸馏水并稀释至 1000ml，用 pH 计校正。

6．溶菌酶晶种：将无定形的溶菌酶[①]配制成 5%水溶液，每 10ml 加入 NaCl 0.5g，滴加 1mol/L NaOH 溶液调至 pH 9.5～10.0，置冰箱中（4℃），1～2 天内溶菌酶晶体即析出。吸滤取得晶体，用冷丙酮（0℃以下）洗晶体 2 次，置放有五氧化二磷和石蜡的真空干燥器中干燥。

7．液体培养基：牛肉膏 0.5g，葡萄糖 0.1g，氯化钠 0.5g，蛋白胨 1g 溶于蒸馏水并稀释至 100ml。分装于锥形瓶中，塞以棉塞，纸包，高压（102.9kPa）灭菌 15min，备用。

8．固体培养剂：琼脂（洋菜）20g，牛肉膏 5g，葡萄糖 1g，氯化钠 5g，蛋白胨 10g，溶于 1000ml 蒸馏水（加热），分装于克氏瓶中，塞以棉塞，纸包，高压（15 磅）灭菌 15min，冷却凝固，备用。

9．底物悬液：本实验所用底物实质上是溶菌小球菌（*Micrococcus lysodeikticus*）的细胞壁。

将菌种接种于液体培养基扩大培养（28℃，24h），再接种至克氏瓶固体培养基 48h（28℃）。用蒸馏水将菌体洗下（不要将固体培养基弄下!），离心（4000r/min，20min），倾去上清液，沉淀为菌体。加入少量蒸馏水，用玻棒搅成悬液，离心，倾去上清液，如此反复洗涤菌体数次，最后用少量蒸馏水制成悬液，冰冻干燥。亦可将菌体铺于玻板上吹干，刮下，置干燥器中。

称取干菌粉 5mg，置匀浆器中，加入少量 pH 6.2 磷酸缓冲液，研磨数分钟，倾出，用少量缓冲液洗匀浆器，一并稀释至 20～25ml。比色测定 A_{450nm}。此悬液吸光度应在 0.5～0.7 范围内。

五、操作

1．溶菌酶的提纯结晶

（1）将 2 只鸡蛋的蛋清置于小烧杯中（蛋清 pH 不得低于 8.0），慢慢搅拌数分钟[②]，使蛋清稠度均匀，然后用两层纱布滤去卵带或碎蛋壳，量记蛋清体积。

---

① 可用市售医药用纯溶菌酶粉剂。

② 搅拌速度切忌发生起泡，搅拌方向不得改变，搅棒应光滑。这些都是防止蛋白变性的措施。

（2）按 100ml 蛋清加 5g 氯化钠的比例，向蛋清内慢慢加入氯化钠细粉，边加边搅，使氯化钠及时溶解，避免氯化钠沉于容器底部，否则将因局部盐浓度过高而产生大量白色沉淀。

（3）加完 NaCl，用 1mol/L NaOH 调节 pH 至 9.5～10.0，随加随搅匀，避免局部过碱。加入少量溶菌酶结晶作为晶种，4℃放置数天。当肉眼观察有结晶形成后，吸取晶液一滴，置载玻片上，用显微镜观察（100×）。记录晶形。

（4）结晶用布氏漏斗滤得，用 0℃丙酮洗涤数次，置真空干燥器（五氧化二磷及石蜡）干燥。

2．活力测定

（1）酶液的制备：准确称取干酶粉 5mg，用 0.1mol/L pH 6.2 磷酸缓冲液溶液溶解成 1mg/ml 酶液。用时稀释 20 倍，则每毫升酶液酶量为 50μg。

（2）将酶液和底物悬液分别置 25℃水浴中保温 10～15min，然后吸底物悬液 3.0ml 置比色杯中，比色测定 A_{450nm}，此为零时读数。然后加入酶液 0.2ml（10μg 酶），迅速摇匀，从加入酶起计时，每隔 30s 测 1 次 A_{450nm}，共测 3 次（90s）。

（3）本实验的酶活力单位定义为：每分钟 A_{450nm} 下降 0.001 为一个活力单位（25℃，pH 6.2）。

$$P=\frac{A_0-A_1}{m}\times 1000$$

式中 P：每毫克酶的活力单位（U/mg）；

A_0：零时 450nm 处的吸光度；

A_1：1min 时 450nm 处的吸光度；

m：样品的质量（mg）；

1000：0.001 的倒数，即相当于除以 0.001。

笔　　记

六、注意事项

溶菌酶的等电点为 11.00～11.35，最适 pH 为 6.5，酸性介质中可稳定存在，碱性介质中易失活。

思考题

1. 蛋清溶菌酶的相对分子质量是多少？有何特征结构？

2. 除了本实验提供的方法外，还可以用哪些方法提取溶菌酶？试讨论盐析法提取溶菌酶的优缺点。

实验 75　猪胰糜蛋白酶的制备和纯度鉴定

一、目的

学会猪胰糜蛋白酶的制备，掌握纯度鉴定的原理和方法。

二、原理

新鲜猪胰中含有丰富蛋白水解酶，如胰蛋白酶、糜蛋白酶（或称胰凝乳蛋白酶）等。在酸性溶液中可把猪胰中的胰蛋白酶和糜蛋白酶提取出来，再用硫酸铵分步沉淀法进行分离、纯化，在适当的条件下（一定的 pH、温度和离子强度）可获得胰蛋白酶和糜蛋白酶的共晶，最后用聚丙烯酰胺凝胶垂直平板电泳法进行纯度鉴定。

三、实验器材

1. 新鲜猪胰。
2. 绞肉机（×1）。
3. 白瓷盘（×1）。
4. 镊子（×2）。
5. 电动搅拌器（×1）、大、小搅拌子。
6. 离心机（4000～5000r/min）（最好是低温）。
7. 台式离心机。
8. 冰箱。
9. 恒温箱。
10. 真空泵。
11. 真空干燥器。
12. 烧杯 2000ml（×1）、1000ml（×1）。
13. 量筒 1000ml（×1）、500ml（×1）。
14. 垂直平板电泳仪（见实验 51）。
15. 冻干机。

四、实验试剂

1. 0.1mol/L H_2SO_4（C.P.）。
2. （NH_4）$_2SO_4$（C.P.）。
3. 2.5mol/L H_2SO_4（C.P.）。
4. 2mol/L NaOH（C.P.）。
5. 0.01mol/L pH 5.5 乙酸缓冲液（见附录十四）。
6. pH 6.0、0.30 饱和度的硫酸铵溶液：固体（NH_4）$_2SO_4$ 用 0.16mol/L pH 6.5 的磷酸缓冲液配制使（NH_4）$_2SO_4$ 饱和度为 0.30，配好后，pH 即为 6.0 左右（如 pH 低于或高于 6.0 可用酸或碱调至 pH 6.0）。
7. 0.001mol/L HCl。
8. $BaCl_2$。
9. 胰蛋白酶、糜蛋白酶（生化试剂）。
10. 垂直平板电泳试剂（见实验 51）。

五、操作

1. 胰糜蛋白酶制备

（1）抽提

取新鲜猪胰 500g，在低温下（4℃）除去脂肪和结缔组织，然后用绞肉机绞碎，立即加两倍体积预冷的 0.1mol/L H_2SO_4，在 4～10℃，间歇搅拌抽提 20h 左右，然后用二层纱布过滤，残渣再用 0.5～1 倍体积预冷的 0.1mol/L H_2SO_4 洗涤一次，合并滤液。

（2）盐析

将上述滤液加固体硫酸铵至 0.2 饱和度，置于冰箱过夜，然后在低温下用折叠滤纸过滤，或用低温离心机（4000r/min）离心 10min。滤液再加固体硫酸铵至 0.5 饱和度，在冰箱中放置过夜。上清液用虹吸法移去，沉淀物用布氏漏斗抽滤至干。将滤饼溶于 5 倍体积的蒸馏水中，加固体硫酸铵至 0.2 饱和度，冰箱放置 2～3h，在低温下用折叠滤纸过滤或低温离心机（4000r/min）离心 10min，所得滤液，加固体硫酸铵至 0.5 饱和度，冰箱放置 1～2h，抽滤得滤饼。

（3）透析

滤饼溶于 3 倍体积冷蒸馏水中，在低温下对 0.01mol/L pH 5.5 的乙酸缓冲液中透析，每隔 3～4h 更换一次透析液，经 3～4 次更换后，即有白色沉淀析出，2d 后沉淀完全，离心除去蛋白。清液用 2.5mol/L H_2SO_4 调 pH 至 3.0，再加固体硫酸铵至 0.5 饱和度；冰箱中放置 1～2h，抽滤得滤饼。

（4）结晶

将上述滤饼以 4 倍体积的蒸馏水溶解，然后调 pH 至 6.0，装于透析袋中，在 30℃的恒温箱中对 pH 6.0、0.30 饱和度的硫酸铵溶液透析结晶，约 4～5d 后结晶完全，置显微镜下观察，大部分为菱形正八面体，也有少量纺锤形晶体，析出晶体以布氏漏斗抽滤，并用少量 0.30 饱和度硫酸铵溶液洗涤晶体。

（5）冷冻干燥

将结晶体滤饼用 3 倍体积的 pH 3.0 冷蒸馏水溶解，装入透析袋，在低温下，对 pH 3.0 的蒸馏水透析、去盐，每 3～4h 更换一次透析液，2d 后用 $BaCl_2$ 溶液检查外透析液直至不再有白色沉淀生成，取出样液，冷冻干燥，得胰糜蛋白酶干粉。

2．用垂直平板电泳法鉴定胰糜蛋白酶共晶的纯度

用纯的胰蛋白酶和糜蛋白酶作用对照进行纯度鉴定。具体操作见实验 51。

笔　记

六、注意事项

1．整个操作过程尽量在 0～5℃条件下进行。

2．实验材料应采用新鲜胰组织。

3．分清实验过程中每次离心或过滤后保留的是溶液，还是固体。

4．离子强度、pH、温度、试管的洁净度等均可影响酶的活性，如需进一步进行活性测定，务必保证固定的实验条件，严格按照程序操作。

思考题

1．试述硫酸铵沉淀法沉淀蛋白质的基本原理。

2．如何进一步确定提取出的蛋白酶有活性？

实验 76　大肠杆菌碱性磷酸酶的制备

一、目的

了解并掌握大肠杆菌碱性磷酸酶的制备方法。

二、原理

大肠杆菌碱性磷酸酶（*E.coli* alkaline phosphatase，也称大肠杆菌碱性磷酸酯酶，简称 AKP）能水解磷酸单酯键，但不水解磷酸二酯键。它可作用于多类底物，如 β-甘油磷酸、葡糖-1-磷酸，腺苷一磷酸、尿苷一磷酸和 5′-磷酸核黄素等，说明它对底物只具有相对的专一性。

碱性磷酸酶分子中含有锌离子，每摩尔含有 2mol 锌，对于酶的活性是必需的。该酶活性中心含丝氨酸残基，参与催化作用。碱性磷酸酶的四聚体的沉降常数为 9.6S，二聚体为 6.2S，均有活性。金属螯合剂可除去锌离子而使酶失活。该酶在 6mol/L 尿素存在下，被硫醇作用产生可逆变性。一些金属离子如 Mg^{2+}、Mn^{2+}、Ca^{2+}、Zn^{2+} 等对酶有激活作用。

碱性磷酸酶作用的最适 pH 为 8.0～9.5。当溶液 pH 低于 3 时，该酶释放出锌离子形成单体。该酶对热较稳定，85℃加热 30min 仍保留活性，当有 Mg^{2+} 存在时可增加酶的热稳定性。

碱性磷酸酶存在于机体的各种组织中，主要存在于骨骼、肠黏膜及肝细胞，并经肝细胞由胆管排出。此酶主要由造骨细胞产生，因此遇有骨骼疾患，特别是当有新骨质生成时，血液内该酶活力增加。肝病患者的血液中该酶的变化也比较明显。临床上通过测定该酶的活力，可作为诊断骨骼疾病及肝脏疾患等的生化指标。此外碱性磷酸酶在核酸研究工作中是一个重要的工具酶。

本实验采用大肠杆菌为原料来制备碱性磷酸酶，它存在 E.coli K12 菌体的细胞壁与细胞膜之间。菌体产酶的情况，受培养基中磷源的制约，当培养基中无机磷的含量超过 3μg/ml 时，将大大抑制酶的生成。因此，从大肠杆菌制备碱性磷酸酶时，首先必须在含限制量无机磷的培养液中，培养大肠杆菌 K12 菌体。经渗透压法破碎菌体，热处理后得酶的粗提取液，再经 0.85～0.90 饱和度硫酸铵浓缩，最后用 DEAE-纤维素柱层析纯化，便可获得纯酶。

碱性磷酸酶以腺苷一磷酸（AMP）为底物，根据催化水解磷酯键所释放的无机磷量测定其活力。在 38℃时，每小时水解 1μmol 5′-AMP 所需的酶量为 1 个活力单位。每毫克酶蛋白所具有的酶活力单位数称为该酶的比活力。

三、实验器材

1. 细胞培养设备。
2. 冷冻离心机。
3. 电磁搅拌器。
4. 层析柱。
5. 梯度混合器。
6. 部分收集器。
7. 紫外可见分光光度计。
8. 恒温水浴锅。
9. 离心机。
10. 烧杯、试管。
11. 紫外检测仪。
12. 透析袋。

四、实验试剂

1. 菌种——E.coli K12（菌号 1.630）。
2. 斜面培养基：1%蛋白胨，0.5%氯化钠，2%琼脂，0.5%牛肉膏溶液，pH 7.0～7.2。
3. 种子及发酵液体培养基：0.08mol/L 氯化钠，0.02mol/L 氯化钾，0.02mol/L 氯化铵，0.001mol/L 氯化镁，2×10^{-4}mol/L 氯化钙，4×10^{-6}mol/L 氯化锌，2×10^{-6}mol/L 三氯化铁，1.4×10^{-4}mol/L β-甘油磷酸钠，5×10^{-4}mol/L 硫酸钠，1.2×10^{-2}mol/L 葡萄糖。5×10^{-2}mol/L 三乙醇胺，0.5%蛋白胨（含磷浓度 0.1%）。加水到 1000ml，用稀盐酸调 pH 至 7.4。
4. 0.01mol/L pH 7.7 Tris-HCl 缓冲液。
5. 0.0005mol/L EDTA-0.5mol/L 蔗糖-0.03mol/L pH 8.0 Tris-HCl 缓冲液：称取 0.186g EDTA，171.15g 蔗糖，3.63g Tris 溶于水后，用 0.1mol/L 盐酸调到 pH 8.0，加水定容到 1000ml。
6. 0.1mol/L 氯化镁-0.1mol/L pH 7.4 Tris-HCl 缓冲液。
7. 硫酸铵。

8. 0.001mol/L 氯化镁-0.01mol/L pH 7.4 Tris-HCl 缓冲液。

9. 0.001mol/L 硫酸镁-0.01mol/L pH 7.4 Tris-HCl 缓冲液。

10. DEAE-纤维素。

11. 0.001mol/L 氯化镁-0.3mol/L 氯化钠-0.01mol/L pH 7.4 Tris-HCl 缓冲液。

12. 0.01mol/L 5′-AMP 溶液：称取 0.347 5′-AMP，用 pH 6.0 的水溶解，定容到 100ml。

13. 1.0mol/L 氯化镁溶液。

14. 0.25mol/L pH 8.5 Tris-HCl 缓冲液。

15. 50%三氯乙酸。

16. 定磷试剂：见实验 58。

17. 蛋白质含量测定试剂：见实验 29。

18. 奈氏试剂：见实验 32。

五、操作

（一）碱性磷酸酶的培养操作

1. 大肠杆菌的培养操作

培养的流程为：菌种→斜面（37℃，活化）→种子液（37℃，10～12h）→发酵液。在 37℃，于 500ml 锥形瓶中盛 100ml 发酵培养液，按 5%～10%量进行接种，用往返式摇床，通气培养 20h。大肠杆菌碱性磷酸酯酶产生于对数生长期的后期。并在对数生长期后期的一段时间内，保持酶的活力无大的变化。经实验测定，停止发酵时间在苗龄 16～24h 为宜。

培养完毕后，将发酵液于 4000r/min 离心 10min，收集菌体，用预冷的 0.01mol/L pH 7.7 Tris-HCl 缓冲液洗涤菌体 3 次。每 1000ml 发酵液可得湿菌体 2g 左右。

2. 菌体的破碎

每克湿菌体中按 20ml 的比例加入 0.0005 mol/L EDTA-0.5mol/L 蔗糖-0.03mol/L pH 8.0 Tris-HCl 缓冲液，于 23℃振荡高渗处理 10min。于 13 000r/min 离心 10min，收集沉淀，然后按 20ml/g 湿菌体的比例加 3℃预冷蒸馏水于菌体沉淀中，在 3℃振荡 10min，使菌体膨胀，酶被释放。于冷冻离心机中以 13 000r/min 离心 20min，弃沉淀物，得到酶的粗提取液。留样测活。

3. 热处理

用 1/10 体积的 0.1mol/L 氯化镁-0.1mol/L pH 7.4 Tris-HCl 缓冲液，调整粗提取液，使 Mg^{2+} 及缓冲液的最终浓度均为 0.01mol/L。然后在 80℃（内温）加热 15min，过滤或离心除去变性蛋白后，收集滤液。

4. 硫酸铵盐析

在电磁搅拌下，向酶液中慢慢加入硫酸铵粉末，使达 0.85～0.90 饱和度（559～603g/L，0℃），置冰箱过夜。次日于 13 000r/min 离心 20min，收集沉淀。用 1/50 体积的 0.001mol/L 氯化镁-0.01mol/L pH 7.4 Tris-HCl 缓冲液溶解沉淀，然后对 0.001mol/L 氯化镁-0.01mol/L pH 7.4 Tris-HCl 缓冲液透析，用奈氏试剂检查直到除尽铵离子为止。留样测活。

5. DEAE-纤维素柱层析

根据酶液的蛋白质含量选择合适的柱。将 DEAE-纤维素（DEAE-C₁₁）处理后装柱，用 0.001mol/L 硫酸镁-0.01mol/L pH 7.4 Tris-HCl 缓冲液平衡，然后将酶样品上柱，进行线性梯度洗脱。储液瓶盛 0.001mol/L 氯化镁-0.3mol/L 氯化钠-0.01mol/L pH 7.4 Tris-HCl 缓冲液，混合瓶盛 0.001mol/L 硫酸镁-0.01mol/L pH 7.4 Tris-HCl 缓冲液。控制流速 1ml/min，3～5ml/管，部分收集器收集，280nm 处检测。一般洗脱液体积相当于柱体积的 6 倍。根据柱层析图谱测定酶活力，活性峰出现时洗脱液的盐浓度约在 0.12mol/L。将具有酶活性的收集管经过测定杂酶，然后适当合并，用 Sephadex 柱浓缩，将酶液分装于小试管，置低温冰箱冰冻保存。

（二）酶活力的测定

1. 酶活力的测定

取 0.4ml 0.01mol/L 5′-AMP 溶液，0.10ml 1.0mol/L 氯化镁溶液，0.30ml 0.25mol/L pH 8.5 Tris-HCl 缓冲液，于试管中混合后，38℃预热 5min，再加入 0.10ml 酶液，立即混匀，计时。38℃保温 30min 后，加入 0.1ml 50%三氯乙酸终止反应。然后测定无机磷，定磷方法见实验 58。

空白对照管：加入三氯乙酸后再加酶液，或先将酶液热变性后再进行保温，其余操作同上。

2. 蛋白质含量的测定

见实验 29。根据所测结果算出酶的比活力。

六、注意事项

1. 热变性时间和温度要准确控制。
2. 菌体破碎可采用低温超声破碎法。
3. 加入硫酸铵时，需事先将硫酸铵粉末研细，加入过程需缓慢并及时搅拌溶解。尽量防止泡沫的形成，防止酶蛋白在溶液中变性。

思考题

1. 举例说明碱性磷酸酶的应用。
2. 目前还有哪些方法可以获得碱性磷酸酶？
3. 碱性磷酸酶热稳定性的结构基础是什么？

实验 77　碱性磷酸酶的提取和分离及比活力测定

一、目的

1. 了解酶提取纯化实验的基本技术。
2. 掌握用试剂盒测定酶比活力的原理和方法。

二、原理

本实验采取有机溶剂沉淀法从肝或肾组织匀浆液中提取分离碱性磷酸酶（AKP）。利用乙醇、丙酮、正丁醇等有机溶剂可以降低酶的溶解度，系通过降低介质的介电常数及其对酶蛋白的脱水作用而致。由于降低了溶液的介电常数，带有相反电荷的酶蛋白表面残基之间的吸引力增加，导致酶蛋白凝集而易从溶液中沉淀出来。此类有机溶剂也溶解于水，与水分子结合，于是导致蛋白质的脱水作用，进一步加强酶蛋白的沉淀析出。

在制备肝匀浆时采用低浓度乙酸钠可以达到低渗破膜的作用，而乙酸镁则有保护和稳定 AKP 的作用。匀浆液中加入正丁醇能使部分杂蛋白变性，再通过过滤而除去。含有 AKP 的滤液可再进一步用冷丙酮和冷乙醇进行分离纯化。根据 AKP 在终浓度 33% 的丙酮或终浓度 30% 的乙醇中是溶解的，而在终浓度 50% 的丙酮或终浓度 60% 的乙醇中是不溶解的性质，采用离心的方法重复分离提取，可使 AKP 得到部分纯化。

因为在室温下有机溶剂能使大多数酶失活，因此要注意分离提纯实验必须在低温下进行。有机溶剂应预先冷却，加入有机溶剂时要慢慢滴加，并充分搅拌，避免局部浓度过高或放出大量的热，以致酶蛋白变性。有机溶剂法析出的沉淀一般容易在离心时沉降，因此可兼用短时间的离心以分离沉淀，最好立即将沉淀溶于适量的冷水或缓冲液中，以避免酶活力的丧失。

另外，有机溶剂法进行分离时，除应注意 pH 及蛋白质浓度外，溶液的离子强度也是一个重要因素，一般在离子强度 0.05 或稍低为最好。

在一定的 pH 和温度下，待测液中的碱性磷酸酶作用于基质中的磷酸苯二钠，使之水解放出酚。酚在碱性溶液中与 4-氨基安替比林作用并经铁氰化钾氰化，生成红色醌类化合物，根据红色深浅可以测定酶活力的高低，从而计算出酶的活力单位。

每克组织蛋白在 37℃ 与基质作用 15min 产生 1mg 酚为一个酶活力单位。

磷酸苯二钠　　　　　　　苯酚　　　磷酸氢二钠

4-氨基安替比林　　　　　　　　　　　　醌衍生物

三、实验器材

1. 冷冻离心机。
2. 紫外可见分光光度计。
3. 刻度离心管。
4. 量筒。
5. 电子天平。
6. 烧杯。
7. 匀浆器。
8. 恒温水浴锅。

四、实验试剂

1. 0.5mol/L 乙酸镁溶液：称取乙酸镁［$Mg(CH_3COO)_2 \cdot 4H_2O$］107.23g，溶于蒸馏水中，稀释至 1000ml。

2. 0.1mol/L 乙酸钠溶液：称取无水乙酸钠 8.2g，溶于蒸馏水中，稀释至 1000ml。

3. 0.01mol/L 乙酸镁-0.001mol/L 乙酸钠溶液：0.5mol/L 乙酸镁 20ml 及 0.1mol/L 乙酸钠 10ml，混合后加蒸馏水稀释至 1000ml。

4. 丙酮（A.R.）。

5．95%乙醇（A.R.）。

6．pH 8.8 Tris 缓冲液：称取三羟甲基氨基甲烷（Tris）12.1g，用蒸馏水溶解并稀释至 1000ml，即为 0.1mol/L Tris 缓冲液。

取 0.1mol/L Tris 缓冲液 100ml，加蒸馏水约 800ml，再加 0.1mol/L 乙酸钠溶液 100ml，混匀后用 1%乙酸调节 pH 至 8.8，用蒸馏水稀释至 1000ml，即可。

7．碱性磷酸酶（AKP）测定试剂盒（购自南京建成生物工程研究所）

试剂 I：缓冲液，40ml×1 瓶，4℃冷藏保存。

试剂 I：基质液，40ml×1 瓶，4℃冷藏保存。

试剂Ⅲ：显色剂，60ml×1 瓶，4℃冷藏保存。

试剂Ⅳ：酚标准储备液，1ml×1 瓶，4℃冷藏保存，浓度为 1.1mg/ml。

0.1mg/ml 酚标准应用液：V（1.1mg/ml 的酚标准储备液）：V（蒸馏水）＝1：10。

五、操作

（一）碱性磷酸酶的提取和分离

1．称取 2g 新鲜兔肝或 1g 兔肾，剪碎后，置于刻度离心管中，以下按每克组织操作。加入 0.01mol/L 乙酸镁-0.001mol/L 乙酸钠溶液 3ml，在匀浆器上中速匀浆 3～4min，或用组织捣碎器捣碎 30s，共 2 次，记录其体积。吸出 0.1ml（A 液）置于另一试管中；在此试管中加 1.9ml pH 8.8 Tris 缓冲液稀释，待测比活力用。

2．加 1ml 正丁醇于匀浆液中，用玻棒充分搅拌 2min 左右；然后在室温中放置 20min。到时间后用单层尼龙布过滤，滤液置于刻度离心管中。

3．滤液中加入等体积的冷丙酮，立即混匀后离心（3000r/min）5min，将上清液倒入回收瓶中，在沉淀中加入 0.5mol/L 乙酸镁溶液 2ml，用玻棒充分搅拌使其溶解，同时记录悬液体积。此时吸取 0.1ml B 液置于另一试管中，在此试管中加入 pH 8.8 Tris 缓冲液 1.9ml，待测比活力用。

4．溶解的悬液中缓慢加入冷 95%乙醇，使乙醇最终浓度达 30%，混匀后立即离心（3000r/min）5min，将上清液倒入另一离心管中，弃去沉淀。在上清液中加入冷 95%乙醇，使乙醇最终浓度达 60%，混匀后离心（3500r/min）5min，上清液倒入另一回收瓶中，沉淀中加入 0.01mol/L 乙酸镁-0.001mol/L 乙酸钠溶液 2ml，充分搅拌，使其完全溶解。

5．重复上述操作：在悬液中缓缓加入冷 95%乙醇，使乙醇最终浓度达 30%，混匀后立即离心（3000r/min）5min，将上清液倒入另一离心管中，弃去沉淀。在上清液中加入冷 95%乙醇，使乙醇最终浓度达 60%，混匀后离心（3500r/min）5min，上清液倒入另一回收瓶中，沉淀中加入 0.5 mol/L 乙酸镁 1.5ml，充分溶解，并记录体积。吸取 0.2ml（C 液）置于另一试管中，加入 pH 8.8 Tris 缓冲液 1.8ml，待测比活力用。

6．上述悬液中逐滴加入冷丙酮，使丙酮最终浓度达 33%，混匀后离心（2000r/min）5min，弃去沉淀。上清液在另一刻度离心管中再缓缓加入冷丙酮，使丙酮最终浓度达 50%，混匀后离心（4000r/min）10min，上清液倒入回收瓶中，沉淀物即为部分纯化的碱性磷酸酶。此沉淀中加入 pH 8.8 Tris 缓冲液 2ml 使其溶解。再离心（2000r/min）5min，上清液倒入刻度离心管中，弃去沉淀，上清液即为部分纯化的酶液，记录体积吸取 0.2ml（D 液）置于另一试管中，加入 pH 8.8 Tris 缓冲液 0.8ml，待测比活力用。吸去 0.2ml 后，余下的上清液为 D'液。

留着测蛋白质含量用。

（二）碱性磷酸酶活力的测定

1. 取 7 支干净试管，编号，按表 42 操作。

表 42　碱性磷酸酶活力的测定

管号 / 试剂	测定管					标准管	空白管
	A	B	C	D	D′		
1%组织匀浆*/ml	0.03	0.03	0.03	0.03	0.03	—	—
0.1mg / ml 酚标准液/ml	—	—	—	—	—	0.03	—
双蒸水/ml	—	—	—	—	—	—	0.03
缓冲液/ml	0.5	0.5	0.5	0.5	0.5	0.5	0.5
基质液/ml	0.5	0.5	0.5	0.5	0.5	0.5	0.5
	充分混匀，37℃水浴 15min						
显色剂/ml	1.5	1.5	1.5	1.5	1.5	1.5	1.5
每毫升酶活力单位						—	
总酶活力单位						—	

*如为血清样品，则取 0.05ml。100ml 血清在 37℃与基质作用 15min 产生 1mg 酚为 1 个金氏单位。计算公式为：

$$碱性磷酸酶（U / 100ml）=\frac{测定管吸光度}{标准管吸光度}×标准管含酚量（0.005mg）×\frac{100ml}{0.05ml}$$

立即混匀，在 520nm 处比色，以空白管调零，测定各管吸光度。

按下列公式计算每毫升样液中碱性磷酸酶的活力单位：

$$P=\frac{A_1}{A_0}×\frac{m_0}{V}×n$$

式中　P：每毫升样液中碱性磷酸酶的活力单位（U/ml）；

　　　A_1：测定管的吸光度；

　　　A_0：标准管的吸光度；

　　　m_0：标准管酚的质量（0.003mg）；

　　　V：样品的体积（0.03ml）；

　　　n：稀释倍数。

$$T=PV$$

式中　T：总的酶活力单位（U）；

　　　P：每毫升酶的活力单位（U/ml）；

　　　V：样品总体积（ml）。

将上述计算结果填入表 42 中。

2. 蛋白质含量的测定（参见实验 31，考马斯亮蓝结合法测定蛋白质含量）。

3. 比活力及得率的计算

（1）比活力的计算：

$$碱性磷酸酶的比活力=\frac{每毫升样品中碱性磷酸酶活力单位数}{每毫升样品中蛋白质质量}$$

（2）纯化倍数的计算：

$$纯化倍数 = \frac{各阶段比活力数}{匀浆（A液）比活力数}$$

（3）得率的计算：

碱性磷酸酶的总活力单位 = 每毫升样品中碱性磷酸酶的活力单位 × 样品体积数

$$碱性磷酸酶各阶段得率 = \frac{各阶段酶的总活力单位}{匀浆（A液）中酶的总活力数} \times 100\%$$

（4）将实验结果填入表 43，分析各提纯步骤的意义。

表 43 碱性磷酸酶的提纯

分离阶段	总体积/ml	蛋白质质量浓度/（mg/ml）	总蛋白质/mg	每毫升酶活力单位	总活力单位	比活力/（U/ml）	纯化倍数	得率/%
匀浆（A液）								
第一次丙酮沉淀（B液）								
第二次乙醇沉淀（C液）								
第二次丙酮沉淀（D′液）								

六、注意事项

1. 整个操作过程尽量在 0~5℃ 条件下进行。

2. 要分清整个实验过程中每次离心或过滤，保留的是溶液，还是固体。

3. 样品溶液中须避免出现 EDTA、氟离子、柠檬酸盐等碱性磷酸酶的抑制剂。

4. 碱性磷酸酶测定试剂对人体有害，应小心操作并注意防护，操作时可穿实验服并戴一次性手套。

笔 记

思考题

1. 碱性磷酸酶活性异常多见于哪些疾病？

2. 有机溶剂用于提取蛋白质要注意哪些问题？

实验 78 大蒜细胞 SOD 的提取和分离及活力测定

一、目的

1. 学习超氧化物歧化酶的提取、分离方法。

2. 了解超氧化物歧化酶的活力测定方法。

二、原理

超氧化物歧化酶（superoxide dismutase，SOD），是一种生物活性蛋白质，是人体不可缺少、重要的氧自由基清除剂，具有抗氧化、抗衰老、抗辐射和消炎作用，也是目前为止发现的唯一以自由基为底物的酶。超氧化物歧化酶按其所含金属辅基不同可分为三种：第一种是含铜与锌超氧化物歧化酶（Cu·Zn-SOD），最为常见的一种酶，呈绿色，主要存在于机体细胞浆中；第二种是含锰超氧化物歧化酶（Mn-SOD），呈紫色，存在于真核细胞的线粒体和原核细胞内；第三种是含铁超氧化物歧化酶（Fe-SOD），呈黄褐色，存在于原核细胞中。超氧化物歧化酶可催化超氧负离子（O_2^-）进行歧化反应，生成氧和过氧化氢：$2O_2^- + H_2 = O_2 + H_2O_2$。大蒜蒜瓣和悬浮培养的大蒜细胞中含有丰富的 SOD，通过组织或细胞破碎后，可用 pH 7.8 的磷酸缓冲液提取。由于 SOD 不溶于丙酮，可用丙酮将其沉淀析出。

SOD 酶的活力单位定义为可抑制 50%肾上腺素自氧化所需的酶量。

三、实验器材

1．新鲜蒜瓣（或培养的大蒜细胞）。

2．研钵。

3．电子天平。

4．冷冻离心机。

5．恒温水浴锅。

6．吸管 5.0ml（×5）、10ml（×1）、0.5ml（×3）。

7．试管 1.5cm×15cm。

四、实验试剂

1．0.05mol/L 磷酸缓冲液（pH 7.8）：用 0.05mol/L Na_2HPO_4 和 0.05mol/L NaH_2PO_4 以体积比 91.5∶8.5 混合即可。

2．氯仿-乙醇混合溶剂：V（氯仿）∶V（无水乙醇）＝3∶5。

3．丙酮。

4．0.05mol/L 碳酸盐缓冲液（pH 10.2）：用 0.05mol/L Na_2CO_3 和 0.05mol/L $NaHCO_3$ 以体积比 6∶4 混合即可。

5．0.1mol/L EDTA 溶液。

6．盐酸肾上腺素注射液[①]。

7．肾上腺素溶液（2mmol/L）：取上述盐酸肾上腺素注射液 1ml 加 1.33ml 蒸馏水即得。

五、操作

1．组织或细胞破碎

称取 5～10g 大蒜蒜瓣，置于研钵中冰浴下充分研磨，使组织或细胞破碎。

2．SOD 的提取

将上述破碎的组织细胞，加入 2～3 倍体积预冷的 0.05mol/L pH 7.8 磷酸缓冲液，继续研磨搅拌 20min，使 SOD 充分溶解到缓冲液中，于 4℃、5000r/min 离心 15min。弃沉淀，得上清提取液。

---

① 可从药店、医院购得，浓度为 1mg/ml。

3．去杂蛋白

取 5ml 上述提取液，加入 2.5 倍体积的氯仿-乙醇混合溶剂，搅拌 15min，于 4℃、5000r/min 离心 15min。去除杂蛋白沉淀，得上清粗酶液。

4．SOD 的沉淀和分离

取 5ml 上述粗酶液，加入等体积的冷丙酮（使用前冷却至 4℃），搅拌 15min，于 4℃、5000r/min 离心 15min，得 SOD 沉淀。

将 SOD 沉淀溶于 10.0ml 0.05mol/L pH 7.8 磷酸缓冲液中，于 55～60℃水浴加热 15min，然后于 5000r/min 离心 15min，弃沉淀，上清即为 SOD 酶液。

将上述提取液、粗酶液和酶液分别取样，测定各自的酶活力。

5．酶活力测定

取 5 支试管，按表 44 分别加入试剂和操作。

表 44　大蒜 SOD 酶活力测定——操作表

试管 试剂	空白管	对照管	样品管 1 （提取液）	样品管 2 （粗酶液）	样品管 3 （酶液）
碳酸盐缓冲液/ml	5.0	5.0	5.0	5.0	5.0
EDTA 溶液/ml	0.5	0.5	0.5	0.5	0.5
蒸馏水/ml	0.5	0.5	—	—	—
样品液/ml	—	—	0.5	0.5	0.5
		混合均匀，在 30℃水浴中预热 5min 至恒温			
肾上腺素溶液/ml	—	0.5	0.5	0.5	0.5
A_{480nm}					
酶活力/U					

加入肾上腺素后，迅速混匀并继续保温反应 2min，以空白管为空白，立即测定各管在 480nm 处的吸光度，并记录之。

六、计算

在上述条件下，SOD 抑制肾上腺素自氧化的 50%所需的酶量定义为一个酶活力单位。根据下列公式计算样品的酶活力。

$$酶活力（单位）= 2 \times \frac{(A-B) \times N}{A}$$

式中　A：对照管的吸光度值；

　　　B：样品管的吸光度值；

　　　N：样品的稀释倍数；

　　　2：抑制肾上腺素自氧化 50%的换算系数（100%÷50%）。

笔　　记

七、注意事项

由于 SOD 结构中金属辅基的存在，使得酶分子在受到外界各种物理化学因素如高温、pH 过高或过低、电离辐射等作用下，遭受的破坏程度不尽相同。为保证酶的活性，提取操作应尽量在低温下完成。

 **思考题**

1. 实验中设定对照管的目的是什么？
2. 生物体内自由基清除剂除了 SOD 以外，还有哪些？

实验 79　琼脂糖凝胶电泳法分离乳酸脱氢酶同工酶

一、目的

学习和掌握琼脂糖凝胶电泳法分离乳酸脱氢酶同工酶的原理和方法。

二、原理

能催化同一反应而蛋白质结构不同的酶，称为同工酶。

同工酶的蛋白结构既有差别，它们的理化性质也就有所差异。因此可用电泳或其他方法将它们分离开来。例如乳酸脱氢酶（LDH）同工酶，它们都能催化乳酸脱氢产生丙酮酸，但经电泳法分离后，就有 5 个同工酶区带。

由于同工酶在不同组织、器官中的分布不同，即具有组织器官特点，因此已利用同工酶的酶谱作临床诊断的依据，也被利用于生物分类及遗传育种工作中。

本实验是用琼脂糖凝胶电泳法分离人血清乳酸脱氢酶 5 个同工酶（LDH_1、LDH_2、LDH_3、LDH_4 和 LDH_5）。

血清乳酸脱氢酶的辅酶是 NAD^+。当它催化乳酸脱氢时，NAD^+ 即被还原成 NADH。

$$\begin{array}{c} CH_3 \\ | \\ HC\!-\!OH \\ | \\ COOH \end{array} + NAD^+ \xrightarrow[pH7.5\sim8.5]{>pH9.5} \begin{array}{c} CH_3 \\ | \\ C\!=\!O \\ | \\ COOH \end{array} + NADH + H^+$$

如果还有氧化型吩嗪二甲酯硫酸盐（N-methyl-phenazonium-methosulfate，简称 PMS）和硝基蓝四唑（氮蓝四唑，nitroblue tetrazolium，简称 NBT）存在，则发生如下反应：

$$NADH + H^+ + PMS \longrightarrow NAD^+ + PMS \cdot H_2$$
$$PMS \cdot H_2 + NBT \longrightarrow PMS + NBT \cdot H_2$$

$NBT \cdot H_2$ 为蓝紫色化合物。

当 LDH 同工酶区带在琼脂糖凝胶板上分开后，给予 NAD、底物（乳酸）、PMS 和 NBT，同工酶区带即呈蓝紫色。

三、实验器材

1. 人血清。
2. 纱布。
3. 滤纸。
4. 载玻片 2.5cm×7.5cm（×2）。
5. 小刀。
6. 水平台，水平仪。
7. 烘箱。
8. 电泳槽。

9. 电泳仪。

10. 吸管 0.20ml（×1）、1.0ml（×2）、2.0ml（×1）。

11. 微量注射器 50μl（×1）。

12. 恒温水浴锅。

四、实验试剂

1. 巴比妥-HCl 缓冲液（pH 8.4，离子强度 0.1mol/L）：溶 17.0g 巴比妥钠于 600ml 水中，加入 1mol/L HCl 溶液 23.5ml，再加蒸馏水至 1000ml。

2. 0.5mol/L 乳酸钠溶液：称取 5.6g 乳酸钠，溶于蒸馏水并稀释至 100ml。

3. 0.001mol/L EDTA·Na$_2$（乙二胺四乙酸钠盐）溶液：称取 EDTA·Na$_2$·H$_2$O 372mg，溶于蒸馏水并稀释至 100ml。

4. 0.5%琼脂糖凝胶：溶 50mg 琼脂糖于 5ml 巴比妥-HCl 缓冲液（pH 8.4，离子强度 0.1mol/L），加蒸馏水 5ml，待琼脂糖溶化后，再加 0.001mol/L EDTA·Na$_2$ 溶液 0.2ml。保存于冰箱中备用。

5. 0.8%～0.9%琼脂糖染色胶：溶 80～90mg 琼脂糖于 5ml 巴比妥-HCl 缓冲液（pH 8.4，离子强度 0.1mol/L），加蒸馏水 5ml，待琼脂糖溶化后，再加 EDTA·Na$_2$ 溶液 0.2ml，冰箱保存备用。

6. 显色液：溶 50mg NBT（硝基蓝四唑）于 20ml 蒸馏水（25ml 棕色容量瓶），溶解后，加入 NAD 125mg 及 PMS（吩嗪二甲酯硫酸盐）12.5mg，再加蒸馏水至 25ml。该溶液应避光低温保存，一周内有效。如溶液呈绿色即失效。

7. 2%乙酸缓冲液：2ml 乙酸（99.5%）加蒸馏水 98ml。

8. 电泳缓冲液（pH 8.6，离子强度 0.075mol/L）：巴比妥钠 15.45g、巴比妥 2.76g 溶于蒸馏水，稀释至 1000ml。

五、操作

1. 琼脂糖凝胶板的制备和电泳

将 0.5%琼脂糖凝胶水浴加热溶化。取 2ml 溶化的凝胶液平浇于一洁净的载玻片上（载玻片放在水平台上，载玻片的大小为 7.5cm×2.5cm）。凝胶凝固后，于此凝胶板一端 1/3 处，用小刀开一狭长小槽（图 25），用滤纸片仔细吸去小槽内液体。

用微量注射器向小槽内加入新鲜血清 10～15μl。将凝胶板放在电泳槽内，两端各以浸有电泳缓冲液的纱布作盐桥，点样端靠近阴极。电泳 40～60min，电压约 100V[①]。

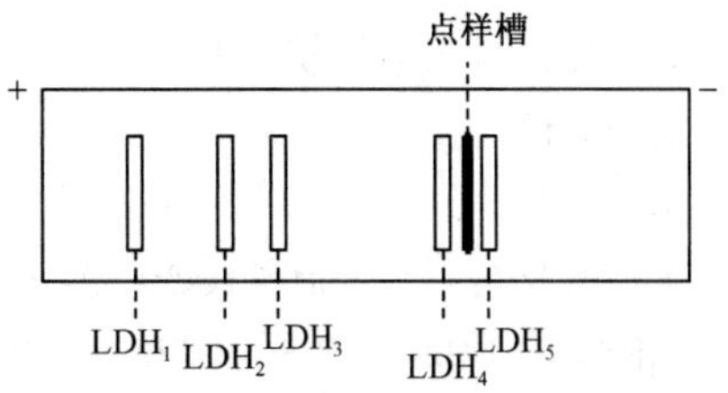

2. 显色

约于电泳终止前 10min，将 0.8%～0.9%琼脂糖

图 25　乳酸脱氢酶同工酶琼脂糖凝胶电泳图谱

染色胶在水浴中溶化。取此溶化的凝胶 0.67ml 与显色液 0.53ml 及 0.5mol/L 乳酸钠溶液 0.2ml 混匀，立即浇在电泳完毕的凝胶板上，37℃避光保温 1h[②]，即显示出五条深浅不等的蓝紫色区带。最靠近阳极端区带是 LDH$_1$，依次为 LDH$_2$、LDH$_3$ 和 LDH$_4$，LDH$_5$ 则移向阴极端[③]。

---

① 如电压不足 100V，需适当延长电泳时间。

② 温度不得超过 40℃。

③ 正常人血清乳酸脱氢酶各同工酶的百分比是：LDH$_1$ 33.4%，LDH$_2$ 42.8%，LDH$_3$ 18.5%，LDH$_4$ 3.9%，LDH$_5$ 1.4%。故靠近阳极端的三条区带最明显。

3．固定与干燥

将显色后的凝胶板浸于 2%乙酸溶液中，2h 后取出，用一干净滤纸覆盖凝胶板上，50℃烘 1.5～2h，烘干后，取去滤纸，背景即透明。

如需定量，可用光密度计测定各区带。

笔　记

六、注意事项

1．血清样品应避免溶血，因红细胞内乳酸脱氢酶活力比血清约高100 倍。

2．加样时注意分清正负极，加样时切勿溢出加样槽。

思考题

1．什么是同工酶？除了本实验中提到的乳酸脱氢酶以外你还能举出哪些同工酶？

2．琼脂糖凝胶电泳法分离蛋白质的基本原理是什么？

实验 80　聚丙烯酰胺凝胶电泳法分离乳酸脱氢酶同工酶

一、目的

掌握聚丙烯酰胺凝胶电泳分离乳酸脱氢酶（LDH）同工酶的原理和方法。

二、原理

本实验采用聚丙烯酰胺凝胶电泳法分离人血清乳酸脱氢酶的 5 个同工酶（LDH_1、LDH_2、LDH_3、LDH_4、LDH_5）（详见实验 79）。

三、实验器材

1．人血清（勿加抗凝剂）。
2．胶布。
3．滤纸。
4．细玻璃管 0.5cm×10cm（6～12）。
5．吸管 1.0ml（×3）、2.0ml（×2）、5.0ml（×2）。
6．皮头滴管（×3）。
7．微量注射器 50μl（×2）。
8．注射器 10ml（×1）。
9．长针头 5 号。
10．培养皿 ϕ8cm（×4）。
11．试管 1.5cm×10cm（×6～12）。
12．圆形电泳槽 6～12 管。
13．电泳仪 0～500V。

四、实验试剂

1．电泳缓冲液：称取 Tris 6g，甘氨酸 28.8g，加蒸馏水 1000ml，pH 为 8.3，使用时稀释10 倍。

2．0.5mol/L 染色缓冲液：称取 Tris 60.57g，1mol/L HCl 425ml，加蒸馏水 1000ml，pH为 7.2。

3．基本染色液：称取硝基蓝四唑（氮蓝四唑 NBT）30mg，辅酶Ⅰ（NAD）50mg；吩嗪二甲酯硫酸盐（PMS）2mg，0.5mol/L 染色缓冲液 15ml，1mol/L 乳酸钠溶液 10ml，0.1mol/L NaCl 溶液 5ml，加水至 100ml。

4．1mol/L 乳酸钠溶液制备：取 85%乳酸 2ml，用 1mol/L NaOH 调至中性（约 22ml），或用 60%乳酸钠 17.7ml，加水至 100ml。

5．2%乙酸固定液：2ml 冰乙酸加水至 100ml。

6．0.01%溴酚蓝-20%蔗糖溶液指示剂。

7．贮存液的配制（见表 45）。

表 45　乳酸脱氢酶同工酶的分离——贮存液的配制

贮存液		100ml 溶液的含量		pH	备注
分离胶（小孔胶）	A 液	1mol/L HCl	48ml	8.9	Tris：三羟甲基氨基甲烷的简称 TEMED：N, N, N', N'-四甲基乙二胺的简称
		Tris	36g		
		TEMED	0.24ml		
	C 液	丙烯酰胺	28g		
		亚甲基双丙烯酰胺	0.735g		
	F 液	过硫酸铵	0.14g		
浓缩胶（大孔胶）	B 液	1mol/L HCl	48ml	6.7	
		Tris	6g		
		TEMED	0.46ml		
	D 液	丙烯酰胺	10g		
		亚甲基双丙烯酰胺	2.5g		
	E 液	蔗糖	40g		

五、操作

1．凝胶制备

取清洁的内径 0.5cm，长 10cm 的玻璃管，用胶布封底，用细长的皮头滴管加 2～3 滴 40%蔗糖溶液于管的底部。

2．分离胶的制备

于一灯泡瓶内，按 A∶C∶水∶F＝1∶2∶1∶3 的比例（体积比），先加入 A、C 和水，摇匀，水泵或油泵上抽气 5～10min，再加入 F 液，将混合液立即加入上述玻璃管内（不可有气泡产生！）（至管的 3/4 左右）。再沿壁加少许的蒸馏水，室温放置 30～45min，凝胶。

3．浓缩胶的制备

待上述分离胶凝聚后，用滤纸条吸或甩去上面的水分。于另一灯泡瓶内，按 B∶D∶E∶F＝1∶2∶1∶4 的比例（体积比）配制浓缩胶。配制时先加 B、D 和 E，混匀抽气后再加入 F，将混合液加到分离胶上面 1cm 高度。沿管壁加蒸馏水少许覆盖，待胶凝后，吸去水，取下胶布，用缓冲液洗涤凝胶的上下面，放入电泳槽内，浓缩胶在上。

4．加样

用微量注射器，吸血清 20μl，加到放入槽中的凝胶管浓缩胶面上，再加一滴溴酚蓝指示剂，再用上槽缓冲液，沿管壁加满，并将上槽加满缓冲液（超过管高）。

5．电泳

上槽为阴极（点样端），下槽为阳极，开始时使电压为240V，当溴酚蓝指示剂进入分离胶时，电压增至360V，电泳约2h，需在冰箱内进行。

6．当指示剂至距下端0.5cm时，便停止电泳，取出玻管，用注射器吸取蒸馏水，将针头紧靠玻管内壁插至凝胶与玻管壁之间，慢慢沿管壁转动一周，同时注入蒸馏水，使凝胶与管壁完全分离后。仔细小心地将凝胶柱挤出。

将取出的凝胶柱，用蒸馏水洗净，放入基质染色液内，37℃保温30min左右，便有蓝紫色带出现。其次序如图26所示。

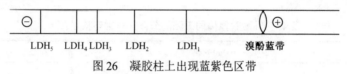

图26　凝胶柱上出现蓝紫色区带

7．将凝胶条放入2%乙酸中固定保存。

8．画出五条区带，并计算其迁移率。

$$迁移率 = \frac{区带迁移距离}{指示剂迁移的距离}$$

9．用GM-4型全自动光密度计扫描电泳后的凝胶条带，并将结果贴于实验报告上。

笔　记

六、注意事项

1．制胶时要防止气泡产生。

2．制备浓缩胶前，需要将管子里存留的蒸馏水去除干净。

3．胶的制备时间不宜过长或过短，可以通过调整温度或催化剂的浓度来控制胶凝固的时间。

4．氮蓝四唑染色反应被用来测定同工酶活力，但有种非特异的酶被称为"无名脱氢酶"（nothing dehydrogenase，简称NDH）也可以产生类似反应，它干扰同工酶分析。在同工酶谱上NDH区带位置相当于LDH_1和LDH_3处。

思考题

1．分离胶和浓缩胶的作用各是什么？制备分离胶时为什么最后要加入少量蒸馏水？

2．聚丙烯酰胺凝胶法分离蛋白质的原理是什么？

实验81　肝脏谷丙转氨酶活力测定

一、目的

1．了解转氨酶的性质及临床意义。

2．掌握谷丙转氨酶活力的测定方法。

二、原理

在氨基酸分解代谢中，联合脱氨基作用是大多数氨基酸的主要代谢方式，通过转氨基作用与谷氨酸氧化脱氨基作用偶联而完成。此过程可用下式表示：

$$
\begin{array}{ccc}
\underset{\substack{| \\ \text{R}}}{\underset{|}{\text{H}_2\text{N}—\text{CH}}}^{\text{COOH}} & \qquad & \underset{\substack{| \\ \text{COOH}}}{\underset{|}{(\text{CH}_2)_2}}^{\text{COOH}} \\
& \text{转氨酶}\quad \text{B}_6\text{-P} & \text{C=O} \qquad \nearrow \text{NADH（NADPH）}+\text{NH}_3 \\
& & \underset{\substack{| \\ \text{CHNH}_2 \\ | \\ \text{COOH}}}{\underset{|}{(\text{CH}_2)_2}}^{\text{COOH}} \\
\underset{\substack{| \\ \text{R}}}{\underset{|}{\text{O=C}}}^{\text{COOH}} & & \qquad \text{NAD}^+\text{（NADP}^+\text{）}+\text{H}_2\text{O}
\end{array}
$$

（转氨酶　B₆-P；谷氨酸脱氢酶）

本实验以丙氨酸的氧化脱氨为例，除分别测定谷丙转氨酶，谷氨酸脱氢酶活性外，又通过抑制剂观察肝组织中的联合脱氨基作用。

在谷丙转氨酶的催化下，丙氨酸和 α-酮戊二酸作用生成丙酮酸和谷氨酸。此反应可逆，平衡点近于 1。无论正向反应或逆向反应皆可用于测定此酶的活性，既可测定所产生的氨基酸，也可测定生成的 α-酮酸，因此可有多种测定方法。

本实验以丙氨酸及 α-酮戊二酸作为谷丙转氨酶（GPT 或 ALT）作用的底物，利用内源性磷酸吡哆醛作辅酶，在一定条件及时间作用后测定所生成的丙酮酸的量来确定其酶活力。丙酮酸能与 2,4-二硝基苯肼结合，生成丙酮酸-2,4-二硝基苯腙，后者在碱性溶液中呈现棕色，其吸收光谱的峰为 439～530nm，可用于测定丙酮酸含量。

$$
\underset{\substack{| \\ \text{COOH}}}{\underset{|}{\text{C=O}}}^{\text{CH}_3} + \text{H}_2\text{N—HN—}\underset{}{\bigcirc}\underset{}{}\text{（NO}_2\text{）}\text{NO}_2 \xrightarrow{-\text{H}_2\text{O}} \underset{\substack{| \\ \text{COOH}}}{\underset{|}{\text{C=N—HN—}}}^{\text{CH}_3}\underset{}{\bigcirc}\text{（NO}_2\text{）NO}_2
$$

丙酮酸　　　　　　2,4-二硝基苯肼　　　　　　　　　丙酮酸二硝基苯腙

α-酮戊二酸也能与 2,4-二硝基苯肼结合，生成相应的苯腙，但后者在碱性溶液中吸收光谱与丙酮酸二硝基苯稍有差别，在 520m 波长比色时，α-酮戊二酸二硝基苯腙的吸光度远较丙酮酸二硝基苯腙为低（约相差 3 倍）。经转氨基作用后，α-酮戊二酸减少而丙酮酸增加，因此在波长 520m 处吸光度增加的程度与反应体系中丙酮酸与 α-酮戊二酸的物质的量之比基本上呈线性关系，故可据此测定谷丙转氨酶的活力。

但是，由于在实验中不宜有过多的 α-酮戊二酸以降低其对显色的干扰，因此，对于作为底物的 α-酮戊二酸浓度作了一定的限制，从而不能保证酶反应充分进行，以致丙酮酸产量与酶量之间的关系并不始终成一直线关系。当酶量增大时，曲线斜率减小。因此在测定时，如酶活力较大（大于 100 单位），应将样品稀释后再进行测定。

另外，2,4-二硝基苯肼对此显色反应也有一定的干扰，因此，在制作丙酮酸标准曲线时，虽没有加 α-酮戊二酸，但是丙酮酸二硝基苯腙的吸光度与丙酮酸含量之间的关系也并不始终呈一直线关系，丙酮酸含量增大时，曲线斜率降低，因此，必须采用标准曲线中呈现出直线

关系的部分来测定丙酮酸的生成量。

三、实验器材

1. 人血清或小鼠肝脏。
2. 电子天平。
3. 紫外可见分光光度计。
4. 吸管 0.10ml（×2），0.50ml（×2），

5.0ml（×2），10.0ml（×1）。
5. 不锈钢剪刀。
6. 恒温水浴锅。

四、实验试剂

1. 标准丙酮酸溶液（1ml 相当于 500μg）：准确称取纯化之丙酮酸钠 62.5mg，溶于 100ml 0.05mol/L H_2SO_4 中，此液需临用前配制。

2. 谷丙转氨酶底物：称取 L-丙氨酸 0.90g 及 α-酮戊二酸 29.2mg，先溶于 pH 7.4 0.1mol/L 磷酸缓冲液中。然后用 1mol/L NaOH 调至 pH 7.4，再用 pH 7.4 0.1mol/L 磷酸缓冲液稀释至 100ml，贮藏于冰箱内，可保存一周。

3. 0.1mol/L 磷酸缓冲液（pH 7.4）：取 100ml 0.2mol/L KH_2PO_4 溶液，加 0.2mol/L NaOH 溶液 79ml，用蒸馏水稀释并定容至 200ml。

4. 0.02% 2,4-二硝基苯肼溶液：称取 2,4-二硝基苯肼 20mg 溶于少量 1mol/L HCl 中，加热溶解后，用 1mol/L HCl 稀释至 100ml。

5. 0.4mol/L NaOH 溶液。

6. 生理盐水。

五、操作

1. 肝匀浆制备（或用人血清代替）

（1）将小白鼠处死，立即取出肝脏，用生理盐水冲洗，滤纸吸干，称取肝脏 0.5g，剪成小块，置于玻璃匀浆管内，加入 4.5ml 预冷的 pH 7.4 0.1mol/L 磷酸缓冲液，制成 10%肝匀浆，冰冻保存，以备进行下列各实验。

（2）吸取上述肝匀浆 0.1ml 于另一试管中，加入预冷的 pH 7.4 0.1mol/L 磷酸缓冲液 4.9ml（稀释 50 倍）摇匀，为稀释肝匀浆。

2. 谷丙转氨酶活力的测定

（1）取试管 3 支，分别注明"测定管""对照管""标准管"，按表 46 进行操作。

表 46 谷丙转氨酶活力的测定

	测定管	标准管	对照管	空白管
谷丙转氨酶底物/ml	0.5	0.5	—	—
		37℃水浴保温 5min		
稀释肝匀浆（或人血清）/ml	0.1	标准丙酮酸 0.1	0.1	H_2O 0.1
		混匀后，37℃水浴准确保温 30min		
2,4-二硝基苯肼/ml	0.5	0.5	0.5	0.5
谷丙转氨酶底物/ml	—	—	0.5	0.5
		混匀后，37℃水浴准确保温 20min		
0.4mol/L NaOH/ml	5.0	5.0	5.0	5.0

（2）混匀后，静置 10min，于 520nm 波长处进行比色。读取测定管与对照管的吸光度，

将测定管吸光度减去对照管吸光度然后与标准管相比算出其相当之丙酮酸含量。

（3）谷丙转氨酶活力计算：本法规定酶在 37℃与底物作用 30min 后，能产生 2.5μg 的丙酮酸者为一个谷丙转氨酶活力单位。

据此计算每毫升稀释肝匀浆的谷丙转氨酶活力单位及每克肝组织中的谷丙转氨酶的总活力单位。

笔　记

六、计算

1. 每毫升稀释肝匀浆谷丙转氨酶活力单位：

$$D = \frac{(A-B) \times 500}{S \times 2.5} = \frac{(A-B) \times 200}{S}$$

式中　D：每毫升稀释肝匀浆谷丙转氨酶活力单位（U/ml）；

　　　A：样品管吸光度值；

　　　B：对照管吸光度值；

　　　S：标准管吸光度值；

　　　500：标准丙酮酸质量浓度（μg/ml）；

　　　2.5：谷丙转氨酶换算单位系数。

2. 每克肝脏谷丙转氨酶的活力单位：

$$D' = D \times 50 \times \frac{5}{0.5}$$

式中　D'：每克肝脏谷丙转氨酶单位（U/g）；

　　　D：每毫升稀释肝匀浆谷丙转氨酶单位（U/ml）；

　　　50：稀释倍数；

　　　5：0.5g 肝脏制成 5ml 肝匀浆；

　　　0.5：0.5g 肝脏。

七、注意事项

若使用 DL-丙氨酸，则用量加倍。

思考题

1. 谷丙转氨酶活力测定中标准管、对照管和空白管的设定目的是什么？

2. 在本实验中测定管值能否大于标准管值？如果测定管值大于标准管，应该如何处理？

3. 测定谷丙转氨酶活性的生理和病理意义是什么？

实验 82　血清谷丙转氨酶活力测定

一、目的

掌握用测定试剂盒方法测定谷丙转氨酶（GPT 或 ALT）活力。

二、原理

见实验 81。

三、实验器材

1．试管 1.5cm×15cm（×10）。
3．紫外可见分光光度计。

2．移液器。
4．恒温水浴锅。

四、实验试剂

1．谷丙转氨酶基质液（pH 7.4）：100ml×1 瓶。

2．2,4-二硝基苯肼液：100ml×1 瓶。

3．4mol/L NaOH：100ml×1 瓶，用时加蒸馏水至 1000ml。

4．2μmol/L 丙酮酸钠标准液 1 支。

5．0.1mol/L 磷酸盐缓冲液（pH 7.4）1 瓶。

五、操作

取试管 6 支，按表 47 进行操作。

室温放置 10min，在 505nm 比色，以蒸馏水调零，测各管吸光度。以各管吸光度减去零管吸光度，所得差值为纵坐标，相应的卡门氏单位为横坐标，作标准曲线图。

另取 2 支试管，按表 48 进行操作。

表 47　血清谷丙转氨酶活力测定——标准曲线的绘制

管号	0	1	2	3	4	5
0.1mol/L 磷酸缓冲液/ml	0.10	0.10	0.10	0.10	0.10	0.10
2μmol/ml 丙酮酸标准液/ml	0	0.05	0.10	0.15	0.20	0.25
基质缓冲液/ml	0.50	0.45	0.40	0.35	0.30	0.25
2,4-二硝基苯肼液/ml	0.50	0.50	0.50	0.50	0.50	0.50
相当于酶活力卡门氏单位	0	28	57	97	150	200
			混匀后，37℃水浴 20min			
0.4mol/L NaOH/ml	5	5	5	5	5	5

表 48　血清谷丙转氨酶活力测定——操作表

试剂	测定管	对照管
血清/ml	0.1	
基质液/ml，37℃预温 5min	0.5	0.5
	混匀后，37℃水浴 30min	
2,4-二硝基苯肼液/ml	0.5	0.5
血清/ml		0.1
	混匀后，37℃水浴 20min	
0.4mol/L NaOH/ml	5	5

室温放置 10min，在 505nm 比色，以蒸馏水调零，测各管吸光度。以测定管吸光度减去对照管吸光度之差值，查标准曲线，求得相应的 GPT 活力单位。

六、注意事项

1. 本法也可以采用 96 孔板和酶标仪进行微量测定。
2. 应严格控制酶反应时间。

笔　记

思考题

1. 试比较测定管酶活力值和文献参考值，如有较大差异，试说明原因。
2. 试说明谷丙转氨酶基质液（pH 7.4）的主要成分。

第六章　　维 生 素

实验 83　维生素 A 的定性测定

一、目的

掌握维生素 A 的定性测定方法。

二、原理

维生素 A 与 $SbCl_3$ 作用生成蓝色[①]。此蓝色反应虽非维生素 A 的特异反应（如胡萝卜素亦有类似反应，不过呈色程度很弱），但一般可用来作维生素 A 的定性测定。

三、实验器材

1．鱼肝油（市售）。
2．试管 1.5cm×15cm（×1）。
3．皮头滴管。
4．刻度滴管 2.0ml（×1）。

四、实验试剂

1．无水氯仿：最好用新开封的。如杂质或水分较多，需按下法处理：将氯仿置分液漏斗内，用蒸馏水洗 2～3 次。将氯仿层放于棕色瓶中，加入经煅烧过的 K_2CO_3 或无水 Na_2SO_4，放置 1～2d，用有色烧瓶蒸馏，取 61～62℃馏分。

2．三氯化锑氯仿溶液：称取干燥的 $SbCl_3$ 20g，溶于无水氯仿并稀释至 100ml。如浑浊，可静置澄清，取上清液使用。如有必要，可先用少量无水氯仿洗涤 $SbCl_3$，然后再配制。

五、操作

取干燥试管 1 支，加 1～2 滴鱼肝油及 10 滴氯仿，混匀，加醋酐 2 滴及 $SbCl_3$-氯仿液约 2ml，观察颜色变化并记录之。

六、注意事项

笔　记

1．实验所用仪器和试剂须干燥无水[②]，加醋酐为了吸收可能混入反应液中的微量水分。

2．凡接触过 $SbCl_3$ 的玻璃仪器需先用 10% HCl 洗涤后，再用水冲洗。

3．维生素 A 见光易分解，实验操作应在弱光下进行。

---

① 在一定范围内，生成的蓝色深浅与维生素 A 浓度成正比。妥为控制条件，亦可用比色法作维生素 A 之定量测定。作定量测定时，所用的氯仿均需精馏。

② $SbCl_3$ 遇水生成碱式盐 [$Sb(OH)_2Cl$]，再变氯氧化锑（$SbOCl$），此化合物与维生素 A 不作用，并发生浑浊，妨碍实验进行。

4. 本法亦可用作维生素 A 的定量测定。

❓ 思考题

1. 本实验中维生素 A 的浓度范围是多少？
2. 维生素 A 的水溶性如何？其生理功能有哪些？

实验 84　维生素 B₁ 的定性测定

一、目的

掌握维生素 B_1 的定性测定方法。

二、原理

维生素 B_1 在碱性溶液中与重氮化对-氨基苯磺酸作用，产生红色。

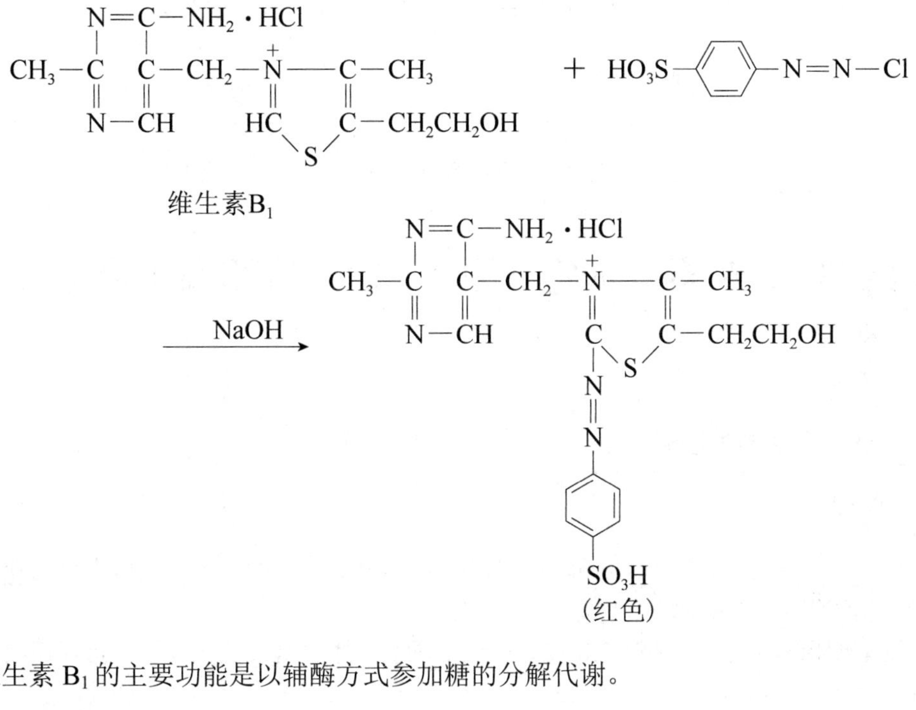

维生素 B_1

维生素 B_1 的主要功能是以辅酶方式参加糖的分解代谢。

三、实验器材

1. 试管 1.5cm×15cm（×1）。
2. 皮头滴管。
3. 吸管 0.50ml（×1）、1.0ml（×1）、2.0ml（×1）。

四、实验试剂

1. 氨基苯磺酸溶液：溶 4.5g 氨基苯磺酸于 45ml 37% HCl（相对密度 1.19），盛于 500ml

容量瓶内，加蒸馏水至刻度。

2．NaNO₂ 溶液：溶 2.5g NaNO₂ 于蒸馏水，稀释至 500ml。

3．重氮化氨基苯磺酸溶液：取氨基苯磺酸溶液及 NaNO₂ 溶液各 1.5ml，置于 50ml 容量瓶中，将容量瓶浸于冰浴中 5min，然后再加入 6ml NaNO₂ 溶液，充分混合，再置冰浴中 5min，加蒸馏水至 50ml，冰浴中保存。此试剂于稀释后至少隔 15min 方能使用，24h 内有效。最好新鲜配制。

4．碱性试剂：溶 5.76g 碳酸氢钠于 100ml 蒸馏水中，然后加入 100ml 1mol/L NaOH。

5．维生素 B₁ 溶液：称取硫胺素盐酸盐 100mg，溶于 100ml 蒸馏水，贮于棕色瓶。

五、操作

于 1.25ml 碱性试剂中，加入 0.5ml 重氮化氨基苯磺酸溶液及 1 滴 40%甲醛液，于此混合液中立即加入维生素 B₁ 试液（约 pH 5）1ml，即产生红色，此红色在 30～60min 内逐渐加深。

笔　记

六、注意事项

维生素 B₁ 在酸性溶液中很稳定，在碱性溶液中不稳定，易被氧化和受热破坏，故应保存于避光阴凉处，不宜久贮。

思考题

1．本实验中维生素 B₁ 的浓度范围是多少？
2．维生素 B₁ 的水溶性如何？其生理功能有哪些？

实验 85　维生素 C 的定量测定（2,6-二氯酚靛酚滴定法）

一、目的

掌握 2,6-二氯酚靛酚法测定维生素 C 的原理和方法。

二、原理

维生素 C 又称抗坏血酸（ascorbic acid）。在 1928 年，从牛的肾上腺皮质中提出的结晶物质，证明对治疗和预防坏血病有特殊功效，因此称为抗坏血酸。

还原型抗坏血酸能还原染料 2,6-二氯酚靛酚钠盐，本身则被氧化成脱氢抗坏血酸。在酸性溶液中，2,6-二氯酚靛酚呈红色，被还原后变为无色[①]。

因此，可用 2,6-二氯酚靛酚滴定样品中的还原型抗坏血酸。当抗坏血酸全部被氧化后，稍多加一些染料，使滴定液呈淡红色，即为终点。如无其他杂质干扰，样品提取液所还原的标准染料量与样品中所含的还原型抗坏血酸量成正比。

---

① 应用本法测定抗坏血酸，简便易行，但存在下列缺点：

a．抗坏血酸还能以脱氢抗坏血酸及结合抗坏血酸形式存在，它们同样具有抗坏血酸的生理作用，但不能将 2,6-二氯酚靛酚还原脱色。

b．生物组织提取液中，常有色素存在，影响滴定，虽可用白陶土将提取液脱色，但最适用的白陶土不易得到，往往不能将颜色脱尽。

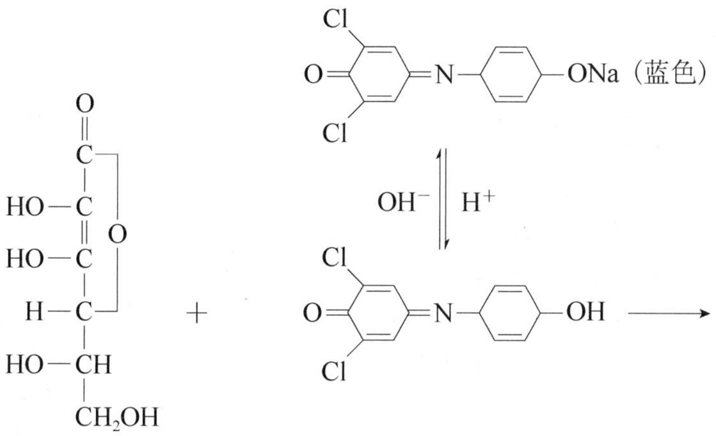

ONa（蓝色）

OH^- ‖ H^+

还原型抗坏血酸

2,6-二氯酚靛酚（红色）

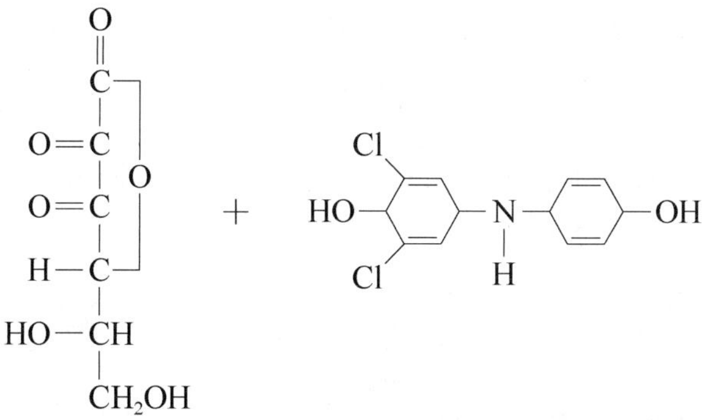

脱氢抗坏血酸   还原型 2,6-二氯酚靛酚（无色）

三、实验器材

1. 松针，新鲜蔬菜（辣椒、青菜、西红柿等），新鲜水果（橘子、柑子、橙、柚等）。

2. 吸管 1.0ml（×1）、10.0ml（×1）。

3. 容量瓶 100ml（×1）。

4. 微量滴定管 5ml（×1）。

5. 电子分析天平。

6. 研钵。

7. 漏斗 ϕ8cm（×2）。

四、实验试剂

1. 2% 草酸溶液：草酸 2g 溶于 100ml 蒸馏水中。

2. 1% 草酸溶液：草酸 1g 溶于 100ml 蒸馏水中。

3. 标准抗坏血酸溶液（0.1mg/ml）：准确称取 50.0mg 纯抗坏血酸，溶于 1% 草酸溶液，并稀释至 500ml。贮于棕色瓶中，冷藏，最好临用时配制。

4. 1% HCl 溶液。

5. 0.02% 2,6-二氯酚靛酚溶液[①]：溶 100mg 2,6-二氯酚靛酚于 300ml 含有 104mg $NaHCO_3$ 的热水中，冷却后加水稀释至 500ml，滤去不溶物，贮棕色瓶内，冷藏（4℃约可保存一星期）。每次临用时，以标准抗坏血酸液标定。

[①] 市售 2,6-二氯酚靛酚质量不一，如杂质过多，应适当提高浓度，但也不宜过浓，以滴定标准抗坏血酸溶液时，染料用量在 2ml 作用为宜。

五、操作

1．不同样品用不同方法提取

（1）松针：用水将松针洗净，用滤纸吸去表面水分。称取 1g，剪碎放入研钵中，加 1% HCl 溶液 5ml 一起研磨。放置片刻，将提取液转入 50ml 容量瓶中。如此反复 2~3 次。最后用 1% HCl 溶液稀释到刻度并混匀，静置 10min，过滤，滤液备用。

（2）新鲜蔬菜和水果类：用水洗净样品，用纱布或吸水纸吸干表面水分。然后称取 20.0g，加 2%草酸①100ml 置组织搅碎机中打成浆状。称取浆状物 5.0g，倒入 50ml 容量瓶中以 2%草酸溶液稀释至刻度②。静置 10min，过滤③（最初数毫升滤液弃去）。滤液备用④。

2．滴定

（1）标准液滴定

准确吸取标准抗坏血酸溶液 1.0ml（含 0.1mg 抗坏血酸）置 100ml 锥形瓶中，加 9ml 1% 草酸，微量滴定管以 0.02% 2,6-二氯酚靛酚滴定至淡红色，并保持 15s 不褪即为终点⑤。由所用染料的体积计算出 1ml 染料相当于多少 mg 抗坏血酸。

（2）样液滴定

准确吸取滤液两份，每份 10.0ml 分别放入两个 100ml 锥形瓶内，滴定方法同前。

六、计算

$$m = \frac{VT}{m_0} \times 100$$

式中　m：100g 样品中含抗坏血酸的质量（mg）；

　　　V：滴定时所用去染料体积数（ml）；

　　　T：每毫升染料能氧化抗坏血酸质量数（mg/ml）；

　　　m_0：10ml 样液相当于含样品之质量数（g）。

笔　记

七、注意事项

1．维生素 C 属于不稳定维生素，尤其在溶液状态下，易被热、碱、氧和光破坏，在酸性条件下较稳定。提取维生素 C 时应力求迅速，以防样品暴露于空气中维生素 C 被氧化。

2．滴定过程宜迅速，一般不超过 2min。滴定所用的染料不应少于 1ml 或多于 4ml，如果样品含抗坏血酸太高或太低时，可酌量增减样液。

思考题

1．比较本实验结果和参考文献提供的植物中维生素 C 的含量，

---

① 2%草酸可抑制抗坏血酸氧化酶，1%草酸因浓度太低不能完成上述作用。偏磷酸有同样功效。若样品含有大量 Fe^{2+}，可用 8%乙酸溶液提取，如仍用偏磷酸或草酸为提取剂，Fe^{2+} 可以还原 2,6-二氯酚靛酚，如用乙酸则 Fe^{2+} 不会很快与染料起作用。

② 如浆状物泡沫很多，可加数滴辛醇或丁醇。

③ 若浆状物不易过滤，可离心取上清液测定。

④ 如滤液颜色太深，滴定时不易辨别终点，可先用白陶土脱色。

⑤ 样品中某些杂质亦能还原 2,6-二氯酚靛酚，但速度较抗坏血酸慢，故终点以淡红色存在 15s 内为准。

如相差较大，试给出解释。

2. 若样品提取液颜色较深（如山楂、西红柿等），对本实验有无影响？该如何解决？

实验 86　维生素 C 的定量测定（磷钼酸法）

一、目的

1. 了解维生素 C 的测定方法。
2. 加深理解维生素 C 的理化性质。

二、原理

钼酸铵在一定条件下（有硫酸和偏磷酸根离子存在）与维生素 C 反应生成蓝色结合物。在一定浓度范围（样品控制浓度在 $25\sim250\mu g/ml$）吸光度与浓度成直线关系。在偏磷酸存在下，样品所存在的还原糖及其他常见的还原性物质均无干扰，因而专一性好，且反应迅速。

$$MoO_4^{2-}+维生素C \xrightarrow{\quad HPO_2^-,\ H_2SO_4 \quad} Mo(MoO_4)_2+维生素C$$

　　　　（还原型）　　　　　　　　　　　钼蓝　　（氧化型）

三、实验器材

1. 松针、绿色蔬菜、橘子、广柑等富含维生素 C 的生物材料。
2. 紫外可见分光光度计。
3. 恒温水浴锅。
4. 离心机 4000r/min。
5. 组织捣碎机。
6. 吸管 0.10ml（×2），0.20ml（×2），0.50ml（×2），1.0ml（×3），2.0ml（×1），5.0ml（×1）。
7. 试管 1.5cm×15cm（×7）。
8. 试管架。
9. 吸管架。

四、实验试剂

1. 5%钼酸铵：5g 钼酸铵加蒸馏水定容至 100ml。
2. 草酸（0.05mol/L）-EDTA（0.2mmol/L）溶液：称取 $H_2C_2O_4 \cdot 2H_2O$ 6.3g 和 EDTA-$Na_2 \cdot 2H_2O$ 0.0744g，用蒸馏水溶解后定容至 1000ml。
3. 硫酸（1∶19）：取 19 份体积蒸馏水加入 1 份体积硫酸。
4. 冰乙酸（1∶5）：取 5 份体积水加入 1 份体积冰乙酸即成。
5. 偏磷酸-乙酸溶液：取粉碎好的偏磷酸 3g，加入 48ml（1∶5）冰乙酸，溶解后加蒸馏水稀释至 100ml；必要时过滤；此试剂放冰箱中可保存 3 天。
6. 标准维生素 C 溶液（0.25mg/ml）：准确称取维生素 C 25mg，用蒸馏水溶解，加适量草酸-EDTA 溶液，然后用蒸馏水稀释至 100ml，放冰箱贮存，可用一周。

五、操作

1. 制作标准曲线

取试管 6 支，按表 49 进行操作。

30℃水浴 15min 后，测定。以吸光度值为纵坐标，维生素 C 质量（μg）为横坐标作图。

表 49　维生素 C 的定量测定——标准曲线的制作

试剂 ＼ 管号	0	1	2	3	4	5
标准维生素 C 溶液（0.25mg/ml）/ml	0	0.2	0.4	0.6	0.8	1.0
蒸馏水/ml	1.0	0.8	0.6	0.4	0.2	0.0
草酸-EDTA 溶液/ml	2.0	2.0	2.0	2.0	2.0	2.0
偏磷酸-乙酸/ml	0.5	0.5	0.5	0.5	0.5	0.5
1：19 H_2SO_4/ml	1.0	1.0	1.0	1.0	1.0	1.0
5%钼酸铵/ml	2.0	2.0	2.0	2.0	2.0	2.0
	摇匀 30℃水浴 15min					
维生素 C 质量/μg	0	50	100	150	200	250
A_{760nm}						

2. 样品测定

将所用生物材料如青菜、松针，洗净擦干，准确称取 5.000～10.000g，加入草酸-EDTA 溶液至 50ml，组织捣碎机中匀浆 2min，取上清液离心（4000r/min）5min[①]，取上清液 0.5ml，加蒸馏水 0.5ml，其余按做标准曲线第三步（即加草酸-EDTA）做起，根据吸光度值查标准曲线。

六、计算

$$m = \frac{m_0 V_1}{m_1 V_2 \times 10^3} \times 100$$

式中　m：100g 样品中含抗坏血酸的质量（mg）；

　　　m_0：查标准曲线所得维生素 C 的质量（μg）；

　　　V_1：稀释总体积（ml）；

　　　m_1：称样质量（g）；

　　　V_2：测定时取样体积（ml）；

　　　10^3：μg 换算成 mg。

七、注意事项

1. 提取维生素 C 注意取用新鲜水果或绿色植物。
2. 显色后应尽快比色，放置时间过长有时会出现浑浊。

---

① 也可准确称取样品 5.00～10.00g，加入研钵内，加入少许草酸-EDTA 溶液，研碎，如此反复三次，最后一并倒入 100ml 容量瓶内，然后用草酸-EDTA 溶液定容至 100ml，取上清，4000r/min 离心 5min。

思考题

本实验中加入 EDTA 的目的是什么？

实验 87　核黄素（维生素 B₂）荧光光度定量测定法

一、目的

1. 了解荧光法测定核黄素的原理和方法。
2. 学习荧光光度计的操作和使用。
3. 掌握荧光定量分析工作曲线法。

二、原理

核黄素（维生素 B₂）是一种异咯嗪衍生物，其水及乙醇的中性溶液为黄色，并且有很强的荧光，这种荧光在强酸和强碱中易被破坏。核黄素可被亚硫酸盐还原成无色的二氢化物，同时失去荧光，因而样品的荧光背景可以被测定。二氢化物在空气中易重新氧化，恢复其荧光，其反应如下：

<!-- 化学反应式 -->
$$
\text{核黄素} \xrightarrow[-2H]{+2H} \text{二氢化物}
$$

核黄素的激发光波长范围约为 440~500nm（一般定为 460nm）发射光波长范围约为 510~550nm（一般定为 520nm）。利用核黄素在稀溶液中荧光的强度与核黄素的浓度成正比可进行定量分析。

三、实验器材

1. 核黄素片（5mg/片）、蛋黄粉、大豆。
2. 荧光光度计。
3. 容量瓶 100ml（×2）。
4. 试管 1.5cm×15cm（×7）。
5. 吸管 10.0ml（×1），5.0ml（×1），2.0ml（×1），0.50ml（×2）。
6. 量筒 1000ml（×1），100ml（×1）。

四、实验试剂

1. 核黄素标准溶液：准确称取核黄素 10mg，放入预先装有约 50ml 蒸馏水的 1000ml 容量瓶中，加入 5ml 6mol/L 乙酸，再加入大约 800ml 水，置水浴中避光加热直至溶解，冷却至室温，用蒸馏水定容至 1000ml，混匀。
2. 连二亚硫酸钠（保险粉）或亚硫酸钠。
3. 36% 乙酸。

五、操作

1．标准曲线绘制

将配好的 $10\mu g/ml$ 标准核黄素溶液，按表 50 所示比例稀释成六个标准溶液。

2．样品溶液的配制

将被测的样品（如核黄素药片、维生素 B_2 针剂等）参照标准溶液的含量范围和溶剂体系配制成测定溶液。对于食物和生物材料中的核黄素测定，一定需要事先经过抽提，或经过分离，纯化处理。

3．荧光测定

参照附录六中荧光光度计的使用说明，选用滤色片，核黄素荧光测定的激发光波长为 460nm，发射光波长为 520nm。因此可选用带通型 400nm（蓝色）滤色片为激发光滤色片，选用截止型 510nm（红色）滤色片为发射光滤色片。待仪器预热并调好零点后，用 0 号标准溶液（$2.5\mu g/ml$）作为参比溶液调荧光光度计的荧光强度读数到满刻度（100%），分别测定其他标准溶液和样品溶液的相对荧光强度，在测定中如果样品溶液的荧光强度超出 100%则需要再行稀释，在每一个测定溶液测定完后，需要重新倒回到相应的试管内。

表 50   核黄素的测定——标准曲线绘制

管号 试剂	0	1	2	3	4	5
$10\mu g/ml$ 核黄素标准液/ml	2.5	2.0	1.5	1.0	0.5	0.25
蒸馏水/ml	7.5	8.0	8.5	9.0	9.5	9.75
总体积/ml	10	10	10	10	10	10
含量/（$\mu g/ml$）	2.5	2.0	1.5	1.0	0.5	0.25
还原前荧光强度 F_1						
加连二亚硫酸钠/mg	10	10	10	10	10	10
还原后荧光强度 F_2						
还原前后荧光强度之差						

测定后，在每管测定的溶液中分别加入约 10mg 的连二亚硫酸钠，经混合溶解后，再重新测定。

4．数据处理

每一个测定溶液的荧光强度读数校正公式为：

$$F = F_1 - F_2$$

式中 F：校正后的荧光强度；

F_1：未还原时测得的荧光强度；

F_2：还原后测得的荧光强度。

以标准溶液校正后的荧光强度为纵坐标，相应的含量为横坐标，作出核黄素测定的标准曲线。将样品溶液校正后的荧光强度在工作曲线上查出相应的含量。

笔 记

六、注意事项

在所有操作过程中，要避免核黄素受阳光直接照射。

思考题

1. 什么是荧光？荧光光度计与紫外可见分光光度计的主要区别在哪儿？

2. 影响本实验结果的主要因素有哪些？

实验 88　胡萝卜素的定量测定

一、目的

1. 掌握从胡萝卜中提取胡萝卜素的方法。

2. 掌握胡萝卜素的测定方法。

二、原理

胡萝卜中的胡萝卜素可用生物学方法鉴定、溶剂分配和层析技术测定。首先得到胡萝卜素水提取液，再用有机溶剂抽提，得到的有机提取液进行纸层析。由于胡萝卜素极性比其他色素小，故在石油醚展层过程中，胡萝卜素迁移速率最快，从而可将胡萝卜素和其他色素分开。将层析后含胡萝卜素的区带剪下，经洗脱后于 450nm 波长下比色可进行定量。

三、实验器材

1. 新鲜胡萝卜。

2. 中速滤纸（16cm×20cm）。

3. 组织捣碎机。

4. 层析缸：也可用标本缸代替（12cm×25cm）。

5. 普通天平。

6. 电子分析天平。

7. 分液漏斗。

8. 蒸发皿。

9. 微量点样器 100μl（×2）。

10. 锥形瓶 500ml（×2）。

11. 脱脂棉。

12. 试管 1.5cm×15cm（×7）。

13. 紫外可见分光光度计。

四、实验试剂

1. 石油醚：沸程 60～90℃（A.R.）。

2. 丙酮（A.R.）。

3. 展层剂：V（丙酮）：V（石油醚）＝3：7。

4. 无水硫酸钠（A.R.）。

5. 5%硫酸钠溶液：称取 5g 无水硫酸钠溶于 100ml 蒸馏水中。

6. β-胡萝卜素标准液（0.1mg/ml）：准确称取纯 β-胡萝卜素 0.05g。先溶于数毫升氯仿中，再用石油醚稀释至 100ml，即为 0.5mg/ml，避光低温冰箱保存。将此液用石油醚稀释 5 倍，即得 0.1mg/ml 的标准应用液。

五、操作

1. β-胡萝卜素标准曲线的制作

（1）裁纸：按滤纸 16cm×20cm 大小制作 5 张，离长轴底端 2cm 处，用铅笔画一横线，在线中间±3cm 处点上两点。

（2）点样：准确分别吸取标准样液 100μl、80μl、60μl、40μl、20μl 在滤纸下端基线上两点间迅速来回进行带状点样，一次点完。

（3）展层：将点好样品的滤纸卷成圆桶状，固定两边后放入事先用石油醚饱和的层析缸内，进行上行展层（注意：缸内石油醚深度高度约 1cm 即可）。

（4）绘制标准曲线：展层一定时间后，取出，吹干。剪下条带，分别放入已加入 5ml 石油醚的试管内，用石油醚做空白，用分光光度计在 450nm 处测定各管的吸光度值。以 A_{450nm} 为纵坐标，β-胡萝卜素含量（μg）为横坐标作图得标准曲线。

2. 胡萝卜素提取

（1）匀浆：称取切碎的胡萝卜小块 30g，加入 30.0ml 去离子水，于组织捣碎机中捣碎，使其成糊状匀浆。

（2）分离：将匀浆放入锥形瓶中，加入丙酮 200ml，石油醚 50ml，振摇 1min，静置后用放有脱脂棉的漏斗过滤至另一锥形瓶中。将此提取液转移至分液漏斗，萃取收集上层溶液。下层溶液再反复萃取 2 次，每次用石油醚 10ml、丙酮 40ml。将萃取得到的上层溶液合并，用 5%硫酸钠溶液 150ml 振摇洗涤，以除尽丙酮，防止乳化。在分液漏斗中加入 6.0g 无水硫酸钠，然后将提取液转入蒸发皿中，用少量石油醚分数次洗涤分液漏斗及硫酸钠固体上的色素，洗涤液一并转入蒸发皿。

将蒸发皿置于蒸汽浴上，浓缩至约 10ml 时，取下冷却挥干。待干时立即用约 5.00ml 石油醚沿皿壁将色素洗下，混匀后量取体积，并取样立即点样。

（3）点样：准确吸取待测样液 100μl，在滤纸下端基线上两点间迅速来回进行带状点样，一次点完。（滤纸 16cm×20cm，离长轴底端 2cm 处，用铅笔画一横线，在线中间±3cm 处点上两点。）

（4）展层：将点好样品的滤纸卷成圆桶状，固定两边后放入事先用石油醚饱和的层析缸内，进行上行展层。（注意：缸内石油醚深度高度约 1cm 即可）。

（5）洗脱：待胡萝卜素与其他色素完全分离后，取出用电吹风冷热风交替吹干滤纸，将胡萝卜素带剪下，立即放入盛有 5ml 石油醚的试管中，振摇使胡萝卜素全部浸出。以石油醚为空白，在波长 450nm 处比色。

六、计算

$$m=\frac{m_1 \times V_2}{V_1 \times m_2} \times 100$$

式中　m：100g 胡萝卜中胡萝卜素的质量（μg）；

　　　m_1：点样管内胡萝卜素的质量（μg）；

　　　V_1：样品点样的体积（ml）；

　　　V_2：浓缩后得到的样品总体积（ml）；

　　　m_2：胡萝卜的总质量（g）。

七、注意事项

1. 匀浆要细颗粒，提取完全。
2. 石油醚为易挥发易燃液体，操作时应特别注意安全，保持室内通风，切忌明火！

思考题

除胡萝卜外，还有哪些蔬菜中胡萝卜素含量高？

实验 89　荧光法测定核黄素结合蛋白-核黄素的解离常数

一、目的

1. 掌握用荧光法测定配合物解离常数的原理和方法；
2. 熟悉荧光光度计的使用。

二、原理

核黄素（riboflavin，Rf），又称维生素 B_2，它是黄素单核苷酸（FMN）和黄素腺嘌呤二核苷酸（FAD）这两种辅酶的前体，广泛参与体内生物氧化还原反应，能促进糖、脂和蛋白质的代谢。核黄素的水溶液具有荧光，在一定的浓度范围内，荧光强度与核黄素含量成正比，可用于定量测定。在鸡蛋清中存在一种蛋白质——核黄素结合蛋白（riboflavin-binding protein，RfBP），相对分子质量为 36 000，它能与核黄素按 1∶1 的比例结合：

$$RfBP + Rf \Longrightarrow RfBP \cdot Rf$$

核黄素结合蛋白与生成的配合物核黄素结合蛋白-核黄素都不具有荧光。因此，当用核黄素结合蛋白去"滴定"核黄素时，核黄素的荧光强度就会减弱，这种现象叫做"荧光猝灭"。以荧光强度对核黄素结合蛋白加入量作图，就可以得到核黄素结合蛋白的"滴定"曲线，根据这个"滴定"曲线，就可以计算出该配合物的解离常数 K_d。通常是分别求出每个实验点的 K_d，然后求平均值。这里，我们采用作图法来求该配合物的解离常数，方法如下。

将曲线的直线部分延长交横轴于 A 点，此点表示 RfBP 与 Rf 恰好等物质的量反应。但由于配合物的解离，使得此时的荧光强度不为零，而是在图中 B 点处对应的荧光强度 F'，荧光增加的程度取决于配合物的稳定性。设配合物不解离时在 A 处的浓度为 c，配合物的解离度为 α，则 $\alpha = F'/F$，平衡时

$$[RfBP \cdot Rf] = (1-\alpha)c$$
$$[RfBP] = \alpha c$$
$$[Rf] = \alpha c$$

则配合物的解离常数

$$\begin{aligned}
K_d &= [RfBP][Rf] / [RfBP \cdot Rf] \\
&= \alpha^2 c / (1-\alpha) \\
&= (F'/F)^2 \cdot c / (1 - F'/F)
\end{aligned}$$

式中　c：核黄素的浓度（nmol/L）；

　　　F：加入核黄素结合蛋白前溶液的荧光强度（即总的游离核黄素的荧光吸收）；

　　　F'：曲线上读出的荧光强度（即溶液中游离的核黄素的荧光吸收）。

三、实验器材

1. 鸡蛋。

2. 透析袋（相对分子质量不超过
20 000）。

3. 磁力搅拌器。

4. 低速离心机（5000r/min）。

5. 荧光光度计。

四、实验试剂

1. 6 mmol/L HCl。

2. 0.05mol/L Tris-HCl 缓冲液（pH 7.5）：6.07g Tris 用少量蒸馏水溶解，加入 40ml 1mol/L
HCl，再用蒸馏水稀释至 1000ml。

3. 核黄素贮备液：准确称取核黄素 18.0mg，用少量蒸馏水溶解，加入 1ml 浓盐酸并用
蒸馏水稀释至 500ml。放置于冰箱中避光保存，两个月内有效。

4. 核黄素标准溶液（180μg/L）：将核黄素贮备液用蒸馏水稀释 200 倍。

五、操作

1. 核黄素结合蛋白的制备

将鸡蛋壳敲破，小心倒出蛋清。加入等体积的蒸馏水（约 25ml），电磁搅拌 10min 后
再离心 10min（4000r/min）。上清液用 20 倍体积的 6mmol/L HCl 透析 24h。再于 20 倍体
积的 0.05mol/L Tris-HCl 缓冲液（pH 7.5）中透析 24h[①]，两次透析均在 4℃下进行（4℃的
冷藏柜）。

在透析过程中，有部分的变性杂蛋白沉淀下来，透析完后将袋内的溶液离心（4000r/min）
10min，弃去沉淀，取上清液即得核黄素结合蛋白溶液，将此溶液用蒸馏水稀释 2 倍后，于 4℃
保存备用。

2. 核黄素结合蛋白-核黄素配合物的解离常数的测定

取 11 支试管，按表 51 进行操作。

表 51　核黄素结合蛋白-核黄素配合物的解离常数的测定

试管号	核黄素标准液/ml	Tris-HCl 缓冲液/ml	RfBP/ml	F_i
0	3.0	3.00	0.00	
1	3.0	2.95	0.05	
2	3.0	2.90	0.10	
3	3.0	2.85	0.15	
4	3.0	2.80	0.20	
5	3.0	2.75	0.25	
6	3.0	2.70	0.30	

①　在鸡蛋清中，核黄素结合蛋白通常是以与核黄素结合成配合物的形式存在，在低 pH 下（小于 4.0），核黄素结合蛋白与
核黄素分离，在高 pH 下（大于 4.5），核黄素结合蛋白又能与核黄素结合，而蛋清中的其他蛋白质均无此活性。

续表

试管号	核黄素标准液/ml	Tris-HCl 缓冲液/ml	RfBP/ml	F_i
7	3.0	2.65	0.35	
8	3.0	2.60	0.40	
9	3.0	2.55	0.45	
10	3.0	2.50	0.50	

核黄素见光会分解，因此实验过程中应注意避免核黄素受阳光直接照射。

加入核黄素结合蛋白溶液，混匀后立即进行荧光测定。核黄素的激发波长为 460nm，发射波长为 520nm。因此可选用带通型 400nm（蓝色）滤色片为激发光滤色片，选用截止型 510nm（红色）滤色片为发射光滤色片。按照荧光光度计的使用说明调节仪器，以第一支试管作为参比溶液，调节荧光强度读数至满刻度（100%），然后依次测量各管的相对荧光强度 F_i。相对荧光强度为纵坐标，加入的 RfBP 的体积（ml）为横坐标，绘制"滴定"曲线（见图 27）。

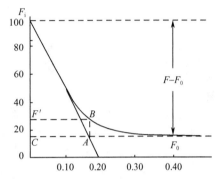

图 27 核黄素结合蛋白的实际"滴定"曲线

将水平渐近线反向延长交纵轴于 C 点，对应的荧光强度为 F_0，则解离度可用下式计算：

$$\alpha = (F' - F_0) / (F - F_0),$$

由此求出配合物的解离常数 K_d。

六、注意事项

核黄素结合蛋白的浓度应根据荧光猝灭效率的大小作相应调整。

笔　　记

思考题

1. 什么是解离常数？解离常数的大小反映了什么？

2. 实验中采用何种方法保证提取得到蛋清核黄素结合蛋白没有与蛋清核黄素结合？

第七章　　　激　　素

实验 90　甲状腺素的测定

一、目的

掌握用酶标试剂盒测定甲状腺素的原理和方法。

二、原理

应用双抗体夹心法测定标本中甲状腺素水平。用纯化的人甲状腺素抗体包被微孔板，制成固相抗体，往包被抗体的微孔中依次加入待测标本，再与辣根过氧化物酶（HRP）标记的甲状腺素抗体结合，形成抗体-抗原-酶标抗体复合物。洗涤后加底物 3,3′,5,5′-四甲基联苯胺（TMB）显色。TMB 在 HRP 酶的催化下转化成蓝色，并在酸的作用下转化成最终的黄色。颜色的深浅和样品中的甲状腺素呈正相关。用酶标仪在 450nm 波长下测定吸光度值，通过标准曲线计算样品中甲状腺素浓度。

三、实验器材

1. 微量取液器 10μl（×1）、200μl（×1）。
2. 恒温水浴锅。
3. 酶标仪。

四、实验试剂

1. 人血清、血浆及相关液体样本。
2. 甲状腺素测定试剂盒（购自上海研生实业有限公司），试剂盒中有以下试剂。
(1) 酶标包被板：96 孔（12 孔×8 条），2～8℃可保存 6 个月。
(2) 封板膜 2 张和密封袋 1 个。
(3) 30 倍浓缩洗涤液，20ml×1 瓶。
(4) 酶标试剂，6ml×1 瓶。
(5) 样品稀释液，6ml×1 瓶。
(6) 显色剂 A 液，6ml×1 瓶。
(7) 显色剂 B 液，6ml×1 瓶。
(8) 终止液，6ml×1 瓶。
(9) 标准品（400pmol/L）：0.5ml×1 瓶。
(10) 标准品稀释液：1.5ml×1 瓶。

五、操作

1. 标准品的稀释：将 5 支干净试管编号，按表 52 顺序加入标准品和标准品稀释液。

表 52　双抗体夹心法测定甲状腺素—标准品稀释操作表

试剂 ＼ 管号	1	2	3	4	5
标准品/μl	原倍标准品 150	1 号管标准品 150	2 号管标准品 150	3 号管标准品 150	4 号管标准品 150
标准品稀释液/μl	150	150	150	150	150
浓度/（pmol/L）	200	100	50	25	12.5

2．加样：分别设空白孔（空白孔不加样品及酶标试剂，其余各步操作相同）、标准孔、待测样品孔。在酶标包被板上标准品准确加样 50μl，待测样品孔中先加样品稀释液 40μl，然后再加待测样品 10μl（样品最终稀释度为 5 倍）（尽量将样品加于酶标板孔底部，避免触及孔壁），轻轻晃动混匀。

3．温育：用封板膜封板后置 37℃水温 30min。

4．配液：将 30 倍浓缩洗涤液用蒸馏水 30 倍稀释后备用。

5．洗涤：小心揭掉封板膜，弃去液体，甩干，每孔加满洗涤液，静置 30s 后弃去，如此重复 5 次，拍干。

6．加酶：每孔加入酶标试剂 50μl，空白孔除外。

7．温育：操作同 3。

8．洗涤：操作同 5。

9．显色：每孔先加入显色剂 A 50μl，再加入显色剂 B 50μl，轻轻震荡混匀，37℃避光显色 10min。

10．终止：每孔加终止液 50μl，终止反应（此时蓝色立转黄色）。

11．测定：以空白孔调零，450nm 波长依序测量各孔的吸光度值。测定应在加终止液后 15min 内进行。

六、计算

以标准物的浓度为横坐标，相应的吸光度值为纵坐标，绘制标准曲线。根据样品的吸光度值由标准曲线查出相应的浓度，再乘以稀释倍数；或用标准物的浓度与吸光度值计算出标准曲线的直线回归方程式，将样品的吸光度值代入方程式，计算出样品浓度，再乘以稀释倍数，即为样品的实际浓度。

笔　记

七、注意事项

1．试剂盒从冷藏箱中取出应在室温平衡 15～30min 后使用。酶标包被板开封后如未用完，板条应装入密封袋中保存。

2．浓洗涤液可能会有结晶析出，稀释时可在水浴中加温助溶，洗涤时不影响结果。

3．各步加样均应使用微量取液器，并经常校对其准确性，以避免误差。一次加样时间最好控制在 5min 内。

4．每次测定应同时作标准曲线，最好做复孔。

5．本试剂盒测定范围为 6～250pmol/L。若标本甲状腺素含量过 ＿＿＿＿＿＿＿＿＿

高（样本吸光度值大于标准品孔第一孔的吸光度值），请先用样品稀释液稀释一定倍数后再测定，计算时最后乘以总稀释倍数。

6. 封板膜只限一次性使用，以避免交叉污染。

7. 底物应避光保存。

思考题

1. 双抗体夹心法测定甲状腺素的原理是什么？
2. 操作中应注意哪些事项？

实验 91　雌二醇的测定

一、目的

掌握测定雌二醇的原理和方法。

二、原理

应用竞争结合免疫方法测定标本中雌二醇浓度。将样本加入含有包被着山羊抗兔-兔抗雌二醇复合物的顺磁性微粒和 Tris 缓冲蛋白质溶液的反应管中。反应一段时间后再加入雌二醇碱性磷酸酶结合物。样本中的雌二醇与雌二醇-碱性磷酸酶结合物竞争一定数量的特异性抗雌二醇抗体上的结合位点。所产生的抗原-抗体复合物被固相上的捕获抗体结合。在反应管内温育完成后，结合在固相上的物质将置于一个磁场内被吸住，而未结合的物质则被冲洗除去。然后将化学发光底物 Lumi-Phos 530 添加到反应管中，用照度计对反应中所产生的光进行测量。所产生光的量与样本中雌二醇的浓度成反比。最后，通过多点校准曲线计算样品中雌二醇的浓度。

三、实验器材

BECKMAN COULTET DX1800 全自动微粒子化学发光免疫分析仪。

四、实验试剂

1. 人血清。

2. BECKMAN COULTET DX1800 全自动微粒子化学发光免疫分析仪专用试剂（试剂无需预处理，置 $2\sim10℃$ 保存，开封后 $2\sim10℃$ 稳定 28 天）。每个包装包含 R1a 和 R1b 两部分。

3. R1a：包被着山羊抗兔 IgG-兔抗 DHEA-S 的顺磁性微粒在 Tris 缓冲盐水中，其中含有表面活性剂、牛血清白蛋白、小于 0.1% 的叠氮钠和 0.1% ProClin 300。

4. R1b：DHEA-S 碱性磷酸酶（牛）结合物在 Tris 缓冲盐水中，其中含有表面活性剂、牛血清白蛋白、小于 0.1% 的叠氮钠和 0.1% ProClin 300。

5. 标准品：共有 6 个浓度点的标准品：S_0、S_1、S_2、S_3、S_4 和 S_5，浓度分别为 0、106、570、1800、3100 和 4800pg/ml。置 $2\sim8℃$ 冰箱保存，使用前取出置室温 10min，轻轻摇匀后使用。S_0、S_1 应做 4 份，$S_2\sim S_5$ 应重复测定 2 次。

五、操作

1．将标准品和血清样本置于样本架上，上机测定。
2．根据标准曲线，仪器自动生成结果。

六、注意事项

1．分离的血清在室温不可超过 8h，保存于 2～10℃不可超过 3 天。
2．血清样本不能有凝块和气泡。
3．上样量应足够。

思考题

竞争结合免疫方法测定雌二醇的原理是什么？

第八章

物质代谢与生物氧化

实验 92 肌糖原的酵解作用

一、目的

1. 了解糖酵解作用在糖代谢过程中的地位及生理意义。
2. 学习鉴定糖酵解作用的原理和方法。

二、原理

在动物、植物、微生物等许多生物机体内，糖的无氧分解几乎都按完全相同的过程进行。以动物肌肉组织中肌糖原的酵解过程为例：肌糖原的酵解作用，即肌糖原在缺氧的条件下，经过一系列的酶促反应，最后转变成乳酸的过程。肌肉组织中的肌糖原首先磷酸化，经过己糖磷酸酯、丙糖磷酸酯、甘油磷酸酯等一系列中间产物，最后生成乳酸。该过程可综合成下列反应式：

$$\frac{1}{n}(C_6H_{10}O_5)_n + H_2O \Longrightarrow CH_3-\underset{\underset{OH}{|}}{CH}-COOH$$

肌糖原的酵解作用是糖类供给组织能量的一种方式。当机体突然需要大量的能量，而又供氧不足（如剧烈运动时），则糖原的酵解作用可暂时满足能量消耗的需要。在有氧条件下，组织内糖原的酵解作用受到抑制，而有氧氧化则为糖代谢的主要途径。

糖原酵解作用的实验，一般使用肌肉糜或肌肉提取液。在用肌肉糜时，必须在无氧条件下进行；而用肌肉提取液，则可在有氧条件下进行。因为催化酵解作用的酶系统全部存在于肌肉提取液中，而催化呼吸作用（即三羧酸循环和氧化呼吸链）的酶系统，则集中在线粒体中。

糖原或淀粉的酵解作用，可由乳酸的生成来观测。在除去蛋白质与糖以后，乳酸可以与硫酸共热变成乙醛，后者再与对羟基联苯反应产生紫罗兰色物质，根据颜色的显现而加以鉴定。

该法比较灵敏，每毫升溶液含 $1 \sim 5\mu g$ 乳酸即给出明显的颜色反应。若有大量糖类和蛋白质等杂质存在，则严重干扰测定，因此实验中应尽量除净这些物质。另外，测定时所用的仪器应严格清洗干净。

三、实验器材

1. 兔肌肉糜。
2. 试管 1.5cm×15cm（×8）。
3. 吸管 1ml（×2）、2ml（×1）、5ml（×2）。
4. 量筒 10ml（×4）。
5. 恒温水浴锅。
6. 电子天平。
7. 电炉。
8. 剪刀、镊子。

四、实验试剂

1. 对羟基联苯试剂：称取对羟基联苯 1.5g，溶于 100ml 0.5% NaOH 溶液，配成 1.5%的溶液。若对羟基联苯颜色较深，应用丙酮或无水乙醇重结晶。放置时间较长后，会出现针状结晶，应摇匀后使用。

2. 0.5%糖原溶液（或 0.5%淀粉溶液）。

3. 20%三氯乙酸溶液。

4. 氢氧化钙（粉末）。

5. 浓硫酸。

6. 饱和硫酸铜溶液。

7. 0.067mol/L 磷酸缓冲液（pH 7.4）：称取 1.742g 磷酸二氢钾（KH_2PO_4，A.R.）、9.588g 磷酸氢二钠（$Na_2HPO_4 \cdot 2H_2O$，A.R.），用蒸馏水溶解并定容至 1000ml。

8. 液体石蜡。

五、操作

1. 处死动物和肌肉糜的制备

研究机体的新陈代谢，首先要注意使所测得结果尽量符合生物机体的真实情况。杀死动物的方法对于获得真实情况有直接关系。

（1）处死动物

实验中采用的方法很多，主要有以下几种。

① 液氮固定：液氮的沸点是-196℃，可以极迅速地将动物冷冻固定，将处于各种机能状态的机体的代谢过程在十几秒之内固定于某一阶段。实验时，先用小杜瓦瓶或广口保温瓶盛取液氮，然后将动物（如大白鼠）迅速投进液氮中，动物因体温骤然下降而死去，机体中各个酶系及生化成分均被固定，保持受到骤冷时的天然状态。2min 后，将动物取出（小白鼠固定 0.5min 即可）置室温下，令液氮挥发殆尽，此时动物组织变得酥脆。取一把锋利的刀，架在动物身体上，再用锤击刀背，将动物劈开后，砍取肌肉，取若干肌肉硬块放入研钵中，迅速研成细粉，备用。

② 注入空气：取家兔，于兔耳上找好静脉血管，将灌入空气的注射器针头插入比较粗的静脉血管中，注入空气，动物于 1~2min 内死去。

③ 击毙：用铁锤敲击兔或大白鼠的头部，动物立即死去。

④ 斩头：将一锋利的大剪刀于动物颈下张开，左手抚摸动物，使之处于自然状态，出其不意，右手突然用力猛剪，使动物断头而死去。此法适用于体型较小的动物，如大白鼠及小白鼠。

（2）制备肌肉糜

取家兔，用注入空气法处死后，放血，立即取背部和腿部肌肉，在低温条件下用剪刀尽量把肌肉剪碎成肌肉糜。注意，应在临用前制备。

2. 肌肉糜的糖酵解

取 4 支干净试管，编号后各加入新鲜肌肉糜 0.5g。1、2 号管为样品管，3、4 号管为空白管。向 3、4 号空白管内加入 20%三氯乙酸 3ml，用玻璃棒将肌肉糜充分分散，搅匀，以沉淀蛋白质和终止酶的反应。然后分别向 4 支试管内各加入 3ml 磷酸缓冲液和 1ml 0.5%糖原溶液（或 0.5%淀粉溶液）。用玻璃棒充分搅匀，加少许液体石蜡隔绝空气，并将 4 支试管同时放入 37℃恒温水浴中保温。

1.5h 后，取出试管，立即向 1、2 号管内加入 20%三氯乙酸 3ml，混匀。将各试管内容物分别过滤，弃去沉淀。量取每个样品的滤液 5ml，分别加入到已编号的试管中，然后向每管内加入饱和硫酸铜溶液 1ml，混匀，再加入 0.5g 氢氧化钙粉末，用玻璃棒充分搅匀后，放置 30min，并不时振荡，使糖沉淀完全。将每个样品分别过滤，弃去沉淀。

3．乳酸的测定

取 4 支洁净、干燥的试管，编号，每个试管加入浓硫酸 2ml，将试管置于冷水浴中，分别用小滴管取每个样品的滤液 1 滴或 2 滴，逐滴加入到已冷却的上述浓硫酸溶液中（注意滴管大小尽可能一致），随加随摇动试管，避免试管内的溶液局部过热。

将试管混合均匀后，放入沸水浴中煮 5min，取出后冷却，再加入对羟基联苯试剂 2 滴，勿将对羟基联苯试剂滴到试管壁上，混匀，比较和记录各试管溶液的颜色深浅，并加以解释。

笔　记

六、注意事项

1．动物处死后，应立即进行实验，防止酶失活。
2．测定时所用的仪器应严格洗涤干净。

思考题

1．实验中如何去除样品中的蛋白质和糖类？
2．为什么在酶反应前要用液体石蜡隔绝空气？

实验 93　脂肪酸的 β-氧化

一、目的

1．了解脂肪酸的 β-氧化作用。
2．掌握测定 β-氧化作用的原理和方法。

二、原理

在肝脏中，脂肪酸经 β-氧化作用生成乙酰辅酶 A（乙酰 CoA）。两分子乙酰 CoA 可缩合生成乙酰乙酸，后者可进一步脱羧生成丙酮，也可还原生成 β-羟丁酸。本实验以丁酸为底物，用新鲜肝糜与之保温，反应过程如下：

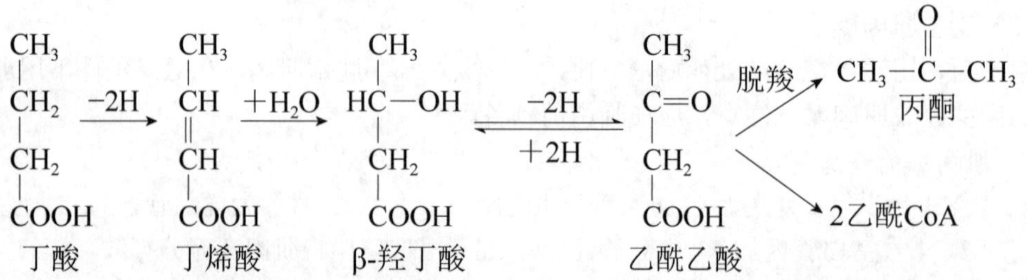

丙酮可利用碘仿反应测定，反应式如下：

$$2NaOH + I_2 \longrightarrow NaOI + NaI + H_2O$$
$$CH_3COCH_3 + 3NaOI \longrightarrow CHI_3（碘仿）+ CH_3COONa + 2NaOH$$

剩余的碘用标准 $Na_2S_2O_3$ 滴定：

$$NaOI + NaI + 2HCl \longrightarrow I_2 + 2NaCl + H_2O$$
$$I_2 + 2Na_2S_2O_3 \longrightarrow Na_2S_4O_6 + 2NaI$$

根据滴定样品与滴定对照所消耗的 $Na_2S_2O_3$ 溶液的体积之差，可以计算由丁酸氧化生成丙酮的量。

三、实验器材

1. 新鲜动物肝脏。
2. 匀浆器。
3. 恒温水浴锅。
4. 剪刀。
5. 不锈钢镊子。
6. 吸管 2.0ml（×3）、5.0ml（×2）。
7. 锥形瓶 50ml（×5）。

四、实验试剂

1. 0.9%氯化钠。

2. 1/15 mol/L pH 7.6 磷酸缓冲液：称取 1.179g 磷酸二氢钾（KH_2PO_4，A.R.），10.323g 磷酸氢二钠（$Na_2HPO_4 \cdot 2H_2O$，A.R.），用蒸馏水溶解并定容至 1000ml。

3. 0.5mol/L 正丁酸：5ml 正丁酸溶于 100ml 0.5mol/L NaOH 溶液中。

4. 15%三氯乙酸：15g 三氯乙酸溶于蒸馏水，稀释并定容至 100ml。

5. 0.1mol/L 碘溶液：称取 12.7g 碘和 25g KI，溶于蒸馏水中，稀释至 1000ml。用标准 0.05mol/L $Na_2S_2O_3$ 溶液标定。

6. 10% NaOH 溶液：10g NaOH 溶于蒸馏水，稀释至 100ml。

7. 10%盐酸溶液：取浓盐酸 10ml，加蒸馏水至 37ml。

8. 0.5mol/L H_2SO_4：将 10ml 浓硫酸加入蒸馏水中，稀释至 360ml。

9. 标准 0.05mol/L $Na_2S_2O_3$ 溶液：$Na_2S_2O_3$（A.R.）25g 溶于煮沸并冷却之蒸馏水中，加入硼砂 3.8g，用煮沸过的蒸馏水稀释并定容至 1000ml。按下法进行标定：

准确称取 KIO_3 0.357g，加蒸馏水定容至 100ml，即得 0.0167mol/L KIO_3 溶液。准确吸取此溶液 20.0ml，置于 100ml 锥形瓶中，加入 KI 2g 及 0.5mol/L H_2SO_4 10ml，摇匀。以 0.5%淀粉液为指示剂，用 0.05mol/L $Na_2S_2O_3$ 溶液滴定。根据滴定所消耗 $Na_2S_2O_3$ 溶液量，计算其浓度。

10. 标准 0.01mol/L $Na_2S_2O_3$ 溶液：临用时将已标定的 0.05mol/L $Na_2S_2O_3$ 溶液稀释成 0.01mol/L。

11. 0.5%淀粉：0.5g 可溶性淀粉，加少量蒸馏水，边搅拌边加热至呈糊状，用热蒸馏水稀释至 100ml。

五、操作

1. 肝糜的制备[①]
将家兔或大白鼠放血处死，取出肝脏。用 0.9%NaCl 溶液洗去污血。用滤纸吸去表面的

---

① 肝糜必须新鲜制备，放置过久则会失去氧化脂肪酸的能力。

水分。称取肝组织 5g，煎成碎块，加入少量 0.9%NaCl 溶液，匀浆。再加入 0.9%NaCl 溶液至总体积为 10ml。

2．取 50ml 锥形瓶 2 只，编号，按表 53 加入试剂：

摇匀，至 43℃恒温水浴中保温 1.5h。保温毕，各加入 3ml 15%三氯乙酸溶液，在对照瓶中追加 2ml 正丁酸，摇匀，静置 15min 后过滤，收集滤液。

3．另取 50ml 锥形瓶 3 只，编号，按表 54 加入试剂：

表 53　肝糜的制备

试剂 瓶号	磷酸缓冲液 pH 7.6/ml	0.5mol/L 正丁酸/ml	H₂O/ml	肝糜/ml
1	3.0	2.0	—	2.0
2	3.0	—	2.0	2.0

表 54　脂肪酸的 β-氧化

试剂 瓶号	滤液 1/ml	滤液 2/ml	H₂O/ml	0.1mol/L 碘溶液/ml	10%NaOH 溶液/ml
Ⅰ（试验）	2.0	—	—	3.0	3.0
Ⅱ（对照）	—	2.0	—	3.0	3.0
Ⅲ（空白）	—	—	2.0	3.0	3.0

加毕，混匀，静置 10min，加入 10%盐酸溶液 3ml，用标准 0.01mol/L Na₂S₂O₃ 溶液滴定剩余的碘[①]。滴定至浅黄色时，加入 3 滴 0.5%淀粉液作指示剂。摇匀并继续滴到蓝色消失。记录滴定样品和对照所用的 Na₂S₂O₃ 溶液的体积，并计算样品中的丙酮含量。

六、计算

$$\text{肝糜催化生成的丙酮含量（mmol/g）} = (B-A) \times c \times \frac{1}{6}$$

式中　A：滴定试验管所消耗的 0.01mol/L Na₂S₂O₃ 溶液的体积（ml）；

　　　B：滴定对照管所消耗的 0.01mol/L Na₂S₂O₃ 溶液的体积（ml）；

　　　c：标准 Na₂S₂O₃ 溶液的浓度（mol/L）。

笔　记

七、注意事项

1．三氯乙酸作用是使肝匀浆的蛋白质、酶变性，发生沉淀。

2．在脂肪酸的 β-氧化步骤中，用碘瓶代替锥形瓶，可防止碘液挥发。

思考题

1．什么叫脂肪酸的 β-氧化？

2．本实验中催化脂肪酸的 β-氧化的酶是什么？

---

① 随加随滴定，不要三瓶都加好后，再一一滴定。Ⅱ、Ⅲ两瓶所耗 Na₂S₂O₃ 溶液之差，不应大于Ⅰ、Ⅱ两瓶所耗 Na₂S₂O₃ 溶液之差。

实验 94　发酵过程中无机磷的被利用 和 ATP 的生成（ATP 的生物合成）

一、目的

1. 了解 ATP 生物合成的意义。
2. 掌握无机磷的测定方法。
3. 掌握 DEAE-纤维素薄板层析法测 ATP 的形成。

二、原理

在适当条件下，酿酒酵母分解发酵液中的葡萄糖，释出能量。同时还利用无机磷，使 AMP 转变成 ATP，一部分能量即贮存于 ATP 分子中。

因此，在发酵过程中，可测得发酵液中的无机磷含量降低和 ATP 含量的上升。

三、实验器材

1. 酿酒酵母，新鲜酿酒酵母悬浮于蒸馏水中，离心，弃去上清液。如此用蒸馏水洗涤酵母数次，最后将洗净的酵母沉淀冷冻保存[①]。

2. AMP 粗制品：用纸电泳法测得 AMP 含量。

3. 量筒 50ml（×1）、100ml（×1）。

4. 烧杯 200ml（×1）。

5. 吸管 0.50ml（×2）、1.0ml（×2）、5.0ml（×1）、10.0ml（×1）。

6. 电子分析天平。

7. 恒温水浴锅。

8. 离心机 4000r/min。

9. 紫外可见分光光度计。

四、实验试剂

1. 2%三氯乙酸溶液：2g 三氯乙酸，溶于 100ml 蒸馏水。

2. 过氯酸溶液：0.8ml 过氯酸，加蒸馏水 8.4ml。

3. 阿米酚试剂：称取阿米酚 [amidol，二氢氯化-2,4-二氨基苯酚，分子式：$(NH_2)_2C_6H_3OH \cdot 2HCl$] 2g，与亚硫酸氢钠（$NaHSO_3$）40g 共同研磨，加蒸馏水 200ml，过滤后贮棕色瓶内备用。

4. 钼酸铵溶液：20.8g（NH_4）$_6Mo_7O_{24} \cdot 4H_2O$，溶于蒸馏水并稀释至 200ml。

5. 1mol/L KOH 溶液。

6. 1mol/L HCl 溶液。

7. ATP 溶液：称取 ATP 晶体（或粉末）50mg，溶于 5.0ml 蒸馏水，临用时配制。

8. DEAE-纤维素薄板：参见实验 64。

9. 1mol/L NaOH 溶液。

10. 0.05mol/L pH 3.5 柠檬酸钠缓冲液：见实验 64。

---

① 最好放在低温冰箱中冷冻结冰。经深冻的酵母，发酵效果较好。

五、操作

1．发酵

将 1g KH$_2$PO$_4$ 及 5.8g K$_2$HPO$_4$ 溶于 30ml 蒸馏水。另将 1g 100% AMP（按实际含量折算）溶于少量蒸馏水，倾入上述磷酸钾溶液内，用 6mol/L KOH 溶液调至 pH 6.5，加热至 37℃。

酵母 50g，用 90ml 蒸馏水稀释，加热至 37℃，倒入上述溶液中，再加 MgCl$_2$ 0.16g 及葡萄糖 5g，再加蒸馏水至 160ml，混匀，立即取样 1.0ml，分别测无机磷及 ATP 含量。此时测得的磷称为初磷。薄板层析图谱上只有 AMP 斑点，无 ATP 斑点。

每隔 30min 取样测定，至明显看出无机磷及 AMP 含量下降、ATP 含量上升即可（约 1.5～2h）。

2．发酵液样品处理

将所取之 1.0ml 样液置离心管中，立即加入 2%三氯乙酸溶液 4.6ml，摇匀，离心（3000r/min）10min。上清液用以测无机磷及 ATP 含量。

3．无机磷测定

吸取上清液 0.3ml 置于干试管内，加过氯酸溶液 8.2ml、阿米酚试剂[①]0.8ml、钼酸铵溶液 0.4ml，混匀，10min 后比色测定 A_{650nm}。

本实验无需求出无机磷的绝对量，故不作标准曲线。A_{650nm} 数值下即表示无机磷下降。一般情况下，当 A_{650nm} 下降至比初磷 A_{650nm} 小 0.2 单位时，发酵液中即有较多的 ATP。

4．DEAE-纤维素薄板层析法测 ATP 的形成

方法见实验 64，同时用 ATP 溶液作对照。

笔　记

六、注意事项

若 DEAE-纤维素放置时间过长，使用时可于 60℃ 以下烘干后再用。

 **思考题**

1. ATP 的生理功能是什么？
2. 本实验中有 ADP 生成吗？

---

① 阿米酚试剂为还原剂。如用抗坏血酸，效果不好。

第九章　综合实验

实验 95　肝素钠的分离提纯及含量测定

肝素（heparin）系动物体内含有的一种酸性黏多糖，因首先从犬的肝中提取而得名。它的主要生物学功能是抗凝血，除此之外，发现肝素还有澄清血脂的作用。随后的研究发现肝素还具有抗炎、抗过敏、抗肿瘤及抑制癌细胞转移等作用。

肝素广泛存在于哺乳动物组织中，如肠黏膜、十二指肠、肺、肝、心、胰脏、胎盘、血液等。肝素和大多数黏多糖一样，在体内作为和蛋白质结合的复合物存在，这种复合物无抗凝活性，但随着蛋白质的去除，其活性增加。

肝素属于生物大分子，在细胞内是与蛋白质结合在一起的，故称它为糖蛋白，其相对分子质量在 60 000～1 000 000 之间。由于制备过程的复杂以及工艺不同、动物种属不同，所得肝素化学结构均一性各不相同。肝素是一类化合物，相对分子质量在 3000～37 500 之间，平均相对分子质量为 15 000，因此肝素具有高度不均一性，不是单一物质。

肝素生产工艺有很多种，本实验介绍两种，供实验人员选择。用这两种工艺生产的肝素产品，其形式是肝素的钠盐——肝素钠（heparin sodium）。

实验 95.1　肝素钠粗制品的制备之（Ⅰ）——盐解法

一、目的

1. 学习掌握用 NaCl 水解肝素糖蛋白的方法。
2. 掌握树脂法提取肝素钠工艺。

二、原理

本实验用盐解法提取肝素。在生物体内肝素和蛋白质结合在一起，采用一定浓度的 NaCl，在偏碱性条件下，加上较高的温度，使肝素和蛋白质分离，再用离子交换树脂吸附、洗脱，最后用有机溶剂沉淀，干燥，得到肝素钠粗制品。

D-204 树脂是大孔苯乙烯系强碱性阴离子交换树脂，由于其特定的孔结构，对相对分子质量较大的肝素钠具有交换容量大、交换速度快、容易洗脱、物化性能稳定、机械强度高、易再生、使用寿命长等特点，被广泛用于肝素钠的提取。

三、实验器材

1. 新鲜猪肠黏膜[①]（亦可用新鲜猪肝、猪肺代替）。
2. D-204 树脂（强碱型大孔阴离子交换树脂）。
3. 恒温水浴锅。
4. 电子搅拌机。

[①] 肠黏膜的质量好坏直接影响到产品的得率和效价。腐败的肠黏膜还会阻塞树脂的孔径，使树脂的处理频率增加，交换吸附能力减弱，严重的甚至失去交换能力，因此必须采用新鲜的肠黏膜。

5．抽滤瓶 1000ml（×1）。

6．锦纶布（80 目、50 目）

7．布氏漏斗。

8．砂芯漏斗。

9．玻璃烧杯 1000ml（×1）、500ml

（×1）、250ml（×2）。

10．量筒 250ml（×2）。

11．玻璃层析柱 3cm×20cm（×1）。

12．真空干燥器。

四、实验试剂

1．30% NaOH：称取 30g NaOH，溶于 100ml 蒸馏水中。

2．NaCl（C.P.）。

3．95%乙醇（C.P.）。

4．2.0mol/L HCl：用浓盐酸按比例加入蒸馏水中稀释而成。

5．丙酮（C.P.）。

6．2.0mol/L NaOH：称取 8.0g NaOH，加入 100ml 蒸馏水，搅拌溶解即得。

7．无水乙醇（C.P.）。

8．五氧化二磷（C.P.）。

9．1.0mol/L NaCl 溶液：称取 58.5g NaCl 溶解于蒸馏水中并定容至 1000ml。

10．2.5mol/L NaCl 溶液：称取 146.25g NaCl 溶解于蒸馏水并定容至 1000ml。

五、操作

1．处理树脂

新鲜树脂，先用 95%乙醇浸泡，乙醇用量以浸没树脂量为准，浸泡时间为 10h；浸泡结束后，用蒸馏水多次洗涤树脂，去除乙醇后备用。

如果是使用过的树脂，可先根据树脂量，用 4 倍树脂体积量的 2.0mol/L HCl 浸泡，间歇搅拌 4h，用蒸馏水洗至 pH 6 左右。再用 4 倍体积量的 2.0mol/L NaOH 浸泡，间歇搅拌 4h，用蒸馏水洗至 pH 8 左右。再用 4 倍体积量的 2.0mol/L HCl 浸泡，间歇搅拌 4h，用蒸馏水洗至 pH 6 左右后备用。

2．碱-盐水解

取 500g 新鲜肠黏膜（总固体量在 5%）[①]，倒入 1000ml 烧杯中，滴加 30% NaOH 调 pH 9～9.5，放进恒温水浴锅中，开始加温，在肠黏膜内边搅拌边加入 25g NaCl，当温度升至 55℃时，停止升温，保温 2h，并间歇搅拌。保温期间，要不断检查温度和 pH 值，如有降低，要及时调整回开始反应值。

保温结束后，立即升温并开始搅拌，当升温至 95℃时，停止搅拌，保温 20h。用 80 目锦纶布放置布氏漏斗上面，下接抽滤瓶过滤，滤液冷却，备用。

3．树脂吸附

将过滤液冷却至 50～55℃时，用量筒量好体积；放入 500ml 烧杯中，按 5%的质量体积比（W/V），称一定量树脂加至滤液中，用搅拌机进行搅拌吸附，搅拌 4h，离子交换吸附结束。用 50 目锦纶布在布氏漏斗上面，接上抽滤瓶抽滤，弃去滤液。用蒸馏水将树脂清洗两次，最后浸泡于蒸馏水中。

---

① 如用猪肝或猪肺，则各需 250g 即可，用量筒量取 250ml 蒸馏水。将材料加少量水匀浆，剩余的蒸馏水再加入匀浆搅匀即可。

4．树脂的洗涤、洗脱

取清洗好的层析柱（3cm×20cm），固定在层析架上，将吸附好肝素的树脂装柱。再用蒸馏水洗涤，至流出液上下一致澄清为止。

用 2 倍柱床体积的 1.0mol/L NaCl 洗涤树脂柱。

最后用 2.5mol/L NaCl 洗脱，洗脱液用试管分部收集，用少量洗脱液加等体积 95%乙醇混匀，检查有无浑浊，如有浑浊，说明洗脱液中有肝素，集中收集。待洗脱液检测后无浑浊，停止收集。收集好的各管，用天青法（见实验 95.5）进行全面检测，将活性高的收集在一起，活性低的弃去。

5．有机溶剂沉淀、干燥

收集好的洗脱液，量好体积。按洗脱液体积 1.2 倍加入 95%乙醇，在 4℃低温下沉淀 12h，弃去上部的乙醇，加入少量蒸馏水溶解沉淀，量好体积，按体积的 4 倍加入 95%乙醇，沉淀 4h 后，将上清废乙醇除去，将沉淀放入砂芯漏斗上，用抽滤瓶抽气，把少量乙醇抽去，再加无水乙醇脱水两次，最后用丙酮脱水成粉末状，放置培养皿中，放在真空干燥器中抽真空使样品干燥，干燥器中放置五氧化二磷干燥剂。

笔　记

6．收集、测定

将干燥后的肝素钠样品称重，测定其生物活性（见实验 95.4）。

根据测定结果计算产品的质量和产品得率。

六、注意事项

1．猪肠黏膜如果固体量超过 10%，应先加水稀释至 8%～10%，否则影响水解过程，不利于提取和制备。

2．水解过程中，要严格控制好加盐量、温度和 pH 值。加盐过少，肝素和蛋白质分离不完全，加盐过多则会增加树脂吸附的负荷，减弱树脂的吸附能力；碱性过高，会使肝素降解破坏，收率下降。同时还能使一些蛋白质溶解度增大，造成后续过滤困难。碱性不足造成提取液偏酸，则在高温的情况下，肝素将迅速遭到破坏。

思考题

为什么 D-204 树脂在有 5% NaCl 的条件还能交换吸附肝素？

实验 95.2　肝素钠粗制品的制备之（Ⅱ）——酶解法

一、目的

1．学习掌握用酶水解的方法水解含肝素的生物材料。
2．掌握用树脂法提取肝素钠。

二、原理

本实验用酶水解法提取肝素。在生物体内肝素和蛋白质结合在一起，采用水解蛋白酶[①]（如：木瓜蛋白酶、枯草杆菌蛋白酶、胰蛋白酶等）水解。使蛋白和肝素分离，肝素释放进入

————————————

① 也可直接用胰脏。

提取液中，采用树脂法吸附，再对树脂进行洗涤、洗脱、收集，最后用有机溶剂沉淀、干燥，得到肝素产品。

D-204 树脂是大孔苯乙烯系强碱性阴离子交换树脂，由于其特定的孔结构，对相对分子质量较大的肝素钠具有交换容量大、交换速度快、容易洗脱、物化性能稳定、机械强度高、易再生、使用寿命长等特点，被广泛用于肝素钠的提取。

三、实验器材

1. 新鲜猪肠黏膜（亦可用新鲜猪肝、猪肺代替）。
2. D-204 树脂（强碱型大孔阴离子交换树脂）。
3. 恒温水浴锅。
4. 电子搅拌机。
5. 抽滤瓶 1000ml（×1）。
6. 锦纶布（80 目、50 目）。
7. 布氏漏斗。
8. 砂芯漏斗。
9. 玻璃烧杯 1000ml（×1）、500ml（×1）、250ml（×2）。
10. 量筒 250ml（×2）。
11. 玻璃层析柱 3cm×20cm（×1）。
12. 真空干燥器。

四、实验试剂

1. 30% NaOH：称取 30g NaOH，溶于 100ml 蒸馏水中。
2. NaCl（C.P.）。
3. 95%乙醇（C.P.）。
4. 2.0mol/L HCl：用浓盐酸按比例加入蒸馏水中稀释而成。
5. 丙酮（C.P.）。
6. 2.0mol/L NaOH：称取 8.0g NaOH，加入 100ml 蒸馏水，搅拌溶解即得。
7. 无水乙醇（C.P.）。
8. 五氧化二磷（C.P.）。
9. 1.0mol/L NaCl 溶液：称取 58.5g NaCl 溶解于蒸馏水中并定容至 1000ml。
10. 2.5mol/L NaCl 溶液：称取 146.25g NaCl 溶解于蒸馏水并定容至 1000ml。
11. 胰蛋白酶（或其他蛋白酶）。用粗制品即可。

五、操作

1. 处理树脂

新鲜树脂，先用 95%乙醇浸泡，乙醇用量以浸没树脂量为准，浸泡时间为 10h；浸泡结束后，用蒸馏水多次洗涤树脂，去除乙醇后备用。

如果是使用过的树脂，可先根据树脂量，用 4 倍树脂体积量的 2.0mol/L HCl 浸泡，间歇搅拌 4h，用蒸馏水洗至 pH 6 左右。再用 4 倍体积量的 2.0mol/L NaOH 浸泡，间歇搅拌 4h，用蒸馏水洗至 pH 8 左右。再用 4 倍体积量的 2.0mol/L HCl 浸泡，间歇搅拌 4h，用蒸馏水洗至 pH 5.4 左右后备用。

2. 酶水解

取 500g 新鲜肠黏膜（总固体量在 5%）[①]，倒入 1000ml 烧杯中，加入苯酚 1.0g（0.2%），

---

① 如用猪肝或猪肺，则各需 250g 即可，用量筒量取 250ml 蒸馏水。将材料加少量水匀浆，剩余的蒸馏水再加入匀浆搅匀可。

滴加 30% NaOH 调 pH 8.0，放进恒温水浴锅中，称 2.0g 胰蛋白酶加入（根据酶的纯度可适当减少或增加用量），开始加温，当温度升至 40℃时，停止升温，保温 3h，并间歇搅拌。保温期间，要不断检查温度和 pH 值，如有降低，要及时调整回开始反应值。

保温结束后，加入 30g NaCl（6%），立即升温并开始搅拌，当升温至 95℃时，停止搅拌，保温 20min。用 80 目锦纶布[①]放置布氏漏斗上面，下接抽滤瓶过滤，滤液冷却，备用。

3．树脂吸附

将滤液冷却至 50～55℃时，用量筒量好体积；放入 500ml 烧杯中用 2.0mol/L HCl 调 pH 至 5.4，按 5%的质量体积比（W/V），称一定量树脂加入滤液中，用搅拌机进行搅拌吸附，搅拌 4h，搅拌期间，不断调整 pH 在 5.4。离子交换吸附结束。用 50 目锦纶布在布氏漏斗上面，接上抽滤瓶抽滤，去掉废液。用蒸馏水将树脂清洗两次，最后浸泡于蒸馏水中。

4．树脂的洗涤、洗脱

取清洗好的层析柱（3cm×20cm），固定在层析架上，将吸附好肝素的树脂装柱。再用蒸馏水洗涤，至流出液上下一致澄清为止。

用 2 倍柱床体积的 1.0mol/L NaCl 洗涤树脂柱。

最后用 2.5mol/L NaCl 洗脱，洗脱液用试管分部收集，用少量洗脱液加等体积 95%乙醇混匀，检查有无浑浊，如有浑浊，说明洗脱液中有肝素，集中收集。待洗脱液检测后无浑浊，停止收集。收集好的各管，用天青法（见实验95.5）进行全面检测，将活性高的收集在一起，活性低的弃去。

5．有机溶剂沉淀、干燥

收集好的洗脱液，量好体积。按洗脱液体积 1.2 倍加入 95%乙醇，在 4℃低温下沉淀 12h，弃去上部的乙醇，加入少量蒸馏水溶解沉淀，量好体积，按体积的 4 倍加入 95%乙醇，沉淀 4h后，将上清废乙醇除去，将沉淀放入砂芯漏斗上，用抽滤瓶抽气，把少量乙醇抽去，再加无水乙醇脱水两次，最后用丙酮脱水成粉末状，放置培养皿中，放在真空干燥器中抽真空使样品干燥，干燥器中放置五氧化二磷干燥剂。

笔　记

6．收集、测定

将干燥后的肝素钠样品称重，测定其生物活性（见实验95.4）。

根据测定结果计算产品的质量和产品得率。

六、注意事项

在酶水解过程中，温度不能高于 40℃，否则，酶容易失去活性，影响实验结果。

思考题

1．在树脂提取过程中，为什么要调 pH 至 5.4，对提取结果有何益处？

2．用离子交换树脂吸附和洗脱过程中，分动态、静态两种，请分析两种状态的优缺点。

———

① 也用白棉布代替。

实验 95.3　肝素钠粗制品的纯化

一、目的

1. 了解两种纯化粗制品肝素的方法。
2. 掌握用氧化剂纯化肝素钠的方法。

二、原理

粗制品肝素钠含有很多杂质，如色素、少量蛋白质、其他多糖类。肝素属于硫酸黏多糖类，其性质稳定，一般在 pH 2～10 之间，温度 80℃，H_2O_2、$KMnO_4$ 氧化剂低浓度条件下，其分子结构不容易受到破坏，生物活性保持稳定。用这些条件处理粗品肝素，可得到比较纯的肝素精品。

三、实验器材

1. 粗品肝素钠，一般生物活性在 100U/mg 以下。
2. 恒温水浴锅。
3. 电子分析天平。
4. 抽滤瓶 1000ml（×1）。
5. 布氏漏斗。
6. 砂芯漏斗。
7. 烧杯 200ml（×2）。
8. 量筒 100ml（×2）。
9. 滤纸。
10. 真空干燥器。

四、实验试剂

1. 40% NaOH：称取 40g NaOH，加入 100ml 蒸馏水搅拌溶解即可。
2. NaCl（C.P.）。
3. 95%乙醇（C.P.）。
4. 2.0 mol/L HCl：吸取浓盐酸若干，按比例加入蒸馏水中。
5. 丙酮（C.P.）。
6. H_2O_2（C.P.）。
7. 4% $KMnO_4$ 溶液：准确称取 4.0g $KMnO_4$（C.P.）溶解于 100ml 蒸馏水中。
8. 滑石粉（C.P.）：将市售滑石粉浸泡于 3.0mol/L HCl 中 6～8h，用蒸馏水洗至 pH 7～8，放入烘箱中 180℃烘干备用。
9. 2% NaCl 溶液。
10. 五氧化二磷（C.P.）。

五、操作

粗品肝素钠氧化精制的方法有很多种，下面介绍两种。

（一）H_2O_2 法

1. 酸沉淀
用分析天平准确称取 5.0g 粗品肝素钠样品，放入 200ml 烧杯中，加入 2% NaCl 溶液 100ml

溶解；等全部溶解后，用 2.0mol/L HCl 调 pH 值至 1.5，搅拌均匀后，静置 2h。

2．离心

将沉淀好的样品倒入离心管中，离心（7000r/min，15min）；离心结束，弃去沉淀，留下上清液备用。

3．氧化

将离心后的上清液用量筒量好体积，按体积比加入 20%（V/V）的 H_2O_2，并不断搅拌，用 40% NaOH 调 pH 至 9.0，待溶液颜色变浅后，静置 2～3h；将溶液轻微震摇，赶去多余的 H_2O_2，在布氏漏斗上剪一圆形滤纸，用蒸馏水浸湿，铺上 0.5～1.0cm 厚处理好的滑石粉，先用蒸馏水洗一次，抽干。弃去废液。将氧化好的肝素钠溶液倒入布氏漏斗，过滤，记录滤液体积。

4．有机溶剂沉淀、干燥

将量好体积的肝素钠溶液中，加入 3 倍体积的 95% 乙醇，搅拌均匀，放置 4h；虹吸法去上清，用砂芯漏斗抽滤收集肝素钠，乙醇抽干后，加 1～2 倍体积的丙酮脱水 2 次，抽干丙酮，将肝素钠粉末用培养皿装好，放置真空干燥器内，底部放五氧化二磷干燥剂，抽真空干燥。

5．称重、测活性

待样品干燥后，称重量，记录。取样测生物活性（见实验 95.4）。

（二）$KMnO_4$ 法

1．称量、溶解

用分析天平准确称取 5.0g 粗品肝素钠样品，放入 200ml 烧杯中，加入 2% NaCl 溶液 100ml 溶解；等全部溶解后，用 40% NaOH 调 pH 值至 8.0，搅拌均匀后，放入 80℃ 水浴中加热。

2．氧化

当溶液温度达到 80℃ 时，按原肝素钠活性计算出总活性单位，以每一亿活性单位加入 0.5mol $KMnO_4$ 量为标准，加入一定体积的 4% $KMnO_4$ 溶液①，搅拌均匀，观察紫红色褪去的时间，如很快褪色，要适量补加 4% $KMnO_4$ 溶液，直到反应 30min 时褪色结束。在 80℃ 时保温 30min。

3．过滤、离心

保温结束后，接好布氏漏斗，铺两层滤纸，趁热过滤；将过滤后的溶液用 2.0mol/L HCl 调 pH 值至 6.0，静置 1～2h，倒入离心管中，离心（7000r/min，15min）；离心结束，弃去沉淀，留下上清液备用。

4．有机溶剂沉淀、干燥

将量好体积的肝素钠溶液中，加入 3 倍体积的 95% 乙醇，搅拌均匀，放置 4h；虹吸法去上清，用砂芯漏斗抽滤收集肝素钠，乙醇抽干后，加 1～2 倍体积的丙酮脱水，抽干丙酮，将肝素钠粉末用培养皿装好，放置真空干燥器内，底部放五氧化二磷干燥剂，抽真空干燥。

5．称重、测活性

待样品干燥后，称重量，记录。取样测生物活性（见实验 95.4）。

---

① 本实验肝素钠粗品按 100U/mg 计算，应有 500 000U，则加入 4% $KMnO_4$ 溶液 10.0ml。

六、注意事项

氧化剂的使用量要掌握准确，如果使用过量，可用适当的还原剂还原。在处理大量样品时，可先做小样试验，再做大样。

思考题

1. 用氧化剂纯化肝素的依据是什么？氧化剂中还有哪些能用于肝素纯化？

2. 除了本实验介绍的氧化法外，还有没有其他纯化肝素的方法？

实验 95.4　　肝素钠的生物测定法

一、目的

1. 了解肝素的生物活性及其意义。
2. 掌握肝素生物测定的一种方法。

二、原理

肝素在动物体内主要作用是抗凝血。因此，测定其抗凝血作用的大小来确定其生物效价，是所有测定方法的主要依据。中国药典 2010 年版给出了三种肝素生物测定方法：①兔全血法。②血浆复钙法。③APTT 法，即活化部分凝血活酶时间法。本实验主要介绍血浆复钙法。根据药典要求，肝素生物效价检验是用血浆法。血浆的种类很多；各个国家要求不同，美国用羊血浆，日本用牛血浆，我国药典要求用兔或猪血浆。参考美国的羊血浆法，结合实验教学情况，下面介绍肝素钠生物活性测定——羊血浆法。

在加有标准品和样品肝素的血浆试管中，重钙化后一定时间后，观察标准品和样品肝素加入管的凝固程度；如标准品和样品配制成相同浓度，在同体积、同温度条件下又得到相同的凝固程度。则说明它们生物活性相同，也就是说有同样的效价。以此来对比测定未知样品的效价。

三、实验器材

1. 恒温水浴锅。
2. 电子分析天平。
3. 试管 1.3cm×10.0cm（×46），配备试管塞。
4. 容量瓶 10ml（×4）。

四、实验试剂

1. 肝素钠标准品。中国药品生物制品鉴定所售。
2. 肝素钠样品。
3. 羊血浆。可购买也可自制，也可用兔、猪血浆代替。
4. 柠檬酸钠溶液 8%（W/V）：8.0 柠檬酸钠（A.R.）加生理盐水 100ml 溶解。
5. NaCl 溶液 0.9%（W/V）：称取 9.0g NaCl 溶解于 1000ml 蒸馏水中，又称生理盐水。
6. $CaCl_2$ 溶液：0.25%（W/V）：称取 5.0g $CaCl_2$ 溶解于 2000ml 0.9%NaCl 溶液中。

7．CaCl$_2$ 溶液：1.0%（W/V）：称取 5.0g CaCl$_2$ 溶解于 500ml 0.9%NaCl 溶液中。

五、操作

（一）实验前的准备

1．羊血浆制备

直接收集绵羊血于含有 8%柠檬酸钠的 250ml 锥形瓶中，比例为柠檬酸钠溶液：羊血＝1：19（V/V）。收集羊血时，轻轻摇动，到达刻度时，盖上塞子再翻转摇动，室温下 1500g 离心 15min，立即吸出血浆，分成若干份分装于适宜容器中，低温冻结贮存。

2．肝素钠标准品溶液制备

用分析天平准确称取肝素钠标准品 10.0mg，用生理盐水溶解，取 10.0ml 容量瓶定容至刻度，即成 1.0mg/ml。将此溶液作为储备液放冰箱冻存。当需要用时取储备液化冻，并按活性单位总量取出一定液体体积加入 10ml 容量瓶中，用生理盐水定容至刻度。浓度为 8.0U/ml。

3．肝素钠样品溶液制备

先将未知肝素钠样品按实验 95.5 的方法初步测定出化学效价，按这个初步效价估算后，用分析天平准确称取肝素钠样品 10.0mg，用生理盐水溶解，取 10.0ml 容量瓶定容至刻度，即成 1.0mg/ml。将此溶液按活性单位总量取出一定液体体积加入 10ml 容量瓶中，用生理盐水定容至刻度。浓度为 8.0U/ml。

（二）肝素钠活性测定

1．测定标准品肝素 1/2 凝固度所需大约体积数（$V_{1/2}$）

（1）调节好恒温水浴锅（37±1）℃，放好试管架，调好水位。

（2）取冷冻血浆一瓶，37℃水浴溶化，粗滤纸过滤。

（3）取 18 支试管，依次加入 80μl 到 250μl 标准液，以 10μl 加一级（即 80、90、100、110、…、250μl）。

（4）各管加入 1.0ml 过滤后的血浆。

（5）各管加入 0.8ml 0.25% CaCl$_2$ 溶液。

（6）盖好塞子，每管以同样方式倒转三次，混匀，并使整个管壁湿润。

（7）垂直放试管于 37℃水浴中且开始计时。

（8）1h 后一次取出所有试管，观察并记录凝固程度。

血浆凝固程度分五级，按下面标准决定。

① 完全凝固：溶液完全凝固，倒转试管并猛拍一下，凝块不从管壁脱落。

② 3/4 凝固度：溶液完全凝固，但倒转试管并猛拍一下，凝块从管壁脱落。

③ 1/2 凝固度：大约有一半体积的溶液凝固。

④ 1/4 凝固度：很少溶液是凝固的。

⑤ 0 凝固度：溶液完全流动。

（9）确定标准液 $V_{1/2}$ 大致体积（μl），如果 80～250μl 的所有管，出现全凝或全不凝现象，则该血浆不可用（应调整血浆浓度，见备注）。如果这系列中有全凝、全不凝，并带有较少流动管，则血浆可用。在这系列中出现的部分凝固（1/4，1/2，3/4）可记录该体积作为 $V_{1/2}$。如相邻两管是全凝和全不凝，可记录平均体积为 $V_{1/2}$。

2．样品测定

（1）取 28 支试管，按下列情况加入不同溶液；分四组，标准液两组，样品液两组；每组按（二）"1."项中求得的 $V_{1/2}$ 数作中点，上下每间隔 5μl 各做 3 管（即：$V_{1/2}+15\mu l$、$V_{1/2}+10\mu l$、$V_{1/2}+5\mu l$、$V_{1/2}$、$V_{1/2}-5\mu l$、$V_{1/2}-10\mu l$、$V_{1/2}-15\mu l$），也可根据具体情况在两端每间隔 5μl 延长管数。

（2）28 支试管均加入过滤的血浆 1.0ml。

（3）各管加 0.25% $CaCl_2$ 溶液 0.80ml。

（4）各管盖好，倒转三次混合并使内壁湿润，垂直放入 37℃水浴 1h。

（5）1h 后一次全部取出，检查各管凝固度并记录。

（6）确定每组标准液和样品液的 $V_{1/2}$ 体积（μl）。

① 如果测定系列中出现 1/2 凝固度则相应的肝素加入的体积（μl）即为 $V_{1/2}$ 体积。

② 如果测定系列中，相邻两管跳过 1/2 凝固度；如第一管全凝，第二管是 1/4，则应按下式推算其 $V_{1/2}$ 的体积：

$$V_{1/2}=相邻两管中大管的体积(\mu l)-\frac{相邻两管\mu l数之差\times(\frac{1}{2}-小凝固度)}{大凝固度-小凝固度}$$

六、计算

按上述测定标准品、样品的 $V_{1/2}$ 数代入下列公式进行计算：

$$每 \text{ mg } 肝素钠粉的生物效价单位（U/mg）=\frac{V_{stad}\times C_{stad}\times V}{V_{sam}\times W}$$

式中　V_{stad}：标准品 1/2 凝固度的肝素加入体积（μl）；

C_{stad}：标准品肝素溶液的浓度每 ml 单位数；

V_{sam}：测定样品 1/2 凝固度加入体积（μl）；

V：测定样品总体积（ml）；

W：测定样品称取的重量（mg）。

七、注意事项

制成的新鲜血浆，要做凝固试验，鉴定血浆的质量。取分离后的血浆 1.0ml 加入清洁试管中，再加入 0.2ml 1%$CaCl_2$ 溶液，混匀，静置 5min 后有凝块形成，则此批血浆可用。如此批血浆无凝块生成，则血浆不可用，弃去。

思考题

1. 血浆和血清的区别在哪里？
2. 影响血浆凝固的因素有哪些？
3. 血液的凝固和血浆的凝固有哪些不同？

実験 95　肝素钠的分离提纯及含量测定　225

実験 95.5　**肝素钠的定量测定**

一、目的

掌握用天青 A 染料比色法定量测定肝素的原理和方法。

二、原理

肝素是一种黏多糖，在多糖链上带有很多阴离子基团如磺酸基、羧基等，因而肝素具有强负电性，能与阳离子或带正电荷的分子结合生成复合物。

天青 A 染料是一种碱性染料，其结构式如下：

其正电荷部分能与肝素的阴离子结合，生成"肝素-天青 A"复合物，并能表现因光异色现象，即产生一种原来染料颜色不同的反应，这一反应的程度与肝素的结合量有一定关系。1967 年杰奎斯等在贝克曼 DK-2 分光光度计上利用天青 A 做肝素的定量测定，发现低浓度肝素在波长 505nm、pH 8.6 的条件下，肝素的浓度与光吸收值之间符合朗伯-比耳定律。

天青法测定肝素效价时，首先以肝素标准品作出吸光度与肝素浓度之间的标准曲线，然后测定样品的吸光度值，对照标准曲线，查算出样品的效价数。

三、实验器材

1．粗制肝素、精制肝素（参见实验 95.1、95.2）。
2．紫外可见分光光度计。
3．电子分析天平。
4．pH 计。
5．试管 1.5cm×18cm（×8）。
6．吸管 1.0ml（×5）、2.0ml（×2）、5.0ml（×3）。
7．容量瓶 250ml（×2）。

四、实验试剂

1．巴比妥缓冲液（pH 8.6，0.05mol/L）：将 1g 氢氧化钠溶于 50ml 加热至沸的蒸馏水中，即得 0.5mol/L NaOH 溶液。称取巴比妥（5,5-二乙基巴比妥酸）5.52g，溶于上述 0.5mol/L NaOH 溶液中，待完全溶解后，冷却，用蒸馏水稀释至 500ml，用 pH 计校正之。

2．西黄蓍胶溶液[①]（0.1%）：称取西黄蓍胶（医用、白色）0.5g，用少量蒸馏水使其分散，再用水稀释至 500ml，用滤纸过滤。

3．天青溶液：称取天青 I[②]（生物染料）0.5g，先用少量蒸馏水将其完全溶解，再稀释至 500ml。过滤，滤液（即贮液）保存于冰箱中，临用时，吸取贮液 5ml，加蒸馏水 25ml，混

---

①　西黄蓍胶具有稳定颜色的作用。质量差的西黄蓍胶不能用。如无优质西黄蓍胶，可省去，但显色后尽快比色，否则因颜色不稳定而造成较大误差。

②　天青 I 含 80%天青 A 和少量天青 B。

匀即得。

4．标准肝素溶液：准确称取一定量肝素标准品（药检部门供给），用蒸馏水配成 100 单位/ml，作为贮备液，置冰箱保存，测定时取贮备液 2.5ml 于 250ml 容量瓶内加水稀释至刻度，即成 1 单位/ml（也可配成 1～1.5 单位/ml）。

五、操作

1．标准曲线的绘制

取 1.5cm×18cm 试管（试管口径宜大，易使溶液混匀）6 支，编号，按表 55 进行操作。加入天青溶液前，应充分摇匀。加入天青溶液后，应立即摇匀，并用紫外可见分光光度计（505nm）测定其吸光度，零号管为空白。

重复三组，测定结果取平均值，以效价为横坐标，吸光度为纵坐标绘制标准曲线。

表 55　肝素钠的定量测定——标准曲线的绘制

试剂 \ 管号	0	1	2	3	4	5
肝素标准液/ml	0	0.5	1.0	1.5	2.0	2.5
蒸馏水/ml	2.5	2.0	1.5	1.0	0.5	0
巴比妥缓冲液/ml	0.5	0.5	0.5	0.5	0.5	0.5
西黄蓍胶溶液/ml	0.5	0.5	0.5	0.5	0.5	0.5
天青染料/ml	0.5	0.5	0.5	0.5	0.5	0.5
A_{505nm}						

2．样品测定

精确称取一定量（10～15mg）样品[1]，用蒸馏水溶解成含 1mg/ml 样品的溶液。再于 1 只 250ml 容量瓶中加 2.5ml 上述样液，加水稀释至刻度，即得含 10μg/ml 的测定液。吸取 1～2.5ml 测定液[2]置大口径试管内，再依次加入巴比妥缓冲液、西黄蓍胶溶液及天青溶液各 1ml，摇匀后，用 505nm 测吸光度。根据测定的吸光度值，从标准曲线上查出相应的单位数，按下式计算样品的效价 P[3]。

$$P = \frac{P_i V}{V_i m}$$

式中　P：肝素钠样品效价（单位/mg）；

P_i：测定样品的吸光度值在标准曲线上查出的单位数；

V：测定样品总体积（ml）；

V_i：测定时所用的样液体积（ml）；

m：样品称取质量（mg）。

---

① 肝素吸湿性很强，应用称量瓶减重法称取。

② 吸取测定液的量视样品中肝素效价而定，效价高的少吸，效价低的多吸。吸取的测定液不足 2.5ml 时，应加蒸馏水补足 2.5ml。

③ 肝素是具有抗凝血活性的药品，因此在药典中以抗凝活性（即效价）表示其质量。这里所计算出的生物效价是样品具有的抗凝活性相对量。

六、注意事项

这是一个黏多糖的定量测定，试剂中有西黄蓍胶，主要起稳定作用，短时间测定时可不加此种试剂。

 **思考题**

肝素是一种具有抗凝血活性的物质，请从文献中了解其在生物体内的作用并了解测定其生物活性的方法。

实验 96　用高效液相层析（HPLC）定量测定胰岛素中的氨基酸

HPLC 是利用样品中的溶质在固定相和流动相之间分配系数的不同，进行连续的无数次的分配而达到分离的过程。本实验所用层析为反相层析，层析固定相是"C18"，即十八烷基硅烷键合硅胶固定相（Octadecylsilyl，简称 ODS）。反相层析中，溶质按其疏水性大小进行分离，极性越大疏水性越小的溶质，越不易与非极性的固定相结合，所以先被洗脱下来。

氨基酸在柱前还需转化为适合于反相层析分离并能灵敏检测的衍生物，常用的柱前衍生试剂有邻苯二甲醛（ortho-phthaldialdehyde，OPA）、芴甲氧羰酰氯（fluorenylmethyl chloroformate，FMOC-Cl）等。这两种方法灵敏度均可达到 10^{-12}mol，由于柱前衍生反相高效液相层析比经典的柱后衍生阳离子交换层析提高了灵敏度，缩短了分离时间，而且保持高的分辨率，适用性很广，广泛应用于氨基酸以及多肽等相对分子质量较低的生物分子的分离和定量。

实验 96.1　胰岛素的酸水解

一、目的

学习蛋白质的酸水解方法。

二、原理

蛋白质的水解方法有很多，常用的有酸水解法，碱水解法和酶解法。酸水解法比较简单，因而被广泛采用。但酸水解将谷氨酰胺和天冬酰胺转变为相应的谷氨酸和天冬氨酸，且使色氨酸完全被破坏，因而无法测到这几种氨基酸的含量。

三、实验器材

1. 玻璃水解管：硬质玻璃，内径 0.5cm，长度 8cm。
2. 烘箱。
3. 容量瓶（5ml×1）。
4. 真空干燥器。

四、实验试剂

1. 胰岛素纯品（纯度＞98%）。
2. 6mol/L 盐酸-1%苯酚溶液。
3. 0.01 mol/L 的盐酸。

五、操作

准确称取 10.0mg 胰岛素置水解管中，加入 6mol/L 盐酸-1%苯酚溶液 500μl，充 N$_2$，封管，置于烘箱 105℃水解 24h。水解完毕，开管，在真空干燥器中抽去盐酸，加 200μl 蒸馏水，再抽干，重复 2 次以除尽盐酸，用 0.01mol/L 的稀盐酸定容至 5ml，待高效液相层析进行氨基酸分析。

笔　记

六、注意事项

1. 1%苯酚具有抗氧化的作用，在本实验中作为水解保护剂，防止不稳定的氨基酸降解。
2. 苏氨酸、丝氨酸、酪氨酸的得率随水解时间和温度不同而有所变化。在 105℃，水解 24h，得率分别为 90%，94%，97%，而在 150℃，水解 1h，它们的得率分别为 83%，87%，80%。

思考题

1. 蛋白质的水解方法有哪些？各有哪些利弊？
2. 本实验对蛋白质的纯度有什么要求？
3. 本实验利用酸水解蛋白质后，有哪些氨基酸被破坏，在后续的实验中无法检出？

实验 96.2　　用 HPLC 定量测定胰岛素水解产物中的氨基酸

一、目的

1. 学习氨基酸 OPA 和 FMOC-Cl 柱前衍生法的原理。
2. 学习氨基酸的定性定量测定方法。
3. 掌握高效液相层析仪及层析工作站的操作方法。

二、原理

目前在氨基酸分析中用得最多的是反相高效液相层析（reversed-phase high-performance liquid chromatography，RP-HPLC），它是基于分配层析的原理。反相层析是指流动相极性大于固定相极性的一类层析，常用的反相层析柱中的填料是在多孔硅胶上覆盖烷基链，如 C18 链、C8 链等，流动相为极性溶剂，如甲醇、乙腈等。反相层析中被分离的氨基酸按极性大小移动，极性越大移动越快。

本法系根据一级氨基酸，在巯基试剂存在下，首先与邻苯二甲醛（OPA）反应，生成 OPA-氨基酸；反应完毕后，加入 9-芴甲基氯甲酸甲酯（FMOC），剩余的二级氨基酸与 FMOC 继续反应，生成 FMOC-氨基酸，两次反应生成的氨基酸衍生物经反相高效液相色谱分离后用紫外或荧光检测，在一定的范围内其吸光值与氨基酸浓度成正比。本方法的线性浓度范围为 0.025～2.5mol/L。

高效液相层析仪系统一般由如下部分组成：①贮液器；②脱气装置；③层析柱及柱温箱；④层析泵；⑤进样器/进样阀；⑥检测器。

三、实验器材

1. 岛津 SPD-M20A VP 型高效液相层析仪。
2. 移液器。
3. 电子天平。
4. 恒温水浴锅。
5. 层析柱：Hypersil GOLD C18（十八烷基硅烷键合硅胶为填充剂，150mm×4.6mm，3μm）。
6. 微量注射器（20μl，50μl）。

四、实验试剂

1. 胰岛素水解液。
2. 混合氨基酸标准溶液：市售 17 种氨基酸混合对照品溶液（浓度为 1mmol/L）。
3. 0.4mol/L 硼酸盐缓冲液（pH 10.4）：取硼酸 24.73g，加 800ml 蒸馏水溶解，用 40%氢氧化钠溶液调 pH 至 10.4，然后加水稀释至 1000ml。
4. OPA 溶液：取 OPA 80mg，加 0.4mol/L 硼酸盐缓冲液（pH 10.4）7ml，加乙腈 1ml、3-巯基丙酸 125μl，混匀。
5. FMOC 溶液：取 FMOC-Cl 40mg，加乙腈 8ml 溶解。
6. 流动相 A：称取乙酸钠 7.5g，加水 4000ml 溶解，加三乙胺 800μl，四氢呋喃 24ml，混匀，用 2%乙酸调 pH 至 7.2。流动相 B：称取乙酸钠 10.88g，加水 800ml 溶解，用 2%乙酸调 pH 至 7.2，加乙腈 1400ml，甲醇 1800ml，混匀。

五、操作

1. 衍生化反应：精确量取混合氨基酸标准溶液 50μl，置一 1.5ml 塑料离心管中，精确加入 0.4mol/L 硼酸盐缓冲液（pH 10.4）250μl，混匀，精确加入 OPA 溶液 50μl，混匀，放置 30s，精确加入 FMOC 溶液 50μl，混匀。

另精确量取胰岛素水解液溶液 50μl，置一 1.5ml 塑料离心管中，与混合氨基酸标准溶液同样操作，进行衍生化反应。

2. 学习开机、配制流动相、脱气、洗针、进样、清洗阀件、使用工作站等操作。
3. 层析条件：柱温为 40℃；检测波长为 338nm（一级氨基酸），262nm（二级氨基酸）。各氨基酸峰间的分离度均应大于 1.0。
4. 混合氨基酸标准溶液测定，精确量取混合氨基酸标准溶液 20μl 注入高效液相层析仪，记录层析图（图 28）。
5. 胰岛素水解液氨基酸测定，测定方法同混合氨基酸标准溶液的测定，记录层析图。

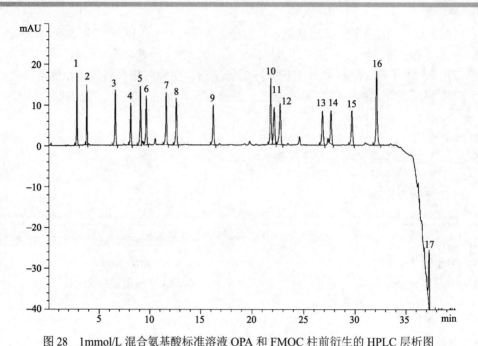

图 28   1mmol/L 混合氨基酸标准溶液 OPA 和 FMOC 柱前衍生的 HPLC 层析图

1. L-天冬氨酸（L-Asp）；2. L-谷氨酸（L-Glu）；3. L-丝氨酸（L-Ser）；4. L-组氨酸（L-His）；5. L-甘氨酸（L-Gly）；
6. L-苏氨酸（L-Thr）；7. L-精氨酸（L-Arg）；8. L-丙氨酸（L-Ala）；9. L-酪氨酸（L-Tyr）；10. L-胱氨酸（L-Cys）；
11. L-缬氨酸（L-Val）；12. L-甲硫氨酸（L-Met）；13. L-苯丙氨酸（L-Phe）；14. L-异亮氨酸（L-Ile）；
15. L-亮氨酸（L-Leu）；16. L-赖氨酸（L-Lys）；17. L-脯氨酸（L-Pro）

笔　记

六、数据分析

1. 根据标准层析图的峰面积计算 17 种氨基酸荧光衍生物的摩尔吸光系数。

2. 对待测胰岛素水解液进行氨基酸定性分析。

3. 根据待测胰岛素水解液的氨基酸峰面积和混合氨基酸标准氨基酸的摩尔吸光系数计算胰岛素中氨基酸的含量。

七、注意事项

1. 由于 OPA-氨基酸不稳定，因此衍生后应立即进行分离测定。

2. 本方法的衍生过程也可由自动进样器完成。

思考题

1. 除了 OPA 和 FMOC-Cl 柱前衍生法外，还有哪些柱前及柱后衍生法？它们各有什么优缺点？

2. 为什么本实验中要采用 17 种标准氨基酸混合物？

实验 97　维生素 C 对过氧化氢（H_2O_2）诱导的小鼠巨噬细胞氧化损伤的保护作用

　　巨噬细胞（macrophages）是一种位于组织内的白细胞，源自单核细胞，而单核细胞又来源于骨髓中的前体细胞。巨噬细胞和单核细胞皆为吞噬细胞，在脊椎动物体内参与先天性免疫和细胞免疫。它们的主要功能是以固定细胞或游离细胞的形式对细胞残片及病原体进行噬菌（即吞噬以及消化），并激活淋巴细胞或其他免疫细胞，令其对病原体做出反应。

　　自由基广泛存在于生物体内，正常情况下对机体起保护作用，如白细胞常常在感染时产生并释放自由基，消灭外来有害物质。同时机体也存在一整套自由基清除系统，消除过多的自由基以保持动态平衡。但产生的自由基超过机体的清除能力时，可对机体自身组织和细胞起到破坏作用。

　　维生素 C 可作为抗氧化剂，使人体免受自由基的侵害，防止毒素及食物和环境中一些化合物所致的毒害。本实验从维生素 C 抗氧化损伤的角度，致力于揭示其对巨噬细胞的保护作用的分子机制。

实验 97.1　　小鼠腹腔巨噬细胞的收集与培养

一、目的

掌握小鼠腹腔原代巨噬细胞的分离收集方法和培养方法。

二、原理

　　巨噬细胞属不繁殖细胞群，在条件适宜下可生活 2～3 周多用做原代培养，不易长期生存。培养巨噬细胞可用各样方法和各种来源来获取细胞，目前以小鼠腹腔取材法最为实用，而目前获取小鼠巨噬细胞的方法有两种。一种是直接用培养液灌洗实验动物腹腔，从腹腔灌洗液中分离巨噬细胞；还有一种方法向动物腹腔中注射刺激物（如牛血清，淀粉，糖原，脂多糖，矿物油，PRMI1640 培养液等），这样使机体产生大量巨噬细胞后再腹腔灌洗。但由于许多刺激物能激活巨噬细胞，而被激活的巨噬细胞大量吞噬刺激物，由此得到的巨噬细胞培养用于培养时，细胞中的刺激物不能很快被消化而残留在细胞中，影响细胞代谢，同时也不能很好地模拟体内环境。因此我们直接用培养液灌洗实验动物腹腔，从腹腔灌洗液中分离巨噬细胞。

三、实验器材

1. 小白鼠（6 周雌性）。
2. 无菌操作台、手术刀、解剖剪、解剖镊、止血钳。
3. 注射器（5ml）、试管、培养皿、6 孔培养板等。
4. 二氧化碳培养箱。
5. 生物显微镜。
6. 高速冷冻离心机。
7. 低温冰箱。

四、实验试剂

1. 胎牛血清（GIBCO）。
2. PRMI1640 培养基。
3. 磷酸盐缓冲液（phosphate buffer saline，PBS）。
4. D-Hanks 液。
5. 青霉素、链霉素。
6. 75%乙醇。

五、操作

1. 以颈椎脱臼法处死小鼠。手提鼠尾将其全浸入 75%乙醇中 5min，倒立小鼠并向腹腔内注射预冷至 4℃的 PRMI1640 培养液 5ml（注意针尖勿伤及内脏），仰卧平放并轻揉小鼠腹部 2～3min，静置 5～7min。

2. 置小鼠于解剖台，用针头固定四肢，在腹股沟区作一横切口，撕裂皮肤以完全暴露出腹膜壁，但勿伤及腹膜壁，用 75%乙醇冲洗腹膜壁。

3. 用手指从两侧压揉腹膜壁，使液体在腹腔内流动，并促使巨噬细胞从腹腔的浆膜表面释放，形成细胞悬液。

4. 用针头轻挑起腹壁并微倾向一侧，使腹腔中液体集中于针头下吸取入针管内。小心拔出针头，把腹腔液注入预冷的培养瓶内。

5. 常规计数细胞。每只鼠可产生 2×10^6～3×10^6 个/ml 细胞，其中 90%为巨噬细胞。取少量细胞悬液做 Giemsa 染色，在光镜下观察以鉴定是否是巨噬细胞。

6. 将细胞悬液于 4℃、1000r/min 离心 10min，弃上清，放入培养瓶中，将培养瓶中细胞用 4℃ D-Hanks 液洗 2 次，再用 RPMI1640 培养液于 37℃、5% CO_2 下培养 2h。弃上清，用 D-Hanks 液洗涤 2 次以洗去未贴壁细胞，贴壁的细胞则主要是巨噬细胞。然后换下培养用含 10%小牛血清的 RPMI 1640 培养液继续培养，此时将得到接近纯净的巨噬细胞。

7. 继续培养细胞留作后续实验用，方法同综合实验 103。

笔　记

六、注意事项

选择 6 周龄的小鼠是因为此年龄小鼠能产生最多的巨噬细胞。

思考题

1. 如何进一步确定使用本方法分离得到原代细胞中巨噬细胞的百分比？
2. 原代细胞与细胞株的区别有哪些？
3. 巨噬细胞的主要功能是什么？

实验 97.2　MTT 法测定巨噬细胞死亡率

一、目的

1. 掌握 MTT 法测定细胞死亡率的方法。

2．研究过氧化氢对巨噬细胞的毒性和维生素 C 的解毒能力。

二、原理

MTT 全称为 3-（4,5）-dimethylthiahiazo（-z-y1）-3,5-di-phenytetrazoliumromide，是一种黄颜色的染料。活细胞线粒体中琥珀酸脱氢酶能够代谢还原 MTT，同时在细胞色素 C 的作用下，生成蓝色（或蓝紫色）不溶于水的甲臜（formazan），甲臜的多少可以用酶标仪在 570nm 处进行测定。在通常情况下，甲臜生成量与活细胞数成正比，因此可根据光密度 OD 值推测出活细胞的数目。由于死细胞中不含琥珀酸脱氢酶，因此加入 MTT 不会有反应。

三、实验器材

1．细胞培养所需器材。
2．酶联免疫监测仪。

四、实验试剂

1．MTT 试剂（5mg/ml）：称取 MTT 0.5g，溶于 100ml PBS 或无酚红的培养基中，用 0.22μm 滤膜过滤以除去溶液里的细菌，置 4℃避光保存即可。
2．二甲基亚砜（dimethyl sulfoxide，DMSO）。
3．细胞培养所需试剂。

五、操作

1．接种细胞：用含 10%胎小牛血清的培养液配成单个细胞悬液，以每孔 1000～10 000 个细胞接种到 96 孔板，每孔体积 180μl。
2．加样：待细胞贴壁后（一般 4～6h），按照表 56 分组（一般每组至少 5 孔细胞）加入不同过氧化氢和维生素 C。
3．呈色：每孔加 MTT 溶液 20μl。
4．继续孵育 4h，终止培养，小心吸弃孔内培养上清液，对于悬浮细胞需要离心后再吸弃孔内培养上清液。每孔加 150μl DMSO，振荡 10min，使结晶物充分溶解。
5．比色：选择 490nm 波长，在酶联免疫监测仪上测定各孔光吸收值，记录结果。

表 56　加样操作表

组别	过氧化氢组	阴性对照组	维生素 C 对照组	维生素 C 组
20mmol/L H₂O₂/μl	10	0	0	10
PBS/μl	0	10	10	0
培养 2h				
1mmol/L 维生素 C/μl	0	0	10	10
PBS/μl	0	10	0	0
培养 4h				

六、计算

以阴性对照组的 OD₄₉₀ 为 100%，分别计算各组存活细胞的相对百分比，注意统计同组内的差异。

七、注意事项

1．选择适当的细胞接种浓度。

2．避免血清干扰：一般选小于 10%的胎牛血清的培养液进行实验。在呈色后尽量吸尽孔内残余培养液。

3．设空白对照：与实验平行不加细胞只加培养液的空白对照。其他实验步骤保持一致，最后比色以空白调零。

思考题

1．根据实验结果分析过氧化氢对巨噬细胞的毒性和维生素 C 的解毒能力。

2．除了 MTT 法以外还有哪些方法可以用于检测细胞的生存率？

实验 97.3　活性氧检测试剂盒探测细胞内活性氧的水平

一、目的

1．掌握活性氧检测试剂盒检测细胞内活性氧的水平的方法。

2．研究过氧化氢对巨噬细胞的氧化损伤和维生素 C 的抗氧化能力。

二、原理

活性氧检测试剂盒（reactive oxygen species assay kit）是一种利用荧光探针 DCFH-DA 进行活性氧检测的试剂盒。DCFH-DA 本身没有荧光，可以自由穿过细胞膜，进入细胞内后，可以被细胞内的酯酶水解生成 DCFH。而 DCFH 不能通透细胞膜，从而使探针很容易被装载到细胞内。细胞内的活性氧可以氧化无荧光的 DCFH 生成有荧光的 DCF。检测 DCF 的荧光就可以知道细胞内活性氧的水平。

三、实验器材

1．细胞培养所需器材。

2．荧光分光光度计。

3．荧光共聚焦显微镜（可选）。

四、实验试剂

1．活性氧检测试剂盒。

2．细胞培养所需试剂。

五、操作

1．接种细胞：用含 10%胎小牛血清的培养液配成单个细胞悬液，以 10^5 个/ml 细胞浓度接种到 6 孔板，每孔体积 1.8ml。

2．原位装载探针：本方法仅适用于贴壁培养细胞。按照 1∶1000 用无血清培养液稀释

DCFH-DA，使终浓度为 10μmol/L。去除细胞培养液，加入适当体积稀释好的 DCFH-DA。加入的体积以能充分盖住细胞为宜，通常对于六孔板的一个孔加入稀释好的 DCFH-DA 不少于 1ml。37℃细胞培养箱内孵育 20min。用无血清细胞培养液洗涤细胞三次，以充分去除未进入细胞内的 DCFH-DA。加入正常含血清的培养基。

3．加样：按照表 57 分组（一般每组至少 5 孔细胞）加入不同过氧化氢和维生素 C。

表 57　加样操作表

组别	过氧化氢组	阴性对照组	维生素 C 对照组	维生素 C 组
20mmol/L H₂O₂/μl	100	0	0	100
PBS/μl	0	100	100	0
		正常培养 0.5h		
1mmol/L 维生素 C/μl	0	0	100	100
PBS/μl	100	100	0	0
		正常培养 2 h		

4．对于原位装载探针的样品可以用激光共聚焦显微镜直接观察。

5．收集细胞后用荧光分光光度计、荧光酶标仪（488nm 激发波长，525nm 发射波长）测定各组荧光值。

六、计算

以阴性组荧光值为 100%，分别计算各组活性氧含量的相对百分比，注意统计同组内的差异。根据实验结果，分析过氧化氢对巨噬细胞活性氧水平的影响及维生素 C 是否具有缓解作用。

七、注意事项

笔　记

1．探针装载后，一定要洗净残余的未进入细胞内的探针，否则会导致背景较高。

2．探针装载完毕并洗净残余探针后，可以进行激发波长的扫描和发射波长的扫描，以确认探针的装载情况是否良好。

3．尽量缩短探针装载后到测定所用的时间（刺激时间除外），以减少各种可能的误差。

4．实验操作时，应穿实验服并戴一次性手套。

思考题

1．用过氧化氢刺激巨噬细胞会引起 ROS 的升高吗？为什么？

2．根据实验结果讨论维生素 C 是否影响了由过氧化氢引起的巨噬细胞释放 ROS？为什么？

实验 97.4　NO 和 NO 合成酶活性的测定

一、目的

掌握细胞 NO 和 NO 合成酶活性测定的方法。

二、原理

一氧化氮（NO）是组织内常见的氧化自由基，高度活跃。少量 NO 可以维持机体正常的生理需求，而大量的 NO 会对组织细胞造成氧化损伤。一氧化氮合成酶（nitric oxide synthase，NOS）是体内主要的 NO 合成限速酶。NO、NO 合成酶试剂盒采用了可以穿透细胞膜的最新一代荧光检测探针 DAF-FM DA（3-amino，4-aminomethyl-2′，7′-difluorofluorescein diacetate），在提供充足的底物的条件下检测细胞内的一氧化氮合成酶可以催化产生的一氧化氮量，从而检测出一氧化氮合成酶的活性。

三、实验器材

1. 荧光酶标仪。
2. 细胞培养所需器材。

四、实验试剂

1. Griess 试剂。A 液：对氨基苯磺酸 0.5g，用 10%稀乙酸溶解并定容至 150ml。B 液：α-萘胺 0.1g，加蒸馏水 20ml，用 10%稀乙酸溶解并定容至 150ml。
2. 一氧化氮合成酶检测试剂盒。
3. 细胞培养所需试剂。

五、操作

1. 接种细胞：用含 10%胎小牛血清的培养液配成单个细胞悬液，以 10^5 个/ml 细胞浓度接种到 96 孔板，每孔体积 180μl。
2. 加样：按照表 58 分组（一般每组至少 5 孔细胞）加入不同过氧化氢和维生素 C。

表 58　加样操作表

	过氧化氢组	阴性对照组	维生素 C 对照组	维生素 C 组
20mmol/L H$_2$O$_2$/μl	10	0	0	10
PBS/μl	0	10	10	0
		正常培养 2h		
1mmol/L 维生素 C/μl	0	0	10	10
PBS/μl	10	10	0	0
		正常培养 2,4,16h		

3. Griess 试剂法检测 NO 的含量：取 100μl 的上述细胞的培养上清液，加入共 100μl 等体积的 Griess 试剂 A 和 Griess 试剂 B 在常温下反应 10min；将反应后的产物转移到酶标条内，在酶标仪上检测 540nm 下的吸光度值。

4. 试剂盒法测定 NOS 活性：将操作 2 中的细胞，吸尽培养液，加入 100μl NOS 检测缓冲液。再加入 100μl 检测反应液，轻轻混匀。37℃细胞培养箱内孵育 20~60min。直接取该 96 孔板用荧光酶标仪检测。以没有细胞的孔为空白对照，激发波长为 495nm，发射波长为 515nm。

六、计算

1. 以过氧化氢组的吸光度值为 100%，其他各组的吸光度值与之比较得到相对百分比，用柱状图比较各组的 NO 相对百分比。

$$相对百分比 = A_{540}/A_{540}（过氧化氢组）\times 100\%$$

2．NOS 活性，以过氧化氢组的荧光值为 100%，其他各组的荧光值与之比较得到相对百分比，用柱状图比较各组的 NOS 活性。

$$相对百分比 = F_{515}/F_{515}（过氧化氢组）\times 100\%$$

七、注意事项

笔　记

1．RPMI 1640 等含有较高浓度硝酸盐的培养液容易对本试剂盒的检测产生干扰，请尽量避免。

2．由于检测过程中有还原反应，凡是影响还原反应的氧化或还原试剂要注意避免，例如常用的还原剂 DTT 和巯基乙醇。

3．DAF-FM DA 在 4℃、冰浴等较低温度情况下会凝固而粘在离心管管底、管壁或管盖内，可以 20～25℃水浴温育片刻至全部溶解后使用。

4．实验操作时，应穿实验服并戴一次性手套。

思考题

1．NO 和 NOS 在体内有哪些正常的生理功能？

2．NOS 在小鼠体内还有哪些亚型？各有什么特点？

3．Griess 法测定 NO 的浓度范围是什么？该方法的局限性有哪些？

4．综合上述实验，试说明维生素 C（V_C）对过氧化氢（H_2O_2）诱导的小鼠巨噬细胞氧化损伤是否有保护作用？

实验 98　酵母醇脱氢酶的提纯及其性质的研究

醇脱氢酶（alcohol dehydrogenase，ADH）是生物体内重要的氧化还原催化剂之一，在生物催化、生物医学领域都有较为广泛的应用。生物体内的很多醇类代谢都是通过醇脱氢酶催化完成的。醇脱氢酶来源广泛，种类繁多，可按肽链长度分为短链、中链、长链醇脱氢酶，所含肽链氨基酸残基数分别为 250、375 和 600～750，酵母醇脱氢酶（yeast alcohol dehydrogenase，YADH）是其中研究和应用最为广泛的一种。酵母醇脱氢酶以 NAD$^+$/NADH 为辅酶，可逆催化醇和醛/酮之间的氧化还原反应。酵母醇脱氢酶为四聚体，单个亚基肽链含 347 个氨基酸残基，亚基相对分子质量为 35 000。

实验 98.1　酵母醇脱氢酶的提纯

一、目的

1．学习和掌握醇脱氢酶提纯的原理和方法。

2．掌握醇脱氢酶活力的测定方法。

二、原理

以酵母为原料，利用热变性、有机溶剂沉淀蛋白质等方法，提取具有一定纯度的酵母醇脱氢酶。在提纯过程中，每经一步提纯处理，都需测定酶蛋白质含量和活力，并计算比活力[①]。唯有比活力提高了，才证明所用提纯措施有效，酶制剂的纯度提高了。

醇脱氢酶的辅酶 NAD[②]，它能催化乙醇脱氢变成乙醛，脱下的氢则使 NAD$^+$ 还原。

$$CH_3CH_2OH + NAD^+ \rightleftharpoons CH_3CHO + NADH + H^+$$

当有过量醇存在时，NAD$^+$ 被还原的速率与酶活力成正比，酶活力越高，单位时间产生的 NADH 越多。NADH 对 340nm 紫外线有较强吸收，NAD$^+$ 无此能力，因此可用测定 A_{340} 的方法测得反应体系中 NADH 含量，从而得知酶活力的大小。

本实验用 Folin-酚试剂法测定蛋白质含量（参见实验 29）。

三、实验器材

1. 干酵母粉：将鲜酵母分散成小块，放在搪瓷盘吹干。干燥后，研磨成粉末（80 目）。
2. 烧杯 250ml（×1）、150ml（×2）。
3. 吸管 0.1ml（×3）、0.5ml（×3）、1ml（×3）、2ml（×2）、5ml（×2）。
4. 量筒 2000ml（×1）、250ml（×1）。
5. 容量瓶 100ml（×1）、250ml（×1）、100ml（×1）。
6. 试管 1.5cm×15cm（×5）。
7. 恒温水浴锅。
8. 托盘天平。
9. 电子天平。
10. 离心机（5000r/min）。
11. 紫外可见分光光度计。

四、实验试剂

1. 3mol/L 乙醇溶液：量取无水乙醇（相对密度：0.789，相对分子质量：46.07）174.6ml，加蒸馏水稀释 1000ml。

2. 0.06mol/L 焦磷酸钠溶液（pH 8.5）：称取焦磷酸钠（Na$_4$P$_2$O$_7$·10H$_2$O）26.76g，溶于蒸馏水，稀释至 1000ml。

3. 0.0015mol/L NAD 溶液：称取 NAD 0.0995g（NAD 相对分子质量：663.44）溶于蒸馏水并稀释至 100ml。

4. 0.01mol/L 磷酸氢二钾溶液：溶 1.74g K$_2$HPO$_4$ 于蒸馏水并稀释至 1000ml。

5. 丙酮（A.R.）。

6. 0.066mol/L 磷酸氢二钠溶液：溶 9.37g Na$_2$HPO$_4$ 于蒸馏水并稀释至 1000ml。

五、操作

1. 酵母醇脱氢酶的提纯

（1）粗提

置 20g 干酵母粉于 250ml 烧杯中，加 0.066mol/L Na$_2$HPO$_4$ 溶液 80ml，37℃水浴锅保温 2h，不断搅拌。再于室温提取 3h，离心 20min（4000r/min）取上清液 2ml，测定蛋白质含量及酶活力，其余上清液量得体积后，倾于 150ml 烧杯中。

---

① 本实验比活力＝活力单位数/mg 蛋白质。

② 以 NAD 为辅酶的醇脱氢酶，它只作用于一级醇、二级醇和半缩醛脱氢，动物醇脱氢酶还能催化环一级醇脱氢、酵母醇脱氢酶无此活力。另有以 NADP 为辅酶的醇脱氢酶，它只作用于一级醇。

（2）热变性沉淀杂蛋白

将上清液 55℃保温 15～20min，不断慢速搅拌。保温毕，立即置冷水中冷却，离心 20min（4000r/min）。吸取上清液 2ml，测蛋白质含量及酶活力。其余上清液量得体积后，倾于烧杯中。

（3）有机溶剂沉淀杂蛋白

将上清液置盐冰浴中降温至-2℃以下，按 100ml 上清液加 50ml 丙酮的比例加入预先冷至-2℃以下的丙酮，边加边搅。加毕，放置片刻，低温离心（0℃，4000r/min）。吸取上清液 2ml，测蛋白质含量及酶活力。其余上清液量得体积后，倾入已置于盐冰浴的烧杯中。

（4）有机溶剂沉淀酶蛋白

按 100ml 上清液加 55ml 丙酮的比例，逐滴加入冰冷之丙酮，使溶液保持-2℃以下。待沉淀完全后，低温离心 15min（0℃，4000r/min）。弃去上清液，沉淀溶于少量蒸馏水，转移至透析袋内，对冷水透析 3h（在冰箱中进行）。离心除去沉淀，上清液即为达到一定纯度的醇脱氢酶制剂[①]。

２．蛋白质浓度的测定

吸取 1、2、3 步骤所取的样液及最后制得的酶制剂 0.5ml，用蒸馏水稀释 100～200 倍[②]。

将 5 支干净试管编以 0、1、2、3、4 号。0 号管作空白试验，加入 1.0ml 蒸馏水，其余 4 管分别加入已稀释的样液或酶制剂 1.0ml。各管均加 Folin-酚试剂 A 4.0ml，室温放置 10min，再加 Folin-酚试剂 B 0.5ml，摇匀，30min 后，比色测定各管 A_{500nm}，对照标准曲线（参见实验 29）求得各样液及酶制剂的蛋白质浓度。

３．酶活力测定

样液及酶制剂均需用 0.01mol/L K_2HPO_4 溶液稀释，稀释倍数如下：

V（粗提取液）：V（K_2HPO_4）＝1：4；

V（热变性去杂蛋白样液）：V（K_2HPO_4）＝1：9；

V（有机溶剂去杂蛋白样液）：V（K_2HPO_4）＝1：9；

V（酶制剂）：V（K_2HPO_4）＝1：9。

吸取 0.06mol/L 焦磷酸钠溶液 0.5ml、3mol/L 乙醇溶液 0.1ml、0.0015mol/L NAD 溶液 0.1ml、蒸馏水 2.2ml 置于石英比色杯中（容量 4ml），加入已稀释的样液或酶制剂 1ml，立即混匀，测定 A_{340}，以后每隔 15s 测 1 次，直至 A_{340} 不变，记下反应时间和 A_{340} 读数。

于另一石英比色杯中，以蒸馏水代替底物，作空白试验。每分钟 A_{340} 增加 0.001 为 1 活力单位。

４．结果

将测得数据或计算结果填入表 59。提纯酶时，常用此表，它反映了所采用的每一提纯步骤的效果。

表 59　醇脱氢酶的提纯

提纯步骤	总体积/ml, A	蛋白质浓度/(mg/ml), B	蛋白质总量/mg, C	酶活力/U, D	总活力/U, E	比活力/(U/mg), F	回收率/% 蛋白质, G	酶活力, H
1.粗提								100
2.热变性去除杂蛋白								
3.有机溶剂去除杂蛋白								
4.有机溶剂沉淀杂蛋白								

注：$C=A\times B$，$E=A\times D$，$F=D/B$。

[①]　此制剂已无 NAD。
[②]　可按具体情况决定稀释倍数。

六、注意事项

1. 透析袋使用前一般需要进行预处理，处理方法如下：①将透析袋剪成适当长度（10~20cm）的小段，置于大量 2% $NaHCO_3$、1mmol/L EDTA（pH 8.0）中煮沸 10min。②用蒸馏水将透析袋彻底清洗，然后置于蒸馏水中煮沸 10min（或将透析袋置于充满水的容器中，高压灭菌 10min）。③冷却后，4℃存放于水（或 20%乙醇）中，必须确保透析袋始终浸没在溶液内。使用前须检漏，并用蒸馏水洗净透析袋内外壁。

2. 溶液盛于透析袋内，应留有一端挤去空气的部分，以防透析过程中因溶剂渗入而造成体积增加引起透析袋胀破。

3. 提取液或发酵液的酶蛋白浓度一般很低，如发酵液中的酶蛋白浓度一般为 0.1%~1%。因此在分离纯化过程中，酶溶液往往需要浓缩。

思考题

1. 从酵母中提取酵母脱氢酶的实验原理是什么？
2. 在提取过程中需要注意哪些环节避免酶活力的丧失？

实验 98.2　酵母醇脱氢酶的凝胶层析

一、目的

学习用凝胶层析技术纯化酶，并为动力学实验提供一定量的酵母醇脱氢酶。

二、原理

本实验用 Sephadex G-100 纯化酵母醇脱氢酶。

三、实验器材

1. 层析柱 1cm×90cm。
2. 恒流泵。
3. 紫外检测仪。
4. 部分收集器。

5. 记录仪。
6. 试管等普通玻璃器皿。
7. 冷冻干燥机。

四、实验试剂

1. 酶样品：实验 93.1 经有机溶剂沉淀后的上清酶液。
2. 葡聚糖凝胶 Sephadex G-100。
3. 洗脱液：0.05mol/L Tris-HCl 缓冲液。

五、操作

1. 凝胶的处理

Sephadex G-100 干粉经蒸馏水室温充分溶胀 24h，用倾泌法将悬浮在上层的较细颗粒除去，抽干，用 10 倍体积的洗脱液处理约 1h，搅拌后继续用倾泌法除去悬浮的较细颗粒，备用。

2．装柱

将层析柱竖直装好，关闭出口，加入洗脱液约 1cm 高。将处理好的凝胶用等体积洗脱液搅成浆状，自柱顶部沿管内壁缓缓加入柱中，待底部凝胶沉积约 1cm 高时，再打开出口，继续加入凝胶浆，至凝胶沉积至一定高度（约 80cm）即可。

3．平衡

将洗脱液与恒流泵相连，恒流泵出口端与层析柱入口相连，用 2～3 倍床体积的洗脱液平衡，流速为 0.5ml/min。

4．加样与洗脱

将柱中多余的液体放出，使液面刚好盖过凝胶，关闭出口，将 1ml 样品[①]沿层析柱管壁小心加入，加完后打开底端出口，使液面降至与凝胶面相平时关闭出口，用少量洗脱液洗柱内壁 2 次，加洗脱液至液层 4cm 左右，启动恒流泵，调好流速（0.5ml/min），开始洗脱。

5．收集与测定

用部分收集器收集洗脱液，每管 4ml。紫外检测仪 280nm 处检测，用记录仪或将检测信号输入色谱工作站系统，绘制洗脱曲线。

本实验在用 280nm 检测的同时需测定酶的活力大小，收集 280nm 峰和活力峰重叠的区域。将收集液反复冷冻干燥，得纯的酵母纯脱氢酶，用实验 98.1 的方法测定酶的比活力。

六、注意事项

笔　　记

参见凝胶层析相关实验注意事项。

思考题

Sephadex G-100 纯化酵母脱氢酶的原理是什么？

实验 98.3　　酵母醇脱氢酶的专一性

一、目的

了解醇脱氢酶的专一性。

二、原理

用不同的醇（乙醇、正丙醇、甲醇）作底物，观察醇脱氢酶的专一性。
反应方程式：

$$RCH_2OH + NAD^+ \underset{}{\overset{\text{醇脱氢酶}}{\rightleftharpoons}} RCHO + NADH + H^+$$

根据 NADH 对 340nm 波长紫外线有最大吸收的特性，可用 A_{340} 表示酶活力。每毫克酶蛋白有多少酶活力单位称为比活力。

---

① 根据实际情况将样品进行稀释。

醇脱氢酶对于各种不同醇应有不同的比活力。

三、实验器材

1. 吸管 0.1ml（×5）、0.5ml（×2）、1ml（×2）。
2. 试管 1.5cm×15cm（×2）。
3. 紫外可见分光光度计。

四、实验试剂

1. 3mol/L 甲醇溶液：121.4ml 无水甲醇（相对密度：0.792，相对分子质量：32.04）加蒸馏水稀释至 1000ml。

2. 3mol/L 乙醇溶液：量取无水乙醇（相对密度：0.789，相对分子质量：46.07）174.6ml，加蒸馏水稀释 1000ml。

3. 3mol/L 正丙醇溶液：225ml 正丙醇（相对密度：0.804，相对分子质量：60.0），加蒸馏水稀释至 1000ml。

4. 0.01mol/L 磷酸氢二钾的溶液：溶 1.74g K_2HPO_4 于蒸馏水并稀释至 1000ml。

5. 0.06mol/L 焦磷酸钠溶液（pH 8.5）：称取焦磷酸钠（$Na_4P_2O_7 \cdot 10H_2O$）26.76g，溶于蒸馏水，稀释至 1000ml。

6. 0.0015mol/L NAD 溶液：称取 NAD 0.0995g（NAD 相对分子质量：663.44）溶于蒸馏水并稀释至 100ml。

7. 酵母醇脱氢酶液：将实验 98.1 制得的酶制剂，用 0.01mol/L 磷酸氢二钾溶液稀释至每毫升含 200～1000 活力单位。

8. Folin-酚试剂：见实验 29。

五、操作

1. 将 4 只石英比色杯（光径 1cm）编以 0、1、2、3 号，按表 60 加入试剂。

表 60 醇脱氢酶的专一性

试剂/ml ＼ 管号	0	1	2	3
0.06mol/L $Na_4P_2O_7$ 溶液（pH 8.5）	0.5	0.5	0.5	0.5
0.0015mol/L NAD 溶液	0.1	0.1	0.1	0.1
3mol/L 甲醇溶液	—	0.1	—	—
3mol/L 乙醇溶液	—	—	0.1	—
3mol/L 正丙醇溶液	—	—	—	0.1
H_2O	2.3	2.2	2.2	2.2

先向 0 号比色杯加入 0.1ml 酶液，混匀，放入分光光度计，用以调零。再向 1 号比色杯，加入 0.1ml 酶液（开始计时），迅速混匀测 A_{340}，以后每隔 10～15 秒钟测 A_{340} 一次，直至 A_{340} 值不再上升。

按同法再测 2、3 号比色杯内的溶液。

以 A_{340} 为纵坐标，时间（s）为横坐标作图。

取初速度（曲线上升部分）求得酶活力。

本实验以 A_{340} 每改变 0.001 单位定为一个活力单位，以酶活力单位/分表示酶活力。

2．取酶液 0.1ml，加蒸馏水 4.9ml，摇匀。吸此稀释液 1.0ml，加入 Folin-酚试剂 A 4.0ml，室温放置 10min 后再加 Folin-酚试剂 B 0.5ml，30min 后，测 A_{500}（另以蒸馏水代替酶液作空白试验，以此调零）。

对照标准曲线（见实验 29），求得蛋白质浓度。

计算得酵母醇脱氢酶对三种醇的比活力（比活力＝活力单位数/mg 蛋白质）。

以比活力为纵坐标，醇的碳链长度为横坐标作图，按图说明酶的专一性。

笔　记

六、注意事项

1．实验时应选择适当的酶活力以获得直观的比较。

2．加酶后应迅速混匀，且每次的混匀方式应保持一致，同时避免过于剧烈产生气泡而影响比色。

 思考题

根据实验结果分析酵母脱氢酶属于哪种专一性酶。

实验 98.4　　酵母醇脱氢酶的动力学研究

一、目的

1．了解双底物反应中底物浓度和抑制剂对反应速率的影响。

2．进一步熟悉和掌握紫外可见分光光度计的使用。

二、原理

大多数酶是由细胞产生的一种具有催化性能的蛋白质，生物体内的每一步化学反应几乎都需要一定的酶催化才能完成。影响酶促反应（即酶的催化作用）的因素很多，主要有酶浓度、底物浓度、pH、温度和抑制剂等。最简单的酶促反应是单底物酶促反应，即参加反应的底物只有一种，其反应速率与底物浓度的关系可以用米氏方程来表示：

$$v = \frac{V[\mathrm{S}]}{K_{\mathrm{m}} + [\mathrm{S}]} \tag{1}$$

其中 K_{m} 为米氏常数。在其他条件相同的情况下，酶促反应的速度与酶浓度成正比；在酶浓度恒定的情况下，增加底物浓度可以提高酶促反应的初速率，但当底物浓度增加到一定程度时，速率趋向于一恒定值（即最大反应速率 V，如图 29a 所示）。

将上式取倒数可得：

$$\frac{1}{v} = \frac{1}{V} + \frac{K_{\mathrm{m}}}{V} \cdot \frac{1}{[\mathrm{S}]} \tag{2}$$

利用双倒数作图法（$\frac{1}{v} \sim \frac{1}{[\mathrm{S}]}$，如图 29b）可以求出米氏常数 K_{m}。

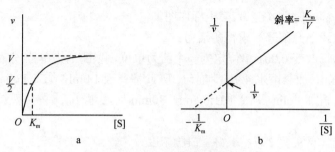

图 29　测定 K_m 值的图解法

抑制剂对酶的抑制作用可分为可逆抑制与不可逆抑制。可逆抑制又根据抑制剂与底物的关系主要分为 3 种类型：竞争性抑制、非竞争性抑制和反竞争性抑制。

（1）竞争性抑制

酶不能同时与底物结合又与抑制剂结合，底物或抑制剂与酶的结合都是可逆的，存在以下平衡：

$$EI \underset{+I}{\overset{-I}{\rightleftharpoons}} E \underset{-S}{\overset{+S}{\rightleftharpoons}} ES \longrightarrow E+P$$

根据米氏理论可推导出以下方程：

$$v = \frac{V[S]}{K_m\left(1+\dfrac{[I]}{K_i}\right)+[S]}$$

$$\frac{1}{v} = \frac{K_m}{V} = \left(1+\frac{[I]}{K_i}\right) \cdot \frac{1}{[S]} + \frac{1}{V} \tag{3}$$

式中：K_i 为抑制剂常数；$[I]$ 为抑制剂浓度。竞争性抑制剂的存在会影响酶和底物结合，K_m 增加，V 值不变。

（2）非竞争性抑制

抑制剂和酶的结合不受底物存在与否的影响，存在着以下平衡：

$$E \underset{-I}{\overset{+I}{\rightleftharpoons}} EI$$
$$+S \big\Vert -S \qquad\qquad -S \big\Vert +S$$
$$E+P \rightleftharpoons ES \underset{-I}{\overset{+I}{\rightleftharpoons}} EIS \longrightarrow 产物$$

动力学方程为：

$$v = \frac{V[S]}{\left(1+\dfrac{[I]}{K_i}\right)(K_m+[S])}$$

$$\frac{1}{v} = \frac{K_m}{V}\left(1+\frac{[I]}{K_i}\right) \cdot \frac{1}{[S]} + \frac{1}{V}\left(1+\frac{[I]}{K_i}\right) \tag{4}$$

由于抑制剂的存在不影响酶和底物的结合，因此 K_m 值不变，但 V 值减小。

（3）反竞争性抑制

酶只有与底物结合后才能与抑制剂结合，存在着以下平衡：

$$E \xrightleftharpoons[-S]{+S} ES \longrightarrow E+P$$

$$\Big\Updownarrow {+I} \quad {-I}$$

$$ESI$$

动力学方程为：

$$v=\frac{V[\mathrm{S}]}{K_{\mathrm{m}}+\left(1+\dfrac{[\mathrm{I}]}{K_{\mathrm{i}}}\right)[\mathrm{S}]}$$

$$\frac{1}{v}=\frac{K_{\mathrm{m}}}{V}\cdot\frac{1}{[\mathrm{S}]}+\frac{1}{V}\left(1+\frac{[\mathrm{I}]}{K_{\mathrm{i}}}\right) \tag{5}$$

在反竞争性抑制剂的作用下，K_{m} 与 V 值都减小。

根据公式（3）、（4）、（5），在不同抑制剂浓度下，以 $1/v$ 对 $1/[\mathrm{S}]$ 作图可得到不同类型的抑制曲线（图 30）。将实际所得的抑制曲线与上述典型的抑制曲线比较，便可以知道抑制作用类型，并可计算出相应的抑制剂常数 K_{i}。

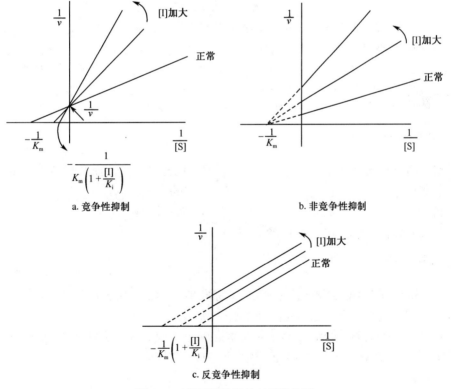

图 30　三类可逆抑制的双倒数作图

本实验研究的是酵母醇脱氢酶（YADH）催化乙醇氧化反应的动力学，研究底物浓度和抑制剂浓度对酶促反应速率的影响。醇脱氢酶是一种含锌的酶，其酶促反应需要辅酶Ⅰ（NAD^+）参加，该反应为：

$$CH_3CH_2OH + NAD^+ \xrightarrow{\text{酶}} CH_3CHO + NADH + H^+$$

在这个反应中，辅酶 I 类似底物一样地起作用（作为底物 A），这个催化反应可以称为双底物反应（有两种底物参加），其遵循的是依次反应机理（ordered mechanism）：NAD^+ 与酶（E）产生 EA，EA 再与底物 B（乙醇）作用，产生三元复合物 EAB，EAB 进一步发生脱氢作用生成代谢产物（P）与 NADH（Q）：

$$E + A \rightleftharpoons EA \xrightarrow[B]{} EAB \rightleftharpoons EPQ \xrightarrow[P]{} EQ \longrightarrow E + Q$$

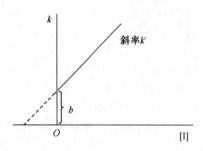

图 31　图解法求抑制剂常数 K_i

由于产物 NADH 对 340nm 紫外线有较强吸收，而 NAD^+ 却无此性质，随着反应的不断进行，产物 NADH 不断增加，反应体系在 340nm 处的光吸收也随着增加。因此可以通过测定 A_{340} 的方法求得 NADH 的含量，并可根据单位时间内 NADH 含量的变化求出反应的初速度 v_0。

在没有抑制剂存在的情况下，当 NAD^+ 的浓度较低且为一常数时，乙醇的浓度变化对反应速率的影响符合单底物的米氏动力学，可以通过双倒数作图法求出乙醇的米氏常数 K_m 和最大反应速率 V。

本实验以硼酸钠（sodium borate）作为酶的抑制剂，固定 NAD^+ 的浓度，改变乙醇的浓度，通过双倒数作图法求得不同抑制剂浓度时的斜率 $[k = (K_m/V)\cdot(1 + [I]/K_i)]$，再对双倒数图进行二次作图，以抑制剂的浓度 $[I]$ 为横轴，斜率 k 为纵轴作图（图 31）。

根据二次图的斜率 k' 与纵轴上的截距（$b = K_m/V$），可以用下式求出抑制剂常数 K_i。

$$K_i = b/k' \qquad \text{（单位：mol/L）}$$

三、实验器材

1. 紫外可见分光光度计。
2. 石英比色皿。
3. 秒表。
4. 吸管 0.1ml（×3）、0.2ml（×2）、

0.5ml（×3）、1ml（×3）、2ml（×3）、5ml（×2）。

5. 微量注射器。

四、实验试剂

1. 20mmol/L Tris-HCl 缓冲液（pH 8.8）：称取 Tris 2.42g，用少量蒸馏水溶解，加入浓盐酸 1.2ml，并用蒸馏水定容至 2000ml，混匀。

2. 80U/mL 酵母醇脱氢酶（ADH）：称取 2.0mg 实验 103.2 提纯的酵母醇脱氢酶，用少量上述 Tris 缓冲液溶解并定容至 10ml，保存于 0℃，临用前配制。若酶比活偏低或者偏高可以适当增减酶量。

3. 0.01mol/L NAD^+ 溶液：称取辅酶 I 0.0663g 用少量 Tris 缓冲液溶解并定容至 10 ml。

4. 0.5mmol/L NAD^+ 溶液：将 0.01mol/L NAD^+ 溶液用 Tris 缓冲液稀释 20 倍。

5. 0.3mol/L 乙醇溶液：17.5ml 无水乙醇用 20mmol/L Tris 缓冲液稀释定容至 1000ml。

6. 7.5×10^{-3} mol/L 硼酸钠：称取硼酸钠晶体（$Na_2B_4O_7 \cdot 10H_2O$）0.2861g 溶于 Tris 缓冲

液中并定容至 100ml。

五、操作

1．乙醇浓度的影响

将 8 个试管编号，按表 61 加入试剂：

表 61 乙醇浓度的影响——K_m 值和 V 的测定

试剂/ml ＼ 管号	0（空白）	1（对照）	2	3	4	5	6	7
0.3mol/L 乙醇	0.0	0.0	0.05	0.1	0.2	0.5	1.0	2.0
0.5mmol/L NAD⁺	0.5	0.5	0.5	0.5	0.5	0.5	0.5	0.5
Tris-HCl 缓冲液	2.5	2.4	2.35	2.3	2.2	1.9	1.4	0.4
酶液	0.0	0.1	0.1	0.1	0.1	0.1	0.1	0.1

测定时，以 0 号管作空白，用以调零。向 1 号管中加入 0.1ml 酶液，迅速混匀并开始计时，放入紫外分光光度计中作为对照试验，每隔 20s 测吸光度一次直至 A_{340} 不再增大。再向 2 号管中加入 0.1ml 酶液，迅速混匀并开始计时，同样每隔 20s 测吸光度一次直至 A_{340} 不再增大（需测定 3min），记下反应时间 t 和相应的吸光度值。

每个时间段内由底物浓度影响的吸光度是测定液与对照样液在相应时间内的吸光度之差：

$$A_{340}＝A_{340}（读数）－A_{340}（对照）$$

以 A_{340} 为纵坐标，时间 t（s）为横坐标作图，取曲线上升部分（直线）的斜率按下式求出测定液 2 反应的初速率 v_1。

$$v＝（k×60）/6220 \qquad （单位：mol·L^{-1}·min^{-1}）$$

式中 k 为直线的斜率（s^{-1}），6220 为 NADH 在 340nm 处的摩尔消光系数（$L·mol^{-1}·cm^{-1}$），按同法依次测定 3~7 号溶液，求出各个溶液反应的初速率 $v_{2~6}$。

以初速率的倒数 $1/v_i$ 对乙醇的浓度倒数 $1/[S]$ 作图得一直线，求出米氏常数 K_m 和最大反应速率 V。

实验证明此酶促反应光吸收-时间曲线前 40s 基本呈直线关系，因此实验中可以通过测定反应体系在前 40s 内的平均速率来代替反应初速率 v。

2．NAD⁺浓度的影响

在编了号的 10 只试管中，按表 62 加入试剂。

表 62 NAD⁺浓度的影响——K_m 值和 V 的测定

试剂/ml ＼ 管号	0（空白）	1（对照）	2	3	4	5	6	7	8	9
0.3mol/L 乙醇	0.5	0.5	0.5	0.5	0.5	0.5	0.5	0.5	0.5	0.5
0.01mol/L NAD⁺	0.00	0.00	0.05	0.1	0.2	0.5	1.0	1.5	1.8	2.0
Tris-HCl 缓冲液	2.5	2.4	2.35	2.3	2.2	1.9	1.4	0.9	0.6	0.4
酶液	0.0	0.1	0.1	0.1	0.1	0.1	0.1	0.1	0.1	0.1

按上面的方法分别测定各个反应溶液的反应初速率 v_i，以初速率的倒数 $1/v_i$ 对 NAD⁺的浓度倒数 $1/[S]$ 作图，根据低浓度时的线性关系求出 NAD⁺的米氏常数 K_m。

3．抑制剂的影响

按表 63 操作的顺序加入试剂。每组均以 0 号管为空白，以 1 号为对照，按上述方法测定。不同抑制剂浓度分别以 $1/v_i$ 对 $1/[S]$ 作图得四条直线并交于一点，根据图形判断抑制作用类型。再对双倒数图进行二次作图，以抑制剂的浓度 $[I]$ 为横轴，$1/v_i \sim 1/[S]$ 直线的斜率 k 为纵轴作图，由图中的数据计算抑制剂常数 K_i。

表 63　K_i 值的测定

组别	管号	0.3mol/L 乙醇/ml	0.5mmol/L NAD$^+$ /ml	7.5mmol/L 硼酸钠/ml	Tris-HCl 缓冲液/ml	酶液/ml	反应初速率 v / (mol·L^{-1}·min^{-1})
I	0	—			2.5	—	
	1	—			2.4	0.1	
	2	0.05			2.35	0.1	
	3	0.1			2.3	0.1	
	4	0.2	0.5	0.0	2.2	0.1	
	5	0.5			1.9	0.1	
	6	1.0			1.4	0.1	
	7	2.0			0.4	0.1	
II	0	—			2.4	—	
	1	—			2.3	0.1	
	2	0.05			2.25	0.1	
	3	0.1			2.2	0.1	
	4	0.2	0.5	0.1	2.1	0.1	
	5	0.5			1.8	0.1	
	6	1.0			1.3	0.1	
	7	2.0			0.3	0.1	
III	0	—			2.3	—	
	1	—			2.2	0.1	
	2	0.05			2.15	0.1	
	3	0.1			2.1	0.1	
	4	0.2	0.5	0.2	2.0	0.1	
	5	0.5			1.7	0.1	
	6	1.0			1.2	0.1	
	7	2.0			0.2	0.1	
IV	0	—			2.2	—	
	1	—			2.1	0.1	
	2	0.05			2.05	0.1	
	3	0.1			2.0	0.1	
	4	0.2	0.5	0.3	1.9	0.1	
	5	0.5			1.6	0.1	
	6	1.0			1.1	0.1	
	7	2.0			0.1	0.1	

笔　记

六、注意事项

加酶后要迅速混匀，避免产生气泡，混匀的速度和方式要保持一致。

思考题

1. 抑制剂对酶的作用方式可分为几种？各有什么特点？
2. 酶的抑制剂与变性剂有何不同？试举例说明。
3. 你可以再设计几个实验来完成对酵母脱氢酶的研究吗？

实验 99　α-淀粉酶的分离纯化、鉴定和 K_m、V_{max} 的测定

α-淀粉酶（α-amylase）是工业上使用最广泛的酶制剂之一，在饴糖、发酵和洗涤剂等工业上都有重要的应用。工业上 α-淀粉酶是细菌发酵生产的，其提取方法：①硫酸铵沉淀法；②絮凝-超滤浓缩-有机溶剂沉淀法。第一种方法生产的为一般工业上用酶。酶活力约为 2000活力单位/g，第二种方法生产的为食品工业上用酶，酶活力约为 6000～8000 活力单位/g。这两种方法生产的酶都是粗酶，都含有大量的杂蛋白。

本实验采用硫酸铵沉淀→疏水层析→离子交换层析的方法分离纯化 α-淀粉酶，用聚丙烯酰胺凝胶电泳进行纯度鉴定，并测定 α-淀粉酶的米氏常数（K_m）和最大反应速率（V_{max}）。

实验 99.1　α-淀粉酶的活力测定

酶活力测定方法 I

一、目的

了解并掌握一种 α-淀粉酶活力测定的简便方法，测定 α-淀粉酶分离纯化过程中每步的酶活力，并计算酶活力的回收。

二、原理

α-淀粉酶能将淀粉分子链中的 α-1,4 葡萄糖苷键切断，使淀粉成为长短不一的短链糊精以及少量的麦芽糖和葡萄糖。因此，酶反应过程中淀粉对碘呈蓝紫色的特异反应逐渐消失，以颜色消失的速率计算酶活力。

三、实验器材

1. 白色滴板。
2. 容量瓶。
3. 恒温水浴锅。
4. 大试管 25mm×200mm。
5. 普通玻璃器皿：量筒、烧杯等。
6. 电子分析天平。
7. pH 计。

四、实验试剂

1. 原碘液：称取碘（I_2）11g，碘化钾（KI）22g，先用少量蒸馏水使碘完全溶解，然后定容至 500ml，贮存于棕色瓶内。

2. 稀碘液：吸取原碘液 1ml，加 10g KI，用蒸馏水溶解并定容至 250ml，贮存于棕色瓶内。

3. 2%可溶性淀粉：称取 2.00g 可溶性淀粉，与少量冷蒸馏水混合成薄浆状，然后加入沸蒸馏水，边加边搅，最后定容至 100ml，此溶液当天配当天使用。

4. 0.02mol/L pH 6.0 磷酸氢二钠-柠檬酸溶液：称取磷酸氢二钠（$Na_2HPO_4 \cdot 12H_2O$）1.1308g，柠檬酸（$C_6H_8O_7 \cdot H_2O$）0.1936g，用 240ml 蒸馏水溶解，调 pH 至 6.0，然后定容至 250ml。

5. 标准终点溶液：

a. 称取氯化钴（$CoCl_2 \cdot 6H_2O$）40.2439g 和重铬酸钾 0.4878g，用蒸馏水溶解，然后定容至 50ml。

b. 0.04%铬黑 T 溶液：精确称取铬黑 T 40mg，用蒸馏水溶解，然后定容至 100ml。

取溶液 a 40.0ml，溶液 b 5.0ml，混合。取数滴于白色滴板上，此溶液的颜色即为酶反应终点颜色。该溶液在冰箱中保存。15d 内使用，过期需重新配制。

五、操作

1. 待测样品（待测酶液）的配制：待测酶液来自实验 99.2、99.3。

a. 取发酵液 1ml，加蒸馏水 15ml，混匀，备用。

b. 取（NH_4）$_2SO_4$ 沉淀后配成的粗酶溶液 1ml，加蒸馏水 19ml 混匀，备用。

c. 取疏水层析树脂吸附后的废液 5ml，加 5ml 蒸馏水，混匀，备用。

d. 取疏水层析洗脱液 0.5ml，加蒸馏水 9.5ml，混匀，备用。若测出的酶活力太高，可进一步稀释。

e. 称取酶粉 10～15mg，用 0.02mol/L pH 6.0 磷酸氢二钠-柠檬酸缓冲液溶解，然后定容至 50ml 备用。

2. 测定

a. 取数滴标准终点色溶液于白色滴板的一个孔穴内，用作比较颜色的标准，其余孔穴各加 3～4 滴稀碘液。

b. 吸取 20ml 2%可溶性淀粉溶液和 5ml 0.02mol/L pH 6.0 磷酸氢二钠-柠檬酸缓冲液于 25mm×200mm 大试管中，在 60℃恒温水浴中预热 5min。加入上述配制好的酶液 0.5ml，立即开始记录时间，不断搅拌，定时用滴管取数滴（约 0.5ml）于盛有稀碘液的滴板孔内，当孔穴内颜色与标准终点色（棕红色）相同时即为反应终点，记录下反应时间（T），酶反应时间应控制在 1.5～3min 内。

六、计算

酶活力单位定义：在 60℃，pH 6.0 的条件下，1h 液化可溶性淀粉 1g 的酶量为 1 单位，所以每毫升酶活力单位＝（$60/T \times 20 \times 2\% \times n$）/0.5，其中 n 为稀释倍数，2%为淀粉浓度，20 为 2%可溶性淀粉溶液的毫升数，60 为 60min，0.5 为测定时所用稀释后的酶液毫升数，T 为反应时间（min）。

酶活力测定方法 Ⅱ

一、目的

了解并掌握用 3,5-二硝基水杨酸作显色剂，采用分光光度法测定α-淀粉酶活力的一种方法。

二、原理

α-淀粉酶催化水解淀粉除产生大量糊精外，还产生麦芽糖和葡萄糖。麦芽糖在一定的条件下和 3,5-二硝基水杨酸反应生成黄绿色化合物，可以用比色法测定产生的麦芽糖量，因此可以用产生的麦芽糖量来表示酶的活力。

酶活力单位的定义：在25℃，每分钟能催化水解底物产生 1μmol 麦芽糖的酶量为 1 单位(IU)。

三、实验器材

1. 容量瓶。
2. 普通玻璃器皿：试管、量筒、烧杯等。
3. 电子分析天平。
4. pH 计。
5. 恒温水浴锅。
6. 紫外可见分光光度计。

四、实验试剂

1. 20mmol/L pH 6.9 磷酸钠（内含 6.7mmol/L NaCl）缓冲液。
a. 称 7.163g $NaH_2PO_4 \cdot 12H_2O$ 定容至 1000ml。
b. 称 3.120g $NaH_2PO_4 \cdot 2H_2O$ 定容至 1000ml。
取 a 溶液 49.0ml，b 溶液 51.0ml 混合，加入 0.0392g NaCl，调 pH 至 6.9 溶解备用。
2. 1%可溶性淀粉液，以溶液 1 配制。
3. 3,5-二硝基水杨酸显色剂：1.60g NaOH 溶于 70ml 蒸馏水中，再加入 1.0g 3,5-二硝基水杨酸，30g 酒石酸钾钠，用水稀释到 100ml。
4. 麦芽糖标准液（10μmol/ml）：精确称取 360mg 麦芽糖，用溶液 1 溶解，定容至 100ml。
5. 待测精制 α-淀粉酶溶液：来自实验 99.3。

五、操作

1. 取 4 支试管，按表 64 加入试剂

表 64　酶活力测定方法Ⅱ

步骤 \ 管号	空白管	样品管	标准空白管	标准管
1. 加底物溶液/ml	0.50	0.50	—	—
2. 加蒸馏水/ml	0.50	—	1.00	—
3. 迅速加入待测酶液（ml），立即计时，25℃准确保温 3min	—	0.50	—	—
4. 立即加入 3,5-二硝基水杨酸显色剂/ml	1.00	1.00	1.00	1.00
5. 加麦芽糖标准液/ml	—	—	—	1.00
6. 100℃水浴沸腾 5min 后冷却				
7. 加蒸馏水/ml	10.00	10.00	10.00	10.00
A_{540nm}	$A_空$	$A_样$	$A_{标空}$	$A_标$

2. 计算

$$酶活力(U/mg) = \frac{(A_样 - A_空) \times 标准管中麦芽糖的物质的量（\mu mol）}{(A_标 - A_{标空}) \times 样品管中酶的质量（mg）}$$

六、注意事项

笔　记

1. 提高温度、降低溶液黏度、增加扩散面积、缩短扩散距离、增大浓度差等都有利于提高酶分子的扩散速度，从而增大提取效果。为了提高酶的提取率并防止酶的变性失活，在提取过程中还要注意控制好温度、pH 等提取条件。

2. 酶反应时间应准确计算，试剂应按顺序加入，不可颠倒。

思考题

1. 从发酵液中提纯 α-淀粉酶需要注意哪些环节以避免酶活力的丧失？
2. α-淀粉酶活力测定原理是什么？

实验 99.2　α-淀粉酶的疏水层析

一、目的

了解疏水层析的基本原理，并学会用疏水层析分离纯化蛋白质。

二、原理

疏水层析（hydrophobic interaction chromatography，HIC）也称疏水相互作用层析。水溶液中的蛋白质分子表面有 Leu、Ile、Val 和 Phe 等非极性侧链形成疏水区，因而很容易与其他高分子化合物上的疏水基团作用而被吸附，由于不同蛋白质分子的疏水区强弱有较大差异造成与疏水吸附剂间相互作用的强弱不同，改变层析条件，使不同的蛋白质洗脱下来。

影响疏水相互作用的因素有蛋白质本身的疏水性和蛋白质的环境，疏水层析的疏水吸附剂一般在较高离子强度下吸附蛋白质[①]，然后改变层析条件，降低盐浓度，可按低盐、水和有机溶剂顺序减弱疏水作用和洗脱，使不同蛋白质解吸下来，本实验用 40%乙醇将 α-淀粉酶洗脱下来。

实验中分离的 α-淀粉酶是经枯草芽孢杆菌 BF7658 发酵产生，发酵液经硫酸铵沉淀后的样品可直接吸附到疏水树脂 D101 上，进行层析分离，得到纯度较高的 α-淀粉酶，如要得到纯度更高的 α-淀粉酶，可用 DEAE-纤维素层析进一步纯化。

三、实验器材

1. 层析柱 1cm×30cm。
2. 恒流泵。
3. 紫外检测仪。
4. 自动部分收集器。
5. 记录仪。
6. 试管等普通玻璃器皿。
7. 电子分析天平。
8. pH 计。

四、实验试剂

1. 枯草芽孢杆菌 BF7658 发酵液（含 α-淀粉酶）。
2. 固体（NH_4）$_2SO_4$。
3. 大孔型吸附树脂 D101。
4. 40%乙醇溶液。

五、操作

1. 大孔型吸附树脂 D101 的处理

将 20g 大孔型吸附树脂 D101 置于 150ml 烧杯中，加 60ml 95%乙醇浸泡 3h，在布氏漏斗

---

① 若待分离的蛋白质疏水性很强，疏水吸附剂亦可在较低离子强度下吸附该蛋白质。

上抽干，再用蒸馏水抽洗数次，将树脂重新放回烧杯中，加 2mol/L HCl 60ml 浸泡 2h，在布氏漏斗上用蒸馏水抽洗至中性，再放回烧杯中，加 2mol/L NaOH 浸泡 1.5h，在布氏漏斗上用蒸馏水抽洗至中性备用。

2．枯草芽孢杆菌 BF7658 发酵液的盐析

取 120ml 发酵液，调 pH 6.7～7.8，加固体（NH_4）$_2SO_4$ 使其浓度达到 40%～42%，加完（NH_4）$_2SO_4$ 后静置数小时，即可抽滤或离心，收集滤饼，将滤饼溶于蒸馏水中，最终体积为 100ml，制成 α-淀粉酶的粗酶溶液，待用。

3．吸附、装柱、洗脱和收集

将 15g 上述处理好的大孔型吸附树脂 D101 于 250ml 烧杯内，加入 100ml α-淀粉酶的粗酶溶液，置于电磁搅拌吸附 1h，停止搅拌，静置数分钟，倾倒去部分清液，将树脂慢慢转移到一根直径为 1cm，高为 30cm 的层析柱中，打开层析柱出口，让吸附后的废液流出，当液面与柱床表面相平时关闭出口，用滴管加入 40%乙醇溶液使液面高度为 3～4cm，柱上端接恒流泵，以 0.5ml/min 的流速用 40%的乙醇洗脱，用紫外检测仪检测 280nm 的光吸收，自动部分收集器收集，每管 5ml，用自动记录仪绘制洗脱曲线，根据峰形合并洗脱液，取 0.5ml 洗脱液按实验 99.1 酶活力测定方法 I 测定酶活力。将有酶活性的洗脱液加入 1 倍体积预冷的 95%乙醇进行沉淀，在冰箱中静置 1h 后离心，然后用丙酮脱水 3 次，置于干燥器中过夜，取出酶粉称重。

4．酶活力的测定

待测样品包括发酵液、盐析后的粗酶溶液、疏水层析吸附后的废液，洗脱液和酶粉，待测样品的配制及活力测定按实验 99.1 酶活力测定方法 I，将实验数据和处理结果列入表 65。

5．解吸后树脂的再处理

取出柱中的树脂，用 2mol/L NaOH 浸泡 4h，在布氏漏斗上抽滤，用水洗至中性，留待以后使用。

六、结果处理

表 65　α-淀粉酶活力测定——结果处理

待测样品	体积/ml 或质量/mg	单位体积或单位质量的酶活力 /（U/ml 或 U/mg）	总活力/U	活力回收率/%
发酵液				
盐析后的粗酶溶液				
吸附后废液				
洗脱液				
酶粉				

七、注意事项

笔　记

上样量应根据层析柱的大小及 D-101 吸附树脂的吸附能力而定。上样量太多会造成树脂饱和，影响提纯效果，并造成样品浪费。

 思考题

什么是疏水层析？它的主要实验原理是什么？

实验 99.3　α-淀粉酶的离子交换柱层析

一、目的

掌握离子交换柱层析分离纯化蛋白质的原理和方法。

二、原理

蛋白质是一种大分子的两性化合物。当溶液 pH<pI 时，蛋白质带正电荷，可以被阳离子交换剂吸附。当溶液的 pH>pI 时，蛋白质带负电荷，可以被阴离子交换剂吸附。在一定的 pH 条件下，各种不同蛋白质所带电荷的种类和电荷量不同，因此，它们对一定的离子交换剂的亲和力不同。于是，用一定离子强度的溶液进行洗脱时，不同的蛋白质在柱上迁移的速度不同，有的蛋白质甚至处于牢固吸附状态而不迁移，必须改变溶液的 pH 或增加溶液的离子强度才能将其洗脱下来，因此，一个复杂蛋白质组成的溶液的分离，需要采用梯度洗脱，或阶段洗脱和梯度洗脱相结合的方法进行层析分离。

三、实验器材

1．层析柱 1cm×30cm。
2．普通玻璃器皿：烧杯、试管、容量瓶等。
3．布氏漏斗。
4．抽滤瓶。
5．恒流泵。
6．部分收集器。
7．梯度混合仪。
8．冷冻干燥机。
9．电子分析天平。
10．pH 计。

四、实验试剂

1．DEAE-纤维素。

2．初始缓冲液（0.005mol/L pH 6.5 磷酸缓冲液）：称取 $Na_2HPO_4 \cdot 12H_2O$ 0.564g 和 $NaH_2PO_4 \cdot 2H_2O$ 0.534g，用蒸馏水溶解，定容至 1000ml。

3．极限缓冲液（0.50mol/L pH 6.5 磷酸缓冲液）：称取 $Na_2HPO_4 \cdot 12H_2O$ 28.204g 和 $NaH_2PO_4 \cdot 2H_2O$ 26.717g，用蒸馏水溶解，定容至 500ml。

五、操作

1．DEAE-纤维素的处理

称取 DEAE-纤维素 10～15g，在 250ml 烧杯内用适量蒸馏水浸泡 2h，倾倒上清液，再加同样量蒸馏水浸泡 2h，在布氏漏斗上抽干，重新放回烧杯，加适量 0.5mol/L NaOH 溶液搅拌浸泡 3h，在布氏漏斗上抽洗至中性，放回烧杯，加适量 0.5mol/L HCl 溶液浸泡过夜，在布氏漏斗上抽洗至中性，放回烧杯，加适量初始缓冲液浸泡平衡 4h。

2．装柱

取一根 1cm×30cm 的层析柱竖直夹在铁架上，注入 1cm 高的初始缓冲液。将已处理好并浸泡在初始缓冲液中的 DEAE-纤维素搅成悬浮状（沉淀的纤维素与初始缓冲液体积比为 1:2），加入层析柱内，慢慢打开底部出口，同时不断加入 DEAE-纤维素，直至柱高 20cm。接恒流泵，以 0.5ml/min 打入初始缓冲液，使层析柱平衡 3h，备用。

3．上样

称取酶粉 60～70mg，用 4.0ml 初始缓冲液溶解备用。

打开层析柱开口，让柱中缓冲液流出，当柱中缓冲液液面与柱床面相平时，关闭柱出口。用吸管沿管壁小心地分次加入上面配制好的样品溶液，然后打开柱的出口，让样品溶液慢慢渗入柱中，待样品液面和柱面相平时，关闭出口。用滴管慢慢沿管壁加入少量初始缓冲液洗柱内壁 2～3 次。最后用滴管沿管壁加初始缓冲液至高出柱面约 3cm。

4．梯度洗脱

层析柱顶端与恒流泵相连，恒流泵与梯度混合仪相连（参见实验 43 图 17）。

梯度混合仪的混合瓶（Ⅰ）中加入 160ml 初始缓冲液，贮液瓶（Ⅱ）中加入 80ml 极限缓冲液，以 0.5ml/min 的流速向层析柱输液进行梯度洗脱。

洗脱液用部分收集器收集，每管 8ml（每 16min 收集一管）。经紫外检测仪检测蛋白峰（280nm），当第二个峰收集完之后，直接用极限缓冲，以同样流速洗柱。合并各洗脱峰。

用 α-淀粉酶活力测定方法（Ⅰ）测定各峰的酶活力，选择有酶活力的峰对水透析过夜，然后冻干。

六、结果处理

（1）绘制层析的洗脱曲线，标出 α-淀粉酶所在的洗脱峰。

（2）将实验数据和处理结果列入表 66。

表 66　α-淀粉酶活力测定——结果处理

待测样品	酶粉质量/mg	酶液体积/ml	酶粉活力/（U/ml）	酶液活力/（U/ml）	总活力/U	活力回收率/%
粗酶粉						
层析所得酶液						
精制酶粉						

七、注意事项

笔　记

1．初始缓冲液和极限缓冲液的 pH 应严格保证相同，并控制好洗脱梯度和流速。

2．层析柱装柱要均匀，不能有断层，否则会造成层析柱分辨率下降。在填料松散的地方洗脱液很容易将蛋白质洗脱下来，而在填料紧密的地方则不易洗脱下来，从而导致洗脱峰重叠，峰形平缓。

 思考题

为什么可以用离子交换层析法纯化 α-淀粉酶？

实验 99.4　聚丙烯酰胺凝胶垂直平板电泳法鉴定 α-淀粉酶

一、目的

用聚丙烯酰胺凝胶垂直平板电泳鉴定 α-淀粉酶的纯度。

二、原理

聚丙烯酰胺凝胶电泳是以丙烯酰胺与亚甲基双丙烯酰胺，在催化剂作用下聚合而成的具有三维网状结构的大分子凝胶作为支持介质的一种区带电泳。它采用了凝胶孔径，pH，缓冲液成分和电位梯度的不连续系统，因此具有高分辨率的浓缩效应，分子筛效应和电荷效应，在凝胶中对被分析的 α-淀粉酶样品进行这种电泳时，样品中各成分首先经过浓缩，然后再根据各自所带的电荷，分子的大小以及形状的差异以不同的迁移率电泳分离成带。

三、实验器材

1. 电泳仪（500V，50mA）。
2. 垂直平板电泳槽（15cm×10cm×0.15cm）。
3. 微量注射器（100ml）。
4. 灯泡瓶。
5. 染色与脱色缸。
6. 移液器。
7. 普通玻璃器皿：量筒、滴管等。
8. Eppendorf 管、Tip。

四、实验试剂

1. 丙烯酰胺（Acr）。
2. 1%琼脂。
3. N, N, N', N'-四甲基乙二胺（TEMED）。
4. N, N'-亚甲基双丙烯酰胺（交联剂，简称 Bis）。
5. 过硫酸铵（聚合用催化剂）。
6. 试剂 A（pH 8.9）：36.6g 三羟甲基氨基甲烷（Tris）和 48ml 1mol/L HCl 混合加蒸馏水至 100ml。
7. 试剂 B（pH 6.7）：5.98g Tris 和 48ml 1mol/L HCl 混合加蒸馏水至 100ml。
8. 电极缓冲液（pH 8.3）：6.0g Tris 和 28.8g 甘氨酸混合加蒸馏水至 1000ml，用时稀释 10 倍。
9. 20%甘油-溴酚蓝溶液：100ml 20%甘油溶液加 50mg 溴酚蓝。
10. 染色液：0.25g 考马斯亮蓝 R250，加入 91ml 50%甲醇，9ml 冰乙酸。
11. 脱色液：50ml 甲醇，75ml 冰乙酸与 875ml 蒸馏水混合。
12. 样品：纯化后的 α-淀粉酶。

五、操作

1. 垂直平板电泳槽的安装
参见实验 51 图 21。
2. 凝胶的制备
（1）分离胶的制备
采用 10%的分离胶。称取 Acr 1.6g，Bis 8mg 一起置于灯泡瓶中，然后加入试剂 A 2ml，水 14ml，摇匀，使其溶解，然后用水泵或油泵抽气 10min，随后再加 TEMED 2 滴（滴管直径小于 2mm），混匀。用吸管吸取分离胶，沿壁加入垂直平板电泳槽中，直至胶液的高度达电泳槽高度的 2/3 左右，上面再覆盖一层水，在室温静置 30~60min 即可凝聚，凝聚后，用小滤纸条吸去上层的水。

（2）浓缩胶的制备

采用 4% 的浓缩胶。称取 Acr 0.12g，Bis 6mg，过硫酸铵 16mg，试剂 B 0.4ml，水 2.8ml 混匀，抽气，加 TEMED 1 滴，混匀。用吸管吸取浓缩胶加到分离胶的上面，直至浓缩胶的高度为 1.5cm，这时将梳板插入，注意梳齿的边缘不能带入气泡，在室温下静置 30～60min，观察梳齿附近凝胶中呈现光线折射的波纹时，浓缩胶即凝聚完成。凝聚后，将梳板拔去，立即用电极缓冲液冲洗加样孔（梳孔）数次，然后将电泳槽注满电极缓冲液。

3．加样

在 Eppendorf 管中加入 2mg/ml 的精制 α-淀粉酶 50μl，再加入 50μl 20% 甘油-溴酸蓝溶液，混匀，用微量注射器小心加到梳孔内。

4．电泳

将垂直平板电泳槽接通电源，调节电流至 20mA，大约 15～20min，样品中的溴酸蓝指示剂到达分离胶之后，将电流调至 30mA，电泳过程保持电流强度恒定。待蓝色的溴酸蓝条带迁移至距凝胶下端 1cm 时，停止电泳。

5．染色与脱色

把垂直平板电泳槽上的玻璃轻轻板开，将凝胶取下，置于一大培养皿中，加染色液染色 30min 左右，倾出染色液，加入脱色液，数小时更换一次脱色液，直至背景清晰。

6．鉴定

根据染色所出现的区带，分析样品的纯度。

笔　记

六、注意事项

1．丙烯酰胺（Acr）和 N, N'-亚甲基双丙烯酰胺（Bis）均为神经毒剂，对皮肤有刺激作用，操作时应戴防护手套。

2．参见实验 51 注意事项。

思考题

1．聚丙烯酰胺凝胶电泳的不连续性表现在哪些方面？它具有哪些效应？

2．上下槽电极缓冲液用过一次后，可否混合后重复使用？为什么？

3．如何通过 PAGE 电泳法获得 α-淀粉酶的相对分子质量？

实验 99.5　米氏常数（K_m）和最大反应速率（V_{max}）的测定

一、目的

测定 α-淀粉酶的米氏常数（K_m）和最大反应速率（V_{max}）。

二、原理

根据酶与底物形成中间复合物的学说，酶反应的速率与底物浓度之间的关系，可用下列方程式表示：

$$v=\frac{V_{max}\cdot[S]}{K_m+[S]} \tag{1}$$

式（1）就是酶学上著名的 Michaelies-Menten 方程式，$[S]$ 为底物浓率，v 为反应速率，V_{max} 为最大反应速率，K_m 称为米氏常数。

$$当\ v=\frac{1}{2}V_{max}，代入（1）式$$

$$则\ \frac{1}{2}V_{max}=\frac{V_{max}\cdot[S]}{K_m+[S]}$$

$$K_m=[S] \tag{2}$$

显然，K_m 等于反应速率达到 $\frac{1}{2}V_{max}$ 时的底物浓度，K_m 的单位就是浓度单位 mol/L 或 mmol/L。

测定 K_m 和 V_{max} 一般用作图法，本实验采用 Lineweaver-Burk 作图法，重新整理（1）式

$$\frac{1}{v}=\frac{K_m}{V_{max}}\cdot\frac{1}{[S]}+\frac{1}{V_{max}} \tag{3}$$

以 $\frac{1}{v}$ 为纵坐标，$\frac{1}{[S]}$ 为横坐标作图可得一直线。这条直线在横轴上的截距为 $-\frac{1}{K_m}$，在纵轴上截距为 $\frac{1}{V_{max}}$。

K_m 和 V_{max} 的测定是酶学工作的基本内容，特别是 K_m，它是酶动力学的基本常数，K_m 的数值可以反映出酶与底物亲和力的强弱。从（1）式可知，K_m 数值大，说明酶与底物的亲和力弱。K_m 小说明酶与底物的亲和力强。

三、实验器材

1．容量瓶。
2．普通玻璃器皿：试管、量筒、烧杯等。
3．电子分析天平。
4．pH 计。
5．恒温水浴锅。
6．紫外可见分光光度计。

四、实验试剂

1．20mmol/L pH 6.9 磷酸缓冲液（内含 6.7mmol/L NaCl）。

a．称 7.163g $Na_2HPO_4\cdot12H_2O$，用蒸馏水定容至 1000ml。

b．称 3.120g $NaH_2PO_4\cdot2H_2O$，用蒸馏水定容至 1000ml。取 a 溶液 49.0ml，b 溶液 51.0ml，混合，加入 0.0392g NaCl，调 pH 至 6.9，备用。

2．10μmol/ml 麦芽糖溶液：称取麦芽糖 180mg，用上述缓冲液溶解，定容至 50ml。

3．3,5-二硝基水杨酸显色剂：称取 1.60g NaOH，溶于 70ml 蒸馏水中，再加入 1.0g 3,5-二硝基水杨酸和 30g 酒石酸钾钠，溶解后用蒸馏水定容至 100ml。

4．0.5%可溶性淀粉溶液：称取可溶性淀粉溶液 0.5000g，用 20mmol/L pH 6.9 磷酸缓冲液溶解，定容至 100ml。

5．α-淀粉溶液：称取 10mg 精制酶粉，用 20mmol/L pH 6.9 磷酸缓冲液 40ml 溶解，备用。

五、操作

1. 麦芽糖标准曲线的制作

其原理见实验 99.1 酶活力测定方法Ⅱ。

取 10 支试管,按表 67 数值加入试剂。

表 67　麦芽糖标准曲线的制作

管号	空白	1	2	3	4	5	6	7	8	9
缓冲液/ml	1	0.8	0.7	0.6	0.5	0.4	0.3	0.2	0.1	0
麦芽糖溶液/ml	0	0.2	0.3	0.4	0.5	0.6	0.7	0.8	0.9	1.0
					加显色剂各 1ml					
					沸水浴加热 5min,冷却					
					用 20mmol/L pH 6.9 缓冲液定容至 25ml					
A_{540nm}	0									

以各管所含麦芽糖的微摩尔数为横坐标,以各管的光吸收 A_{540} 为纵坐标,作麦芽糖的标准曲线。

2. V_{max} 和 K_m 的测定

取 7 支试管,按表 68 数值加入试剂。

表 68　V_{max} 和 K_m 的测定

管号	0	1	2	3	4	5	6
20mmol/LpH 6.9 磷酸缓冲液/ml	1.0	0.8	0.7	0.6	0.5	0.4	0.3
底物溶液/ml	0	0.2	0.3	0.4	0.5	0.6	0.7
酶液/ml	0.5	0.5	0.5	0.5	0.5	0.5	0.5
25℃反应时间				3min			
			加入显色剂 1.0ml,沸水浴加热 5min,冷却				
			用 20mmol/L pH 6.9 缓冲液定容至 25ml				
[S]							
1/[S]							
A_{540nm}							
相当于麦芽糖含量/μmol							
v/(μmol/min)							
1/v							

以 1/v 为纵坐标,1/[S] 为横坐标,作图,并算出 K_m、V_{max}。

六、注意事项

取液量、酶反应时间一定要准确。加酶前后一定要将试剂混匀。

笔　记

思考题

通过查阅文献资料,比较各项参数,试述本次实验中提取到的 α-淀粉酶的质量及实验中存在的问题。

实验 100　螺旋藻藻蓝蛋白的分离、纯化与鉴定

藻蓝蛋白（phycocyanin）是某些藻类特有的重要捕光色素蛋白，在螺旋藻（spirulina platensis）中含有 15%左右，藻蓝蛋白是一种极好的天然食用色素，另外，藻蓝蛋白还具有刺激红细胞集落生成，类似红细胞生成素（erythropoietin，EPO）的作用。因此，它既可以作为药品生产的原料，也可以作为食品工业的色素和保健食品的生产原料。

藻蓝蛋白是从螺旋藻中分离纯化的，能发出强烈的荧光，具有很好的吸光性能和很高的量子产率，在可见光谱区有很宽的激发及发射范围。用常规的标记方法可以很方便地将其与生物素、亲和素和各种单克隆抗体结合起来制成荧光探针，用于免疫检测、荧光显微技术和流式细胞荧光测定等临床诊断及生物工程技术。

螺旋藻已大量人工繁殖，可从中分离、制备藻蓝蛋白。

实验 100.1　螺旋藻粗藻蓝蛋白的制备

一、目的

了解并掌握粗藻蓝蛋白的提取方法。

二、原理

螺旋藻（*spirulina platensis*）属蓝藻的一种，从进化上比较古老，该藻的藻体结构简单，是由多细胞蓝绿色丝状体组成。内含丰富的蛋白质且呈现蓝色所以称之为藻蓝蛋白，将藻粉在磷酸缓冲液中性条件下反复冻融，使藻蓝蛋白从螺旋藻细胞中分离出来，经离心机离心、冻干得藻蓝蛋白粗品。藻蓝蛋白的纯度常用 A_{620}/A_{280} 的比值来表示，比值越大，则纯度越高。

三、实验器材

1. 螺旋藻干粉（市售）。
2. 紫外可见分光光度计。
3. 高速冷冻离心机。
4. 分析天平。
5. 冻干机。
6. 试管 1.5cm×15cm（×10）。
7. 吸管。

四、实验试剂

1. 磷酸缓冲液（50mmol/L pH 7.3）：称取 1.794g 磷酸二氢钠（$NaH_2PO_4 \cdot 2H_2O$，A.R.），13.788g 磷酸氢二钠（$Na_2HPO_4 \cdot 12H_2O$，A.R.），用蒸馏水溶解并定容至 1000ml。
2. 福林（Folin）-酚试剂（见实验 29）。

五、操作

1. 准确称取螺旋藻干粉 10.0g，加入 200.0ml 磷酸缓冲液，搅拌均匀后放入低温冰箱冰冻，待全部结冰后取出放置 20℃化冻。如此反复三次。

2. 最后的化冻液用高速冷冻离心机在 4℃　10 000～12 000r/min 离心 30min，收集上清液，小部分冷冻干燥，大部分留做实验 100.2 用。

3. 将上述小部分上清液放置低温冰箱中冷冻结冰后，放到冻干机上冻干。

4. 将冻干粉称重，记录。

5. 准确称取冻干样品 5～10mg 用蒸馏水溶解定容至 10ml 容量瓶中，分别取样用紫外可见分光光度计测定 280nm 和 620nm 的吸光度，并计算 A_{620}/A_{280} 的比率。

6. 将步骤 5 的样液取样用福林（Folin）-酚法测定蛋白质浓度，计算蛋白质得率。

六、注意事项

1. 反复冻融可使细胞破壁从而释放出藻蓝蛋白，为了获得更好的破壁率，冻结成冰时要保持 10min 以上。

2. 620nm 为藻蓝蛋白的特征吸收波长。

笔　　记

思考题

1. 藻蓝蛋白的提取除了采用冻融法外，还有什么其他方法？

2. 藻蓝蛋白的功能有哪些？

实验 100.2　离子交换柱层析法分离藻蓝蛋白

一、目的

了解并掌握藻蓝蛋白的一种分离方法。

二、原理

藻蓝蛋白是一种色素蛋白，在一定条件下可使其带负电荷，可用阴离子交换剂 DEAE-纤维素柱层析进行分离纯化。

三、实验器材

1. 藻蓝蛋白粗制品。

2. 紫外可见分光光度计。

3. 核酸蛋白检测仪。

4. 玻璃层析柱 1.5cm×15cm。

5. DEAE-52 纤维素。

6. 透析袋。

7. 梯度混合仪。

8. 分析天平。

9. 冻干机。

10. 试管 1.5cm×15cm（×10）。

11. 吸管。

四、实验试剂

1. 磷酸缓冲液（10mmol/L pH 7.3）：称取 0.359g 磷酸二氢钠（$NaH_2PO_4 \cdot 2H_2O$，A.R.），2.758g 磷酸氢二钠（$Na_2HPO_4 \cdot 12H_2O$，A.R.），用蒸馏水溶解并定容至 1000ml。

2. 0.2mol/L HCl。

3. 0.2mol/L NaOH。

4. NaCl。

5．硫酸铵。

6．Folin-酚试剂（见实验 29）。

五、操作

1．取一定量的 DEAE-52 纤维素，先用 0.2mol/L 的 NaOH 溶液 2 倍量体积浸泡，并不断搅拌 3～4h，蒸馏水洗至 pH 7～8。再用 0.2mol/L HCl 2 倍量体积浸泡，并不断搅拌 1～2h，蒸馏水洗至 pH 5～6。再用 0.2mol/L NaOH 处理操作同前。

2．将处理好的 DEAE-52 纤维素装层析柱，装好后先用 10mmol/L pH 7.3 磷酸缓冲液平衡，待柱子流出液为 pH 7.3 时，将实验 100.1 步骤 2 所得的离心上清液上柱，接上检测仪，280nm 检测，待上样结束后，再用平衡缓冲液洗涤，洗涤至基线。改用 10mmol/L 磷酸缓冲液并加 0.2mol/L 和 0.6mol/L NaCl 进行梯度洗脱。取相应于 0.3mol/L 的 NaCl 的洗脱峰部分，量体积，留样待测。

3．按上述体积加固体硫酸铵至 80% 饱和度，放至 4℃ 冷藏 8～10h，4000r/min 离心 15min。收集沉淀，加少量蒸馏水溶解，装透析袋，对蒸馏水透析 24h，其中分别换水 3～4 次。透析结束，量体积，留样待测。

4．透析好的样液在冻干瓶中预冻成冰后，在冻干机上冷冻干燥。冻干后称重，计算得率。

5．准确称取 5～10mg 样品用蒸馏水溶解于 10ml 容量瓶中，分别测 280nm 和 620nm 的吸光度，并计算 A_{620}/A_{280} 的比率。

6．取样用实验 29 Folin-酚法分别测定蛋白质浓度，计算各步骤蛋白质得率。

笔　记

六、注意事项

1．由于来源不同和种类的差别，藻蓝蛋白的等电点也略有差别，基本在 3.4～4.8。

2．在 DEAE-纤维素柱层析时，应控制洗脱液的离子强度。

3．也可采用考马斯亮蓝法来测定藻蓝蛋白的含量。

思考题

采用 DEAE-纤维素离子交换层析法分离藻蓝蛋白的依据是什么？

实验 101　原花色素的提取、纯化与测定

原花色素（也称原花青素）（proanthocyanidins）是一类从植物中分离得到的在热酸条件下能产生花色素的多酚化合物。它既存在于多种水果的皮、核和果肉中，如葡萄、苹果、山楂等，也存在于如黑荆树、马尾松、思茅松、落叶松等的皮和叶中。

原花色素属于生物类黄酮，它们是由不同数量的儿茶素或表儿茶素聚合而成的，最简单的原花色素是儿茶素的二聚体，此外还有三聚体、四聚体等。依据聚合度的大小，通常将二至四聚体称为低聚体，而五聚体以上的称为高聚体。从植物中提取的原花色素的方法一般有两种，分别是用水抽提或用乙醇抽提。其抽提物为低聚物，称之为低聚原花色素（oligomeric proanthocyanidins，简称 OPC）。

原花色素具有很强的抗氧化作用，能清除人体内过剩的自由基，提高人体的免疫力，可

作为新型的抗氧化剂用于医药、保健、食品等领域。

实验 101.1　山楂原花色素的提取

一、目的

了解并掌握从山楂中制备原花色素的方法。

二、原理

原花色素是植物体内广泛存在的多酚类化合物，利用低聚原花色素溶于水的特点，用热水煮沸抽提原花色素，再用树脂吸附、洗脱得到原花色素。

三、实验器材

1．新鲜山楂（或山楂片），市售。　　5．旋转蒸发仪。

2．烧杯。　　6．冷冻干燥机。

3．高速组织粉碎机。　　7．大孔吸附树脂 D-101。

4．玻璃层析柱 1.2cm×20cm。　　8．恒流泵。

四、实验试剂

1．60%乙醇。

2．95%乙醇。

五、操作

1．称取山楂 10.0g，加入 40.0ml 蒸馏水，匀浆[①]，沸水浴 40～60min。再加入 20.0ml 蒸馏水，用细绸布过滤，滤液备用。

2．取 5.0g 新的大孔吸附树脂 D-101，先用 95%乙醇浸泡 2～4h，水洗去乙醇后，装层析柱（1cm×10cm），再用蒸馏水洗两倍柱床体积。滤液上样，上完样后，先用蒸馏水洗两倍体积，然后换 60%乙醇洗脱，待有红色液体流出后开始收集，直到收集到无红色为止。

3．将洗脱液放入旋转蒸发仪中蒸发，剩余无乙醇部分冷冻。

笔　记

4．将冻结好的样品放入冷冻干燥机上干燥。

5．干燥后样品称重，测含量。见原花色素测定方法。

六、注意事项

1．滤液应保持清澈，否则易造成层析柱堵塞，若滤液浑浊，可再过滤一次。

2．上样量应根据层析柱的大小及 D-101 吸附树脂的吸附能力而定。上样量太多会造成树脂饱和，影响提纯效果，并造成样品浪费。

---

① 若提取原料是干片时，无法匀浆，可将干片剪成细小颗粒状再用沸水提取。

思考题

原花色素的生理功能有哪些？

实验 101.2　原花色素的测定（Ⅰ）

一、目的

掌握盐酸-正丁醇比色法测定原花色素的原理和方法。

二、原理

原花色素（Ⅰ）的 4～8 连接键很不稳定，易在酸作用下打开。反应过程（以二聚原花色素为例）是：在质子进攻下单元 C_8（D）生成碳正离子（Ⅱ），4～8 键裂开，下部单元形成(－)-表儿茶素（Ⅲ），上部单元成为碳正离子（Ⅳ），Ⅳ失去一个质子成为黄-3-烯-醇（Ⅴ），在有氧条件下Ⅴ失去 C_2 上的氢，被氧化成花色素（Ⅵ），反应还生成相应的醚（Ⅶ）。若采用正丁醇溶剂可防止醚的形成，见图 32。

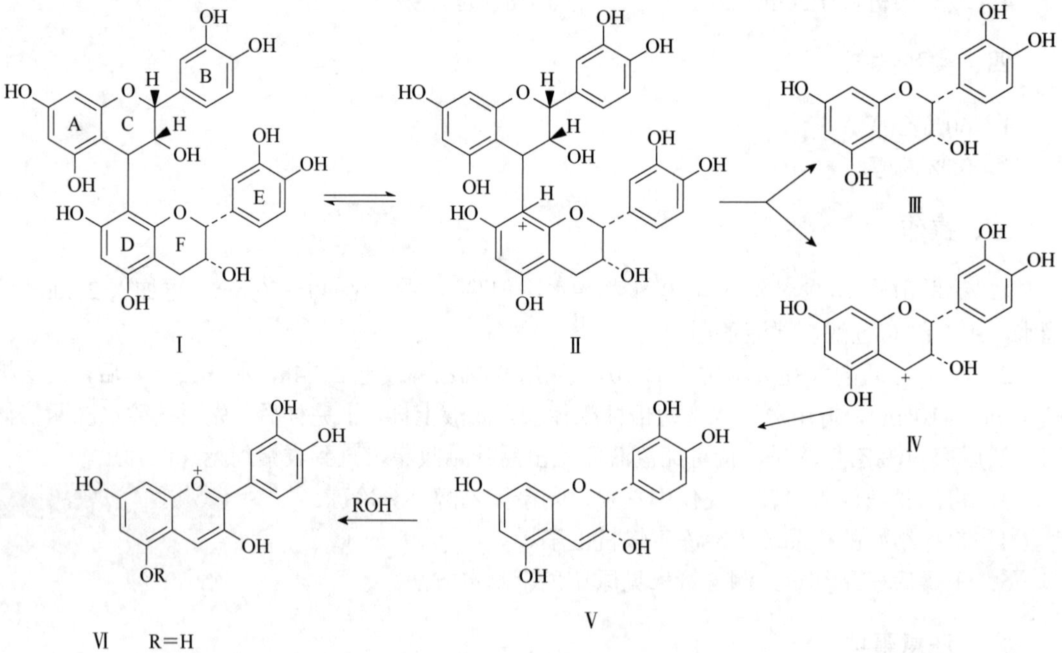

Ⅵ　R=H

Ⅶ　R=Me, Et, Pr

图 32　原花色素的酸解反应

Me：Metlyl，甲基；Et：Ethyl，乙基；Pr：Propyl，丙基

三、实验器材

1．具塞试管 1.5cm×15cm（×8）。

2．吸管。

3．紫外可见分光光度计。

4．沸水浴锅。

5．电炉。

6．电子分析天平。

四、实验试剂

1．原花色素标准品：精确称取 10.0mg 原花色素标准品用甲醇溶解，于 10.0ml 容量瓶定容至刻度。

2．HCl-正丁醇：取 5.0ml 浓 HCl 加入 95.0ml 正丁醇中混匀即可。

3．2%硫酸铁铵：称取 2.0g 硫酸铁铵溶于 100.0ml 2.0mol/L HCl 中即可。

4．2.0mol/L HCl。取 1 份浓 HCl 放入 5 份蒸馏水中即可。

5．试样溶液：准确称取一定量蒸馏的原花色素样品，用甲醇溶解定容至 10.0ml，浓度控制在 1.0～3.0mg/ml。

五、操作

1．制作标准曲线

取干净试管 7 支，按表 69 进行操作。以吸光度为纵坐标，各标准液浓度为横坐标作图得标准曲线。

表 69　HCl-正丁醇法测定原花色素含量标准曲线绘制

试剂 \ 管号	0	1	2	3	4	5	6
1.0mg/ml 标准液/ml	0	0.05	0.10	0.15	0.20	0.25	0.30
甲醇/ml	0.5	0.45	0.40	0.35	0.30	0.25	0.20
2%硫酸铁铵/ml	0.10	0.10	0.10	0.10	0.10	0.10	0.10
HCl-正丁醇/ml	3.40	3.40	3.40	3.40	3.40	3.40	3.40
	沸水浴 30min 取出、冷水冷却 15min 后测定						
原花色素浓度/（mg/ml）	0	0.1	0.2	0.3	0.4	0.5	0.6
A_{546nm}							

2．样品含量测定

吸取样液 0.10ml 置于试管中，补加 0.4ml 甲醇，再加入 0.1ml 2%硫酸铁铵溶液，最后加入 3.4ml HCl-正丁醇溶液，沸水浴中煮沸 30min，其他条件与做标准曲线相同，从测得的吸光度值由标准曲线查算出样品液的原花色素含量，并进一步计算原花色素样品的百分含量。

六、计算

笔　记

$$\omega = \frac{cV}{m} \times 100\%$$

式中　ω：原花色素的质量分数（%）；

　　　c：从标准曲线上查出的原花色素质量浓度（mg/ml）；

　　　V：样品稀释后的体积（ml）；

　　　m：样品的质量（mg）。

七、注意事项

1．盐酸-正丁醇法受原花色素的结构影响较大，对于低聚度原花色素及儿茶素等单体反应不灵敏。

2．原花色素在酸的作用下被氧化成花色素，这个氧化过程必须要 ＿＿＿＿＿＿＿＿

有氧才能进行。一定量的金属离子如 Cu^{2+}、Mn^{2+}、Fe^{3+} 等离子或醌类物质如对-苯醌、α-萘醌、9,10-蒽醌等氧化剂的存在均能够促进该反应的进行，但过量的醌类及 Mn^{2+}、Cu^{2+} 会降低光吸收值，采用铁盐较为适合，尤其是三价铁盐，如硫酸高铁铵、三氯化铁等。

 **思考题**

实验中为何采用正丁醇作溶剂？

实验 101.3　原花色素的测定（Ⅱ）

一、目的

掌握用香草醛-HCl 比色法测定原花色素的方法。

二、原理

原花色素在酸性条件下，其 A 环的化学活性较高，在其上的间苯二酚或间苯三酚结构可与香草醛发生缩合反应，产物在浓酸作用下形成有色的碳正离子，见下图。

三、实验器材

1．紫外可见分光光度计。　　　3．吸管。
2．试管 1.5cm×15cm（×7）。　4．电子分析天平。

四、实验试剂

1．4%香草醛（也叫香兰素）：称取 4.0g 香草醛溶于 100ml 甲醇中。
2．浓 HCl。
3．儿茶素标准品 1.0mg/ml 储备液：准确称取 10.0mg 标准品，用甲醇溶解，并定容于 10.0ml 容量瓶中。此储备液可放于冰箱中冷冻贮藏。
4．儿茶素标准品应用液：将上述溶液准确稀释至 0.4mg/ml。
5．原花色素样品液：取一定量待测样品配制成 0.1～0.3mg/ml。

五、操作

1．制作标准曲线
取干净试管 6 支，按表 70 进行操作。以吸光度为纵坐标，各标准液浓度为横坐标作图得标准曲线。

表 70 香草醛法测定原花色素含量标准曲线绘制

试剂 \ 管号	0	1	2	3	4	5
0.4mg/ml 儿茶素标准液/ml	0.00	0.10	0.20	0.30	0.40	0.50
甲醇/ml	0.50	0.40	0.30	0.20	0.10	0.00
4%香草醛/ml	3.0	3.0	3.0	3.0	3.0	3.0
浓 HCl/ml	1.5	1.5	1.5	1.5	1.5	1.5
			室温放置 15min 后测定			
相当于原花色素含量/（mg/ml）	0.00	0.08	0.16	0.24	0.32	0.40
A_{500nm}						

2．样品含量测定

吸取样液 0.50ml 置于试管中，再加入 3.0ml 4%香草醛溶液，最后加入 1.5ml 浓 HCl 溶液，室温放置 15min，其他条件与做标准曲线相同，从测得的吸光度值由标准曲线查算出样品液的原花色素含量，并进一步计算原花色素样品的百分含量。

六、计算

$$w = \frac{cV}{m} \times 100\%$$

式中 w：原花色素的质量分数（%）；

c：从标准曲线上查出的原花色素质量浓度（mg/ml）；

V：样品稀释后的体积（ml）；

m：样品的质量（mg）。

七、注意事项

1．酸的浓度、香草醛的浓度、反应温度和时间及原花色素的来源不同均可影响原花色素与香草醛显色的灵敏度和稳定性，故实验中应保持反应条件一致。

2．反应和比色的时间最好在 30min 内完成，时间放置过长，样品的吸光度会发生变化。

3．也可用稀硫酸替代浓盐酸，但硫酸的浓度不宜太高。过高浓度的硫酸（大于 5.4mol/L）会使香草醛发生缩合反应而呈色，影响测定的稳定性和准确性。

笔 记

思考题

为何可以用儿茶素作为测定原花色素含量的标准品？

实验 102 熊果酸的制备和测定

熊果酸（也称乌苏酸，ursolic acid），广泛存在于多种植物中，在木犀科植物女贞叶子中含量较高，因在杜鹃科植物熊果中首先提取到而取名为熊果酸。熊果酸是五环三萜类化合物，具有镇静、抗炎、抗菌、抗溃疡、降血糖以及抗氧化的作用，可用于医药原料。

山楂中也含有大量熊果酸，可作为提取熊果酸的原料。

实验 102.1　　山楂熊果酸的制备

一、目的

了解并掌握从山楂中制备熊果酸的方法。

二、原理

熊果酸是五环三萜类化合物。在山楂中含量较高。根据其溶于有机溶剂（如乙醇），不溶于水的特点，将其分离。

三、实验器材

1. 高速组织匀浆器。
2. 烧杯。
3. 绸布。
4. 旋转蒸发仪。
5. 离心机（4000r/min）。
6. 干燥箱。

四、实验试剂

1. 新鲜山楂（或干山楂片）。
2. 95%乙醇。

五、操作

1. 称取 20.0g 山楂，加入 95%乙醇 40.0ml。用高速组织匀浆机匀浆，间歇搅拌，4h，用绸布过滤，滤液利用旋转蒸发仪蒸去乙醇。放置普通冰箱（4℃）4～6h，4000r/min 离心 15min，弃去上清，沉淀用蒸馏水 20ml 洗涤，4000r/min 离心 10min，再用同样方法洗涤 2 次。收集沉淀于培养皿中，放置烘箱 60～80℃烘干，粉碎，称重，测定，计算得率。

2. 测定方法见后熊果酸含量测定。

笔　记

六、注意事项

粗品中含有少量的山楂酸和齐墩果酸，可通过硅胶柱层析进一步纯化。

 **思考题**

鉴定熊果酸的方法有哪些？

实验 102.2　　熊果酸含量测定

一、目的

了解并掌握用香草醛法测定熊果酸的方法。

二、原理

熊果酸属于五环三萜类化合物。在酸性条件下能和香草醛发生反应，生成红紫色化合物，在一定浓度下颜色深浅和熊果酸含量成正比，可用比色法测定。

三、实验器材

1．试管 1.5cm×15cm（×8）。
2．吸管。
3．恒温水浴锅。
4．紫外可见分光光度计。

四、实验试剂

1．5%香草醛（也称香兰素）：称取 5.0g 香草醛溶于 100.0ml 冰乙酸中。
2．熊果酸标准品溶液 1.0mg/ml：准确称取 10.0mg 溶于甲醇，并定容至 10ml 容量瓶中。
3．高氯酸。
4．冰乙酸。
5．甲醇。
6．熊果酸样品液：准确称取一定量熊果酸样品，用甲醇配制浓度为 1.0mg/ml 左右。

五、操作

1．制作标准曲线
取干净试管 7 支，按表 71 进行操作。以吸光度为纵坐标，各标准液浓度为横坐标作图得标准曲线。

2．样品含量测定
吸取样液 0.10ml 置于试管中，补加甲醇 0.1ml。再加入 0.5ml 5%香草醛溶液，其余步骤同标准曲线。从测得的吸光度值由标准曲线查算出样品液的熊果酸含量，并进一步计算熊果酸样品的百分含量。

表 71　香草醛法测定熊果酸含量标准曲线绘制

试剂 \ 管号	0	1	2	3	4	5	6
1.0mg/ml 熊果酸标准液/ml	0.00	0.02	0.04	0.08	0.12	0.16	0.20
甲醇/ml	0.20	0.18	0.16	0.12	0.08	0.04	0.00
5%香草醛/ml	0.50	0.5	0.5	0.5	0.5	0.5	0.5
高氯酸/ml	0.8	0.8	0.8	0.8	0.8	0.8	0.8
水浴 60℃加热 10min							
加冰乙酸/ml 后混匀测定	3.5	3.5	3.5	3.5	3.5	3.5	3.5
标准熊果酸/（mg/ml）	0	0.1	0.2	0.4	0.6	0.8	1.0
A_{500nm}							

六、计算

$$w=\frac{cV}{m}\times100\%$$

式中　w：熊果酸的质量分数（%）；

c：从标准曲线上查出的熊果酸质量浓度（mg/ml）；

V：样品稀释后的体积（ml）；

m：样品的质量（mg）。

七、注意事项

1. 水分对测定有干扰，所使用的容器必须充分干燥。

2. 山楂中其他三萜酸如山楂酸、齐墩果酸也有相同反应，对熊果酸测定会造成影响，使结果偏高。

思考题

熊果酸的生理功能有哪些？它除了在山楂中含量高外，还存在于哪些植物中？

实验 103　镍化合物诱导人 Jurkat 细胞凋亡途径的研究

近年来，由于镍在工业中大量应用及消耗，造成环境中镍及其化合物的污染呈逐年递增趋势，其生物学毒性及致病性已经引起广泛关注。镍及其化合物对人体最严重的危害是造成恶性肿瘤的发生，并明显增加多种其他肿瘤的发病概率。

镍及其化合物对免疫系统也具有明显的毒性。研究镍化合物的免疫毒性不仅可以发现镍化合物对免疫系统毒性的具体途径，也可以从免疫监控作用的抑制与恶性肿瘤发生的相关机制入手，寻找镍化合物的致癌的新思路。

凋亡是指生物体为了维持内环境稳定，由基因控制的细胞自主、有序的死亡，又称为程序性细胞死亡，是细胞增殖调控的一种重要手段。凋亡涉及一系列基因的激活、表达以及调控过程，是细胞对环境中一些生理性或病理性刺激信号、损伤产生的应答，其细胞及组织的变化与坏死有明显的不同。凋亡过程如果失去调控，将造成严重的后果，导致疾病发生，如癌症、神经系统恶化和自身免疫疾病。

氯化镍对人 T 细胞瘤 Jurakt 细胞株具有明显的细胞毒作用。已有的体外实验数据表明，氯化镍可能是通过凋亡途径抑制 Jurkat 细胞的增殖。因此，本实验进一步探讨氯化镍对 Jurkat 细胞株毒性的分子机制，证实凋亡过程的发生以及研究凋亡过程中重要的调控蛋白质的作用。

实验 103.1　Jurkat 细胞的培养

一、目的

掌握细胞培养的原理和基本操作方法，培养学生的无菌操作技术。

二、原理

体外培养（*in vitro* culture），就是将活体结构成分或活的个体从体内或其寄生体内取出，放在类似于体内生存环境的体外环境中，让其生长和发育的方法。可分为组织培养，细胞培养和器官培养三种。细胞培养就是利用细胞的增殖性将活细胞（尤其是分散的细胞）在体外特定的理化和营养条件下进行培养的方法，是现代生物技术的核心手段。在细胞培养的过程中，无菌操作是培养成败的关键因素。

体外培养细胞大多培养在瓶皿等容器中，根据它们是否能贴附在支持物上生长的特性可分为贴附型和悬浮型两大类。Jurkat 细胞就是典型的悬浮型细胞。

T 细胞是淋巴细胞的一种，在免疫应答中扮演着重要的角色。T 细胞于骨髓中生成，然后在胸腺内分化成熟，成熟后移居于周围淋巴组织中。T 细胞能合成和释放一些细胞因子，细胞因子与靶细胞膜上的受体结合后，具有破坏肿瘤细胞、限制病毒复制、激活巨噬细胞或中性粒细胞等多种作用。

人 Jurkat 细胞具有与人 T 细胞相似的特征，是良好的人 T 细胞替代模型，因此本实验选择 Jurkat 细胞株来研究镍化合物对人免疫系统的毒性。

三、实验器材

1. 倒置显微镜。
2. CO_2 培养箱。
3. 离心机。
4. 细胞培养瓶。
5. 灭菌锅。
6. 滴管，吸管。

四、实验试剂

1. RPMI-1640 培养基。
2. 新生小牛血清。
3. 磷酸缓冲液（PBS, pH 7.4）：NaCl 8g，KCl 0.2g，Na_2HPO_4 1.15g（或者 $Na_2HPO_4 \cdot 12H_2O$ 2.9g），KH_2PO_4 0.2g 溶于 1000ml 重蒸水中。
4. 二甲基亚砜（DMSO）。

五、操作

1. 复苏

将冻存的细胞在 37℃ 的水浴中轻轻晃动解冻，待解冻基本完成后，迅速转移至事先准备好的 10ml RPMI-1640 培养基中，1000r/min 离心 5min，弃上清。将细胞转移至含有 10% 新生小牛血清（体积含量）的 RPMI-1640 培养基，37℃，5% CO_2 培养箱中培养。

2. 换液与传代

次日更换一次培养液后再继续培养。将细胞悬液转移至离心管中，1000r/min 离心 5min，弃上清，加入新鲜的含有 10% 新生小牛血清（体积含量）的 RPMI-1640 培养基，37℃，5% CO_2 培养箱中培养，这称为换液。如果细胞数目很多，也可以把新的细胞悬液一分为二，放在两个培养瓶中培养，这称为传代。

3. 冻存

（1）细胞冻存前 24~48h 进行传代培养，保证细胞处于指数生长期。

（2）配制冻存液：RPMI1640：血清：DMSO＝7：2：1（体积比）的混合液。

（3）将细胞悬液转移至离心管中，1000r/min 离心 5min，收集细胞，用 1ml 冻存液轻轻吹散细胞沉淀转移至冻存管，控制细胞密度在（1~2）×10^7/ml 范围。

（4）将每支冻存管 1ml 细胞悬液严密封口后，立即置 4℃冰箱中，30min 后转入–20℃冰箱中，4～8h 后，再转入–70℃冰箱过夜后转入液氮中保存（或直接转入液氮中）。

六、注意事项

1. 细胞的培养操作，应注意无菌，包括无菌室、无菌操作台、实验试剂和实验人员衣物手部的无菌消毒工作。对于来自人类或是病毒感染之细胞株应特别小心操作。

2. 定期检查 CO_2 培养箱之 CO_2 浓度、温度及水盘是否有污染，定期更换紫外线灯管及无菌操作台过滤膜及滤网。

思考题

1. 细胞培养成败的关键是哪个环节？该环节的注意事项有哪些？

2. 本实验中的 T 细胞株为悬浮细胞，其复苏、培养和传代的方法与贴壁培养有哪些异同？

实验 103.2　Annexin V-FITC/PI 双染法检测细胞凋亡

一、目的

掌握流式检测细胞凋亡的原理和方法。

二、原理

检测细胞凋亡的手段有很多种，包括 PI 单染、Annexin V-FITC/PI 双染、Hoechst 荧光染色等。本实验采用 Annexin V-FITC/PI 双染法检测细胞凋亡。磷脂酰丝氨酸（phosphatidylserine，PS）在正常细胞中位于细胞膜的内侧，但在细胞凋亡的早期，PS 从细胞膜的内侧翻转到细胞膜的表面，暴露在细胞外侧。Annexin V 能与 PS 高亲和力特异性结合，因此 Annexin V 被作为检测细胞早期凋亡的灵敏指标之一。将 Annexin V 进行荧光素（EGFP、FITC）标记，利用荧光显微镜或流式细胞仪可检测细胞凋亡的发生。碘化丙啶（propidium iodide，PI）是一种核酸染料，它不能透过完整的细胞膜，但对于凋亡中晚期的细胞和坏死细胞，PI 能透过细胞膜而使细胞核染红。因此将 Annexin-V 与 PI 匹配使用，就可以将凋亡各期的细胞区分开来。

流式细胞仪（FCM）是将流体喷射技术、激光光学技术、电子技术和计算机技术等集为一体，用于细胞定量分析和进行细胞分类研究的工具。FCM 检测细胞凋亡具有其他方法不可比拟的优越性，既可以定性也可以定量，具有简单、快速和敏感等优点。

三、实验器材

1. 流式细胞仪。
2. 倒置显微镜。
3. CO_2 培养箱。
4. 离心机。
5. 6 孔细胞培养板。
6. 流式管。

四、实验试剂

1. Annexin V-FITC 细胞凋亡检测试剂盒（Cat: KGA-107）：试剂盒内含 Annexin V-FITC、Binding Buffer 和碘化丙啶（PI）。

2. 磷酸缓冲液（PBS，pH 7.4）：配制方法见实验 103.1。

3. 胰蛋白酶：胰蛋白酶 0.25g，EDTA 0.1g 溶解于 100ml PBS，待完全溶解，用 5mol/L NaOH 调 pH 至 7.6，过滤灭菌。

4. 结合缓冲液：HEPES 0.2383g，NaCl 0.819g，$CaCl_2$ 0.111g（或者 $CaCl_2 \cdot 2H_2O$ 0.147g）溶于 100ml 重蒸水中，用 NaOH 或 KOH 调 pH 至 7.2～7.4。

五、操作

1. 在 6 孔培养板中培养 Jurkat 细胞，每孔 3ml 培养液。用不同浓度的氯化镍（0，20，40，60，80μg/ml）分别处理 6，12，24h。

2. Annexin V-FITC/PI 双染法。

（1）悬浮细胞离心（离心 2000r/min，5min）收集。

注：贴壁细胞用不含 EDTA 的胰酶消化收集，胰酶消化时间不宜过长，否则会影响细胞膜上磷脂酰丝氨酸与 Annexin V-FITC 的结合。

（2）用 PBS 洗涤细胞二次（离心 2000r/min，5min）收集（1～5）$\times 10^5$ 细胞。

（3）加入 500μl 的结合缓冲液悬浮细胞。

（4）加入 2μl Annexin V-FITC 混匀后，加入 5μl 碘化丙啶，混匀。

（5）避光、室温反应 5min。

3. 流式细胞仪分析：用流式细胞仪检测（Ex＝488nm；Em＝530nm）细胞凋亡的情况（绿色荧光通过 FITC 通道通常为 FL1 来检测；红色荧光通过 PI 通道通常为 FL2 或 FL3 来检测）。

六、注意事项

笔　记

1. 每天观察细胞形态，健康细胞的形态饱满，折光性好，生长致密时即可传代。如发现细胞有污染迹象，一般应立即丢弃污染细胞。同时，全面检查污染源并彻底灭菌和清洁。选生长良好，且无微生物污染的细胞进行冻存。在每批细胞冻存一段时间后，复苏 1～2 管，观察其活力以及是否受到微生物的污染。

2. 细胞凋亡是一个快速和动态的过程，因此染色后应立即进行检测和分析。Annexin V 和 PI 是光敏化合物，操作时应注意避光。

思考题

细胞凋亡和坏死的病理学过程有何区别？可以用哪些分子生物学技术加以区分和鉴定？

实验 103.3   RT-PCR 检测凋亡相关基因 *bcl-2* 的表达

一、目的

掌握逆转录-聚合酶链反应（reverse transcription-polymerase chain reaction，RT-PCR）的原理和方法。

二、原理

细胞凋亡的自主性和程序性涉及一系列基因的激活、表达以及调控等作用。目前已经分析和鉴定了许多与细胞凋亡相关的基因。本实验选用了 *bcl-2* 作为检测的指标，进一步探讨镍化合物诱导人 T 细胞凋亡的分子机制。*bcl-2* 是迄今为止功能最明确的细胞凋亡拮抗基因。许多研究表明其高效表达可以抑制多种细胞凋亡过程，其蛋白质可能通过影响线粒体释放细胞色素 c 的过程来调节凋亡过程。

PCR 的基本过程与细胞内 DNA 复制类似，但它是采用高温使 DNA 变性，使之变成单链。降低温度以后，引物在单链 DNA 与之互补的部位结合，形成复合物。将温度调至 DNA 聚合酶的最适合温度，该酶就会以 dNTP 为原料，根据碱基互补的原则，按照模板 DNA 序列组成，从引物 3′-端开始，逐一将 dNTP 聚合上去，合成一条新的 DNA 双链。反复改变温度，重复变性、退火、延伸这 3 个步骤，就可以使靶 DNA 特异性扩增放大。RT-PCR 就是先将 RNA 逆转录成 cDNA，接着以 cDNA 为模板进行 PCR 扩增。

三、实验器材

1. Eppendorf 管，PCR 管，Tips。
2. 6 孔细胞培养板。
3. 普通玻璃器皿。
4. 移液器。
5. 凝胶成像系统。
6. PCR 仪。
7. 琼脂糖凝胶电泳系统：DYY-6B 型稳压稳流电泳仪，DYY-1 型电泳槽。

四、实验试剂

1. 溴化乙锭（EB）。
2. RNase。
3. DEPC（焦碳酸二乙酯）。
4. DNA marker（100~1000 bp）。
5. 总 RNA 提取试剂盒包含：RNA 吸附柱；2ml 收集管；RNA 裂解液（TCL 液）；Phenol；去蛋白液（RP 液）；洗涤液（W3 液）；RNase/DNase-free H_2O；RD 混合瓶。Phenol 于 4℃保存，长期使用−20℃保存，其余室温保存。
6. RT-PCR 所需试剂：5×RT buffer；dNTP Mixture（各 10mmol/L）；$MgCl_2$（25mmol/L）；RNase Free H_2O；RNase Inhibitor（40U/μl）；AMV Reverse Transcriptase XL（5U/μl）；5×PCR buffer；TakaRa Ex *Taq* HS（5U/μl）；Oligo dT（2.5pmol/μl），−20℃保存。
7. *bcl-2* 引物（有义链 5′ TGCCACGGTGGTGGAGGAGC 3′，反义链 5′GCATGTT-GACTTCACTTGTGGC 3′）。

8．*β-actin* 引物（有义链 5′ATCTGGCACCACACCTTCTACAATGAGCTG3′，反义链 5′CGTCATACTCCTGCTTGCTGATCCACATCTGC3′）。

9．磷酸缓冲液（PBS，pH 7.4）：配制方法见实验 103.1。

10．胰蛋白酶：配制方法见实验 103.2。

11．琼脂。

五、操作

1．在 6 孔培养板中培养 Jurkat 细胞，每孔 3ml 培养液。Jurkat 细胞用不同浓度的氯化镍（0，20，40，60，80μg/ml）处理 6h，12h。

2．提取细胞总 RNA

（1）300g 离心 5min 后彻底弃上清。再加入 1ml RD 液，立即用移液器抽打 5 次以悬浮细胞。盖上盖子，高速震荡 2min。

（2）室温静置 5min 后，加入 200μl 氯仿。用力颠倒离心管以混匀后，室温静置使之分层。12 000g 以上速率离心 5min。小心移取上清液至 1.5ml 离心管中。

（3）加入一半体积的 W3，彻底混匀后，全部移入吸附柱，12 000g 离心 30s。倒掉收集管中的液体，将吸附柱移入同一个收集管中。

（4）加入 500μl RP 液，12 000g 离心 30s。弃收集管中的液体，将吸附柱移入另外一个干净的收集管中。

（5）加入 500μl W3 液，静置 1min 后，离心 15s。弃收集管中的液体，将吸附柱移入同一个收集管中。

（6）加入 500μl W3 液，离心 15s。弃收集管中的液体，将吸附柱移入同一个收集管。

（7）再离心 1min。

（8）将吸附柱放入一个干净的 1.5ml 离心管中。在吸附膜中央加入 50μl 纯水，室温静置 1min 后，12 000g 离心 1s。将 1.5ml 离心管（RNA）贮存于−70℃。

3．将 mRNA 逆转录为 cDNA

（1）按顺序在 0.5ml PCR 管中加入下列试剂：

试剂	体积/μl
$MgCl_2$	2.0
10×RT Buffer	1.0
RNase Free dH_2O	3.75
dNTP Mixture	1.0
RNase Inhibitor	0.25
AMV Reverse Transcriptase	0.5
Oligo dT	0.5
Total RNA	1.0

（2）按下列方法处理

30℃	10min
42℃	30min
99℃	5min
4℃	5min

4. 逆转录产物（cDNA）进行 *β-actin* 和 *bcl-2* 的扩增

（1）按顺序在 0.5ml PCR 管中加入下列试剂：

试剂	体积/μl
5×PCR Buffer	10.0
ddH$_2$O	31.75
TakaRa Ex *Taq* HS	0.25
上引物	1.0
下引物	1.0
dNTP Mixture	1.0
cDNA	5.0

（2）按下列方法处理：

94℃	5min	
（变性）94℃	30s	
（退火）55℃［*bcl-2*/63℃（*β-actin*）］	30s	35 个循环
（延伸）72℃	60s	
72℃	10min	

5. 1%琼脂糖凝胶电泳分离 PCR 产物。

6. 用凝胶成像系统进行扫描处理。

7. 以 *β-actin* 作为内参量化分析。

笔　记

六、注意事项

RT-PCR 操作时应防止 RNA 被降解，所有实验用品应专用。玻璃器皿应于 180℃的高温下干烤 6h 以上，塑料器皿用 0.1% DEPC[①]水浸泡过夜。溶液应尽可能地用 0.1% DEPC 配制，并灭菌除去残留的 DEPC，不能高压灭菌的试剂经 0.22μm 滤膜过滤除菌。

思考题

RT-PCR 可以检测基因的表达水平，检测蛋白质的表达水平有哪些主要的实验方法？简述其原理和过程。

实验 103.4　*酶联免疫吸附检测 Bcl-2 蛋白表达水平*

一、目的

掌握酶联免疫吸附测定的原理和方法。

二、原理

酶联免疫吸附测定（enzyme linked immunosorbent assay，ELISA）这一方法的基本原理

---

① DEPC 是 diethypyrocarbonate（焦碳酸二乙酯）的缩写。DEPC 是 RNA 酶的抑制剂，它通过和 RNA 酶的活性基团组氨酸的咪唑环结合而抑制酶的活性。DEPC 是一种潜在的致癌物质，使用时需小心。

是：①将抗原或抗体结合到某种固相载体表面，保持其免疫活性。②使抗原或抗体与某种酶连接成酶标抗原或抗体，这种酶标抗原或抗体既保留其免疫活性，又保留酶的活性。在测定时，把受检标本（测定其中的抗体或抗原）和酶标抗原或抗体按不同的步骤与固相载体表面的抗原或抗体起反应。用洗涤的方法使固相载体上形成的抗原抗体复合物与其他物质分开，最后结合在固相载体上的酶量与标本中受检物质的量成一定的比例。加入酶反应的底物后，底物被酶催化变为有色产物，产物的量与标本中受检物质的量直接相关，故可根据颜色反应的深浅进行定性或定量分析。由于酶的催化效率较高，故可极大地放大反应效果，从而使测定方法达到很高的敏感度。根据试剂的来源和标本的性状以及检测的具备条件，可设计出各种不同类型的检测方法，如双抗体夹心法、双位点一步法、间接法、竞争法等。

本实验采用 Bcl-2 的 ELISA 试剂盒，进一步在蛋白水平上验证镍化合物诱导的凋亡途径中，Bcl-2 发生了改变。根据抗原抗体特异性结合的性质，包被在 96 孔板上的抗 Bcl-2 多抗特异结合样品液中的 Bcl-2，吸附在板子上的 Bcl-2 又进一步结合生物素标记的一抗。由于生物素和亲和素特异结合，加入亲和素辣根过氧化物酶（亲和素-HRP）也被吸附到 96 孔板上。而 HRP 可催化底物显色，用酶标仪测得的 A_{450} 即可反应 Bcl-2 蛋白表达量。

三、实验器材

1．酶标仪。
2．酶标板（96 孔）。
3．6 孔细胞培养板。
4．倒置显微镜。
5．CO_2 培养箱。
6．离心机。
7．恒温箱。
8．移液器。

四、实验试剂

1．磷酸缓冲液（PBS，pH 7.4）：配制方法见实验 103.1。
2．胰蛋白酶：配制方法见实验 103.2。
3．人类 Bcl-2 ELISA 检测试剂盒：洗涤液，一抗，二抗，显色底物，终止液。

五、操作

1．在 6 孔培养板中培养 Jurkat 细胞，每孔 3ml 培养液。用不同浓度的氯化镍（0，20，40，60，80μg/ml）处理 24h。
2．每个样品收集 5×10^6 细胞，加入 1ml 裂解液，置室温 60min 同时轻轻晃动。
3．离心取上清，即为待测样品。
4．300μl 洗涤液洗 96 孔板两次。
5．加入标准品、待测样品和生物素标记的一抗，置室温 100r/min 离心 2h。
6．甩干，洗涤 3 次，立即进入下一步。
7．加入 100μl 亲和素标记二抗，置室温 100r/min 离心 1h。
8．洗涤三次，然后加入底物显色，室温，100r/min 离心 10min。
9．加入 100μl 终止液，立即测 A_{450}。
10．以试剂盒提供标准品的浓度为横坐标，以标准品的吸光度为纵坐标作标准曲线，计算待测样品中 Bcl-2 的浓度。

六、注意事项

1. 洗涤板孔时要迅速，并保证每个孔的放置时间一致。加洗涤液时不可溢出，以防交叉污染。

2. 加入终止液后要立即测定，否则随着时间的延长吸光度会发生变化，从而影响检测结果的准确性。

思考题

1. 酶联免疫吸附测定（ELISA）的基本原理是什么？
2. 酶联免疫吸附检测 Bcl-2 蛋白表达水平的依据是什么？

实验 104　cDNA 的制备与鉴定

肝脏疾病（肝炎肝硬化、肝癌）在我国已十分普遍，肝细胞癌（hepatocellular carcinoma，HCC）是我国常见的恶性肿瘤，其在癌症死亡率位居第二。肝细胞癌的发生、发展是由多因素引起以及包含多步骤的复杂过程。寻找肝细胞癌发生、发展的相关基因，将为了解肝细胞癌的分子遗传学机制和肝细胞癌的诊断、治疗提供理论基础。

cDNA（complementary DNA）是指与 RNA 链互补的单链 DNA。以特定的 RNA 为模板，在适当引物存在的条件下，由依赖 RNA 的 DNA 聚合酶（反转录酶）的作用而合成，并且在合成单链 cDNA 后，用碱处理除去与其对应的 RNA，再以单链 cDNA 为模板，由依赖 DNA 的 DNA 聚合酶或依赖 RNA 的 DNA 聚合酶的作用合成双链 cDNA。

由于真核生物基因组结构复杂，含有大量的非编码区、基因间间隔序列和重复序列等，直接利用基因组 DNA 有时很难获得目的基因片段。mRNA 来源的 cDNA 是基因转录加工后的产物，不含内含子和其他调控序列，结构相对简单。因此，cDNA 在遗传工程中的应用更具有优势。

实验 104.1　从 HepG2 细胞中提取总 RNA

一、目的

掌握从细胞中提取 RNA 的方法。

二、原理

获得 cDNA 之前，需要从相应的组织或细胞中分离出总 RNA 或进一步纯化成 mRNA。mRNA 的质量将会直接影响到 cDNA 合成的效率。2′羟基的存在会导致 RNA 分子在碱性环境中易发生水解，同时环境中大量存在的 RNA 酶也能快速降解 RNA，并且 RNA 酶具有很高的稳定性。因此，避免 RNA 酶污染或抑制 RNA 酶的活性是提取 RNA 实验成败的关键。常用的 RNA 酶抑制剂包括：焦碳酸二乙酯（diethypyrocarbonate，DEPC）、氧钒核糖核苷、异硫氰酸胍等。

　　本实验从细胞中抽提 RNA 的方法是：首先利用试剂供应厂商提供的含有异硫氰酸胍和酚的单相裂解试剂裂解细胞，该试剂可以在裂解细胞的同时灭活 RNA 酶，并释放 RNA 分子，接着采用酚氯仿法回收其中的 RNA 分子，而有机相中的 DNA 和蛋白质也可以通过连续的乙醇和异丙醇沉淀分别进行分离。

三、实验器材

1．HepG2 细胞：在 37℃、5% CO_2 浓度的细胞培养箱中培养，培养基为 DMEM[①]（含 10%新生牛血清）。
2．无菌操作台。
3．高速冷冻离心机。
4．超微量核酸检测仪。
5．全套除酶枪头、离心管。
6．恒温水浴锅。

四、实验试剂

1．细胞培养相关试剂：培养基 DMEM、新生牛血清、PBS、胰酶细胞消化液等。
2．Trizol 试剂、氯仿、异丙醇、乙醇、DEPC 等均为 RNA 实验专用。

五、操作

　　1．准备除酶的器具及试剂
　　（1）RNA 操作过程中需要戴一次性口罩和手套，所有玻璃器皿必须置于干燥烘箱中 150℃烘烤 4h，无法烘烤的塑料容器等用 0.1% DEPC 水 37℃处理 1h，或置室温处理过夜，然后用蒸馏水冲洗，高压灭菌。
　　（2）DEPC 水制备：在 500ml 的 ddH_2O 中加入 500μl DEPC，剧烈振荡混匀之后，置于 37℃处理 1h，或放在室温下过夜，高压灭菌 20min 充分灭活残余的 DEPC。
　　（3）75%乙醇制备：在 75ml 无水乙醇中加入 25ml 上述 DEPC 水，混匀后使用。
　　2．处理细胞
　　从细胞培养箱中取出已经长好的 HepG2 细胞（35mm 的细胞培养皿），小心地吸出培养基，加入 1ml 预冷的 PBS 溶液，洗涤细胞，然后小心地吸去 PBS 溶液。
　　3．裂解细胞
　　在上述细胞培养皿中加入 1ml 的 Trizol 试剂裂解细胞，用移液器小心地吹打细胞，使得细胞与 Trizol 充分接触。（细胞裂解液可于-70℃冰箱稳定保存 1 个月。）
　　4．提取 RNA
　　上述细胞裂解液在 15～30℃静置 5min，使核蛋白复合物充分解离，转移至 RNA 专用离心管中，然后加入 0.2ml 氯仿，用手剧烈上下震荡 15s，此步混匀时禁止涡旋，在 15～30℃静置 15min。于 4℃离心 15min（12 000g）后取出，可见液体分成两层，上层为无色的水相，下层为红色的酚氯仿有机相，RNA 主要存在于上层水相中。
　　将上层水相转移至另一干净的离心管中，加入 0.5ml 异丙醇用于沉淀 RNA，用手来回晃均匀，15～30℃静置 10min 后，于 4℃离心 10min（12 000g），离心管侧面底部的胶状物为

---

　　① DMEM 是 dulbecco's modified eagle medium 的缩写，DMEM 培养基是一种含各种氨基酸和葡萄糖的培养基，是在 MEM 培养基的基础上研制的，与 MEM 比较增加了各种成分用量，且含有非必需氨基酸，如甘氨酸等；该类培养基广泛应用于疫苗生产和各种初代病毒宿主细胞的细胞培养及单一细胞培养。

RNA 沉淀。

吸出上层溶液，保留底部沉淀，并在沉淀中加入 1ml 75%乙醇，旋涡振荡，充分悬浮沉淀，随后于 4℃以离心 5min（8000g）。

5．定量 RNA

在不吸出沉淀的基础上尽可能吸尽乙醇，自然干燥 20min，直至沉淀由白色转为透明（乙醇残余量越多，挥发所用的时间越长），加入 30μl DEPC 水溶解 RNA 沉淀，用移液器吹打数次，并在 55～60℃条件下放置 10min 以促进 RNA 溶解。

待 RNA 充分溶解后，取 1μl 总 RNA 溶液于微量石英比色皿中，加入预冷的 99μl 的 DEPC 水稀释成 1：99 的 RNA 溶液并混匀，以 200μl DEPC 水作空白对照用紫外分光光度计测定波长在 260nm 及 280nm 时的吸光度值，OD_{260} 与 OD_{280}。其中 OD_{260} 代表核酸的吸光度值，根据 $OD_{260}=1$ 时相当于 40μg/ml 的 RNA 来计算样品中的 RNA 浓度。通过 OD_{260}/OD_{280} 的比值来判断 RNA 的纯度（纯 RNA 溶液中 $OD_{260}/OD_{280}=2$）。或者直接量取 1～2μl RNA 溶液，用超微量核酸分析仪测定 RNA 浓度。

笔　记

六、注意事项

1．DEPC 是一种潜在的致癌物质，操作时应该尽量在通风橱里进行，并配套防护用具避免直接接触。

2．制备好的 RNA 溶液应该放置于-80℃冰箱，保存时间不超过 1 周。

思考题

1．RNA 操作主要注意什么？

2．还有哪些方法可以检测提取到的 RNA 的纯度？

3．本方法提取的 RNA 是细胞的哪种 RNA？

实验 104.2　　逆转录获得人 HepG2 细胞的 cDNA

一、目的

1．掌握逆转录获取 cDNA 的方法。

2．认识逆转录酶。

二、原理

以 mRNA 为模板，在逆转录酶的催化下，以 RNA 作为引物，合成互补的 DNA 链(cDNA)，被称为 cDNA 第一链（1st-strand cDNA）的合成。此时的单链 DNA 可以直接作为 PCR 反应的模板，用以扩增特定的目的基因。

本实验中使用的逆转录酶是通过基因重组技术克隆表达的缺失突变型 RNase H 的 M-MLV 反转录酶。一般的野生型 M-MLV（Moloney Murine Leukemia Virus）具有以下几种活性：①依赖于 RNA 的 DNA 聚合酶活性；②依赖于 DNA 的 DNA 聚合酶活性；③RNase H 活性。由于 RNase H 能够催化降解 DNA/RNA 杂合体中的 RNA，因此在 cDNA 第一条链的合成反应中可能会降解 RNA/DNA 杂合体中的模板 RNA。本实验中所用的酶 M-MLV 的

RNase H 活性缺失，延伸能力强，可用于较长的 cDNA 合成以及高比例的全长 cDNA 文库的构建等。

三、实验器材

1．从人 HepG2 细胞中提取的总 RNA（参见实验 104.1）。
2．恒温水浴锅。
3．微量移液器、微量离心管。

四、实验试剂

1．M-MLV 逆转录酶试剂盒（TaKaRa 公司）。

制品内容	总量
RTase M-MLV（RNase H-）（200U/μl）	10 000U
5×M-MLV Buffer	1ml

2．Oligo（dT）12～18 Primer（50μmol/L）：长度为 12～18 个寡脱氧胸腺苷酸，能够与真核细胞 mRNA 分子的 3′端的 poly（A）结合，是最常用的逆转录引物。
3．RNase Inhibitor（40U/μl）（TaKaRa 公司）。
4．10mmol/L dNTP。

五、操作

1．在离心管中配制下列模板 RNA/引物混合液，总量为 6μl。

试剂名称	使用量
模板 RNA	1ng～1μg[*]
Oligo（dT）12～18 Primer（50μmol/L）	1μl
RNase free dH$_2$O	Up to 6μl

[*] Total RNA 的使用量一般为 1ng～1μg；mRNA 的使用量一般为 10pg～1μg。

2．于 70℃保温 10min 后迅速在冰上急冷 2min 以上。
3．离心数秒钟使模板 RNA/引物的变性溶液聚集于离心管底部。
4．在上述离心管中配制下列反转录反应液。

试剂名称	使用量
上述模板 RNA/引物变性溶液	6μl
5×M-MLV Buffer	2μl
dNTP Mixture（各 10mmol/L）	0.5μl
RNase Inhibitor（40U/μl）	0.25μl
RTase M-MLV（RNase H-）（200U/μl）	0.25μl～1μl[*]
RNase free dH$_2$O	Up to 10μl

[*]当起始模板 RNA 量＞500ng 时，RTase M-MLV 的使用量应＞0.25μl。

5．于 42℃保温 1h。
6．于 70℃保温 15 min 后冰上冷却，得到 cDNA 溶液。
7．利用超微量核酸检测仪检测得到的 cDNA 浓度，所得的 cDNA 可直接用于 2nd-Strand cDNA 的合成或者 PCR 扩增等。

六、注意事项

1. 逆转录酶（M-MLV）的一个活性单位定义为：在37℃，10min条件下，使1nmol的脱氧核糖核酸掺入酸性沉淀物质所需的酶量。

2. 成功的cDNA合成来自高质量的RNA，高质量的RNA至少应保证全长并且不含逆转录酶的抑制剂，如EDTA或SDS。在提取RNA的过程中，要特别防止RNase的污染，同时在逆转录反应中经常加入RNase抑制剂以增加cDNA合成的长度和产量。RNase抑制剂要在第一链cDNA合成反应中，在缓冲液和还原剂（如DTT）存在的条件下加入，因为cDNA合成前的过程会使抑制剂变性，从而释放结合的可以降解RNA的RNase。蛋白RNase抑制剂仅防止RNaseA、B、C对RNA的降解，并不能防止皮肤上的RNase，因此尽管使用了这些抑制剂，也要小心不要从手指上引入RNase，实验过程中应经常更换新手套。

3. 引物的选择一般有三种，如下所示。

（1）Oligo（dT）：选择Oligo（dT）时，要求RNA必须有PolyA，因此真核生物的mRNA都适用。适合长链甚至全长mRNA的反转录，对RNA样品的质量要求较高，最好不要有明显的DNA污染、RNA降解和RNA断裂。

（2）随机引物：适合各种RNA的反转录，尤其适合模板丰度很低的情况（比如某个基因表达量很低）。选择随机引物时，第一链cDNA合成反应中就是以所有的RNA为模板，然后进行PCR反应时设计引物进行特异性扩增。

（3）特异性引物：一段可以和目的基因特异性结合的DNA序列，引物设计质量影响反转录的结果，而且不同引物退火温度并不相同，因此按照说明书的一个温度做不是最佳选择，一般不推荐。

思考题

1. 在逆转录过程中，除了使用本实验所采用oligo（dT）作为引物之外还可以使用哪些引物？

2. 实验操作2中"70℃保温10min后迅速在冰上急冷2min以上"有何目的？

实验104.3　cDNA中肝癌相关基因AFP的鉴定

一、目的

1. 熟悉PCR操作的原理和基本过程。
2. 掌握半定量PCR法鉴定基因的表达。

二、原理

PCR 技术的基本原理是一种模拟 DNA 天然复制过程的体外 DNA 扩增技术。该技术是在模板 DNA、引物和 4 种脱氧核苷酸存在的条件下，依赖于 DNA 聚合酶的酶促反应，将待扩增的 DNA 片段与其两侧互补的寡核苷酸链引物经"高温变性—低温退火—引物延伸"三步反应的多次循环，使 DNA 片段在数量上呈指数增加，从而在短时间内获得大量的所需基因片段。

甲胎蛋白（AFP）是一种糖蛋白，属于白蛋白家族，主要由胎儿肝细胞及卵黄囊合成。甲胎蛋白在胎儿血液循环中具有较高的浓度，出生后则下降，故在成人血清中含量极低。甲胎蛋白与肝癌及其他多种肿瘤的发生发展密切相关，在多种肿瘤中均可表现出较高浓度，可作为多种肿瘤的阳性检测指标。目前临床上主要作为原发性肝癌的血清标志物，用于原发性肝癌的诊断及疗效监测。

HepG2 细胞是来源于一个 15 岁白人的肝癌组织，多种实验证据显示，AFP 基因在此细胞株中高表达，因此我们可以通过 PCR 方法检测 HepG2 细胞中 AFP 的表达情况，鉴定综合实验提取的 cDNA 质量。

三、实验器材

1．PCR 仪。

2．DNA 水平电泳仪。

3．台式离心机、紫外检测仪。

4．微量移液器、离心管等。

四、实验试剂

1．引物

引物名称	序列
Forward Primer	5′ AAAAGCCCACTCCAGCATC 3′
Reverse Primer	5′ CAGACAATCCAGCACATCTC 3′

2．LA Taq PCR 试剂盒（TaKaRa 公司）

试剂	含量
10×LA PCR Buffer Ⅱ（Mg^{2+}Plus）	5μl
TaKaRa LA Taq（5U/μl）	25μl
dNTP Mixture（2.5mmol/L each）	400μl

3．5×DNA 电泳缓冲溶液（Tris-Base 54g，硼酸 27.5g，EDTA 3.72g 加双蒸水至 1000ml）。

4．琼脂糖。

5．溴化乙锭（EB）的染色储备液（10mg/ml）。

6．DNA 分子量 marker（100～1000bp）。

五、操作

1．按下列组成配制 PCR 反应液，总量 50μl。

试剂名称	使用量
上述 cDNA 溶液	分别取 1、2、5μl
dNTP Mixture（各 2.5mmol/L）	8μl

续表

试剂名称	使用量
Forward Primer（10μmol/L）	1μl
Reverse Primer（10μmol/L）	1μl
10×LA PCR Buffer Ⅱ（Mg²⁺Plus）	5μl
TaKaRa LA Taq（5U/μl）	0.5μl
dH₂O	补充到 50μl

2. PCR 反应条件如下：

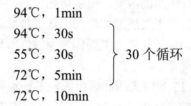

94℃，1min
94℃，30s
55℃，30s
72℃，5min } 30 个循环
72℃，10min

3. PCR 反应结束后，取 5μl 的 PCR 反应液进行琼脂糖凝胶电泳，具体方法如下。

（1）安装电泳槽，将有机玻璃的电泳凝胶床洗净，晾干，用胶带将两端的开口封好，放在水平的工作台上，插上样品梳。

（2）琼脂糖凝胶的制备，称取 1.5g 琼脂糖溶解在 100ml 电泳缓冲液（0.5×）中，置微波炉 2～3min 或沸水浴中加热至完全溶化（不要加热至沸腾），取出摇匀。

（3）灌胶，将冷却到 60℃的琼脂糖溶液加入 EB 储备液（EB 终浓度为 0.5μg/ml），混匀，并轻轻倒入电泳槽水平板上，插上梳子。待琼脂糖胶凝固后，在电泳槽内加入电泳缓冲液，然后拔出梳子。

（4）加样，将 DNA 样品与加样缓冲液（loading buffer）按 4∶1 混匀后，用微量移液器将混合液加到样品槽中，每槽加 5～20μl，必要时可加入 DNA 分子量 marker，记录样品的点样次序和加样量。

（5）电泳，安装好电极导线，点样孔一端接负极，另一端接正极，打开电源，调电压至 3～5V/cm，电泳时间为 30～40min，当溴酚蓝移到距凝胶前沿 1～2cm 时，停止电泳。

（6）观察取出凝胶，在 254nm 的紫外灯下观察，有橙红色荧光条带的位置，即为 DNA 条带，或在紫外灯下照相记录电泳图谱。根据引物及 AFP 基因的序列长度，PCR 产物的应该为 449bp。

笔 记

六、注意事项

1. 溴化乙锭是强致癌剂，操作时要小心，必须戴手套。

2. PCR 是微量检测方法，容易因为污染而导致各种问题，因此，进行 PCR 操作时，操作人员应该严格遵守一些操作规程，最大限度地降低可能出现的 PCR 污染或杜绝污染的出现。

3. 引物是决定 PCR 反应成败的关键，要保证扩增的准确、高效，引物的设计要遵循如下原则。

（1）引物的设计在 cDNA 的保守区域，在 NCBI 上搜索不同物种的同一基因，通过序列分析的软件，得到不同基因相同的序列就是该基因的保守区。

（2）引物的长度：15～28bp，长度大于 38bp，会使退火温度升高，不利于普通 Taq 酶的扩增。

（3）引物 GC 含量在 40%～60%，T_m 值最好接近 72℃。

（4）因密码子的简并性，引物的 3′ 端最好避开密码子的第三位（最好为 T）。

（5）碱基分布错落有致，3′ 端不超过 3 个连续 G 或 C。

（6）引物自身不要形成发夹结构，引物设计完成，要用 Blast 进行引物特异性验证。

思考题

1. 根据引物设计的原理，再设计出一组 AFP 的引物用于 PCR 反应。

2. PCR 反应中用到的关键酶是什么?它与其他的 DNA 合成酶相比有什么优点?

3. 退火温度指的是 PCR 循环中的哪个温度?退火温度的设定原则是什么?

第十章 临床生化指标的自动测定

本章内容请扫描二维码后登录科学出版社教学服务网站浏览，具体包含实验如下：

附 录

一、生物化学实验须知

（一）实验室规则

（1）实验课必须提前 5 分钟到实验室，不迟到，不早退。

（2）应自觉遵守课堂纪律，维护课堂秩序，保持室内安静，不得大声谈笑，不允许随便打电话。

（3）使用仪器、药品、试剂和各种物品必须注意节约，不要过量使用的药品和试剂。应特别注意保持药品和试剂的纯净，严防混杂污染。试剂用完后应及时归还放到试剂架上，便于别人使用，试剂瓶塞不得乱盖。

（4）实验台、试剂药品架必须保持整洁，仪器药品摆放井然有序。实验完毕，需将药品、试剂排列整齐，仪器洗净倒置放好，实验台面抹拭干净，经教师验收仪器后，方可离开实验室。

（5）使用和洗涤仪器时，应小心谨慎，防止损坏仪器。使用精密仪器时，应严格遵守操作规程，发现故障应立即报告教师，不要自己动手检修。

（6）使用洗液时不得滴到桌面和地面上，要将洗涤仪器放在搪瓷盆内进行。

（7）注意安全。实验室内严禁吸烟。煤气灯应随用随关，必须严格做到：火在人在，人走火灭。不能直接加热乙醇、丙酮、乙醚等易燃品，需要时要远离火源操作和放置。实验完毕，应立即关好煤气阀门和水龙头，拉下电闸。离开实验室以前，应认真负责地进行检查，严防不安全事故的发生。

（8）在实验过程中要听从教师的指导，严肃认真地按操作规程进行实验，并简要、准确地将实验结果和数据记录在实验记录本上。实验完成后经教师检查同意，方可离开。课后写出实验报告，由课代表收齐交给教师。

（9）废弃液体（强酸、强碱溶液必须先用水稀释）可倒入水槽内，同时用水冲走。废纸、火柴头及其他固体废弃物和带有渣滓沉淀的废弃物都应倒入废品缸内，不能倒入水槽或到处乱扔。

（10）仪器损坏时，应如实向教师报告，认真填写损坏仪器登记表，然后补偿一定金额。

（11）实验室内一切物品，未经本室负责教师批准，严禁携出室外，借物必须办理登记手续。

（12）每次实验课安排同学轮流值日，值日生要负责当天实验的卫生和安全检查。

（二）实验记录及实验报告

1. 实验记录

实验课前应认真预习实验内容，将实验名称、目的、原理、实验内容、操作方法和步骤等简单扼要地写在记录本上。实验记录本应标上页数，不要撕去任何一页，更不要擦抹及涂改，写错时可以划去重写。记录时必须使用钢笔或圆珠笔，不得使用铅笔。

实验中观察到的现象、结果和得出的数据，应及时地直接记在记录本上，绝对不可以用单片纸做记录或草稿。原始记录必须准确、简练、详尽、清楚。从实验课开始就应养成这种良好的习惯。对实验的每个结果都应正确、无遗漏地做好记录。

实验中使用仪器的类型、编号以及试剂的规格、化学式、相对分子质量、准确的浓度等，都应记录清楚，以便在总结实验时进行核对，并作为查找成败原因的参考依据。

如果对记录的结果有怀疑、遗漏或丢失等，都必须重做实验。将不可靠的结果当做正确的记录，在实际工作中可能造成难以估计的损失。因此，在学习期间就应一丝不苟，努力培养严谨的科学作风。

2．实验报告

实验结束后，应及时整理和总结实验结果，写出实验报告。在写实验报告时，可以按照实验内容分别写原理、操作方法、结果与讨论等。原理部分应简述基本原理。操作方法（或步骤）可以采用流程图的方式或自行设计的表格来表达。某些实验的操作方法可以和结果与讨论部分合并，自行设计各种表格综合书写。结果与讨论包括对实验结果及观察现象的小结、对实验中遇到的问题和思考题的探讨以及对实验的改进意见等。

（三）生物化学实验课评分标准

（1）按时上实验课，不迟到（迟到一次扣 2 分）。　　　　　　　　　　　　5%
（2）认真进行实验操作，按时完成实验内容，能遵守各项规则。　　　　　　40%
（3）认真书写实验报告，字迹端正，有条理，数据完全（不抄
袭别人，不硬凑数据）有正确的分析和结果，按时交实验报告。　　　　　　20%
（4）爱护并按操作规程使用仪器，并有使用登记。　　　　　　　　　　　　5%
（5）实验结束后，笔试成绩。　　　　　　　　　　　　　　　　　　　　　20%
（6）课外开放实验。　　　　　　　　　　　　　　　　　　　　　　　　　10%

二、玻璃仪器的洗涤及一些常用的洗涤剂

1．玻璃仪器的洗涤

新购买的玻璃仪器，首先用自来水洗去表面灰垢，然后用洗衣粉刷洗，自来水冲净后，浸泡在 1%～2%盐酸溶液中过夜以除去玻璃表面的碱性物质。最后，用自来水冲洗干净，并用蒸馏水荡洗 2 次。

对于使用过的玻璃仪器，应先用自来水冲洗，再用毛刷蘸取洗衣粉刷洗。用自来水充分冲洗后再用蒸馏水荡洗 2 次。凡洗净的玻璃仪器壁上都不应带有水珠，否则表示尚未洗净，需重新洗涤。

比较脏的仪器或不便刷洗的仪器，使用前应用流水冲洗，以除去黏附物，如果仪器上有凡士林或其他油污，应先用软纸擦除，再用有机溶剂（如乙醇，乙醚等）擦净。最后用自来水冲洗。待仪器晾干后，放入铬酸洗液中浸泡过夜。取出后用自来水充分冲洗，再用蒸馏水荡洗 2 次。

普通玻璃仪器可在烘箱内烘干，但定量的玻璃仪器如吸管、滴定管、量筒、容量瓶等不能加热，应晾干备用。另外，分光光度计中的比色杯的四壁是用特殊胶水黏合而成，受热后会散架，所以也不能烘干。

对疑有传染性的样品（如肝炎患者的血清），其容器应先消毒再清洗。盛过剧毒药物或放射性同位素物质的容器，应先经过专门处理后再清洗。

2．部分常用洗涤剂

a．肥皂水或洗衣粉溶液

这是最常用的洗涤剂，主要是利用其乳化作用以除去污垢，一般玻璃仪器均可用其刷洗。

b．铬酸洗液（重铬酸钾-硫酸洗液）

铬酸洗液广泛用于玻璃仪器的洗涤，其清洁效力来自于它的强氧化性（6 价铬）和强酸性。铬酸洗液具有强腐蚀性，使用时应注意安全。铬酸洗液可反复使用多次，如洗液由红棕色变为绿色或过于稀释则不宜再用。

配制铬酸洗液有下列四种方法：

① 常用的铬酸洗液（5%）：称取 5g 重铬酸钾粉末置于 250ml 烧杯中，加入 5ml 沸水，搅拌，尽量使其溶解。慢慢加入浓硫酸 100ml，边加边搅拌（小心！浓硫酸遇水放热），此时溶液由红黄色变为黑褐色。冷却后，装瓶备用。

② 取 100ml 工业浓硫酸置于烧杯中，小心加热，然后慢慢加入 5g 重铬酸钾粉末，边加边搅拌，待全部溶解后冷却，贮于有玻璃塞的细口瓶内。

③ 取 80g 重铬酸钾，溶于 1000ml 水中，慢慢加入工业硫酸 100ml，边加边搅，冷却后备用。

④ 取 200g 重铬酸钾，溶于 500ml 水中，慢慢加入工业硫酸 500ml，边加边搅，备用。

c．5%磷酸钠（$Na_3PO_4 \cdot 12H_2O$）溶液

此溶液呈碱性，可用于洗涤油污，但所洗仪器不能用于磷的测定。

d．5%～10%乙二胺四乙酸二钠（EDTA-Na_2）溶液：加热煮沸，利用 EDTA 和金属离子的强配位效应，可去除玻璃器皿内部钙镁盐类的白色沉淀和不易溶解的重金属盐类。

e．45%的尿素洗液：是蛋白质的良好溶剂，适用于洗涤盛蛋白质制剂血样的容器。

f．5%～10%草酸溶液

取 5～10g 草酸晶体，溶于 100ml 水中，加入数滴浓硫酸或浓盐酸酸化，可洗去高锰酸钾的痕迹。

g．乙醇-硝酸混合液

用于清洗一般方法难以洗净的有机物，最适合于洗涤滴定管。

h．有机溶剂：如丙酮、乙醇、乙醚等，可用于洗脱油脂、脂溶性染料等污痕。

i．氢氧化钾的乙醇溶液和含有高锰酸钾的氢氧化钠溶液：用于清除容器内壁污垢。由于是强碱性的洗涤液，对玻璃仪器的侵蚀性强，洗涤时间不宜过长。

三、移液器的使用

（一）基本原理

移液器（有的称"移液枪""取液器"）是一种取样量连续可调的精密取液仪器，基本原理是依靠活塞的上下移动。其活塞移动的距离是由调节轮控制螺杆机构来实现的，推动按钮带动推杆使活塞向下移动、排出了活塞腔内的气体。松手后，活塞在复位弹簧的作用下恢复其原位，从而完成一次吸液过程。

（二）操作方法（参见附图 1）

1．将一个吸液尖装在吸液杆上，推到套紧位置以保证气密性。

2．转动调节轮，使读数显示为所要取液体的体积。

3．轻轻按下推动按钮，将推动按钮由位置"0"推到位置"1"。

4．手握移液器，将吸液尖竖直浸入待取液体中，浸入深度为 2～4mm。

5．经 2～3s 后缓慢松开推动按钮，即从推动按钮位置"1"复位到"0"位，完成吸液过程，停留 1～2s 后将移液器移出液面。

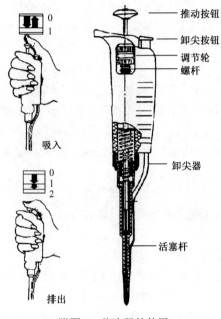

推动按钮
卸尖按钮
调节轮
螺杆

吸入

卸尖器

活塞杆

排出

附图 1　移液器的使用

6. 用纱布或滤纸将粘在尖头外表面的液体擦掉。注意不要接触到吸液尖头部的孔表面。

7. 将吸液尖头部放入被分配的容器中，使尖贴着容器的内壁，然后慢慢按下推动按钮至位置"1"，继续按至位置"2"，此时液体应全部排净。

8. 将吸液尖口部沿着容器内壁滑动几次，然后移走移液器，松开推动按钮，按卸尖按钮推掉吸液尖，即完成一个完全的操作过程（5000μl 移液器不带卸尖器）。

9. 黏度高的液体会造成吸取困难且液体容易形成挂壁残留导致体积误差较大。为了提高移液准确性，可采取以下方法。①预润洗：移液前先用液体预润洗吸液头内部，即反复吸放液体几次使吸头预湿，目的是在吸头内壁形成一层液体膜层，可有效防止液体挂壁残留。②反向移液：吸液时将按钮压至位置"2"（压到底），然后将吸头浸入液面，慢慢松开按钮吸液。放液时只将按钮按到位置"1"。吸头需紧贴容器壁，吸头内剩余的液体废弃。

（三）使用注意事项

1. 移液器属于精密仪器，取液前应先调好调节轮。

2. 排液时要按动二档至图示位置"2"，以便排净液体。

3. 为获得较好的精度，在取液时应先用吸液的方法浸渍吸液尖，以消除误差。因为当所吸液体是血浆类、石油类和有机类液体时，吸液尖的内表面会留下一层薄膜。因为这个值对同一个吸液尖是一个常数。如果将这个吸液尖再浸一次，则精度是可以保证的。

4. 浓度大的液体消除误差的补偿量由实验确定，其取液量可通过增加或减少数轮的读数加以补偿。

5. 当移液器中有溶剂时，移液器不准放倒，防止残留液体倒流。

6. 吸取少量液体时最好不要用大体积的移液器。

7. 使用移液器之前应看清其刻度，不要调节得超过其最大刻度。

8. 移液器在每次实验后应将刻度调至量程刻度，让弹簧回复原型，使弹簧处于松弛状态以保护弹簧，延长移液器的使用寿命。

9. 不能用普通移液器吸取有强挥发性、强腐蚀性的液体(如浓酸、浓碱、有机溶剂等)，一是很容易导致体积误差较大（吸取时会有漏液现象）；二是强挥发、强腐蚀性的液体会造成移液器内部弹簧腐蚀生锈（如浓盐酸）、密封性能变差（如氯仿等有机溶剂）等而使移液器精确度下降甚至损坏。

四、吸管的使用

吸管是生物化学实验中最常用的取量容器。用吸管移取溶液时，一般用右手的中指和拇指拿住管颈刻度线上方，把管尖插入溶液内大约 1cm 处，不得过深与过浅。用洗耳球吸液体至所需刻度上，立即用右手食指按住管口，提升吸管离开液面，使吸管末端靠在盛溶液器皿的内壁上，略为放松食指，使液面平稳下降，直至溶液的弯月面与刻度标线相切（注意，此时溶液凹面、刻度和视线应在一个水平面上），立即用右手食指压紧管，取出吸管，插入接受容器中，吸管竖直，管尖靠在接受器内壁，接受器约呈 15 度夹角，松开食指，使液体自然流出。标有"吹"字的刻度吸管以及奥氏吸管应吹出尖端残留液体，其他吸管则不必吸出尖端残留液体。

量取液体时，应选用取液量最接近的吸管。如欲取 1.5ml 液体，应选用 2.0ml 的刻度吸管，另外，在加同种试剂于不同试管中、且所取量不同时，应选择一支与最大取液量最接近的刻度吸管。例如，各试管中应加试剂量为 0.3ml，0.5ml，0.7ml，0.9ml，则应选用一支量程为 1.0ml 的吸管。

五、过滤和离心

在生化实验中，过滤的作用有三方面：收集滤液、收集沉淀、洗涤沉淀。在生化实验中如收集滤液应选用干滤纸，不应将滤纸先用水弄湿，因为湿滤纸将影响滤液的稀释比例。另外，收集沉淀时，如须用有机溶液洗涤沉淀（如用乙醇或乙醚洗涤 RNA 粗品），也不能用水先将滤纸湿润，较粗的过滤可用脱脂棉或纱布代替滤纸。

欲使沉淀与母液分开，过滤和离心都可以达到目的，但当沉淀黏稠、沉淀颗粒过小或者与滤纸发生反应而无法过滤时，则需选用离心法。离心机是利用离心力分离母液和沉淀的一种仪器。

离心机种类很多，现介绍 LD4-2A 型低速离心机的操作步骤。

（1）将离心机置于平坦和结实的地面或实验台面上。

（2）检查离心机调速旋钮（SPEED）是否处在"0"位。

（3）装入待离心液体后，把离心机转头对称位置（对角线位置）上的离心管（包括其外套管），放在台天平上平衡。装入离心管中的液体量以距管口 1~2cm 为宜（对于挥发性溶液或离心管无盖的情况下，所装溶液的体积不应超过总体积的 2/3），以免在离心时液体甩出，失去平衡。

（4）将离心管和外套金属管紧固在对角线的位置，并确认安装正确。并检查电源接好，插头插牢，接地使用，盖上盖，将锁钮锁上。

（5）打开电源开关（POWER），电源接通，内装指示灯亮，风机运转。

（6）定时使用：

a. 转动定时器旋钮（TIME）置于所需时间位置上；

b. 按下启动键（START），键内指示灯亮；

c. 顺时针缓慢地转动调速旋钮（SPEED），令指针指向所需转速。离心机即可在定时时间内工作。

（7）不定时使用：

a. 将定时器旋钮（TIME）置于"M"点；

b. 按下启动键（START），键内指示灯亮；

c. 顺时针缓慢地转动调速旋钮（SPEED），令指针指向所需转速；

d. 手动关机，逆时针缓慢地转动调速旋钮（SPEED），令指针指向"0"。

（8）离心完毕，将调速旋钮置于"0"位，关闭电源开关，待惯性转动停止后，按动开锁钮，开盖取样，使用后应擦拭污物，运转中严禁开盖，严禁用手或其他物件迫使离心机转头停转。

注意：

离心机启动后，如有不正常的噪音或振动，应立即切断电源，关机处理。

六、930型荧光光度计的使用

（一）基本原理

当紫外光照射某一物质时，该物质会在极短的时间内发射出较照射光波长为长的光，这种光就称为荧光。荧光强度与该物质的浓度关系可表示为：

$$F = k I_0 \varepsilon l c \text{（溶液较稀时）}$$

式中 F：荧光强度；k：常数；I_0：入射光（激发光）强度；

ε：摩尔消光系数；l：溶液厚度，即比色杯光径；

c：溶液浓度。

对于同一物质，激发光强度（I_0）和溶液厚度（l）一定时，荧光强度和物质浓度成正比，利用这一性质可对物质进行定量和定性分析。

（二）荧光光度计的结构（附图2）

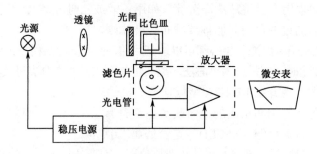

附图2　930型荧光光度计结构原理图

（三）仪器的使用方法（附图3）

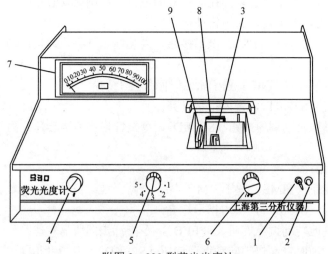

附图3　930型荧光光度计

1. 电源开关；2. 电源指示灯；3. 比色皿架；4. 调零旋钮；5. 灵敏度倍率转换开关；
6. 满度旋钮；7. 荧光强度指示表；8. 激发光滤色片；9. 发射光滤色片

1. 打开电源开关。

2. 打开样品室厢盖，调节调零旋钮，使电表指针处于"0"位，仪器预热20min。

3．灵敏度倍率转换开关的选择：先将开关放在较低倍率挡，然后根据需要逐渐提高倍率。在灵敏度已满足的条件下，应选择较低倍率挡。荧光强度读取方法是：表头读数×灵敏度倍率值。

4．满度旋钮的调节是为了便于浓度直读。使用时可将已知浓度的标准溶液的荧光强度调至满度或其他任意数值。

5．荧光定量分析方法

（1）直接比较法：先测定已知浓度标准溶液的荧光强度，在同样条件下测定试样溶液的荧光强度（注意不得再动任何旋钮，如超出 100，可调节灵敏度倍率转换开关）。由标准溶液的浓度和两个溶液的荧光强度的比值求得试样中荧光物质的浓度。

$$C_{未知}=C_{标准}\times\frac{F_{未知样品荧光强度}}{F_{标准样品荧光强度}}$$

（2）工作曲线法：配制一系列已知浓度的标准溶液（不低于 5 点），以浓度最大的一管调节满度旋钮，使荧光强度为 100，然后依次测量这些标准溶液的荧光强度（注意不得再动任何旋钮），以荧光强度对标准溶液浓度绘制工作曲线。在同样条件下测定试样的荧光强度，由试样的荧光强度在工作曲线上求出试样中荧光物质的含量。

6．滤色片的选取

滤色片有激发滤片和荧光滤片，前者提供一定波长范围的激发光，后者使得相应波长范围的荧光透过而被光电管接受。

激发滤片一般适用带通型滤光片（蓝色），波长范围 330～530nm，由五片组成，每片分别为 330nm，360nm，400nm，500nm，530nm。荧光滤片选用截止型滤光片（红字），波长范围 420～650nm，由七片组成，每片分别为 420nm，450nm，470nm，510nm，550nm，600nm，650nm。

激发滤片和荧光滤片的选择，应根据被测溶液的激发光谱和荧光光谱而定。为了获得较大的荧光强度，一般以激发光谱中的最大峰值波长来激发样品。根据这一点在实际测量中，也可采用更换滤光片来观察表头指示的方法。当滤光片选择合适，其荧光强度必定最大（即表头摆幅最大）。具体做法是先选择激发滤片，观察表头指示为最大者，即激发滤片选取合适。然后按同样方法确定荧光滤片。

（四）注意事项

1．开启仪器前，必须先装上滤色片，否则仪器将受损。

2．测试中，若须更换滤色片，也须先关闭电源，方可换片。

3．开启仪器前，应先将灵敏度倍率开关放在最低挡。

七、UV2600 紫外可见分光光度计的使用

（一）仪器的主要用途

UV2600 紫外可见分光光度计能在紫外、可见光谱区域内对样品物质作定性和定量的分析。该仪器可广泛应用于医药卫生、临床检验、生物化学、石油化工、环境保护、质量控制等部门，是理化实验室常用分析仪器之一。

（二）仪器的工作环境

1．该仪器应安放在干燥的房间内，使用温度为 5～35℃。

2．使用时放置在坚固平衡的工作台上，且避免强烈震动或持续震动。

3．室内照明不宜太强，且避免直射日光的照射。

4．电扇不宜直接向仪器吹，以免影响仪器的正常使用。

5．尽量远离高强度的磁场、电场及发生高频波的电器设备。

6．避免在硫化氢、亚硫酸、氟化氢等腐蚀性气体的场所使用。

（三）仪器的主要技术指标

1．光学系统：等比例双光束、衍射光栅。

2．波长范围：190～1100nm。

3．光源：钨灯、氘灯。

4．接收元件：光电池。

5．波长精度：±0.3nm。

6．波长重复性：≤0.2nm。

7．光谱带宽：1.8nm。

8．杂散光：≤0.05%T。

9．透射比测量范围：0～200%T。

10．吸光度测量范围：−0.301～4.000A。

11．透射比重复性：≤0.1%T。

12．基线直线性：±0.002A。

13．漂移：0.001A/h（开机 2h 后，500nm 处）。

（四）仪器的工作原理

分光光度计的基本原理是溶液中的物质在光的照射下，发生了对光的特定吸收的效应。各种不同的物质具有其各自的吸收光谱，因此当某种光通过溶液时，其能量就会被吸收而减弱，光能减弱的程度和物质的浓度有一定的比例关系，即符合 Lambert-Beer 定律。

$$\lg \frac{I_0}{I} = kcl$$

式中　I_0：入射光强度；

　　　I：出射光（透射光）强度；

　　　k：消光系数，是一常数，对于同一物质和同一波长的单色光而言，k 值不变；

　　　c：溶液的浓度；

　　　l：溶液的厚度（cm），即光径。

令 $A = \lg \frac{I_0}{I}$　$T = \frac{I}{I_0}$　则：$A = Kcl$　$A = \lg \frac{I}{T} = -\lg T$

式中　A：吸光度；

　　　T：透射比（透光率、透过率）。

一定物质在一定波长下，其消光系数是一个定值。因此，可以根据消光系数作定性分析。另外，同一物质在不同波长下测得的消光系数不同，消光系数值越大，表示该物质对该波长的光吸收能力越强，测定分析的灵敏度也越高。因此，在定量分析中，尽量采用消光系数最大的单色光。

根据 Lambert-Beer 定律，当 k、l 一定时，溶液的吸光度（A）和浓度（c）成正比。因此，通过测定标准溶液（浓度已知）及待测样品溶液的吸光度，可以求出待测样液的浓度。

（五）仪器的光学系统

UV2600 光源系统采用钨灯 W1 做可见光源，氘灯 D2 做紫外光源，由稳压电源为光源提供稳定的电压。光源灯的切换由微机控制步进电机带动球面镜 M1 转动来完成（附图 4）。

由光源发出的复合光，经聚光镜 M1、滤色片 F 后汇聚在入射狭缝 S1 上，并通过保护平面反射镜 M2、球面镜 M3 准直后成为平行光照射在光栅 G 上。经光栅色散后，光束投射到球面镜 M4 上，经 M5 的聚焦，色散光束聚焦通过出射狭缝 S2 射出单色器成为单色光，单色光经过聚光镜 L2 汇聚，通过样品池中样品 R 后再经聚光镜 L1 汇聚到达光电池上。

（六）仪器的使用及操作方法

1．键盘使用说明

UV2600 操作全部由键盘设定并控制，其功能状态方式（菜单）及测量结果均在液晶显示屏上显示（附图 5），在光度测量状态下各键的功能如下：

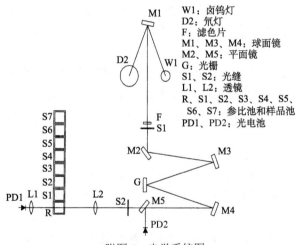

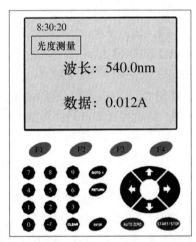

附图 4　光学系统图　　　　　附图 5　UV2600 紫外可见分光光度计仪器面板

【F1】：$T\%$（透射比）和 ABS（吸光度）转换键。

【F2】：比色皿架移位键，每按一次，比色皿移动一位，初始位为 R，其次为 S1、S2、S3、S4、S5、S6、S7。

【F3】：比色皿架初始位移动键，按 F3 移动比色皿架 R 位置光路中。

【F4】：测试样品键。

【GOTO λ】：波长设定键。按【GOTO λ】后通过数字键输入所需测定波长，并按【ENTER】键确认。

【RETURN】：返回键，返回上一菜单。

【AUTO ZERO】：调零键。

【START/STOP】：开始测量/停止测量。

2．操作说明

将仪器放置在平稳的工作台上，连接仪器电源线。打开电源开关，仪器进入初始化状态

（注意！初始化过程中不能打开样品室门）。仪器初始化完成后进入主菜单。仪器经 30min 热稳定后即可进入正常测量，可根据不同要求选择不同模式（按方向键选择后按【ENTER】键进入相应的子菜单）进行各种测量，具体详见仪器使用说明书。

（1）光度测量

通过【GOTO λ】键、数字键和【ENTER】键设置测量波长。

将参比样品（空白）和待测样品分别倒入配对的比色皿中，打开样品室将它们分别放置比色皿架的 R、S1、S2…中，盖好样品室门，确认比色皿架 R 位置光路中，然后按【AUTO ZERO】调零。

自动调零结束后，按【F2】键将比色皿架移至 S1 位，此时屏幕显示的即为待测样品 S1 的数据，依次将 S2、S3…置于光路即可测定其余样品的数据。

每个未知样品测量完成后，可以按【START/STOP】键对所测数据进行打印输出。

（2）光谱测量

在主菜单选中光谱测量后进入该子菜单，通过按数字键选择设定的行（测量方式、扫描范围、记录范围、扫描速度、扫描间隔、扫描次数、绘图方式），并输入相应的数值，按【ENTER】键进行确认。

所有参数设定完成后按【RETURN】键返回到光谱测量菜单。将参比样品（空白）和待测样品分别倒入配对的比色皿中，打开样品室将它们分别放置比色皿架的 R、S1 中，盖好样品室门，确认比色皿架 R 位置光路中，然后按【F1】键进行基线校正。此时要停止运行，可按【START/STOP】键。

基线扫描结束后，按【AUTOZERO】键进行调零，待调零结束后，按【F2】键，比色皿架移动至 S1 位，再按【START/STOP】键，仪器开始扫描。屏幕同时显示扫描的图谱。功能键：比例（将所需范围内的图形放大或缩小）、峰谷（显示扫描区域的所有峰、谷值）、存储、打印（打印输出已完成的扫描图、峰谷值）。

（3）动力学测量

在主菜单选中动力学测量后进入该子菜单，通过按数字键选择设定的行（测量方式、时间范围、记录范围、测量波长、扫描间隔、扫描次数、绘图方式），并输入相应的数值，按【ENTER】键进行确认。

所有参数设定完成后按【RETURN】键返回到动力学测量菜单。将参比样品（空白）和待测样品分别倒入配对的比色皿中，打开样品室将它们分别放置比色皿架的 R、S1 中，盖好样品室门，确认比色皿架 R 位置光路中，然后按【AUTO ZERO】调零。

自动调零结束后，按【F2】键将比色皿架移至 S1 位，然后按【START/STOP】键，仪器进入测量状态。

屏幕同时显示扫描的图谱。可通过功能键：比例（将所需范围内的图形放大或缩小）、峰谷（显示扫描区域的所有峰、谷值）、存储、打印（打印输出已完成的扫描图、峰谷值）完成相应的操作。

八、Nano-200 超微量核酸分析仪

（一）仪器的基本原理

由于液体表面张力的缘故，微量的液体呈现的是椭半球状，光线通过该液体时容易发生折射而无法穿透。利用外力的作用可使椭半球状液珠形成圆柱状液体，在 0.2～1mm 的间距

内，形成超微量溶液，便于光线最大量的穿透。

超微量核酸分析仪是用来测量 DNA、RNA 的浓度和纯度的仪器，它能够快速测量核酸的浓度。光源发出的光经滤光片（230nm、260nm、280nm 三种可选）射入样品溶液中，经样品吸收后再射入光电检测器，由光信号转换成电信号，经数据转换后直接显示在仪器面板上。

超微量溶液的形成使每次测量仅需微量体积样品，大大减少了样品的消耗，并且无需稀释，$0.5\sim2\mu l$ 的样品即可完成测量。测量时只需将样品直接点于样板上，无需比色杯或毛细管等附件。测量结束后，可以选择直接将样品擦去或者用移液器回收样品。所有操作步骤简单快速，一气呵成。

（二）仪器的主要性能指标

1. 样品体积要求：$0.5\sim2\mu l$。
2. 光程：0.2mm（高浓度测量），1.0mm（普通浓度测量）。
3. 光源：氙闪光灯。
4. 波长范围：固定波长 230nm、260nm、280nm。
5. 吸光率精确度：0.003Abs。
6. 吸光率准确度：1%。
7. 吸光率范围：$0.02\sim80$（等效于 10mm）。
8. 核酸测量范围：$10\sim4000ng/\mu l$（dsDNA）。
9. 蛋白测量范围：$0.1\sim100mg/ml$。
10. 测试时间：5s。
11. 仪器外形尺寸：$W100\times D280\times H166$（mm）。
12. 样品座的材料：石英光纤和高硬质铝。
13. 电源适配器：12V DC。
14. 功耗：$12\sim18W$。

（三）仪器的基本操作步骤

1. 开机，仪器初始化。
2. 初始化完成后，在主菜单中选择功能选项：Acid（核酸），在随后的界面中选择所要测量核酸的类型：dsDNA、ssDNA 或 RNA。
3. 用 $10\mu l$ ddH_2O 冲洗探头，用干净的纸巾擦干后，再用 $10\mu l$ 空白溶液润洗探头，之后将 $2\mu l$ 空白溶液点于点样板上，合好外盖，按 Blank 键调零。
4. 打开外盖，吸去空白溶液，用干净的纸巾擦净点样板和探头上的溶液，将 $1.5\sim2\mu l$ 待测样品点于点样板上，合好外盖，按 Measure 键进行测量，待仪器数值稳定后即可读数。对于同一溶剂的样品，在测完第一个样品后，无需重新调零，即可进行下一个样品的测试。
5. 样品测试完毕后，擦净样品溶液，用 $10\mu l$ ddH_2O 冲洗探头和点样板，擦干。并将仪器调回主菜单页面后关机。

（四）注意事项

1. 测试样品前，应注意将样品混合均匀。

2．用移液器吸取溶液时，tip 头应插入液面下吸取样品，避免吸入气泡；打出样品时只需按到移液器第一档尽头，不要按第二档，以避免吹出气泡到样品中。

3．擦拭用纸需采用柔软、无屑的，如滤纸或专用擦拭纸，以防纸纤维丝落入液体中。

九、自动生化分析仪（九～十一内容请扫描二维码后见科学出版社教学服务网站）

1．HITACHI 7600-020 标准化操作规程

2．HITACHI 7600-210 标准化操作规程

十、全自动免疫分析仪 TOSOH AIA 2000 标准化操作规程

十一、血红蛋白检测仪 Bio-Rad D-10 标准化操作规程

十二、实验室常用酸碱的相对密度和浓度

名称	分子式	M_r	相对密度	质量百分浓度/%	物质的量浓度/（mol/L）
盐酸	HCl	36.46	1.19	36.8	12.0
			1.18	35.0	11.3
			1.10	20.0	6.0
硝酸	HNO_3	63.01	1.425	71.0	16.0
			1.4	65.6	14.6
			1.37	61	13.3
硫酸	H_2SO_4	98.07	1.84	98	18.4
高氯酸	$HClO_4$	100.45	1.67	70	11.64
			1.54	60	9.2
磷酸	H_3PO_4	98.0	1.70	85	14.7
乙酸	CH_3COOH	60.5	1.05	99.5	17.4
			1.075	80	14.3
氨水	$NH_3 \cdot H_2O$	30.05	0.904	27	14.4
			0.91	25	13.4
			0.957	10	5.63
氢氧化钠	NaOH	40.0	1.53	50	19.1
			1.11	10	2.78
氢氧化钾	KOH	56.11	1.52	50	13.5
			1.09	10	1.94

十三、常用酸碱指示剂

名称	pK	pH 范围	颜色变化 酸	颜色变化 碱	配制方法：称取 0.1g 溶于 250ml 下列溶剂
甲酚红（酸）		0.2～1.8	红	黄	水（含 2.62ml 0.1mol/L NaOH）
百里酚蓝（麝香草酚蓝）	1.5	1.2～2.8	红	黄	水（含 2.15ml 0.1mol/L NaOH）
甲基黄	3.25	2.0～4.0	红	黄	95%乙醇
甲基橙	3.46	3.1～4.4	红	橙黄	水（含 3ml 0.1mol/L NaOH）
溴酚蓝	3.85	2.8～4.6	黄	蓝紫	水或 20%乙醇（含 1.49ml 0.1mol/L NaOH）
溴甲酚绿（溴甲酚蓝）	4.66	3.8～5.4	黄	蓝	水（含 1.43ml 0.1mol/L NaOH）

续表

名称	pK	pH 范围	颜色变化		配制方法：称取 0.1g 溶于 250ml 下列溶剂
			酸	碱	
甲基红	5.00	4.3～6.1	红	黄	水（指示剂为钠盐）60%乙醇（指示剂为游离酸）
氯酚红	6.05	4.8～6.4	黄	紫红	水（含 2.36ml 0.1mol/L NaOH）
溴甲酚紫	6.12	5.2～6.8	黄	红紫	水或 20%乙醇（含 1.85ml 0.1mol/L NaOH）
石蕊		5.0～8.9	红	蓝	水
酚红	7.81	6.8～8.4	黄	红	水（含 2.82ml 0.1mol/L NaOH）
中性红	7.4	6.8～8.0	红	橙棕	70%乙醇
酚酞	9.70	8.3～10.0	无色	粉色	70%乙醇

十四、缓冲液的配制

1．邻苯二甲酸氢钾-HCl 缓冲液（0.05mol/L）

Xml 0.2mol/L 邻苯二甲酸氢钾＋Yml 0.2mol/L HCl，加水稀释至 20ml。

pH（20℃）	X/ml	Y/ml	pH（20℃）	X/ml	Y/ml
2.2	5	4.670	3.2	5	1.470
2.4	5	3.960	3.4	5	0.990
2.6	5	3.295	3.6	5	0.597
2.8	5	2.642	3.8	5	0.263
3.0	5	2.032			

注：邻苯二甲酸氢钾 M_r＝204.22；0.2mol/L 溶液为 40.84g/L。

2．邻苯二甲酸氢钾氢氧化钠缓冲液

50ml 0.1mol/L 邻苯二甲酸氢钾＋Xml 0.1mol/L 氢氧化钠，加水稀释至 100ml。

pH	X/ml	pH	X/ml	pH	X/ml
4.1	1.3	4.8	16.5	5.5	36.6
4.2	3.0	4.9	19.4	5.6	38.8
4.3	4.7	5.0	22.6	5.7	40.6
4.4	6.6	5.1	25.5	5.8	42.3
4.5	8.7	5.2	28.8	5.9	43.7
4.6	11.1	5.3	31.6		
4.7	13.6	5.4	34.1		

注：邻苯二甲酸氢钾 M_r＝204.22；0.1mol/L 溶液为 20.42g/L。

3．Na_2HPO_4-柠檬酸缓冲液

pH	0.2mol/L Na_2HPO_4/ml	0.1mol/L 柠檬酸/ml	pH	0.2mol/L Na_2HPO_4/ml	0.1mol/L 柠檬酸/ml
2.2	0.40	19.60	3.0	4.11	15.89
2.4	1.24	18.76	3.2	4.94	15.06
2.6	2.18	17.82	3.4	5.70	14.30
2.8	3.17	16.83	3.6	6.44	13.56

pH	0.2mol/L Na$_2$HPO$_4$/ml	0.1mol/L 柠檬酸/ml	pH	0.2mol/L Na$_2$HPO$_4$/ml	0.1mol/L 柠檬酸/ml
3.8	7.10	12.90	6.0	12.63	7.37
4.0	7.71	12.29	6.2	13.22	6.78
4.2	8.28	11.72	6.4	13.85	6.15
4.4	8.82	11.18	6.6	14.55	5.45
4.6	9.25	10.65	6.8	15.45	4.55
4.8	9.86	10.14	7.0	16.47	3.53
5.0	10.30	9.7	7.2	17.39	2.61
5.2	10.72	9.28	7.4	18.17	1.83
5.4	11.15	8.85	7.6	18.73	1.27
5.6	11.60	8.40	7.8	19.15	0.85
5.8	12.09	7.91	8.0	19.45	0.55

注：Na$_2$HPO$_4$ M_r=141.96；0.2mol/L 溶液为 28.39g/L。

Na$_2$HPO$_4$·2H$_2$O M_r=177.99；0.2mol/L 溶液为 35.60g/L。

Na$_2$HPO$_4$·12H$_2$O M_r=358.14；0.2mol/L 溶液为 71.63g/L。

柠檬酸（C$_6$H$_8$O$_7$）·H$_2$O M_r=210.14；0.1mol/L 溶液为 21.01g/L。

4．柠檬酸柠檬酸钠缓冲液（0.1mol/L）

pH	0.1mol/L 柠檬酸/ml	0.1mol/L 柠檬酸钠/ml	pH	0.1mol/L 柠檬酸/ml	0.1mol/L 柠檬酸钠/ml
3.0	18.6	1.4	5.0	8.2	11.8
3.2	17.2	2.8	5.2	7.3	12.7
3.4	16.0	4.0	5.4	6.4	13.6
3.6	14.9	5.1	5.6	5.5	14.5
3.8	14.0	6.0	5.8	4.7	15.3
4.0	13.1	6.9	6.0	3.8	16.2
4.2	12.3	7.7	6.2	2.8	17.2
4.4	11.4	8.6	6.4	2.0	18.0
4.6	10.3	9.7	6.6	1.4	18.6
4.8	9.2	10.8			

注：柠檬酸（C$_6$H$_8$O$_7$）·H$_2$O M_r=210.14；0.1mol/L 溶液为 21.01g/L。

柠檬酸钠（Na$_3$C$_6$H$_5$O$_7$）·2H$_2$O M_r=294.10；0.1mol/L 溶液为 29.41g/L。

5．乙酸缓冲液（0.2mol/L）

pH（18℃）	0.2mol/L NaAc/ml	0.2mol/L HAc/ml	pH（18℃）	0.2mol/L NaAc/ml	0.2mol/L HAc/ml
3.6	0.75	9.25	4.8	5.90	4.10
3.8	1.20	8.80	5.0	7.00	3.00
4.0	1.80	8.20	5.2	7.90	2.10
4.2	2.65	7.35	5.4	8.60	1.40
4.4	3.70	6.30	5.6	9.10	0.90
4.6	4.90	5.10	5.8	9.40	0.60

注：NaAc·3H$_2$O M_r=136.08；0.2mol/L 溶液为 27.22g/L。

6. 磷酸缓冲液（0.2mol/L）

pH	0.2mol/L Na₂HPO₄/ml	0.2mol/L NaH₂PO₄/ml	pH	0.2mol/L Na₂HPO₄/ml	0.2mol/L NaH₂PO₄/ml
5.8	8.0	92.0	7.0	61.0	39.0
5.9	10.0	90.0	7.1	67.0	33.0
6.0	12.3	87.7	7.2	72.0	28.0
6.1	15.0	85.0	7.3	77.0	23.0
6.2	18.5	81.5	7.4	81.0	19.0
6.3	22.5	77.5	7.5	84.0	16
6.5	31.5	68.5	7.7	89.5	10.5
6.6	37.5	62.5	7.8	91.5	8.5
6.7	43.5	56.5	7.9	93.0	7.0
6.8	49.0	51.0	8.0	94.5	5.3
6.9	55.0	45.0			

注：Na₂HPO₄·2H₂O M_r=177.99；0.2mol/L 溶液为 35.60g/L。

Na₂HPO₄·12H₂O M_r=358.14；0.2mol/L 溶液为 71.63g/L。

NaH₂PO₄·H₂O M_r=137.99；0.2mol/L 溶液为 27.6g/L。

NaH₂PO₄·2H₂O M_r=156.01；0.2mol/L 溶液为 31.20g/L。

7. 磷酸氢二钠-磷酸二氢钾缓冲液（1/15mol/L）

pH	1/15 mol/L Na₂HPO₄/ml	1/15 mol/L KH₂PO₄/ml	pH	1/15 mol/L Na₂HPO₄/ml	1/15 mol/L KH₂PO₄/ml
4.92	0.10	9.90	7.17	7.00	3.00
5.29	0.50	9.50	7.38	8.00	2.00
5.91	1.00	9.00	7.73	9.00	1.00
6.24	2.00	8.00	8.04	9.50	0.50
6.47	3.00	7.00	8.34	9.75	0.25
6.64	4.00	6.00	8.67	9.90	0.10
6.81	5.00	5.00	8.18	10.00	0
6.98	6.00	4.00			

注：Na₂HPO₄·2H₂O M_r=177.99；1/15mol/L 溶液为 11.866g/L。

KH₂PO₄·2H₂O M_r=172.11；1/15mol/L 溶液为 11.475g/L。

8. KH₂PO₄-NaOH 缓冲液（0.05mol/L）
Xml 0.2mol/L KH₂PO₄＋Yml 0.2mol/L NaOH，加蒸馏水稀释至 20ml。

pH（20℃）	X/ml	Y/ml	pH（20℃）	X/ml	Y/ml
5.8	5	0.372	7.0	5	2.963
6.0	5	0.570	7.2	5	3.500
6.2	5	0.860	7.4	5	3.950
6.4	5	1.260	7.6	5	4.280
6.6	5	1.780	7.8	5	4.520
6.8	5	2.365	8.0	5	4.680

9．磷酸氢二钠-氢氧化钠缓冲液

50ml 0.05mol/L 磷酸氢二钠＋X ml 0.1mol/L 氢氧化钠，加水稀释到 100ml。

pH	X/ml	pH	X/ml	pH	X/ml
10.9	3.3	11.3	7.6	11.7	16.2
11.0	4.1	11.4	9.1	11.8	19.4
11.1	5.1	11.5	11.1	11.9	23.0
11.2	6.3	11.6	13.5	12.0	26.9

注：磷酸氢二钠（$Na_2HPO_4 \cdot 2H_2O$）M_r＝177.99；0.05mol/L 溶液为 8.90g/L。
磷酸氢二钠（$Na_2HPO_4 \cdot 12H_2O$）M_r＝358.14；0.05mol/L 溶液为 17.91g/L。

10．甘氨酸-盐酸缓冲液（0.05mol/L）

Xml 0.2mol/L 甘氨酸＋Yml 0.2mol/L HCl，加水稀释至 200ml。

pH	X/ml	Y/ml	pH	X/ml	Y/ml
2.2	50	44.0	3.0	50	11.4
2.4	50	32.4	3.2	50	8.2
2.6	50	24.2	3.4	50	6.4
2.8	50	16.8	3.6	50	5.0

注：甘氨酸 M_r＝75.07；0.2mol/L 溶液为 15.01g/L。

11．甘氨酸-NaOH 缓冲液（0.05mol/L）

Xml 0.2mol/L 甘氨酸＋Yml 0.2mol/L NaOH，加蒸馏水稀释至 200ml。

pH	X/ml	Y/ml	pH	X/ml	Y/ml
8.6	50	4.0	9.6	50	22.4
8.8	50	6.0	9.8	50	27.2
9.0	50	8.8	10.0	50	32.0
9.2	50	12.0	10.4	50	38.6
9.4	50	16.8	10.6	50	45.5

注：甘氨酸 M_r＝75.07；0.2mol/L 溶液为 15.01g/L。

12．硼酸缓冲液（0.2mol/L 硼酸盐）

pH	0.05mol/L 硼砂/ml	0.2mol/L 硼酸/ml	pH	0.05mol/L 硼砂/ml	0.2mol/L 硼酸/ml
7.4	1.0	9.0	8.2	3.5	6.5
7.6	1.5	8.5	8.4	4.5	5.5
7.8	2.0	8.0	8.7	6.0	4.0
8.0	3.0	7.0	9.0	8.0	2.0

注：硼砂 $Na_2B_4O_7 \cdot 10H_2O$ M_r＝381.36；0.05mol/L 溶液为 19.07g/L。
硼酸 M_r＝61.83；0.2mol/L 溶液为 12.37g/L。
硼砂易失去结晶水，必须在带塞的瓶中保存，硼砂溶液也可以用半中和的硼酸溶液代替。

13．硼砂-NaOH 缓冲液（0.05mol/L 硼酸根）

Xml 0.05mol/L 硼砂＋Yml 0.2mol/L NaOH，加蒸馏水稀释至 200ml。

pH	X/ml	Y/ml	pH	X/ml	Y/ml
9.3	50	0.0	9.8	50	34.0
9.4	50	11.0	10.0	50	43.0
9.6	50	23.0	10.1	50	46.0

14．巴比妥钠-盐酸缓冲液（18℃）

pH（18℃）	0.04mol/L 巴比妥钠盐/ml	0.2mol/L HCl/ml	pH（18℃）	0.04mol/L 巴比妥钠盐/ml	0.2mol/L HCl/ml
6.8	100	18.4	8.4	100	5.21
7.0	100	17.8	8.6	100	3.82
7.2	100	16.7	8.8	100	2.52
7.4	100	15.3	9.0	100	1.65
7.6	100	13.4	9.2	100	1.13
7.8	100	11.47	9.4	100	0.70
8.0	100	9.39	9.6	100	0.35
8.2	100	7.21			

注：巴比妥钠 M_r=206.18；0.04mol/L 溶液为 8.25g/L。

15．氯化钾-氢氧化钠缓冲液

25ml 0.2mol/L 氯化钾＋X ml 0.2mol/L 氢氧化钠，加水稀释到 100ml。

pH	X/ml	pH	X/ml	pH	X/ml
12.0	6.0	12.4	16.2	12.8	41.2
12.1	8.0	12.5	20.4	12.9	53.0
12.2	10.2	12.6	25.6	13.0	66.0
12.3	12.8	12.7	32.2		

注：氯化钾 M_r=74.55；0.2mol/L 溶液为 14.91g/L。

16．Tris-缓冲液（0.05mol/L）

Xml 0.2mol/L 三羟甲基氨基甲烷＋Yml 0.1mol/L HCl，加蒸馏水稀释至 100ml。

pH		X/ml	Y/ml	pH		X/ml	Y/ml
（18℃）	（37℃）			（18℃）	（37℃）		
9.10	8.95	25	5	8.05	7.90	25	27.5
8.92	8.78	25	7.5	7.96	7.82	25	30.0
8.74	7.60	25	10.0	7.87	7.73	25	32.5
8.62	8.48	25	12.5	7.77	7.63	25	35.0
8.50	8.37	25	15.0	7.66	7.52	25	37.5
8.40	8.27	25	17.5	7.54	7.40	25	40.0
8.32	8.18	25	20.0	7.36	7.22	25	42.5
8.23	8.10	25	22.5	7.20	7.05	25	45.0
8.12	8.00	25	25.0				

注：三羟甲基氨基甲烷

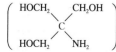 M_r=121.14；0.2mol/L 溶液为 24.23g/L。

17. 碳酸氢钠-氢氧化钠缓冲液（0.025mol/L 碳酸氢钠）

50ml 0.05mol/L 碳酸氢钠＋Xml 0.1mol/L 氢氧化钠，加水稀释到 100ml。

pH	X/ml	pH	X/ml	pH	X/ml
9.6	5.0	10.1	12.2	10.6	19.1
9.7	6.2	10.2	13.8	10.7	20.2
9.8	7.6	10.3	15.2	10.8	21.2
9.9	9.1	10.4	16.5	10.9	22.0
10.0	10.7	10.5	17.8	11.0	22.7

注：碳酸氢钠 M_r＝84.01；0.05mol/L 溶液为 4.20g/L。

18. 碳酸钠-碳酸氢钠缓冲液（0.1mol/L）
（Ca^{2+}、Mg^{2+} 存在时不得使用）

pH		0.1mol/L	0.1mol/L	pH		0.1mol/L	0.1mol/L
（20℃）	（37℃）	Na_2CO_3/ml	$NaHCO_3$/ml	（20℃）	（37℃）	Na_2CO_3/ml	$NaHCO_3$/ml
9.16	8.77	1	9	10.14	9.90	6	4
9.40	9.12	2	8	10.28	10.08	7	3
9.51	9.40	3	7	10.53	10.28	8	2
9.78	9.50	4	6	10.83	10.57	9	1
9.90	9.72	5	5				

注：$Na_2CO_3 \cdot 10H_2O$ M_r＝286.14；0.1mol/L 溶液为 28.61g/L。

$NaHCO_3$ M_r＝84.01；0.1mol/L 溶液为 8.40g/L。

19. pH 计标准缓冲液的配制

pH 计用的标准缓冲液要求：有较大的稳定性，较小的温度依赖性，其试剂易于提纯。
常用标准缓冲液的配制方法如下。

（1）pH＝4.00（10～20℃）

将邻苯二甲酸氢钾在 105℃ 干燥 1h 后，称取 5.07g 加重蒸馏水溶解至 500ml。

（2）pH＝6.88（20℃）

称取在 130℃ 干燥 2h 的 3.401g 磷酸二氢钾（KH_2PO_4），8.95g 磷酸氢二钠（$Na_2HPO_4 \cdot 12H_2O$）或 3.549g 无水磷酸氢二钠（Na_2HPO_4），加重蒸馏水溶解至 500ml。

（3）pH＝9.18（25℃）

称取 3.8144g 四硼酸钠（$Na_2B_4O_7 \cdot 10H_2O$）或 2.02g 无水四硼酸钠（$Na_2B_4O_7$），加重蒸馏水溶解至 100ml。

不同温度时标准缓冲液的 pH：

温度/℃	酸性酒石酸钾（25℃时饱和）	0.05mol/L 邻苯二甲酸氢钾	0.025mol/L 磷酸二氢钾 0.025mol/L 磷酸氢二钠	0.0087mol/L 磷酸二氢钾 0.0302mol/L 磷酸氢二钠	0.01mol/L 硼砂
0	—	4.01	6.98	7.53	9.46
10	—	4.00	6.92	7.47	9.33
15	—	4.00	6.90	7.45	9.27
20	—	4.00	6.88	7.43	9.23
25	3.56	4.01	6.86	7.41	9.18
30	3.55	4.02	6.85	7.40	9.14
38	3.55	4.03	6.84	7.38	9.08
40	3.55	4.04	6.84	7.38	9.07
50	3.55	4.06	6.83	7.37	9.01

十五、恒沸盐酸的制备

将 C.P.以上规格浓盐酸与同体积蒸馏水置磨口蒸馏装置中蒸馏，收集 108.5℃馏出液（气压 760mmHg），即得 5.7mol/L 盐酸液。用此恒沸盐酸配制标准溶液，无需标定（1.75ml 上述恒沸盐酸用蒸馏水稀释至 1000ml 即为 0.01mol/L）。

十六、大肠杆菌丙酮粉的制备

1. 将活化的大肠杆菌由试管斜面培养基接种到 10 只 200ml 茄形瓶培养基上，于 37℃培养 16～18h。培养基的配方如下：

蛋白胨	10g
牛肉膏浓缩液	5g
氯化钠	5g
琼脂	20g
蒸馏水	1000ml

2. 于每一茄形瓶中加入少量 0.9%氯化钠溶液，洗下菌体（可洗二次），菌体悬液离心（2500r/min）弃去上清液，沉淀（菌体）悬浮于少量生理盐水中，置冰箱中冷却。

3. 向已冷却的菌体悬液中加入 10 倍体积的冷丙酮（-10℃），加毕，剧烈搅拌 10min，静置，待菌体沉淀后，倾去上清液，菌体用布氏漏斗抽滤，并用冷丙酮洗菌体一次。滤渣置真空干燥器内减压干燥，所得大肠杆菌丙酮粉装于密封瓶内，冰箱保存，数月内有效。

十七、生物化学中某些重要化合物的 M_r 及 pK 值

化合物名称	M_r	pK_1	pK_2	pK_3	pK_4
乙醛	44.05	1.10	—	—	—
乙酸	60.05	4.76	—	—	—
β-丙氨酸	89.09	3.60	10.19	—	—
2-氨基-2-甲基-1-丙醇	89.14	9.9	—	—	—
氢氧化铵	35.05	9.26	—	—	—
抗坏血酸	176.12	4.17	11.57	—	—
砷酸	141.94	2.3	4.4	9.2	—
天冬氨酸	133.1	2.10	3.86	9.82	—
5′-腺苷三磷酸	507.18	4.1	6.1	6.3	6.5
巴比妥酸	128.09	4.00	12.5	—	—
苯甲酸	122.12	5.20	—	—	—
N, N-二（2-羟乙基）甘氨酸	163.2	8.35	—	—	—
硼酸	61.84	9.23	—	—	—
碳酸	62.02	6.1	9.8	—	—
柠檬酸	192.12	3.08	4.75	5.40	—
半胱氨酸	121.15	1.71	8.33	10.78	—
烟酰胺腺嘌呤二核苷酸	663.43	3.7	—	—	—
乙二胺四乙酸*	292.24	0.26	0.96	2.67	2.70
甲酸	46.03	3.77	—	—	—

续表

化合物名称	M_r	pK_1	pK_2	pK_3	pK_4
反丁烯二酸	116.07	3.00	4.52	—	—
谷氨酸	147.13	2.10	4.07	9.47	—
戊二酸	132.11	4.3	5.54	—	—
甘氨酸	75.07	2.35	9.78	—	—
甘氨酰甘氨酸	132.12	3.14	8.07	—	—
HEPES	238.3	7.55	—	—	—
组氨酸	155.16	1.77	6.10	9.18	—
肼	32.05	8.07	—	—	—
盐酸	36.46	−0.47	—	—	—
盐酸羟胺	69.50	5.97	—	—	—
咪唑	68.08	7.07	—	—	—
乳酸	90.08	3.86	—	—	—
赖氨酸	146.19	2.18	8.95	10.53	—
顺丁烯二酸	116.07	1.83	6.58	—	—
苹果酸	134.09	3.40	5.02	—	—
丙二酸	104.06	2.80	5.68	—	—
巯基乙酸	92.11	3.67	10.31	—	—
巯基乙醇	78.13	9.5	—	—	—
MES	195.23	6.15	—	—	—
MOPS	209.26	7.15	—	—	—
硝酸	63.02	−1.3	—	—	—
二水合草酸	126.07	1.19	4.21	—	—
酚	94.11	10.0	—	—	—
磷酸烯醇丙酮酸	168.04	—	3.5	6.4	—
2-磷酸甘油	172.07	1.42	3.6	7.1	—
磷酸	97.99	1.96	7.12	12.32	—
邻苯二甲酸	166.13	2.90	5.51	—	—
PIPES	302.36	6.8	—	—	—
丙酸	74.08	4.8	—	—	—
吡啶	79.1	5.14	—	—	—
丙酮酸	88.06	0.59	—	—	—
核黄素	376.37	9.93	—	—	—
水杨酸	138.12	3.0	—	—	—
硫酸	98.08	−3.0	1.9	—	—
酒石酸	150.09	2.95	4.16	—	—
TES	229.2	7.5	—	—	—
烟酰胺腺嘌呤二核苷酸磷酸	743.41	3.7	—	—	—
Tris	121.14	8.14	—	—	—
尿素	60.06	0.18	—	—	—
二乙基巴比妥酸	184.19	7.43	—	—	—

* pK_5（N），6.16；$pK6$（N），10.26。

十八、氨基酸的一些物理常数

中文名称	英文名称 （缩写及单字符号）	M_r	熔点 m.p.（℃）[*]	溶解度[**]	等电点 pI	pK_a（25℃）
DL-丙氨酸	DL-alanine（Ala，A）	89.09	295d	16.6	6.00	（1）2.35 （2）9.69
L-丙氨酸	DL-alanine（Ala，A）	89.09	297d	16.65	6.00	
DL-精氨酸	DL-arginine（Arg，R）	174.20	238d		10.76	（1）2.17（COOH） （2）9.04（NH₂） （3）12.48（胍基）
L-精氨酸	L-arginine（Arg，R）	174.20	244d	15.0²¹	10.76	
DL-天冬酰胺	DL-asparagine（AspGNH₂） （Asn，N）	132.12	213～215d	2.16		（1）2.02 （2）8.8
L-天冬酰胺	L-asparagine（AspGNH₂） （Asn，N）	132.12	236d	2.989		
L-天冬氨酸	L-aspartic acid（Asp，D）	133.10	239～271	0.5	2.77	（1）2.09 （α-GCOOH） （2）3.86 （β-GCOOH） （3）9.82（NH₂）
L-瓜氨酸	L-citrulline（Cit）	175.19	234～237d	易溶		
L-半胱氨酸	L-cysteine（Cys，C）	121.15		易溶	5.07	（1）1.71 （2）8.33（NH₂） （3）10.78（SH）
DL-胱氨酸	DL-cysteine（Cyss）	240.29	260	0.0049	5.05	（1）1.65 （2）2.26 （3）7.85 （4）9.85
L-胱氨酸	L-cysteine（Cyss）	240.29	258～261d	0.011	5.05	
DL-谷氨酸	DL-glutamic acid（Glu，E）	147.13	225～227d	2.054	3.22	（1）2.19 （2）4.25 （3）9.67
L-谷氨酸	L-glutamic acid（Glu，E）	147.13	247～249d	0.864	3.22	
L-谷氨酰胺	L-glutamine（GluGNH₂） （Gln，Q）	146.15	184～185	4.25		（1）2.17 （2）9.13
甘氨酸	Glycine（Gly，G）	75.07	292d	24.99	5.97	（1）2.34 （2）9.6
DL-组氨酸	DL-histidine（His，H）	155.16	285～286d	易溶		（1）1.82（COOH） （2）6.0（咪唑基） （3）9.17（NH₂）
L-组氨酸	L-histidine（His，H）	155.16	277d	4.16		
L-羟脯氨酸	L-hydroxyproline（ProGOH） （Hyp）	131.13	270d	36.11	5.83	（1）1.92 （2）9.73
DL-异亮氨酸	DL-isoleucine（Ile，I）	131.17	292d	2.229	6.02	（1）2.36 （2）9.68
L-异亮氨酸	L-isoleucine（Ile，I）	131.17	285～286d	4.12	6.02	
DL-亮氨酸	DL-leucine（Leu，L）	131.17	332d	0.991	5.98	（1）2.36 （2）9.60

续表

中文名称	英文名称 (缩写及单字符号)	M_r	熔点 m.p.（℃）[*]	溶解度[**]	等电点 pI	pK_a（25℃）
L-亮氨酸	L-leucine（Leu，L）	131.17	337d	2.19	5.98	
DL-赖氨酸	DL-lysine（Lys，K）	146.19			9.74	（1）2.18 （2）8.95（α-GNH2） （3）10.53（ε-GNH2）
L-赖氨酸	L-lysine（Lys，K）	146.19	224d	易溶	9.74	
DL-甲硫氨酸（蛋氨酸）	DL-methionine（Met，M）	149.21	281	3.38	5.74	（1）2.28　（2）9.21
L-甲硫氨酸	L-methionine（Met，M）	149.21	283d	易溶	5.74	
DL-苯丙氨酸	DL-phenylalanine（Phe，F）	165.19	318～320d	1.42	5.48	（1）1.83　（2）9.13
L-苯丙氨酸	L-phenylalanine（Phe，F）	165.19	293～294d	2.96	5.48	
DL-脯氨酸	DL-proline（Pro，P）	115.13	213	易溶	6.30	（1）99　（2）10.6
L-脯氨酸	L-proline（Pro，P）	115.13	220～222d	162.3	6.30	
DL-丝氨酸	DL-serine（Ser，S）	105.09	246d	5.02	5.68	（1）2.21　（2）9.15
L-丝氨酸	L-serine（Ser，S）	105.09	223～228d	25^{20}	5.68	
DL-苏氨酸	DL-threonine（Thr，T）	119.12	235 分解点	20.1	6.16	（1）2.63　（2）10.43
L-苏氨酸	L-threonine（Thr，T）	119.12	235 分解点	易溶	6.16	
DL-色氨酸	DL-tryptophane（Trp，W）	204.23	283～285	0.25^{30}	5.89	（1）2.38　（2）9.39
L-色氨酸	L-tryptophane（Trp，W）	204.23	281～282	1.14	5.89	
DL-酪氨酸	DL-tyrosine（Tyr，Y）	181.19	316	0.0351	5.66	（1）2.20（COOH） （2）9.11（NH₂） （3）10.07（OH）
L-酪氨酸	L-tyrosine（Tyr，Y）	181.19	342.4d	0.045	5.66	
DL-缬氨酸	DL-valine（Val，V）	117.15	293d	7.04	5.96	（1）2.32　（2）9.62
L-缬氨酸	L-valine（Val，V）	117.15	315d	8.85^{20}	5.96	

[*] d 代表达到熔点后分解。

[**] 在 25℃于 100g 水中溶解的克数。特殊的温度条件则注明在右上角。

十九、某些蛋白质的物理性质

下页表所列蛋白质常用作 SDS 凝胶电泳，蔗糖密度梯度离心和凝胶层析的标准。

蛋白质（来源）		M_r	沉降系数 S_{20}，$W \times 10^{13}$/S	偏微比容 V/（cm³/g）	A_{280nm}/ （mg/ml）	Stokes 半径/nm	亚基数
细胞色素 c（牛心）	（cytochrome c）	13 370	1.83	0.728	2.32[**]	1.74	1
溶菌酶（鸡蛋清）	（lysozyme）	13 930	1.91	0.703	2.64	2.06	1
核糖核酸酶（牛胰）	（ribonuclease）	13 700	2.00	0.707	0.73	18.0	1
胰蛋白酶抑制剂（大豆）	（trypsin inhibitor）	22 460	2.3	0.735	1.00	22.5	1
碳酸酐酶	（carbonic anhydrase）（bovine B）	30 000	2.85	0.735	1.90	24.3	1
卵清蛋白（鸡蛋）	（ovalbumin）	45 000	3.55	0.746	0.736	27.6	1
血清清蛋白（牛）	（serum albumin）（bovine[*]）	67 000	4.31	0.732	0.667	37.0	1
烯醇酶（酵母）	（enolase）	90 000	5.90	0.742	0.895	34.1	2

续表

蛋白质（来源）		M_r	沉降系数 $S_{20}, W\times 10^{13}/S$	偏微比容 $V/（cm^3/g）$	$A_{280nm}/$ （mg/ml）	Stokes 半径/nm	亚基数
甘油醛-3-磷酸脱氢酶（兔肌肉）	（glyceraldehyde 3-phosphate dehydrogenase）	145 000	7.60	0.737	0.815	43.0	4
乙醇脱氢酶（酵母）	（alcohol dehydrogenase）	141 000	7.61	0.740	1.26	41.7	4
醛缩酶（兔肌肉）	（aldolase）	156 000	7.35	0.742	0.938	47.4	4
乳酸脱氢酶（牛心）	（lactic dehydrogenase）	136 000	7.45	0.747	0.970	40.3	4
过氧化氢酶（牛肝）	（catalase）	2 475 000	11.30	0.730	1.64 （276nm）	52.2	4

*常发现含有5%～10%二聚体（M_r 133 000）。

**在416nm为9.65。

二十、化学元素的相对原子质量表

元素	符号	相对原子质量（A_r）	原子序数	元素	符号	相对原子质量（A_r）	原子序数
锕	Ac	227.0	89	铕	Eu	151.96	63
银	Ag	107.87	47	氟	F	19.00	9
铝	Al	26.98	13	铁	Fe	55.85	26
镅	Am	[243]*	95	镄	Fm	[257]	100
氩	Ar	39.95	18	钫	Fr	[223]	87
砷	As	74.92	33	镓	Ga	69.72	31
氮	N	14.01	7	钆	Gd	157.25	64
钠	Na	22.99	11	锗	Ge	72.63	32
铌	Nb	92.91	41	氢	H	1.008	1
钕	Nd	144.24	60	氦	He	4.003	2
氖	Ne	20.18	10	铪	Hf	178.49	72
镍	Ni	58.69	28	汞	Hg	200.59	80
砹	At	[210]	85	钬	Ho	164.93	67
金	Au	196.97	79	碘	I	126.90	53
硼	B	10.81	5	铟	In	114.82	49
钡	Ba	137.33	56	铱	Ir	192.22	77
铍	Be	9.012	4	钾	K	39.10	19
铋	Bi	208.98	83	氪	Kr	83.80	36
锫	Bk	[247]	97	镧	La	138.91	57
溴	Br	79.90	35	锂	Li	6.94	3
碳	C	12.01	6	镥	Lu	174.97	71
钙	Ca	40.08	20	铹	Lr	[262]	103
镉	Cd	112.41	48	钔	Md	[258]	101
铈	Ce	140.12	58	镁	Mg	24.31	12
锎	Cf	[251]	98	锰	Mn	54.94	25

续表

元素	符号	相对原子质量(A_r)	原子序数	元素	符号	相对原子质量(A_r)	原子序数
氯	Cl	35.45	17	钼	Mo	95.95	42
锔	Cm	[247]	96	锘	No	[259]	102
钴	Co	58.93	27	镎	Np	[237]	93
铬	Cr	52.00	24	氧	O	16.00	8
铯	Cs	132.91	55	锇	Os	190.23	76
铜	Cu	63.55	29	磷	P	30.97	15
镝	Dy	162.5	66	镤	Pa	231.04	91
铒	Er	167.26	68	铅	Pb	207.2	82
锿	Es	[252]	99	钯	Pd	106.42	46
钷	Pm	[145]	61	锶	Sr	87.62	38
钋	Po	[209]	84	钽	Ta	180.95	73
镨	Pr	140.91	59	铽	Tb	158.93	65
铂	Pt	195.08	78	锝	Tc	[97]	43
钚	Pu	[244]	94	碲	Te	127.60	52
镭	Ra	[226]	88	钍	Th	232.04	90
铷	Rb	85.47	37	钛	Ti	47.87	22
铼	Re	186.21	75	铊	Tl	168.93	81
铑	Rh	102.91	45	铥	Tm	204.38	69
氡	Rn	[222]	86	铀	U	238.03	92
钌	Ru	101.07	44	钒	V	50.94	23
硫	S	32.06	16	钨	W	183.84	74
锑	Sb	121.76	51	氙	Xe	131.29	54
钪	Sc	44.96	21	钇	Y	88.91	39
硒	Se	78.97	34	镱	Yb	173.05	70
硅	Si	28.09	14	锌	Zn	65.38	30
钐	Sm	150.36	62	锆	Zr	91.22	40
锡	Sn	118.71	50				

*相对原子质量加括号的数据为该放射性元素半衰期最长同位素的质量数。

二十一、离心机转速（r/min）与相对离心力（RCF）的换算

附图 6 是由下述公式计算而来的：

$$RCF = 1.119 \times 10^{-5} \times r \times n^2$$

r 为离心机头的半径（角头），或离心管中轴底部内壁到离心机转轴中心的距离（甩平头），单位为 cm。n 为离心机每分钟的转速，单位为 r/min。

RCF 为相对离心力，以地心引力即重力加速度的倍数表示，一般用 g（或数字 $\times g$）表示。

将离心机转数换算为离心力时，首先，在 r 标尺上取已知的半径和在 n 标尺上取已知的离心机转数，然后，将这两点连成一条直线，连线与 RCF 标尺的交点即为相应的离心力数值。注意，若已知的转数值处于 n 标尺的右边，则应读取 RCF 标尺右边的数值；同样，若转数值处于 n 标尺的左边，则应读取 RCF 标尺左边的数值。

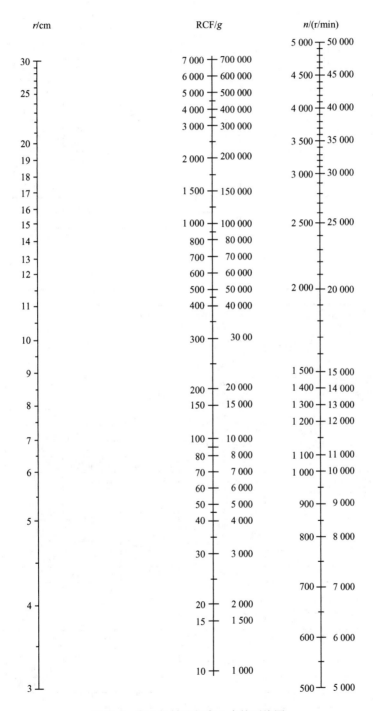

附图6　离心机转速与离心力的列线图

二十二、硫酸铵饱和度的常用表

1. 调整硫酸铵溶液饱和度计算表（25℃）

	硫酸铵初浓度（%饱和度）																
	10	20	25	30	33	35	40	45	50	55	60	65	70	75	80	90	100
	每 1L 溶液加固体硫酸铵的克数*																
0	56	114	144	176	196	209	243	277	313	351	390	430	472	516	561	662	767
10		57	86	118	137	150	183	216	251	288	326	365	406	449	494	592	694
20			29	59	78	91	123	155	189	225	262	300	340	382	424	520	619
25				30	49	61	93	125	158	193	230	267	307	348	390	485	583
30					19	30	62	94	127	162	198	235	273	314	356	449	546
33						12	43	74	107	142	177	214	252	292	333	426	522
35							31	63	94	129	164	200	238	278	319	411	506
40								31	63	97	132	168	205	245	285	375	469
45									32	65	99	134	171	210	250	339	431
50										33	66	101	137	176	214	302	392
55											33	67	103	141	179	264	353
60												34	69	105	143	227	314
65													34	70	107	190	275
70														35	72	153	237
75															36	115	198
80																77	157
90																	79

左侧纵向标签：硫酸铵初浓度

*在 25℃下，硫酸铵溶液由初浓度调到终浓度时，每升溶液所加固体硫酸铵的克数。

2. 调整硫酸铵溶液饱和度的计算表（0℃）

	硫酸铵终浓度（%饱和度）																
	20	25	30	35	40	45	50	55	60	65	70	75	80	85	90	95	100
	每 100ml 溶液加固体硫酸铵的量/g*																
0	10.6	13.4	16.4	19.4	22.6	25.8	29.1	32.6	36.1	39.8	43.6	47.6	51.6	55.9	60.3	65.0	69.7
5	7.9	10.8	13.7	16.6	19.7	22.9	26.2	29.6	33.1	36.8	40.5	44.4	48.4	52.6	57.0	61.5	66.2
10	5.3	8.1	10.9	13.9	16.9	20.0	23.3	26.6	30.1	33.7	37.4	41.2	45.2	49.3	53.6	58.1	62.7
15	2.6	5.4	8.2	11.1	14.1	17.2	20.4	23.7	27.1	30.6	34.3	38.1	42.0	46.0	50.3	54.7	59.2
20	0	2.7	5.5	8.3	11.3	14.3	17.5	20.7	24.1	27.6	31.2	34.9	38.7	42.7	46.9	51.2	55.7
25		0	2.7	5.6	8.4	11.5	14.6	17.9	21.1	24.5	28.0	31.7	35.5	39.5	43.6	47.8	52.2
30			0	2.8	5.6	8.6	11.7	14.8	18.1	21.4	24.9	28.5	32.3	36.2	40.2	44.5	48.8
35				0	2.8	5.7	8.7	11.8	15.1	18.4	21.8	25.4	29.1	32.9	36.9	41.0	45.3
40					0	2.9	5.8	8.9	12.0	15.3	18.7	22.2	25.8	29.6	33.5	37.6	41.8
45						0	2.9	5.9	9.0	12.3	15.6	19.0	22.6	26.3	30.2	34.2	38.3
50							0	3.0	6.0	9.2	12.5	15.9	19.4	23.0	26.8	30.8	34.8
55								0	3.0	6.1	9.3	12.7	16.1	19.7	23.5	27.3	31.3
60									0	3.1	6.2	9.5	12.9	16.4	20.1	23.1	27.9
65										0	3.1	6.3	9.7	13.2	16.8	20.5	24.4
70											0	3.2	6.5	9.9	13.4	17.1	20.9
75												0	3.2	6.6	10.1	13.7	17.4
80													0	3.3	6.7	10.3	13.9
85														0	3.4	6.8	10.5
90															0	3.4	7.0
95																0	3.5
100																	0

左侧纵向标签：硫酸铵初浓度

*指在 0℃下，硫酸铵溶液由初浓度调到终浓度时，每 100ml 溶液所加固体硫酸铵的质量（g）。

3．不同温度下的饱和硫酸铵溶液

温度/℃	0	10	20	25	30
每 1000g 水中含硫酸铵物质的量/mol	5.35	5.53	5.73	5.82	5.91
质量百分数	41.42	42.22	43.09	43.47	43.85
1000ml 水用硫酸铵饱和所需质量/g	706.8	730.5	755.8	766.8	777.5
每升饱和溶液含硫酸铵质量/g	514.8	525.2	536.5	541.2	545.9
饱和溶液物质的量浓度/(mol/L)	3.90	3.97	4.06	4.10	4.13

二十三、常用离子交换剂

1．离子交换纤维素

离子交换剂		游离基团	结构
阴离子交换剂			
强碱性	TEAE	三乙氨基乙基	$-OCH_2CH_2N(C_2H_5)_3$
	GE	胍基乙基	$-OCH_2CH_2NHC-NH_2$，含 NH
	QAE-Sephadex	二乙基（2-羟丙基）季胺	$-C_2H_4\overset{+}{N}(C_2H_5)_2$，$CH_2CHCH_3$，$OH$
弱碱性	DEAE	二乙氨基乙基	$-OCH_2CH_2N(C_2H_5)_2$
	PAB	对氨基苯甲基	$-OCH_2-\langle\text{苯环}\rangle-NH_2$
中等碱性	AE	氨基乙基	$-OCH_2CH_2NH_2$
	ECTEOLA	三乙醇胺经甘油链偶联于纤维素的混合基团（混合胺类）	
	DBD	苯甲基化的 DEAE 纤维素	
	BND	苯甲基化萘酰化的 DEAE 纤维素	
	PEL	聚乙烯亚胺吸附于纤维素或较弱磷酰化的纤维素	
阳离子交换剂			
弱酸性	CM	羧甲基	$-OCH_2COOH$
中等酸性	P	磷酸	$-O-\overset{O}{\underset{OH}{P}}-OH$
强酸性	SE	磺酸乙基	$-OCH_2CH_2-\overset{O}{\underset{O}{S}}-OH$
	SP-Sephadex	磺酸丙基	$-C_3H_6-\overset{O}{\underset{O}{S}}-OH$

2．离子交换层析介质的技术数据

离子交换 介质名称	最高载量	颗粒大小/μm	特性/应用	pH 稳定性工作（清洗）	耐压/MPa	最快流速/(cm/h)
SOURCE 15 Q	25mg 蛋白	15		2～12（1～14）	4	1800
SOURCE 15 S	25mg 蛋白	15		2～12（1～14）	4	1800
Q Sepharose H.P.	70mg 牛血清白蛋白	24～44		2～12（2～14）	0.3	150
Q Sepharose H.P.	55mg 核糖核酸酶	24～44		3～12（3～14）	0.3	150
Q Sepharose F.F.	120mg HSA	45～165		2～12（1～14）	0.2	400
SP Sepharose F.F.	75mg HSA	45～165		4～13（3～14）	0.2	400
DEAE Sepharose F.F.110mg HSA	110mg HSA	45～165		2～9（1～14）	0.2	300
CM Sepharose F.F.	50mg 核糖核酸酶	45～165		6～13（2～14）	0.2	300
Q Sepharose Big Beads		100～300		2～12（2～14）	0.3	1200～1800
SP Sepharose Big Beads	60mg HSA	100～300		4～12（3～14）	0.3	1200～1800
QAE Sephadex A-25	1.5mg 甲状腺球蛋白 10mg 人血清白蛋白	干粉 40～120	纯化低相对分子质量蛋白质，多肽，核酸以及巨大分子（$M_r > 200\,000$），在工业传统应用上具有重要作用	2～10（2～13）	0.11	475
QAE Sephadex A-50	1.2mg 甲状腺球蛋白、80mg 人血清白蛋白	干粉 40～120	批量生产和预处理用，分离中等大小的生物分子（30～200 000）	2～11（2～12）	0.01	45
SP Sephadex C-25	1.1mg IgG、70mg 牛血红蛋白、230mg 核糖核酸酶	干粉 40～120	纯化低相对分子质量蛋白质，多肽，核酸以及巨大分子（$M_r > 200\,000$），在工业传统应用上具有重要作用	2～10（2～13）	0.13	475
SP Sephadex C-50	8mg IgG、10mg 牛血红蛋白	干粉 40～120	批量生产和预处理用，分离中等大小的生物分子（30～200×10^3）	2～10（2～12）	0.01	45
DEAE SP Sephadex A-25	1mg 甲状腺球蛋白、30mg 人血清白蛋白、140mg α-乳清蛋白	干粉 40～120	纯化低相对分子质量蛋白质，多肽，核酸以及巨大分子（$M_r > 200\,000$），在工业传统应用上具有重要作用	2～9（2～13）	0.11	475
DEAE SP Sephadex A-50	2mg 甲状腺球蛋白、110mg 人血清白蛋白	干粉 40～120	批量生产和预处理用，分离中等大小的生物分子（30～200×10^3）	2～9（2～12）	0.01	45
CM Sephadex C-25	1.6mg IgG、70mg 牛血红蛋白、190mg 核糖核酸酶	干粉 40～120	纯化低相对分子质量蛋白质，多肽，核酸以及巨大分子（$M_r > 200\,000$），在工业传统应用上具有重要作用	6～13（2～13）	0.13	475
CM Sephadex C-50	7mg IgG、140mg 牛血红蛋白、120mg 核糖核酸酶	干粉 40～120	批量生产和预处理用，分离中等大小的生物分子（30～200×10^3）	6～10（2～12）	0.01	45

二十四、常用凝胶过滤层析介质

（一）

凝胶过滤介质名称	分离范围	颗粒大小/μm	特性/应用	pH 稳定性工作（清洗）	耐压/MPa	最快流速/（cm/h）
Superdex 30prep grade	<10 000	24～44	肽类、寡糖、小蛋白质等	3～12（1～14）	0.3	100
Superdex 75prep grade	3000～70 000	24～44	重组蛋白、细胞色素	3～12（1～14）	0.3	100
Superdex 200prep grade	10 000～600 000	24～44	单抗、大蛋白质	3～12（1～14）	0.3	100
Superose 6prep grade	5000～5×10^6	20～40	蛋白质、肽类、寡糖、核酸	3～12（1～14）	0.4	30
Superose 12prep grade	1000～300 000	20～40	蛋白质、肽类、寡糖、多糖	3～12（1～14）	0.7	30
SephacrylS-200 HR	5000～250 000	25～75	蛋白质，如小血清蛋白：清蛋白	3～11（2～13）	0.2	20～39
SephacrylS-300 HR	10 000～1.5×10^6	25～75	蛋白质，如膜蛋白和血清蛋白：抗体	3～11（2～13）	0.2	20～39
SephacrylS-400 HR	20 000～8×10^6	25～75	多糖、具延伸结构的大分子如蛋白多糖、脂质体	3～11（2～13）	0.2	20～39
SephacrylS-500 HR	葡聚糖 40 000～2×10^7 DNA<1078bp	25～75	大分子如 DNA 限制片段	3～11（2～13）	0.2	20～39
SephacrylS-1000 SF	葡聚糖 5×10^5～1×10^8 DNA<20 000bp	40～105	DNA、巨大多糖、蛋白多糖、小颗粒如膜结合囊或病毒	3～11（2～13）	未经测试	40
Sepharose 6Fast Flow	10 000～4×10^6	平均90	巨大分子	2～12（2～14）	0.1	300
Sepharose 4Fast Flow	60 000～2×10^7	平均90	巨大分子如重组乙型肝炎表面抗原	2～12（2～14）	0.1	250
Sepharose 2B	70 000～4×10^7	60～200	蛋白质、大分子复合物、病毒、不对称分子如核酸和多糖	4～9（4～9）	0.004	10
Sepharose 4B	60 000～2×10^7	45～165	蛋白质、多糖	4～9（4～9）	0.008	11.5
Sepharose 6B	10 000～4×10^6	45～165	蛋白质、多糖	4～9（4～9）	0.02	14
SepharoseCL-2B	70 000～4×10^7	60～200	蛋白质、大分子复合物、病毒、不对称分子如核酸和多糖	3～13（2～14）	0.005	15
SepharoseCL-4B	60 000～2×10^7	45～165	蛋白质、多糖	3～13（2～14）	0.012	26
SepharoseCL-6B	10 000～4×10^6	45～165	蛋白质、多糖	3～13（2～14）	0.02	30

（二）

凝胶过滤介质名称	分离范围	颗粒大小 /μm	特性/应用	pH 稳定性工作（清洗）	溶胀体积（mg/g 凝胶）	溶胀最少平衡时间/h		最快流速/（cm/h）
						室温	沸水浴	
Sephadex G-10	<700	干粉 40～120		2～13 （2～13）	2～3	3	1	2～5
Sephadex G-15	<1500	干粉 40～120		2～13 （2～13）	2.5～3.5	3	1	2～5
Sephadex G-25 Coarse	1000～5000	干粉 100～300	工业上去盐及交换缓冲液用	2～13 （2～13）	4～6	6	2	2～5
Sephadex G-25 Medium	1000～5000	干粉 50～100	工业上去盐及交换缓冲液用	2～13 （2～13）	4～6	6	2	2～5
Sephadex G-25 Fine	1000～5000	干粉 20～80	工业上去盐及交换缓冲液用	2～13 （2～13）	4～6	6	2	2～5
Sephadex G-25 Superfine	1000～5000	干粉 10～40	工业上去盐及交换缓冲液用	2～13 （2～13）	4～6	6	2	2～5
Sephadex G-50 Coarse	1500～30 000	干粉 100～300	一般小分子蛋白质分离	2～10 （2～13）	9～11	6	2	2～5
Sephadex G-50 Medium	1500～30 000	干粉 50～150	一般小分子蛋白质分离	2～10 （2～13）	9～11	6	2	2～5
Sephadex G-50 Fine	1500～30 000	干粉 20～80	一般小分子蛋白质分离	2～10 （2～13）	9～11	6	2	2～5
Sephadex G-50 Superfine	1500～30 000	干粉 10～40	一般小分子蛋白质分离	2～10 （2～13）	9～11	6	2	2～5
Sephadex G-75	3000～80 000	干粉 40～120	中等蛋白质分离	2～10 （2～13）	12～15	24	3	72
Sephadex G-75 Superfine	3000～70 000	干粉 10～40	中等蛋白质分离	2～10 （2～13）	12～15	24	3	16
Sephadex G-100	3000～70 000	干粉 40～120	中等蛋白质分离	2～10 （2～13）	15～20	48	5	47
Sephadex G-100 Superfine	4000～1×10^5	干粉 10～40	中等蛋白质分离	2～10 （2～13）	15～20	48	5	11
Sephadex G-150	5000～3×10^5	干粉 40～120	稍大蛋白质分离	2～10 （2～13）	20～30	72	5	21
Sephadex G-150 Superfine	5000～1.5×10^5	干粉 10～40	稍大蛋白质分离	2～10 （2～13）	18～22	72	5	5.6
Sephadex G-200	5000～6×10^5	干粉 40～120	较大蛋白质分离	2～10 （2～13）	30～40	72	5	11
Sephadex G-200 Superfine	5000～6×10^5	干粉 10～40	较大蛋白质分离	2～10 （2～13）	20～25	72	5	2.8
嗜脂性 Sephadex LH 20	100～4000	干粉 25～100	特别为使用有机溶剂而设计。适合分离脂类、胆固醇、脂肪酸、激素、维生素及其他小生物分子。此分离范围指以乙醇为溶剂的分离。					

主要参考文献

陈钧辉，张冬梅. 2015. 普通生物化学. 5版. 北京：高等教育出版社

J. 萨姆布鲁克，D. W. 拉塞尔. 2002. 分子克隆实验指南. 3版. 黄培堂等译. 北京：科学出版社

郭尧君. 2005. 蛋白质电泳实验技术. 2版. 北京：科学出版社

卢圣栋. 1999. 现代分子生物学实验技术. 2版. 北京：中国协和医科大学出版社

杨荣武. 2017. 分子生物学. 2版. 南京：南京大学出版社

张承圭等. 1990. 生物化学仪器分析及技术. 北京：高等教育出版社

Boyer R F. 2011. Biochemistry Laboratory: Modern Theory and Techniques. 2nd ed. Englewood: Prentice Hall

Boyer R. 2000. Modern Experimental Biochemistry 3th ed. New York: Benjamin Cummings

Campbell M K, Farrell S O. 2015. Biochemistry. 8th ed. Belmont, CA: Cengage Learning Brooks/Cole

Devlin T M. 2011. Textbook of Biochemistry with Clinical Correlations. 7th ed. Hoboken, N.J.: John Wiley & Sons

Farrell S O, Taylor L E. 2006. Experiments in Biochemistry: A Hands-on Approach. 2nd ed. Belmont, CA: Thomson/Brooks/Cole

Ferrier D R. 2017. Lippincott Illustrated Reviews: Biochemistry. 7th ed. Philadelphia: Wolters Kluwer Health

Nelson D L, Cox M M. 2008. Lehninger Principles of Biochemistry. 5th ed. New York: W.H. Freeman

Ninfa A J, Ballou D P, Benore M. 2010. Fundamental Laboratory Approaches for Biochemistry and Biotechnology. 2nd ed. Hoboken, NJ: John Wiley

Rothe G M. 1994. Electrophoresis of Enzymes: Laboratory Methods. Heidelberg: springer-verlag

Sambrook J, Russell D W. 2001. Molecular Cloning: A Laboratory Mannual. 3rd ed. New York: Cold Spring Harbor Laboratory Press

Voet D, Voet J G. 2011. Biochemistry. 4th ed. Hoboken, NJ: John Wiley & Sons

Voet D, Voet J G, Pratt C W. 2016. Fundamentals of Biochemistry: Life at the Molecular Level. 5th ed. Hoboken, NJ: John Wiley & Sons